生 态 学 名 著 译 丛

Grasses and Grassland Ecology

禾草和草地生态学

David J. Gibson 著

张新时 唐海萍 等译

高等教育出版社·北京

图字：01-2011-3591号

Copyright © Oxford University Press 2009

"*Grasses and Grassland Ecology*, *First Edition*" was originally published in English in 2009. This translation is published by arrangement with Oxford University Press.

本书 *Grasses and Grassland Ecology*, *First Edition* 英文原版于2009年出版。
本书翻译版由牛津大学出版社授权出版。

内容简介

草地唤起激情，她们是地球上最大的生物群区，代表了不可胜数的生物多样性来源，并且提供了重要的产品和服务。她们是我们人类作为一个物种，第一次站立和走过的地方。本书参考了来自生态、自然历史和农业学科的大量文献，系统讲解了草地的起源和发展演变，世界草地的分布和功能；从禾草的系统与进化到其生态形态学和解剖学结构再到生理机制；从种群、群落和生态系统三个尺度分别介绍了草地生态学的基本问题和研究热点；最后从草地的利用和可持续发展角度介绍了火、放牧、干旱等对草原的干扰以及牧区的管理和草地生态系统的重建。全书系统性强，层次分明，可作为相关专业高年级本科生和研究生的专业参考书，并且有助于那些禾草和草地的研究者、土地管理者以及世界各地对草原感兴趣的任何人，来理解和热爱我们生活的地球，特别是其中的草原。

图书在版编目（CIP）数据

禾草和草地生态学／（英）戴维·J·吉普森著；
张新时，唐海萍译. --北京：高等教育出版社，2018.9
书名原文：Grasses and Grassland Ecology
ISBN 978-7-04-049262-0

Ⅰ.①禾⋯　Ⅱ.①戴⋯②张⋯③唐⋯　Ⅲ.①禾本科牧草-草原生态学　Ⅳ.①S812.29

中国版本图书馆CIP数据核字（2018）第010173号

| 策划编辑 | 柳丽丽 | 责任编辑 | 柳丽丽 | 封面设计 | 张　楠 | 版式设计 | 范晓红 |
| 插图绘制 | 杜晓丹 | 责任校对 | 刘丽娴 | 责任印制 | 赵义民 | | |

出版发行	高等教育出版社	咨询电话	400-810-0598
社　　址	北京市西城区德外大街4号	网　　址	http://www.hep.edu.cn
邮政编码	100120		http://www.hep.com.cn
印　　刷	固安县铭成印刷有限公司	网上订购	http://www.hepmall.com.cn
开　　本	787mm×1092mm　1/16		http://www.hepmall.com
印　　张	21		http://www.hepmall.cn
字　　数	500千字	版　次	2018年9月第1版
彩　　插	4	印　次	2018年9月第1次印刷
购书热线	010-58581118	定　价	88.00元

本书如有缺页、倒页、脱页等质量问题，请到所购图书销售部门联系调换
版权所有　侵权必究
物　料　号　49262-00
审图号：GS（2014）1760号

译者前言

本书所采用的地球草地植被类型或生物群区系统,是依据德国著名气候学家柯本于20世纪早期提出的,熟为人知的地球气候分类系统。由于该系统的气候类型是以相对应的植被类型来命名的,简洁明了,雅俗共赏,易于记忆和理解,因而得到专业界和社会公众的普遍认可,历百年而不衰。现代的气候部门和学界虽然已不再采用该系统,而代之以专业的气候学系统,但在生态学界,特别是从事植被生态学研究的学者仍然对柯本的系统情有独钟。本书的作者将地球的草地分为三大类群,即热带草地、温带草地和高寒草地。这和我国植被生态学者在《中国植被》和《中国植被图(1:100万)》两本专著中的草地植被分类是基本一致的。通过阅读本书使读者能清晰地理解草地作为地球上重要的生物群区在南北/东西四半球对称分布的地带性格局,及其地球行星气象学和气候学解释。

温带草原带曾是地球上最大的放牧场,包括欧亚草原区、北美草原区、南美潘帕斯草原区和南非维尔德草原区四大温带草原区。其中,欧亚草原区的面积是最大的,包括蒙古高原及其邻近的草地和沙地,这里曾孕育出中世纪世界上最大的蒙古帝国。

我国不存在原生的稀树草原,即热带和亚热带的典型草地类型,这是因为我国的热带和亚热带都分布在湿润区,而没有干旱和半干旱区之故。然而,在我国热带和亚热带地区却存在大面积的次生灌草丛,这主要是由于森林被砍伐和反复樵采的结果,可以理解为稀树草原的类比物。这些灌草丛的禾草质地粗糙、适口性差,不适于放牧和饲养家畜,经济价值低下,生态功能也不高,却占据着我国热带和亚热带高温多雨的大片土地,可谓是我国草地植被的一块短板,亟待生态重建。

高寒草地包括地球上极地外缘的冻原草地,以及高原和高山区的高寒草甸、草原和亚高寒草甸、草原。我国的青藏高原及其边缘高山发育着地球上最大面积的多种类型的高寒草地。其中包涵着极其丰富和稀有的高寒动植物的生物多样性,是地球上弥足珍贵的高山天然野生动物园和基因库。

我国的天然草地面积大约有4亿公顷,占国土面积的42.67%,在世界上列第三位,可谓是一个草地大国,但我国的草地畜牧业产值仅占5%,是个草地畜牧业的小国、弱国,在草地生产、经营管理和保育方面十分落后,对草地的科学研究水平较低。全国草地牲畜严重超载过牧,80%以上的草地不同程度地发生退化,生产力低下,草地的生态服务功能被明显削弱,荒漠化的趋势增强。"借他山之石可以攻玉",我们翻译本书的初衷正是如此,通过对世界上其他国家和地区的草地的了解,从而对我国草地的生产、经营管理和保育的粗放、落后、不足和忽视有所认识。让我们期望我国在今后 20~30 年期间有规划地大力发展人工草地与草地农业支持的现代化草地畜牧业,形成我国现代化农业的支柱产业,从而使天然草地得到全面保育、永久的禁牧还草,恢复和发展其巨大的生态服务功能,更加郁郁葱葱地覆盖哺育我们祖国的大地。

张新时　唐海萍

前　言

　　……巨大的地表延伸着,直到遇到远方热情洋溢的天空才下沉,其上零星点缀着一排树木……下沉之处,有如静谧之海或无水之湖……白天从这里落下……她是可爱的也是狂野的,但是她的千篇一律也让人感到压抑。

查理·狄更斯描述在伊利诺伊州,接近 Lebanon 附近时看到
普列那草原禾草的情景(《游美札记》,1842)

　　草地唤起激情,她们是地球上最大的生物群区,代表了不可胜数的生物多样性来源,并且提供了重要的产品和服务。她们是我们人类作为一个物种,第一次站立和走过的地方。因此,禾草和草地被广泛地研究着。但是,经过了几年高年级本科生和研究生的草地生态学课程教学,我意识到需要一本适合的教材。由此,我写作本书,希望不仅对选修我课程的学生有所帮助,并且有助于那些研究者、土地管理者以及世界各地对草原有兴趣的任何人。

　　本书参考了来自生态、自然历史和农业学科的大量文献。植物名的命名法根据 2008 年 5 月美国农业部(USDA)植物国家数据库(http://plants.usda.gov/index.html),对于未列入该数据库中的物种,则使用其原始来源的学名;如果数据库更新了该物种学名,则以之替换原始来源名称。一些科的植物有了新学名:例如,当我讲到高羊茅时,我用 $Schedonorus\ phoenix$ 代替旧的学名 $Festuca\ arundinacea$。旧学名包含在索引中新学名的参考部分。

　　我自己对草原的体验最早来自于英格兰南部白垩草原,其后就始终不渝地爱上了她。Newborough Warren, Anglesey 的沙丘草地,Snowdonia, Wales 的山地草地对我也非常重要,因为我在南威尔士大学(现在是 Bangor 大学)度过了我的博士求学生涯。我对草地的研究受到许多导师和同事的影响,但是我必须特别提及以下几位:Paul Risser(早先在 Oklahoma 大学),Lioyd Hulbert(堪萨斯州立大学)和 20 世纪 80 年代晚期 Konza 普列那草原上的长期生态定位研究团队,他们对于我理解北美普列那草原产生了巨大且持久的影响。本书的写作始于那时的影响。

　　写作一本书通常要花费很长时间,但是我非常感谢南伊利诺伊大学卡本代尔分校(Southern Illinois University Carbondale)在 2006 年春季提供了休假使得我有时间完成几章。太多的人为我写作本书提供了帮助。我要特别感谢我的同事们,他们为我答疑解惑并且帮助我阅读了不同章节的草稿,Roger Anderson(第 10 章)、Elizabeth Bach(第 1 章)、Sara Baer(第 7 章和第 10 章)、Ray Callaway(第 6 章)、Ryan Campbell(索引)、Gregg Cheplick(第 5 章)、Keith Clay(第 5 章)、Jim Detling(第 9 章)、Stephen Ebbs(第 4 章)、Don Faber-Langendoen(第 8 章)、Richard Groves(第 8 章)、Trevor Hodkinson(第 2 章)、Allison Lambert(第 1、2、3、4、8 章)、Susana

Perelman(第 8 章),Wayne Polley(第 4 章),David Pyke(第 10 章),Steve Renvoize(第 3 章),Paul Risser(第 1 章),Tim Seastedt(第 7 章),Rob Soreng(第 2 章)和 Dale Vitt(第 8 章)。感谢 Daniel Nickrent,Hongyan Liu,Gervasio Piñeiro,Sam NcNaughton,Dale Vitt,Steve Wilson 和 Zicheng Yu 允许我使用他们精彩的照片。John Briggs 友好地提供了彩插 13 的卫星影像,Howard Epstein 提供了原始图(图 4.3)。来自 SIUS 图像设备的 Cheryl Broadie 和 Steve Mueller 在准备照片和数据方面提供了非常大的帮助。Helen Eaton,Ian Sherman 和牛津大学出版社的职员们总是不知疲倦地提供帮助,促使本书正式出版。最后,我满怀感激地要感谢我的妻子 Lisa 和我们的孩子 Lacey 和 Dylan,她们的爱以及情感的支持使得我最终完成了马拉松似的书稿撰写工作。

D.J.G

2008 年 5 月于伊利诺伊州,卡本代尔

目 录

第1章 导论 ·· 1
　1.1 草地的定义及其同义词问题 ············· 1
　1.2 世界草地的范围 ····························· 4
　1.3 草地的丧失 ··································· 7
　1.4 草地的产品和服务 ·························· 14
　1.5 早期的草地生态学家 ······················ 20

第2章 系统与进化 ·································· 23
　2.1 禾本科的特征 ································ 23
　2.2 禾草分类的传统与现代观点 ············ 25
　2.3 各亚科的特征 ································ 27
　2.4 化石证据与进化 ····························· 32

第3章 生态形态学和解剖学 ····················· 38
　3.1 发育形态学——植物繁殖单位 ········· 38
　3.2 燕麦的结构 ··································· 39
　3.3 茎秆 ··· 40
　3.4 叶 ·· 47
　3.5 根 ·· 50
　3.6 花序和小穗 ··································· 52
　3.7 禾草种子及幼苗发育 ······················ 55
　3.8 解剖学 ·· 58

第4章 生理学 ··· 62
　4.1 C_3植物和C_4植物光合作用 ········· 62
　4.2 牧草品质 ······································ 73
　4.3 次级化合物：抗捕食防御物质和他感物质 ································ 79
　4.4 硅 ·· 85
　4.5 草本植物无性繁殖的生理整合和无性系分株的调节机制 ··· 86

第5章 种群生态学 ·································· 88

　5.1 繁殖和种群动态 ····························· 88
　5.2 真菌关系 ······································ 102
　5.3 遗传生态学 ··································· 111

第6章 群落生态学 ·································· 120
　6.1 植被-环境关系 ······························· 120
　6.2 演替 ··· 123
　6.3 物种的相互作用 ····························· 127
　6.4 草地群落结构模型 ·························· 132
　6.5 小结：尺度问题 ····························· 139

第7章 生态系统生态学 ···························· 141
　7.1 能量和生产力 ································ 141
　7.2 养分循环 ······································ 154
　7.3 分解作用 ······································ 163
　7.4 草原土壤 ······································ 168

第8章 世界草地 ····································· 175
　8.1 植被描述方法 ································ 175
　8.2 世界草地概述 ································ 177
　8.3 区域草地分类案例 ·························· 195

第9章 干扰 ·· 202
　9.1 干扰的概念 ··································· 203
　9.2 火 ·· 206
　9.3 食草作用 ······································ 213
　9.4 干旱 ··· 227

第10章 管理和重建 ································ 230
　10.1 管理技术和目标 ···························· 230
　10.2 牧区评价 ····································· 240
　10.3 重建 ··· 254

参考文献 ·· 262
植物名索引 ··· 312
动物名索引 ··· 320
主题词索引 ··· 322
译后记 ··· 325

第 1 章 导 论

> 每一片青草覆盖的山坡对于那些愿意读她的人来说,都是一本打开的书。在她的书页上写着现在的状况,过去的事件,并且预示着未来。有些人看不懂;但让我们靠近她,理解她,并采取明智的行动,及时将我们的土地利用方法和保育活动密切和谐地融入大自然的法则。
>
> ——John E. Weaver(1954)

本章的目的是介绍草地生物群区。草地是分布最广泛,可以说对人类社会最有用,但也是这个星球上最受威胁的生物群区。然而,明晰草地的定义却是令人惊异地困难。在这里,我们寻求这样一个定义(1.1 节);讨论草原在哪里出现(1.2 节);它们是如何消失,破碎化和退化的(1.3 节);并且总结其突出且巨大的价值(1.4 节)。本章以两位草地生态学的先驱——John Bews and John Weaver 的简略传记结尾(1.5 节)。

1.1 草地的定义及其同义词问题

简单地说,草地被定义为"以草为主导的生境",然而很难得到一个更有用、严格,却无所不包的定义(表 1.1)。事实上,许多权威人士并未提供定义,而仅仅假设当我们看到一个草地时,我们就会认出它是草地。其他人定义草地时更倾向于不使用特殊特征;例如,Milner 和 Hughes(1968)提出一个植物区系的定义(表 1.1),但是补充了一个更有用的方法,即考虑草地的外貌或结构,如"一个没有木本物种的低矮植物覆盖的植物群落"。这些不同定义的共同之处主要在于禾草(禾本科的成员)占据优势,木本植被不常见或多度低,并且通常伴随着干旱气候。Risser 的定义(1988)也许是最综合的,因为它包含了这些想法。其他重要因子,如深厚、肥沃、富含有机质的土壤(多数是黑钙土——见第 7 章),频发天然火(第 9 章),大群食草哺乳动物(第 9 章)联合起来,也有助于表征世界上许多地方的天然草地。半天然或人工草地,例如,市容草地(amenity grassland,第 8 章)可能缺乏其中某些特征,特别是自然的干扰。

众多的学科有一系列的术语,它们几乎是一种专门与草地有关的语言(表 1.2)。许多这类术语从草地放牧管理,也就是放牧场管理的漫长历史中起源(第 10 章)。许多这类术语已经被有关专业组织所规范,例如,代表了美国、澳大利亚和新西兰超过半数的机构和学会的牧草和放牧术语委员会。在表 1.2 中列出的几个术语是经常被用作同义词的(例如,位于北美中西部的普列那草原和草地),但是其他的特指某一类型的草地(如稀树草原)或地理位置(如南非草原、澳大利亚草原)。草甸和围栏牧场的区别表现在它们各自利用和管理上的不同,则回溯到数百年前,在几种欧洲的语言中就有所反映。例如,法文 *pré* 和 *prairie*,德文 *Wiese* 和 *Weide*,以及拉丁语 *pratum* 和 *pascuum*(Rackham 1986)。而如牧草和草本这样的术语专指对牧场管理者有用的草地部分。牧草(饲料)是尤其相关和重要的组分,因为它定义了被用来喂养家养食草动物的那部分。饲料科学是一个特化了的农业学科,有其自己的权属(例如 Barnes *et al.* 2003)。总的来说,与草地相关联的术语和语言既反映了这些生态系统的共同点,又反映了它们在广阔的世界范围内分布的多样性。

表 1.1 草地的定义

定义	来源
"我们大陆中间不可分割的大旷野……干旱是首要的不能改变的限定因子……一个旅行的地方……无树的平原……"	Manning(1995)
"一个禾本科占优势的,没有树木的植物群落"	Milner 和 Hughes(1968)
"……一个禾草占优势,但是也包含许多阔叶草本(杂类草)的植被类型"	Bazzaz 和 Parrish(1982)
"被禾草占优势的植被所覆盖的土地"	The Forage and Grazing Terminology Committee(1992)
"木本植被的普遍缺乏可帮助定义草地……"	Knapp 和 Seastedt(1998)
"[草地]……主要是禾草(Gramineae)和禾草状植物[多数是莎草科(Cyperaceae)]占优势,气候普遍干湿季分明,并以极端的温度和降水著称"	Sims(1988)
"草本和灌木植被占优势,靠火烧、放牧、干旱和/或寒冻温度维持的陆地生态系统"	Pilot Assessment of Global Ecosystems;White *et al.*(2000)
"总植被的四分之一或更多由以禾本科为优势生活型的草本植物群落构成,禾草赋予景观以具特征的和统一的植物性结构,可能存在一些上层的散生乔木和灌木"	Kucera(1981)
"包括用于收获牧草的群落在内的任何植物群落,在其中禾草和/或豆科牧草构成优势植被"	Barnes 和 Nelson(2003)
"一个具有足够支持禾草生存,但不足以支持树生存的年平均降水量(25~75cm[10~30英寸])的区域"	Stiling(1999)
"<1 棵树/5 英亩……坡度为 2%~4%"	Anderson(1991)
"周期性干旱气候下的植被类型,有以禾草和禾草状物种占优势的冠层,它们生长的地方每公顷的树木少于 10~15 株"	Risser(1988)

表 1.2 草地术语(来源表示出处)定义由 Thomas(1980)再制作,在 Hodgson(1979)版本的基础上修改

术语	定义	来源
牧草/饲料(forage)	任何植物类物质,包括草本,但不包括用于饲养家畜的浓缩物	Thomas(1980)

续表

术语	定义	来源
草本(herbage)	草地的地上部分是植物类物质的集聚,具生物量和营养价值	Thomas (1980)
草甸(meadow)	一块草地其本地的或引进的牧草生产力因景观位置或水文而变化,如割草场、湿草甸	Forage and Grazing Terminology Committee (1992)
围栏牧场(pasture)	一类封闭的放牧管理单元,以围栏或其他屏障与其他地块隔离,专用于牧草的生产,主要以放牧的方式收获	Forage and Grazing Terminology Committee (1992)
人工草场(pastureland)	专用于生产本地的或引进的牧草的土地,主要以放牧的方式收获	Forage and Grazing Terminology Committee (1992)
永久草场(permanent pasture)	由多年生草或天然下种的一年生植物构成的草场,通常在连续10年或更多年间每年持续放牧	Barnes 和 Nelson (2003)
北美草原(prairie)	法文术语的草地,现用于描述北美大平原的草地。在美国定义为几乎平的或起伏的草地,通常是无树的,并经常以土地贫瘠为特征	Forage and Grazing Terminology Committee (1992)
放牧场(rangeland)	美国术语,用于形容本地植被中以禾草、禾草状植物、杂类草或灌木占优势的土地,且该土地被当作一个天然的生态系统进行管理	Forage and Grazing Terminology Committee (1992)
草皮(sod)	一片被放牧的动物挖出或刨出的草地	Thomas (1980)
稀树草原(savannah)	具有散生的乔木或灌木的草地;通常是真正的草原和森林之间的过渡类型,伴有干湿季交替的气候	Forage and Grazing Terminology Committee (1992)
澳大利亚草原(spinifex)	澳大利亚干草原,以禾草三齿稃草属(*Triodia*)占优势,且偶有灌木(金合欢属 *Acacia*)和矮乔木(桉属 *Eucalyptus*)	Skerman 和 Riveros (1990)
干草原(steppe)	半干旱草地,特征是出现在散生灌木中的低矮禾草,具有其他的草本植被和偶有的木本物种	Forage and Grazing Terminology Committee (1992)
低郁闭草地(sward)	一个具有低(如高度<1m)的郁闭叶层覆被的草地,包括地上和地下两部分,但不包括木本植物	Thomas (1980)
南非草原(veld)	南非草地的非洲术语,具有散生的乔木的灌木丛	Bews (1918)

1.2 世界草地的范围

就全球而言，草地出现于每个大陆（不包括南极洲），占据面积$(41\sim56)\times10^6$ km^2，覆盖31%~43%的地球表面（引自世界资源 2000—2001）（彩插 1）。此估计范围反映了不同组织对草地定义的差异，特别是范围扩展到将农田、冻原或灌丛都包括在内时。据被最广泛接受的全球生态系统先导分析分类（Pilot Analysis of Global Ecosystems（PAGE）Classification）报告的估计，草地覆盖面积 52 544 000 km^2，占总土地面积的 40.5%（White et al. 2000；世界资源 2000—2001）。PAGE 的草地分类排除了世界数据库中由夜间灯光确定的城市面积（估计为 1 010 km^2），却依然很宽泛，包括稀树草原（17.9×10^6 km^2），稀疏和郁闭的灌丛（16.5×10^6 km^2），冻原（7.4×10^6 km^2）以及非木本的草地（10.7×10^6 km^2）。PAGE 的分类基于土地覆盖卫星影像（satellite imagery），影像来自国际地圈-生物圈计划的数据与信息系统（IGBP-DIS），利用先进的高分辨率的辐射仪（AVHRR）数据获得 DISCover，1km 分辨率的土地覆盖图（Loveland et al. 2000）。

根据 PAGE 的分类，草地比其他的主要覆盖类型占据更多的地球表面，如森林（28.97×10^6 km^2），农业（36.23×10^6 km^2）（White et al. 2000），将近 800×10^6 人口居住在这片广袤的区域上，多于森林区（约 450×10^6 人），但是少于农业区（2.8×10^9 人，1995 年估计）。800×10^6 草地居民的多数生活在稀树草原区（413×10^6 人），而这其中大部分（266×10^6 人）在非洲萨赫勒地区（White et al. 2000）。相比较，人口最少的草原区是冻原（11×10^6 人），其中仅有 104 000 人生活在北美冻原草地。

就全球而言，非洲萨赫勒的草地是最为广阔的，面积为 14.46×10^6 km^2；亚洲紧随其后（不包括中东）为 8.89×10^6 km^2；然后是欧洲、北美洲和大洋洲（包括新西兰和澳大利亚）的草地，均在 $6.0\times10^6\sim7.0\times10^6$ km^2（表 1.3）。按面积算，世界上有 11 个草地面积超过 1×10^6 km^2 的国家，其中居于首位的澳大利亚草地面积为 6.6×10^6 km^2（表 1.4）。世界上各个主要区域的代表性草地均已列于此表中。按照草地面积的百分率，这 11 个国家均有>80%的面积是草地（表 1.5），其中贝宁有最大的草地覆盖率（93.1%）。这些国家中，有 9 个位于非洲萨赫勒，而且都很小，土地面积不足 1×10^6 km^2（纳米比亚①是最大的，为 825 606 km^2）。澳大利亚具有所有国家中最为广袤的草地，草地覆盖率排名第六（85.4%）。

草地对世界许多大流域的生态系统功能都有贡献，如在集水区提供一个景观的功能单位。一个代表世界 55%的土地（不包括格陵兰和南极洲）共 145 个已制图流域的调查表明，25 个流域拥有大于 50%的草地覆盖率。这些流域包括塞内加尔河、尼日尔河、沃尔特湖、尼罗河、图尔卡纳湖、谢贝利河、朱巴河、赞比西河、奥卡万戈河、奥兰治河、林波波河、曼戈基河和马尼亚河等，其中 13 个在非洲，5 个在亚洲，3 个在南美洲，2 个在北美洲，1 个在北美洲和中美洲之间，1 个在大洋洲（图 1.1）。欧洲没有一个已制图的流域的草地多于 25%。

---

① 此处原文为 Mozambigue，有误。依据表 1.5 中数据，应为纳米比亚。——译者注

表 1.3　世界各地区的草地面积和人口，不包括格陵兰和南极

地区	稀树草原 (×10⁶ km²)	灌丛 (×10⁶ km²)	非木本草地 (×10⁶ km²)	冻原 (×10⁶ km²)	全球草地 (×10⁶ km²)	人口 (×10³ 人)
亚洲[a]	0.90	3.76	4.03	0.21	8.89	249 771
欧洲	1.83	0.49	0.70	3.93	6.96	20 821
中东和北非	0.17	2.11	0.57	0.02	2.87	110 725
非洲萨赫勒	10.33	2.35	1.79	0.00	14.46	312 170
北美洲	0.32	2.02	1.22	3.02	6.58	6 125
中美和加勒比	0.30	0.44	0.30	0.00	1.05	30 347
南美洲	1.57	1.40	1.63	0.26	4.87	56 347
大洋洲	2.45	3.91	0.50	0.00	6.86	3 761
世界	17.87	16.48	10.74	7.44	52.53	789 992

a. 不包括中东国家。

引自 White et al. (2000)

表 1.4　草地面积最多的国家（草地面积>1 000 000 km² 的国家）

国家	地区[a]	总土地面积(km²)	总草地面积(km²)
澳大利亚	大洋洲	7 704 716	6 576 417
俄罗斯联邦	欧洲	16 851 600	6 256 518
中国	亚洲	9 336 856	3 919 452
美国	北美洲	9 453 224	3 384 086
加拿大	北美洲	9 908 913	3 167 559
哈萨克斯坦	亚洲	2 715 317	1 670 581
巴西	南美洲	8 506 268	1 528 305
阿根廷	南美洲	2 781 237	1 462 884
蒙古	亚洲	1 558 853	1 307 746
苏丹	非洲萨赫勒	2 490 706	1 292 163
安哥拉	非洲萨赫勒	1 252 365	1 000 087

a. 亚洲不含中东国家。

引自 White et al. (2000)。

表 1.5　草地覆盖率最高的国家（草地面积占比>80%的国家）

国家	地区[a]	土地总面积（km²）	草地覆盖率（%）	国际旅游者（×10³人·年⁻¹）（±% 10 年变化）[b]	国际旅游收入（×10⁶ US $·年⁻¹）（±10 年变化）[b]
贝宁	非洲萨赫勒	116 689	93.1	145（+150）	28（-7）
中非共和国	非洲萨赫勒	621 192	89.2	23（+331）	5（-6）
博茨瓦纳	非洲萨赫勒	579 948	87.8	693（+160）	174（+361）
多哥	非洲萨赫勒	57 386	87.2	ND	ND
索马里	非洲萨赫勒	639 004	86.7	10（-74）	ND
澳大利亚	大洋洲	7 704 716	85.4	4 059（+180）	8 503（+471）
布基纳法索	非洲萨赫勒	273 320	84.7	693（+160）	32（+459）
蒙古	亚洲	1 558 853	83.9	87（-57）	21（ND）
几内亚	非洲萨赫勒	246 104	83.5	96（ND）	4（ND）
莫桑比克	非洲萨赫勒	788 938	81.6	ND	ND
纳米比亚	非洲萨赫勒	825 606	80.6	405（ND）	214（ND）

a. 亚洲不包括中东国家。b. 从 1985—1987 年至 1995—1997 年的变化。ND 代表无资料。

引自 White et al. (2000)。

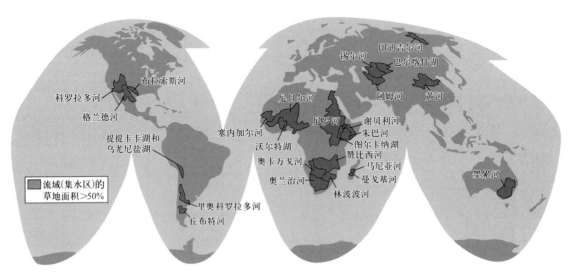

图 1.1　世界草地集水区。从 White et al. (2000) 得到使用许可。

1.3 草地的丧失

草地覆盖地表如此之大面积的土地,难怪它在整个人类历史上被大量利用。例如,在澳大利亚,人类和草地火之间的密切关系已然存在了 4 万年或更久(Gillison 1992)。在巴布亚新几内亚,类似的相互关系,即刀耕火种农业(slash-and-burn agriculture)想来至少存在了 9000 年(Gillison 1992)。事实上,人们普遍认为智人可能出现在非洲的稀树草原(Stringer 2003)。进一步回溯,草地与主要的植物和动物群体——禾草和食草的哺乳动物协同进化,互相关联(第 2 章)。

草地在整个人类历史上被居住和利用。这不可避免地导致其发生巨大的变化,最近这个生物群区丧失了很大部分。草地覆盖的主要改变归因于:
- 农业
- 破碎化(fragmentation)
- 非本地物种的入侵
- 火(缺少)
- 荒漠化(desertification)
- 城市化/人类定居
- 家畜

其中,前面三项——农业、破碎化和非本地物种的入侵——也许对天然草地构成了最大的威胁,将在下面讨论。城市化的范围在表 1.6 中列出,荒漠化在第 8 章讨论,火和家畜取食的影响在第 9 章和第 10 章讨论。

表 1.6 剩余的和转变的草地的估计

大洲和地区	剩余的草地(%)	转变为农田(%)	转变为城市区(%)	总转变率(%)
北美:美国的高草草原	9.4	71.2	18.7	89.9
南美:科罗拉多疏林地和巴西、巴拉圭和玻利维亚的稀树草原	21.0	71.0	5.0	76.0
亚洲:蒙古、俄罗斯和中国的达乌尔(呼伦贝尔)草原	71.7	19.9	1.5	21.4
非洲:中部和东部 Mopan 和 Miombo[a],分布在坦桑尼亚、卢旺达、布隆迪、刚果民主共和国、赞比亚、博茨瓦纳、津巴布韦和莫桑比克	73.3	19.1	0.4	19.5
大洋洲:澳大利亚西南部的灌丛和疏林地	56.7	37.2	1.8	39.0

引自 White et al. (2000)。
a. 指典型的稀树草原。——译者注

全球范围内,草地曾被大规模地转换为人主导的利用方式;在世界的 13 个陆地生物群区中,45.8%的温带草地、稀树草原和灌丛,23.6%的热带/亚热带草地、稀树草原和灌丛,26.6%的洪泛草地和稀树草原,以及12.7%的山地草地和灌丛都已被转换(Hoekstra et al. 2005)。只有4.6%的生境受到保护,温带草地、稀树草原和灌丛的保育风险指数较高(被转换的生境和被保护的生境的比率为10:1),高于其他任何陆地生物群区。这意味着在草地上生境转换超过生境保护的比率比在任何其他陆地生物群区上都要高;每丧失10 hm^{2}草地,只有1 hm^{2}草地受到保护。世界自然基金会(WWF)的保育科学计划中,美国分部的"全球200计划(Global 200)"在世界范围内认定了17个"极度濒危的"草地生态区(表1.7),以及额外13个被认定为"脆弱的"草地生态区(Olson and Dinerstein 2002)。生态区(ecoregions)是生物群区内的精密的生态区域,以本地的地理、气候以及独特的物种组合为特征。极度濒危的和脆弱的草地生态区包括一些世界上最多样和壮观的草地,如Terai-Duar稀树草原和南亚的草地,它们是以7 m高的甘蔗属(Saccharum)植物为优势种的冲积草原,且生存着亚洲地区密度最高的老虎、犀牛和其他有蹄类动物。其他极度濒危的区域包括位于南非凡波斯和西南澳大利亚的森林和灌丛的生态区,这两处都有大量的禾草,以及高水平的多样性和特有种。"全球200计划"确定的所有极度濒危的区域都正在遭受生境丧失和转换的影响。

表1.7 极度濒危的草地生态区

主要生境	生物地理域	生态区
热带和亚热带草地、稀树草原和灌丛	非洲热带	苏丹稀树草原
	印度-马来西亚	Terai-Duar稀树草原和草地
温带草地、稀树草原和灌丛	新北区	北美草原
	新热带区	巴塔哥尼亚草原
洪泛地草地和稀树草原	非洲热带	苏德-萨赫勒洪泛地草地和稀树草原
	印度-马来西亚	库奇兰恩洪泛地草地
	新热带	潘塔纳尔洪泛地稀树草原
山地草地和灌丛	非洲热带	埃塞俄比亚高地
		南部裂谷山地疏林地
		德拉肯斯堡山地灌丛和疏林地
地中海森林、疏林地和灌丛	非洲热带	高山硬叶灌木群落
	澳大拉西亚	澳大利亚西南部森林和灌丛
	新北区	加利福尼亚灌丛和疏林地
	新热带区	智利常绿有刺灌丛
	古北区	地中海森林、疏林地和灌丛
荒漠和旱生灌丛	非洲热带	马达加斯加有刺丛林
	澳大拉西亚	卡纳文旱生灌丛

引自 Olson et al. (2000)。

世界范围内,草地最大的变化表现为转换成农业用地,从而在很多地方创建了草地/农业镶嵌区,或在其他地区大规模地转变为农田(图 1.2)。面积最大的草地丧失在北美,那里原始的高草草原只剩下了 9.4%(表 1.6)。当地的损失甚至可能更大,如伊利诺伊州在 1978 年只剩下 0.01%(9.5 km^2)的高质量的原生草原(伊利诺伊州能源与自然资源部,1994)。其他的 10 个州也报道其高草草原的范围下降>90%。就全球而言,在南美洲和大洋洲大面积的草地也已转换为农业用地(分别剩下了 21% 和 56.7%)。所有地区损失的草原,主要转换为农业用地,而不是转换为城市。从剩余的草地排除农业镶嵌区,则全球草地面积大致减少了 7.1×10^6 km^2,特别是在撒哈拉以南的非洲地区(3.5×10^6 km^2)(White et al. 2000)。在南美洲(1.4×10^6 km^2)和亚洲的很多地方(1.2×10^6 km^2),草地也已被转换成农业用地(图 1.2)。

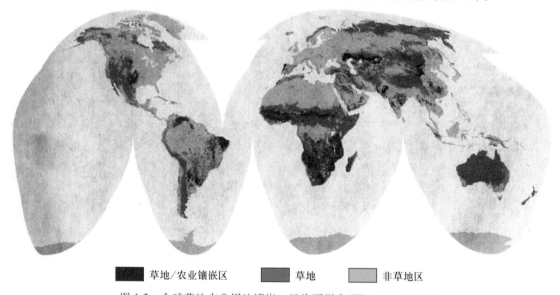

图 1.2 全球草地农业用地镶嵌。经许可引自 White et al.(2000)。

转换为农田导致草地迅速且大规模丧失,但生境破碎化则更危险,它将草地地块分割为更小的单元,使生态系统的结构和功能逐步降低。草地破碎化的范围由 White 等(2000)进行了说明,他报道在北美洲和拉丁美洲分析的 90 个草地区域中,37% 出现了线状的小斑块。在另一项分析中,他们发现,美国大平原的公路网络割裂了 70% 的草原,从而形成了 < 1 000 km^2 的斑块。乍看上去,好像公路网络对草地破碎化程度的影响可以忽略不计,似乎 90% 的草原由 10 000 km^2 或更大的斑块组成。就全球来说,White 等(2000)估计近 37% 的草地具有小而少的碎块生境、高度破碎化或两者兼具的特征。

破碎化除了影响估算草地的面积之外,还增加了生存斑块的周长对面积的比率,减小了有效且免受干扰的内部面积。边缘的生境可能在结构上和自然组成上不同于内部生境,具有紧实的或变化的土壤(包括农田附近的农业径流)和高密度的木本植被。破碎化可以改变自然干扰状况,例如,道路能对景观火的传播造成障碍。这些环境的差异可以对植物区系和动物区系造成若干直接的和间接的影响,包括外来种的高多样性和本地种的低多样性,低营巢成功率和高本地鸟类被捕食率。支离破碎的种群可能被基因隔离,种群的规模降低,易于近亲繁殖、基因漂移和灭绝。大量研究结果证实了这些不利影响(Saunders et al. 1991)。例如,在俄亥俄州草原,高地矶鹬、食米鸟、稀树草原麻雀和亨斯洛麻雀是对面积敏感的,只有在大于 0.5 km² 的大片草地才常遇到(Swanson 1996)。在欧洲中部的钙质草原,生境破碎可以干扰植物的传粉,以及捕食者和猎物之间的相互作用(Steffan-Dewenter and Tscharntke 2002)。在美国大平原的草地上,密集的土地利用以及随之而来的破碎化草地成为外来鸟类居住的热点地区(Seig et al. 1999)。

矛盾的是,欧洲的许多保育人士在慨叹人工管理的半天然草地的减少,因为很多这些草地是物种丰富区。在最后一次冰期以后(大致公元前 10 000 年),不列颠群岛曾被森林覆盖,草地稀少,仅限于几个高海拔山地地区(Pennington 1974)。大规模的砍伐森林和开垦农田开始于公元前约 4 000 年,并延续了几个世纪,直到罗马时代(Rackham 1986)。关于草地利用的最早的书面记录出现在《末日审判书》(Domesday Book)中,书中记录了征服者威廉于 1086 年调查英国土地的数据。割草草地是记录得最好的土地利用方式,占被调查面积的 1.2%(约 1 214 km²),草场被提及的则更少。例如,在林肯海岸的林赛郡记录了 178 km² 的草甸,占土地面积 4.5%。相反,在多塞特郡,草场占 28% 的土地面积(716 km²,图 1.3),草甸占 1%(28 km²),林地占 13%(328 km²)。然而,自从全英国景观的草地被人为扩大,在过去 200 年中,这些现在值钱的半人工草地有了更为惊人的下降,伴随而来的还有草地"改良"性扩展、向农田的转变,以及城市化。例如 Fuller(1987)估计,英国低地的半天然草场在 1930 年和 1984 年之间,减少了 97% 以上。但是这些地区很多仍保持为草地,且通过播种或管理满足农业偏好的草种,特别是黑麦草(Lolium perenne)和白车轴草(Trifolium repens),从而有了改进。在现存的半自然低地草地中,表现了特殊植物区系特征的群落仅有 1%~2%(Blackstock et al. 1999)。

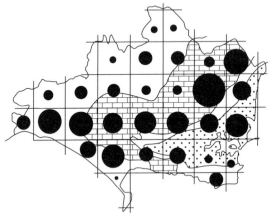

图 1.3 《末日审判书》中记录的 1086 年英格兰 Dorset 草场区。每个黑圈代表在地图上的比例尺下每 10 km² 内草场的总面积。经许可引自 Rackham(1986)。

世界上其他地区的保育价值低且物种贫乏的草地在扩大,包括美国东部和东南部的草场,那里已种植 $14×10^6$ hm² 由欧洲引进的高羊茅(*Schedonorus phoenix*)和苇状羊茅(*Festuca arundinacea*)(Buckner and Bush 1979)。同样地,在加利福尼亚有 $10×10^6$ hm² 原生的加利福尼亚北美草原,一度以多年生的丛生禾草为特征,包括丛生禾草针茅(*Nassella pulchra*)和 *N. cernua*;现在则为外来的一年生禾草占优势,包括野燕麦(*Avena fatua*)、裂稃燕麦(*A. barbata*)、毛雀麦(*Bromus mollis*)、双雄雀麦(*B. diandrus*)、红雀麦(*B. rubens*)、大麦(*Hordeum marinum*)、小大麦(*H. pusillum*)和鼠茅(*Vulpia myuros*)(Heady et al. 1992)。在澳大利亚,人工草地覆盖 436 000 km²(5.6%),但是没有一片在前欧洲殖民者抵达前(1780 年)出现过(Gillison 1992)。在温带地区,这些人工草场以欧洲草种占优势,包括黑麦草和白车轴草。对于区域管理者来说,这些外来植物是有益的,因为它们每年都会产出营养丰富的牧草。

然而,对于许多环保主义者来说,上面列出的外来种(exotic species)预示了更大的问题,即草地被外来种严重入侵。在某些情况下,如上文所指出的,加州北美草原的外来种可以完全取代原生种,造成整个生态系统外貌和结构的根本变化。在其他情况下,单一物种入侵可能更危险,它们看似移动到空置的小生境中。然而,任何外来种的引进都会在某种程度上影响到草地复杂的动力学(参阅 9.2.4)。草地遭受外来种入侵到什么程度,部分取决于环境变化或自然干扰的严重程度。过度放牧、干旱、不频繁的火烧、过度践踏或其他胁迫都可以导致外来种立足;之后,变化可以自我强化(Chaneton et al. 2002;Weaver et al. 1996)。上述的破碎化,以及与其他的生态系统变得更加临近,如农地和森林,均可通过扩散增加外来种的涌入。虽然许多外来种是意外引进和散布的,但有些却是蓄意引进的。例如,在澳大利亚,播种外来种被用来修复退化的草场(Noble et al. 1984)。苜蓿(*Medicago* spp.)已被广泛应用于冬季降雨的半干旱地区并获得成功,但该物种随后已被广泛驯化了。

除了一些出现大规模明显变化的草原,如前面提到的加州北美草原的外来种已改变草地的总体程度尚不清楚。在植物区系方面,草地中的外来种入侵的严重程度可能很高。例如,美国科罗拉多东部的波尼国家草地 17%(70/410)的植物种和美国南达科他州劣地国家公园 28%(16/56)的禾草是外来种(Licht 1997)。在 100 种被列为"世界最严重的"外来种生物中,有 13 种入侵草地的植物(表 1.8)。

除了在表 1.8 中列出的广泛分布的外来种之外,还有许多其他的外来种入侵、归化,并在一个更为区域性的基础上改变原生草地;这些外来种包括以下(除特别指明外均为禾本科):矢车菊属(*Centaurea*):菊科和其他的蓟,包括翼蓟(*Cirsium vulgare*)和节毛飞廉(*Cardunus acanthoides*)——在美国中西部和乌拉圭的潘帕斯草原起伏的放牧场上(Lejeune and Seastedt 2001;Soriano 1992)。

- 一年生禾草包括雀麦(*Bromus* spp.)、野燕麦(*Avena fatua*)——遍布整个北美和加拿大的草地。特别是在西部(Hulbert 1955;Mark 1981)。
- 一年生的豆科植物有苜蓿(*Medicago* spp.)、笔花豆(*Stylosanthes* spp.)和三叶草(*Trifolium* spp.),以及多年生草,包括黑麦草(*Lolium perenne*)、鸭茅(*Dactylis glomerata*)和豆科的白车轴草(*Trifolium repens*)——在引种到温带和热带的澳大利亚的改造过的原生草地和草场后成为归化种(Donald 1970;Moore 1993)。

表 1.8 "世界最恶劣"的草地入侵植物

学名	普通名	科	生活型	起源	入侵地区
芦竹 [*Arundo donax* (L.)]	荻芦竹	禾本科	多年生禾草	印度次大陆	亚热带和温带,主要在河岸带和湿地,也在丛林、栎树稀树草原以及南非和美国的人工草地
香泽兰 [*Chromolaena odorata* (L.) King and Robinson]	飞机草	菊科	多年生灌木	中美和南美	热带非洲和亚洲的人工草地
虎杖 [*Fallopia japonica* var. *japonica* (Houtt.) Ronse Decraene]	酸筒杆	蓼科	多年生草本	日本	在北美、北欧、澳大利亚和新西兰的大部分河岸带、疏林地和草地密集成丛地带。沿河岸散布和进入荒废的/开发的土地、城市地区和路边
金姜花 [*Hedychium gardnerianum* Ker (Himal.)]	美丽姜花	姜科	多年生草本	东喜马拉雅山	密克罗尼西亚联邦、法国波利尼西亚和夏威夷、新西兰、南非、留尼汪、牙买加和亚速尔群岛的潮湿生境。以上来自新西兰的草场改良记录
白茅 [*Imperata cylindrica* (L.) Beauv.]	白茅	禾本科	多年生禾草	东南亚、菲律宾、中国和日本	整个温带和热带(特别是美国东南部)从平坦干燥的林地到永久性水体边沿的所有生境。改变自然火的状况,当燃烧时产生高热
马缨丹 (*Lantana camara* L.)	大叶马缨丹	马鞭草科	观赏灌木	美国西南部和中南美洲	人工草地和其他生境的杂草,遍布整个热带、亚热带和温带地区的50多个国家,降低人工草地的生产力,毒害牛
银合欢 [*Leucaena leucocephela* (Lam.) de Wit]	银合欢	豆科	乔木	墨西哥和中美洲	因为热带的饲料和再造林被广泛使用,现散布于除欧洲和南极洲外所有大陆上的超过20个国家。在开放(通常是海岸和河岸)生境,半自然的、受干扰的退化生境和其他荒野地上,尤其严重地入侵加纳、佛罗里达和夏威夷的草地

续表

学名	普通名	科	生活型	起源	入侵地区
薇甘菊[Mikania micrantha (L.) Kunth.]	小花蔓泽兰	菊科	多年生藤本	中南美洲	一种茶园、橡胶园、油棕园以及其他作物和森林与人工草地中的杂草,入侵澳大利亚、印度、孟加拉国、斯里兰卡、毛里求斯、泰国、菲律宾、马来西亚、印度尼西亚、巴布亚新几内亚和许多太平洋岛屿
刺轴含羞草 (Mimosa pigra L.)	含羞草	豆科	灌木	墨西哥,中南美洲	引进到澳大利亚和非洲、亚洲的许多国家,在热带和亚热带地区沿着水道和季节性洪泛湿地入侵和散布。在澳大利亚的北部地区它给草地(米契尔草)、低矮的桉树林和白千层属灌木稀树草原造成危害
海岸松(Pinus pinaster Aiton.)	海岸松	松科	乔木	地中海	广泛栽种,现入侵南非、智利、澳大利亚和新西兰的灌丛、森林和草地,在火烧后大量更新,严重降低地下水位
草莓番石榴 (Psidium cattleianum Sabine)	草莓番石榴	桃金娘科	常绿灌木或小乔木	巴西	毛里求斯、夏威夷、波利尼西亚、马斯克林群岛、塞舌尔群岛、诺福克岛和佛罗里达半岛,多数是入侵森林,但在南佛罗里达和密克罗尼西亚也入侵草地
葛麻姆[Pueraria montana var. lobata (Willd.) Maesen & S. Almeida]	野葛	豆科	半木质藤本	亚洲	在美国东部广布 $2 \times 10^6 \sim 3 \times 10^6$ hm^2,估计每年造成5亿美元损失。也出现在日本和新西兰。入侵所有的生境,除了周期性洪泛地区,还包括人工草地
巴西胡椒木 (Schinus terebinthifolius Raddi)	巴西冬青	漆树科	乔木	阿根廷、巴拉圭、巴西	入侵美国南部、夏威夷和西班牙。包括人工草场和天然草地在内的受干扰和未受干扰的自然植被先锋物种

引自 IUCN/SSC 入侵种专家组(2003)。

- 蔷薇科的 Acaena magellanica 原生于新西兰,却在亚南极的岛屿上形成稠密的草毡,取代了一度广布的早熟禾(*Poa cookii*)和凯尔盖朗甘蓝(*Pringlea antiscorbutica*)群落(Hnatiuk 1993)。

- 南非原生的电线草即牙买加鼠尾粟(*Sporobolus indicus*)和外来的木本番石榴(*Psidium guayava*)统治了 Viti Levu 和其他的斐济岛的丘陵 (Gillison 1993)。
- 澳大利亚原生的黑荆(*Acacia mearnsii*)入侵南非集水区,通过蒸腾造成水分损失,从而导致的经济损失约为 $1.4×10^9$ 美元(de Wit *et al.* 2001)。

1.4 草地的产品和服务

所有的草地都以第五大科(>7 500 种)即分布最广的禾本科的成员占优势(第 2 章)。禾草也是地球上最重要的粮食作物,其中,谷子、小麦、玉米、水稻和粟是种植最多的粮食作物。(包括大豆、豆、小扁豆、干豆和豌豆在内的豆科植物也是重要的粮食作物,或许居第二位。)

为生态系统和生态系统功能赋予经济价值的努力(Costanza *et al.* 1997)是最为困难和不确定的,当然会有争议 (Pimm 1997;Sagoff 1997)。生态系统服务和功能可以分为四类 (Farber *et al.* 2006):

- 支持功能和结构(例如,养分循环、初级生产力、授粉服务);
- 调节服务(例如,贮存 CO_2、防止土壤流失、保持土壤肥力);
- 供给服务(例如,植物材料与猎物①);
- 文化服务(例如,生态旅游、风景、宗教价值)。

问题在于,许多最有价值的服务正是那些没有明确市场价值的服务 (Sala and Paruelo 1997)。在对 17 个生态系统服务和功能估计的基础上,禾草/草地生物群区的总价值是 $232·hm^{-2}·年^{-1}$(1997 年);比森林($969·hm^{-2}·年^{-1}$)和湿地($14 785·hm^{-2}·年^{-1}$)少得多,却是农田的 2.5 倍($92·hm^{-2}·年^{-1}$) (Costanza *et al.* 1997)。其他争议较少的经济模型,特别是耦合了草地价值的经济模型,包括 Ogelthorpe 和 Sanderson (1999)、Herendeen 和 Wildermuth (2002)的模型。其中,Ogelthorpe 和 Sanderson (1999)的研究是独一无二的,因为它将基于草地植被组成的生态学植物区系模型,以及更传统的管理模式,与所需商品的供应成本(市场需要的母羊和羔羊)和制定优化政策结合在了一起。相反的是,Herendeen 和 Wildermuth (2002)在美国堪萨斯州一个农业县进行经济分析,计算能源、水、土壤和氮收支。结果表明该放牧草地(县土地面积的 70%)实质上是自给自足的,对资源的任何消耗都不大,不依靠外界的补偿,且不阻断自然循环。这与其他的活动,包括大田农业形成鲜明的对比。

Williams 和 Diebel(1996)考虑两个类别的草地经济价值:使用价值和非使用价值。前者包括人类通过与草地资源的直接相互作用得到的服务,包括放牧家畜、收获野生和栽种的植物、狩猎野生动物、娱乐活动(如远足、观鸟和摄影)、教育活动、侵蚀控制、水质提升和研究活动。相反,非使用价值就是那些与无形使用有关的,其中包括:存在和选择、美学、文化历史和

---

① 猎物指那些被猎来作为食物或用于娱乐的野生动物、鸟类或鱼类。——译者注

社会学意义、生态或生物学机制和生物多样性(见7.1.3节和9.1节)。作者抱怨定价这些服务的困难,但他也总结到计算这些资源的经济指数是草原保育的关键。关于生态系统功能、产品和服务定价,在考虑整合经济和生态组分的效果时,存在持续不断的争论(Costanza and Farber 2002;Farber et al. 2006以及相关的论文)。

在一个更普遍的意义上,占据大面积地球表面的草地生态系统至少在一定程度上提供了许多重要的、可量化的商品和服务。这可以被涵盖在以下四个广泛的标题里(White et al. 2000):食品、牧草和牲畜,生物多样性,碳储存,以及旅游和休闲。草地的其他重要功能包括提供饮用水和灌溉用水、基因资源,改善天气,流域功能、养分循环、人类和野生生物栖息地的维持,去除空气污染物,释放氧气,就业,土壤形成和美学的贡献(Sala and Paruelo 1997;World Resources 2000—2001)。

1.4.1　食品、牧草、家畜和生物燃料

世界上对草地最普遍的使用方法就是家畜生产[主要是植食性哺乳动物:牛(cattle)、绵羊、山羊、马、水牛和骆驼]。此外,大量的野生食草动物(herbivore)也依赖草地,并在许多情况下与畜群共享土地。野生的本地食草动物,被视为对草地有益的、适应的,甚至是关键的。例如,美洲野牛被视作美国高草草原的关键种(见9.3.1节)。引进家畜对草地非经济性的好处(如增强生物多样性)则不太清楚(McIntyre et al. 2003),而在一般的过度放牧情况下则是显然有损的。当然,在维持生计的放牧场经济中,家畜的服务有许多好处,除了食物和现金外,还包括用作燃料和铺地的畜粪(Milton et al. 2003)。

草地牧场的家畜密度范围从1头/km^2到>100头/km^2,世界上最高的密度在中东、亚洲和澳大利亚(White et al. 2000)。最近(1986—1988年),在具有广阔草地的发展中国家,家畜数量以平均5.6%的趋势增加。增幅较大的包括蒙古,在这段时期牛增加40%,绵羊和山羊增加31.5%。最大增幅见于几内亚,家畜增加了104%。虽然这些增加可能反映这些国家经济状况有所改善,但它们也指示了过度放牧和草地退化的程度。White等(2000)估计,全世界草地的49%,有轻度到中度的退化,其中至少有5%为重度到极端退化。

作为牲畜饲料的来源,不论是直接放牧还是收获后到其他地方消费(如舍饲),都要长期感谢和依赖草地为农业所做的贡献(Flint 1859)。在美国,牧草占了肉牛总饲料量的57%(Barnes and Nelson 2003),奶牛(约16%)、猪(13%)、家禽(<5%)、马和骡子(3%)、绵羊和山羊(2%)食用的牧草比例比肉牛低。美国的牧草价值是27.8亿美元(1998年估计数),超过其他作物的价值。干草价值为11.7亿美元,仅少于玉米和大豆的市场价值(分别为19.1亿美元和14.7亿美元)(Barnes and Nelson 2003)。

饲用植物有许多不同的种类,多数是禾本科或豆科(Moore 2003)。在欧洲、澳大利亚和新西兰,最重要的牧草是多年生黑麦草、白车轴草(三叶草)。在美国东北部引种的冷季种白三叶和草地早熟禾(*Poa pratensis*)是非常重要的,引种的暖季种包括狗牙根(*Cynodon dactylon*)、毛花雀稗(*Paspalum dilatatum*)、百喜草(*Paspalum notatum*)和石茅(*Sorghum halepense*),在美国东南部成为优势种(Barnes and Nelson 2003)。冷季的牛尾草(*Schedonorus phoenix*)(高羊茅)是在东北部和东南部之间过渡带种植最为广泛的牧草,而同时在美国中西部和西部的几种原生暖季型草原禾草继续保持主导地位,如大须芒草(*Andropogon gerardii*)和黄假高粱(*Sorghastrum nutans*),再向西则被较低矮的禾草所代替,在南部是格兰马草(*Bouteloua gracilis*)和野牛草(*Buchloe dactyloides*);在北部是冰草(*Agropyron* spp.)、拟鹅观草(*Pseudoroegneria* spp.)和披碱草(*Elymus* spp.)。各种各样的原生及引进草种被用作热带地区的牧草,包括非洲虎尾草(*Chloris gayana*)、狗牙根(*Cynodon dactylon*)、俯仰马唐(*Digitaria decumbens*)、大黍(*Panicum maximum*)和狼尾草(*Pennisetum clandestinum*)(Skerman and Riveros 1990)。多种豆科植物被作为牧草种植,仅在热带地区就有 30 多个属经常与禾草混种(Skerman *et al.* 1988)。因为它们与根瘤菌属细菌(*Rhizobium* spp.)共生,豆科植物具有很高的营养价值,可以增加土壤中的氮素水平(Skerman *et al.* 1988)。在温带地区重要种包括白车轴草和红三叶、紫花苜蓿(*Medicago sativa*)、胡枝子(*Lespedeza* spp.)、救荒野豌豆(*Vicia sativa*)、百脉根(*Lotus corniculatus*)(Moore 2003;Rumbaugh 1990),在热带则有距瓣豆(*Centrosema pubescens*)、三裂叶野葛(*Pueraria phaseoloides*)、圭亚那笔花豆(*Stylosanthes guianensis*)以及有钩柱花草(*S. hamata*)(Skerman *et al.* 1988;Skerman and Riveros 1990)。紫花苜蓿在这些豆科草中是全世界种植最为广泛的,有超过 32×10^6 hm²,在美国有 13.3×10^6 hm²(Michaud *et al.* 1988)。

大量的多年生禾草在欧洲和北美越来越多地被用作可再生的生物质能源的来源,它们可以在边际土地上维持最低限度的生长,且收获大量的富碳生物质。这些生物能源作物包括一大批高生物量的根茎丛生禾草,如芒属(*Miscanthus*)、柳枝稷(*Panicum virgatum*)、糠稷(*P. coloratum*)、野牛草(*Buchloe dactyloides*)、象草(*Pennisetum puroureum*)、䕨草(*Phalaris arundinacea*)、大须芒草(*Andropogon geradii*)、芦竹(*Arundo donax*)和高羊茅(*Schedonorus phoenix*)。理想的生物能源作物共有的特点是:C_4 光合途径(第 4 章)、高水分利用效率、在休眠季节的地下养分区、不发生已知的病虫害、快速的春季生长、冠层持续时间长、不结实和多年生生活型。用这些生物能源作物的牧草可以生产可清洁燃烧的液体生物燃料(包括乙醇),用来生产热力、电力和运输燃料。生物燃料的能量含量是 $17\sim21$ MJ·kg^{-1},可媲美化石燃料的能量含量($21\sim28$ MJ·kg^{-1})。据估计,如果在伊利诺伊州现有农业土地的 20% 种植芒草,可以生成 145 TWh 的电力,超过包括芝加哥(美国第三大城市)在内的伊利诺伊州每年消耗的 137 TWh 电力(Heaton *et al.* 2004)。使用生物质能源作物的潜在的经济和环境利益包括接近零排放的温室气体(从燃烧作物生物量排放的碳等于或小于通过光合作用产生生物量固定的碳),以及改进碳封存(carbon sequestration),提升土壤和水体的质量。若美国种植柳枝稷,从经济角度讲,估计每年可多从农场净返回 60 亿美元,减少政府农业补贴 18.6 亿美元,且减少温室气体排放量 $44\sim159$ Tg 年$^{-1}$(McLaughlin *et al.* 2002)。生物质能源作物种植超过 15 年则不需要重植,且每年都可以收获生物质。在原生的北美草原(第 7 章)种植这些多年生禾草导致大量的地下碳封存,土壤中有机碳和氮含量较高,高于种植传统作物(如玉米)(见 1.4.3 节)。被封存的土壤碳有作为碳定额的潜在用途。燃烧生物质能源作物的二氧化碳排放量大大低于传统的来源;例如,燃烧柳枝稷的二氧化碳排放量约为 1.9 kg C·GJ^{-1},低于天然气、石油和煤的排放量,分别是 13.8 kg C·GJ^{-1}、22.3 kg C·GJ^{-1} 和 24.6 kg C·GJ^{-1}(Lemus and Lal 2005)。尽管种植禾草作为生物燃料有经济和环境上的优势(如上所述),但依前文所述的生物燃料物种的生态特性,种植它们也有助于物种入侵,提醒我们关注引入和种植生物质能源种的生态风险(Raghu et al. 2006)。上面列出的许多生物燃料物种都在离开原地之后表现出入侵性。

天然草地有潜力成为有价值的生物能源来源。天然草地多年生植物的混合物被称为低投入高多样性(LIHD)的生物燃料,展示出超出单种作物238%的生物能收益。此外,这些LIHD是负碳的,封存在土壤和根部的二氧化碳($4.4\ Mg\ CO_2 \cdot hm^{-2} \cdot 年^{-1}$)多于传统的生物燃料生产过程中释放的碳($0.32\ Mg\ CO_2 \cdot hm^{-2} \cdot 年^{-1}$)(Tilman et al. 2006a)。

1.4.2 生物多样性

以任何标准衡量,世界的草地都可被称为生物多样性的重要资料库。正如较早指出并将在第2章中更详细讨论的,世界上主要的粮食作物是禾草,且它们的祖先起源于草地。谷物和牧草栽培品种的现代化改进的方式是育种,直至今天仍要继续借助草地的基因储备。

以下的观察,例证了草地高水平的生物多样性,White 等(2000)分析汇总如下:

(1)在国际自然保育和自然资源联盟(IUCN)、世界保育联盟和世界自然基金会-美国确定的234个植物多样性中心(CPD)中有40个出现在草地,还有额外的70个CPD包含部分草地生境。要有资格作为CPD的主要地区,必须包含多于1 000种维管束植物和多于10%的特有种。

(2)草地/稀树草原/灌丛占了被国际鸟盟认定的217个特有鸟类主要生境中的23个,其中3个生物重要性的排名最高(秘鲁高安第斯、智利中部和南巴塔哥尼亚)。

(3)在136个基于其突出的多样性而被世界自然基金会-美国全球200计划作为优先保育的地区中,有35个是草地。

(4)32个北美草地生态区中的10个和34个拉丁美洲草地生态区中的9个被世界自然基金会-美国评为全球杰出的生物多样性区。

(5)南非开普植物区系省的厄加勒斯平原也许是全世界生物最丰富的草地。此区域被视为世界上25个生物多样性保育的热点地区之一(Myers and Mittermeier 2000),包含有1 751个种的植物区系,其中包括23.6%的区域特有种和5.7%的本地特有种(Cowling and Holmes 1992),分布在一个灌丛、稀树草原和高山硬叶灌木群落混杂的景观上(Rouget 2003)。

(6)相比之下,一些草地如美国的大平原,起源相对较晚,所以包含的物种相对较少且特有种分布水平低(Axelrod 1985)。不过,大平原的物种倾向于较高水平的生态型分化的特点(例如 Gustafson et al. 1999;Keeler 1990;McMillan 1959b;参阅第5章),增加了生物丰富度和生态系统的价值(Risser 1988)。

与其他的生物群区一样,由栖息地的丧失和变化(见上文)造成的生物多样性的丧失受到越来越多的关注。White 等(2000)在全球确定697个至少达到 $10\ km^2$ 大小,占比50%的草地覆盖,足以作为自然保护联盟(IUCN)类别 I、II 或 III 级保护的区域(即自然保护区、野生生物保护地、国家公园或自然纪念碑)。这些区域总面积为 $3.9 \times 10^6\ km^2$,其中类似的被保护的森林面积超过 $1.6 \times 10^6\ km^2$,但仅占全世界草地总面积 $52 \times 10^6\ km^2$ 的7.6%。受保护草地面积最大的是非洲萨赫勒的 $1.3 \times 10^6\ km^2$。按百分比,保护水平最高的是北美,$6.6 \times 10^6\ km^2$ 中的

$0.8×10^6$ km^2（12%）受到保护。不过，在大平原内不同的草地类别保护水平有很大的差异；在1994年塔毛利帕斯得克萨斯的半干旱平原只有0.07%（91.8 km^2）得到保护（在任何水平上），相比之下，中央西部半干旱北美大草原有13.3%（120 000 km^2）得到保护（Gaulthier and Wiken 1998）。世界各地的不同草地中，温带草地得到的保护最少（0.69%），从阿根廷的潘帕斯草原的0.08%至南非维尔德草原的2.2%不等（Henwood 1998b）。毋庸置疑，这样低下的保护水平能日益受到关注，自然保护联盟（IUCN）与世界自然保护区委员会在提高公众对这个问题的意识和组织保护更多草地的政治意愿方面发挥了主导作用（Henwood 1998a；IUCN-WCPA 2000）。

1.4.3 碳储存

全球范围内，草地和其他的生态系统都有碳储存（carbon storage）的服务。生产者通过光合作用固定二氧化碳转移大气中的碳。同时，呼吸作用循环碳，使之再次成为二氧化碳，回到大气。作为生命的基础，全球碳循环的有效运作至关重要。其成功的运作也取决于三个碳库，即大气、海洋和陆地生物圈。尽管这种对碳循环的描述过于简单，却应该足以能强调这一循环的重要性（更详细的信息可以在最一般的生态学教科书中找到，见7.2节）。

草地以高水平的自然增碳和在地下土壤中的碳封存提供对全球碳储存的重要服务。草地高达90%的生物量在地下（参阅7.1.2节），草地的土壤碳水平高于森林、农田生态系统或其他生态系统（表1.9）。地下碳储存在高纬度地区尤其高，那里的分解率普遍很低，因此土壤有机质和碳储量可以积存上千年（参见7.3节）。在低纬度地区，由于温度较高，地上有较高的生产力，但地下存储低。因为世界范围内，草地面积是如此广阔，它的全球总碳储量与森林相当，但在单位面积上则很少，虽然仍与农田生态系统相当。自工业革命以来，基于大气中碳的人为增加（IPCC，2007），草地在地球陆地生物圈中是一个潜在的重要的碳汇，成为一个被赋予特别重要性的事实。令人担忧的是，陆地碳汇包括草地碳汇将在多大程度和时间尺度上响应全球气候变化是不确定的（Grace et al. 2001a）。不确定性在于预测在不断变化的二氧化碳、温度和养分供应（如变化的氮素有效性）条件下分解和光合速率的变化。

草地土壤的高有机质含量在某些方面成为它们的致命弱点，如导致北美大平原地区的广泛栽培。传统耕作方式会氧化土壤有机质，其结果使在已经耕作过的草地上，土壤碳下降20%~60%（Burke et al. 1995；Mann，1986）。耕作以后，在美国保护地保育计划下种植原生的多年生禾草之后，要50年或更长时间活性土壤碳库才能恢复到稳定状态（Baer et al. 2002）。在这项研究中，不稳定的碳库在重建12年内达到与原生草原相似的水平。草地碳损失的其他原因包括火烧、放牧和外来物种。例如，燃烧稀树草原，释放碳进入大气，构成了全球总二氧化碳排放量的42%（White et al. 2000）。Sala 和 Paruelo（1997）估计美国科罗拉多州东部草地的碳封存量大约值200美元·hm^{-2}，远超过每年从肉、羊毛和牛奶返回的平均现金47美元·hm^{-2}·年$^{-1}$。草地转变为农地后，碳从土壤中迅速流失进入大气，但农业弃耕后的碳自增的相反过程却是非常缓慢的（60 kg C·hm^{-2}·年$^{-1}$），系统的恢复其原始值的速率仅为1.2美元·hm^{-2}·年$^{-1}$。与农地相比，草原捕获更多的甲烷且释放出较少的氧化二氮，估计价值分别为0.05美元·hm^{-2}·年$^{-1}$和0.60美元·hm^{-2}·年$^{-1}$（Sala and Paruelo 1997）。

表 1.9　草地的碳储存与森林和农业生态系统的比较。数值单位为 Gt C，展示了最小值至最大值的估计值

生态系统	植被	土壤	合计	单位面积的碳储存（t C·hm^{-2}）
高海拔草地	14~48	281	295~329	271~303
中海拔草地	17~56	140	158~197	79~98
低海拔草地	40~126	158	197~284	91~131
草地合计	71~231	579	650~810	123~154
森林	132~457	481	613~938	211~324
农业生态系统	49~142	264	313~405	122~159
其他[a]	16~72	160	177~232	46~60
全球合计	268~901	1 484	1 752~2 385	120~164

a. 包括湿地、裸地和人居地。
修改自 White et al. (2000)。

1.4.4　旅游和休闲

草地越来越多地为游客提供旅游（生态旅游）的目的地和休闲活动场所，活动包括徒步旅行、垂钓、观看游猎动物、狩猎、文化和精神需求以及审美愉悦。生态旅游（ecotourism）被定义为"对自然区域负责的、保护环境、提高当地人民幸福度的旅游"（Honey 1999）。它的特点是对游客、自然保护和本国居民都有益。Honey（1999）认定了生态旅游的七个特点：① 涉及自然目的地旅行，② 影响最小化，③ 树立环境意识，④ 为保育提供直接的经济效益，⑤ 为当地人民提供经济效益和职业，⑥ 尊重当地文化和⑦ 支持人权和民主运动。

为了符合这些准则，草原的重要性难以准确估计，但一些指标，包括游客数量和消费金额是可用的。在一个对草地占 80% 或更多土地的国家的评估中——1995 年至 1997 年的国际游客人数介于每年在索马里的 10 000 至澳大利亚的 $4.0×10^6$ 之间（表 1.5）。从 1985—1987 年到 1995—1997 年的 10 年期间，进入这些国家的国际游客人数增加了 150%（贝宁）~331%（中非共和国）。索马里是一个例外，旅客人数减少 74%，考虑到这个国家的政治问题（内乱和饥荒）就不奇怪了。同样，在这些有数据可查的国家，1995—1997 年间每年国际旅游收入介于中非共和国的 $5×10^6$ 美元至澳大利亚的 $8 503×10^6$ 美元之间，反映了 1985—1987 年的变化，从 -7%（贝宁）到 471%（澳大利亚）（索马里的数据不可用）（表 1.5）。除了旅游和消费，狩猎猎人的数量和狩猎业的税收也在这期间增加了。虽然这些数据并不能证明草地的存在与旅游及休闲活动的正向关系，但它们肯定都符合草地提供这种服务的理念。世界资源研究所等保护机构普遍的共识是，旅游及休闲代表草地的重大经济服务，但草地范围和生物多样性的持续减少造成草地长期维持这些服务的潜能降低已日益受到关注（World Resource 2000—2001）。

草原的吸引力和游客支付费用观看大象等大型食草动物的意愿提升了土地拥有者发展环境事业的可能。例如，南非克鲁格国家公园附近的游乐农场从旅游得到的收入相当于养牛场的 15 倍并多聘请了 25 倍的劳动力（Milton et al. 2003）。在一些草地生境辽阔的国家，如纳米比亚，全国面积的 13% 被划拨为自然保护区，旅游是最重要的经济部门之一（Barnes et al. 1999）。位于纳米比亚荒漠草地区的 Etosha 国家公园，以其独特、原始的自然/景观和野生生物/动物备受调查游客喜爱并被提名为最具特殊吸引力之处（Barnes et al. 1999）。同样，在博茨瓦纳的卡拉哈里稀树草原和疏林地占优势的景观上，据估计在约三分之一的天然土地上，观赏野生动物较养牛业有更明显的经济优势（Barnes 2001）。尤其是在越来越多的具有广阔草地面积的发展中国家的农村地区，生态旅游是重要的和快速增长的经济组成（Kepe 2001）。在发达国家也同样如此，在含有草地的栖息地开展生态旅游的经济优势使其越来越多地被认为是可行和适当的土地利用方式（Norton and Miller 2000）。

非洲中部的塞伦盖蒂草地野生动物旅游为世界上最贫穷国家之一的坦桑尼亚推动经济复苏。塞伦盖蒂国家公园占地 14 763 km^2，包含 4×10^6 种动物，包括迁徙的斑马（*Equus burchelli*）、非洲旋角大羚羊（*Taurotragus oryx*）和角马（*Connocheatas taurinus*），以及自由漫步的狮子（*Panthera leo*）、非洲大象（*Loxodonta africana*）和其他有蹄类食草动物［如汤氏瞪羚（*Gazella thompsonii*）和非洲水牛（*Syncherus caffer*）等］，它们分布在一个以禾草，如阿拉伯黄背草（*Themeda trianda*）等占优势的热带/亚热带丛生禾草稀树草原上（McNaughton,1985）（见6.1 节和彩插4）。塞伦盖蒂是坦桑尼亚 12 个国家公园和 14 个游乐保护区之一，所有这些都是旅游业繁荣的核心。Honey（1999）评估坦桑尼亚符合生态旅游的 7 点标准的程度：在第 1 点和第 3 点（涉及自然目的地旅行和树立环保意识）上的国家排名高，在第 2、4、5 和 7 点（最小影响，对保育和当地人有经济效益和人权支持）上有合理的进步，但在第 6 点上表现不佳（尊重当地文化）。具体而言，本地的马赛人（Masai）尽管处在生态系统保护的最前沿，却遭受某些偏见，比起被视作有自身权益的重要文化群体，更被当作了旅游的吸引点。与之相比，邻近的拥有塞伦盖蒂北部的肯尼亚生态旅游的评分报告则逊色很多。肯尼亚自 20 世纪 60 年代以来一直是非洲最受欢迎的野生动物旅游目的地（第 1 点）。但是，最近的内乱（2007—2008 年）严重损毁了旅游业，受保护地区遭受过度开发、偷猎以及管理不善（第 2 点），结果导致人们对农民和牧民的需求和人权（第 6、7 点）或环境保护（第 4 点）不大关心。积极的一面是，肯尼亚进行了许多创新的生态旅游试验，如社会保育方案，已取得了一些成绩（第 5 点），并且至少部分人群间提高了环保意识（第 3 点）。

1.5 早期的草地生态学家

许多早期的生态学家和植物学家对草地很感兴趣。我们可以追溯到查尔斯·达尔文哀悼外来蓟入侵阿根廷潘帕斯草原的言论（Darwin,1845）。此外，我们想起了对学科的后续发展有显著影响的两位早期生态学家。本节将简要地列出 J. E. Weaver（北美）和 J. W. Bews（南非）

的生平和论著,以及他们的贡献。巧合的是,这两个人生在同一年(1884年),这一年马克·吐温的《哈克贝利·费恩历险记》出版,伯利兹成为英国殖民地(直到1981年),同年,自由女神像在纽约揭幕,17岁的钢琴家和作曲家斯科特·乔普林抵达圣路易斯。

1.5.1 John William Bews

J. W. Bews(1884—1938年),硕士、理学博士,纳塔尔大学(南非彼得马里茨堡)植物学教授,是南非植物生态学的先驱。他来自苏格兰北海岸的奥克尼群岛,在爱丁堡大学接受学术培训。Bews发表了大量植物区系、生态学和南非植被系统学方面的论著(表1.10)(Gale 1955)。他关于人类生态学的原创想法受到了将军、政治家和植物学家 Jan Christian Smuts 的影响(Anker 2000)。他的贡献在1932得到承认,并被授予南非金质奖章。

此殊荣用以表彰一位著名的南非科学家在宽泛前沿或某一特定的领域为科学进步所做出的卓越贡献。他是纳塔尔大学的第一任校长,他的遗产仍然保留在 John Bews 楼,那是为从事科学和农业研究的教职员工们提供住宿和图书馆的场所。

Bews 进行了大量植物区系的研究工作,某些工作是第一次在南非草地植物群落中进行的。作为克莱门茨演替的坚定拥护者,Bews 的第二阶段的草地工作是研究各种植物群落的发展史。他的草原工作是很重要的,因为他不只总结了当时已知的有关南非草地的植物区系和生态学的内容(Bews 1918),还在一篇较长的论文中提出了一个广义的全球草地植被分类系统(Bews 1929)。他的世界草地"种类发生史分类"起源于辛珀尔的早期分类,将世界植被分为林地、草地和荒漠。Bews 将当时对禾草进化的理解,与克莱门茨关于森林和草地演替关系的想法结合,结果产生了一个适合于世界各地草地的植被分类方法。该分类实质上是一个仍可以在今天使用的功能型的方法(参阅第8章)。他还在一系列的论文中(Bews 1927,在同一年将它们收集到一起整理成书)将禾草的系统学纳入被子植物演化的范畴中。

1.5.2 John Earnest Weaver

J. E. Weaver(1884—1966年),内布拉斯加州立大学的植物生态学教授,是北美高草草原(布勒里)的生态学先驱。他研究北美草原50年以上,留给后人超过100件出版物,包括17本书(表1.10)。他的工作涉及草原生态学的各个方面,他对植物根系(Weaver 1958,1961;Weaver and Darland 1949a)、植物间的竞争(Weaver 1942)和群落组成(Weaver 1954;Weaver and Albertson 1956)的详细研究使其被铭记至今。

他的关于掘出根系的绘图和照片是无与伦比的,只有通过使用更现代的技术追踪根系的发展才可能替代它们(第3章)。他特别关注放牧的影响(Weaver and Tomanek 1951)和1934年的"大旱"(见9.4节)(Weaver and Albertson 1936)。他的工作多以内容充实、篇幅较长的文章或专著的形式发表。他提出必须注意观察草原,并且要"仔细看和经常看"(Voigt 1980),令100多位硕士和博士研究生记忆犹新。他是华盛顿卡内基研究所的副研究员,同时担任美国内布拉斯加州科学院主席、美国生态学会主席和国际植物学大会名誉主席。

表 1.10　John W. Bews 和 John E. Weaver(除非特殊注明,均为单独作者)的书和专著名称

John W. Bews

1913	An oecological survey of the midlands of Natal, with special reference to the Pietermaritzburg district. *Annals of the Natal Museum* 2, 485–545
1916	An account of the chief types of vegetation in South Africa, with notes on the plant succession. *Journal of Ecology* 4, 129–159
1917	The plant ecology of the Drakensberg range. *Annals of the Natal Museum* 3, 511–565
1918	*The grasses and grasslands of South Africa.* P. David & Sons, Printers, Pietermaritzburg
1920	The plant ecology of the coast belt of Natal. *Annals of the Natal Museum* 4, 367–469
1921	*An introduction to the flora of Natal and Zululand.* City Printing Works, Pietermaritzburg
1923	(with R.D. Aitken) *Researches on the vegetation of Natal.* Series I. No. 5. Government Printing and Stationery Office, Pretoria
1925	(with R.D. Aitken) *Researches on the vegetation of Natal.* Series II. No. 8. Government Printing and Stationery Office, Pretoria
1925	*Plant forms and their evolution in South Africa.* Longmans, Green, London
1927	*Studies in the ecological evolution of the angiosperms.* Wheldon & Wesley, London
1929	*The world's grasses; their differentiation, distribution, economics and ecology.* Longmans, Green, London
1935	*Human ecology.* Oxford University Press, London
1937	*Life as a whole.* Longmans, Green, London

John E. Weaver

1918	(with R.J. Pool and F.C Jean) *Further studies in the ecotone between prairie and woodland.* University of Nebraska Press, Lincoln, NE
1929	(with W.J. Himmel) *Relation between the development of root system and shoot under long- and short-day illumination.* American Society of Plant Physiologists, Rockville, MD
1930	(with W.J. Himmel) *Relation of increased water content and decreased aeration to root development in hydrophytes.* American Society of Plant Physiologists, Rockville, MD
1932	(with T.J. Fitzpatrick) *Ecology and relative importance of the dominants of tallgrass prairie.* s.n., Hanover, IN
1934	(with T.J. Fitzpatrick) *The prairie.* Prairie/Plains Resource Institute, Aurora, NE (reprinted 1980)
1938	(with F.E. Clements) *Plant ecology.* McGraw-Hill, New York
1954	*North American prairie.* Johnsen Publishing, Lincoln, NE
1956	(with F.W. Albertson) *Grasslands of the Great Plains: their nature and use.* Johnsen Publishing, Lincoln, NE
1968	*Prairie plants and their environment; a fifty-year study in the Midwest.* University of Nebraska Press, Lincoln, NE

第 2 章 系统与进化

> ……禾草的分类与系统分类学不仅满足了我们对于生物多样性的好奇,还阐明了生物如何进化……
>
> ——斯特宾斯(1956)

> 地质历史上近代高等植物的爆发式增长对我们来说简直就是尚未破解的迷雾。
>
> ——查理斯·达尔文,给约瑟夫·虎克爵士的一封信(1879)

禾草是草原畜牧业和农业中的优势植物(第1章)。本章将介绍禾本科这一多样化、多基因起源大科的系统与进化。禾草学是研究禾草分类的科学,Gould(1955)指出,禾草学对于草原研究至关重要。然而,禾本科植物的系统分类研究本身就有着令人着迷的发展史。研究者们从最初的按形态学和解剖学特征进行分类过渡到采用提供进化信息的细胞、生理和分子特征等进行分类(Stebbins 1956)。尽管还没有完全了解,但是这一科的进化已经展现出一个环境和生物因素影响下适应与协同进化的有趣典型,尤其是在干旱和放牧胁迫条件下。

2.1 禾本科的特征

禾草指的是禾本科(也称早熟禾科)的植物,属于单子叶植物纲(单子叶植物)(表2.1)。禾本科属于单子叶植物中的禾本目,该目包括与禾本科近源的拟苇科(Joinvilleaceae)、二柱草科(Ecdeiocoleaceae)和鞭藤科(Flagellariaceae)以及耳熟能详的灯心草科(Juncaceae)、莎草科(Cyperaceae)和凤梨科(Bromeliaceae)(Stevens,2001及之后)等17科(见2.4.1节)。在禾本科中,物种数目尚不固定,不同的专家确认数量在7 500到11 000种左右,分布在25族(有时>50族)和12(3~12)个亚科的600~700属中(Flora of China Editorial Committee,2006)。最大的属是黍属(*Panicum*,约500种)、早熟禾属(*Poa*,约500种)、羊茅属(*Festuca*,约450种)、画眉草属(*Eragrostis*,约350种)、雀稗属(*Paspalum*,约330种)、三芒草属(*Aristida*,约300种);然而,一些属的鉴定有待进一步确定。经济作物中,所有重要的谷类都属于禾草,包括小麦(*Triticum* spp.)、水稻(*Oryza sativa*)、玉米(*Zea mays*)、燕麦(*Avena* spp.)、大麦(*Hordeum vulgare*)、高粱(*Sorghum* spp.)、小米(*Panicum* spp., *Pennisetum* spp.)和甘蔗(*Saccharum officinarum*)。除此以外,禾本科植物也是牧草的主要来源(见4.2节)。

表 2.1　禾本科植物的分类

分类阶层	分类群
纲	百合纲（单子叶植物）
亚纲	鸭跖草亚纲
目	禾本目
科	禾本科（早熟禾科）
属	早熟禾［如：六月禾(*Poa pratensis* L.)，即草地早熟禾(Kentucky Bluegrass)］
种	早熟禾

禾草植物分类工作组(GPWG 2001)对于禾本科植物的简明描述为：

具有以下可识别共源(synapomorphic)性状的单系(monophyletic)科：花苞顶生，花被少或无花被，花粉无孔具萌发孔。成熟种皮与子房壁愈合，形成颖果。胚高度特化，具有明显的叶、芽和根的分生组织，并且分层。

曼博利(Mabberley 1987)曾对这一科做过一个相对更加详尽的特征阐述：

通常为多年生植物，常为具有根茎的草本植物（或竹类）±木本，成树状，无次生加粗。细胞壁，尤其是表皮细胞±成硅化，所有营养器官中都分布有导管结构；茎通常成圆柱状，茎具节，节间中空。根通常具根毛，但也常具内生菌根。叶通常分为 2 列（成螺旋状排列，如 *Micraira*），不会为 3 列，叶鞘边缘开放，彼此覆盖，通常长有基部分裂组织和一对基部叶耳（在很多竹类中会变窄成为叶鞘上的叶柄基）；叶片和叶鞘的关节正面长有叶舌，鲜有不长有叶舌的情况；花朵通常以风授粉，通常是两生，小花着生于小穗上，多为圆锥花序，或为总状、穗状花序。小穗含 1 至数个小花，2 行排列于小穗轴上，呈"Z"字形，基部常有 2 枚近乎对生的苞片，称为颖片。长有 1 对近乎对生的苞片（颖片）和 1 到几个小花通常成两列，"Z"字形排列，小花基部通常有两枚近乎对生的鳞片状苞片（外稃和内稃），内有 2 至 3 枚浆片（在竹亚科中可以多达 6 枚）。雄蕊有 3 个或 6 个［在竹亚科的奥克兰竹属(*Ochlandra*)中甚至会有近 100 枚］，花药较长，基部呈箭状，功能多样。子房 1 室，具 1 胚珠，为直生胚珠，近倒生状，1~2 层珠被，心皮通常为 2 枚，在竹亚科中可能为 3 枚）花柱 2 或 3，柱头通常呈羽状；颖果，通常被不脱落的稃片包裹，干燥后不开裂，种皮通常与果皮愈合，种子很少会不带次生组织而脱落，如当潮湿时花苞会分泌黏液，而干燥时会将种子暴露出来；胚具有发育良好，并被圆柱形的胚芽鞘包裹的胚芽，被一个类似的胚根鞘包裹的胚根和一个膨大的侧子叶（盾片），周围是含有丰富淀粉的胚乳，通常具有含蛋白质的组织，有时也含有脂肪，很少缺失［梨竹属(*Melocanna*)］；$X = 2 \sim 23$。

本章以及第 3 章和第 4 章中会讨论更多的细节特征。

禾本科的植物容易与外观相似的莎草科和灯心草科植物相混淆。然而还是有很多重要特征即使是非专业人士也可以清晰地辨识出来（表 2.2）。

表 2.2　可以将禾本科与莎草科、灯心草科区别开的重要特征。注意:绝大多数特征,都可能出现例外。还可见 Campbell 和 Kellogg(1986)的表 20.1

特征	禾本科	莎草科	灯心草科
叶	2 列叶序(鲜有 3 列),平展,无沟槽	3 列叶序(鲜有 2 列),平展,具沟槽	2 至多列叶序,平展或圆柱状
叶舌	通常有叶舌	无	无
茎横切面	圆柱状(圆形截面),鲜有侧面扁平	三角形	圆柱状
节间	中空或实心	实心	实心具隔膜
花序	小穗状花(一个颖片上有 1 朵或多朵小花),呈圆锥花序、总状花序或穗状花序	小穗状花呈圆锥花序、总状花序等	总状花序、头状花序、伞状花序或单生
花	小花(外稃、内稃),通常有小鳞片=浆片=花被	3 瓣,有苞片,有鳞片或刺毛;在薹草中呈膨大状	3 瓣,6 鳞花被("褐色百合")
柱头	2(常有 3 个)	2~3	3
花药	柔性附着(附着于基部的丝状体上)	与基部相连,不可移动	与基部相连
果实	颖果(谷粒),薄果皮与种皮融合(鼠尾粟的果皮会脱落)	瘦果或坚果,通常两面凸起或三棱形,花柱有时不脱落	蒴果室背开裂
种子	1 粒	1 粒	多粒
栖息地	大部分为陆生	陆生或水生(露出水面)	陆生或水生(露出水面)

2.2　禾草分类的传统与现代观点

鉴于禾本科植物数目巨大且种类多变,想要对禾本科植物有一个系统的稳定的且得到广泛共识的分类是很困难的。正如在其他领域一样,分子生物学方法也给禾草系统带来了变革(GPWG 2001;Hodkinson *et al.* 2007b;Soreng and Davis 1998;Zhang 2000)。对禾本科植物系统的研究一直是热门研究领域。下面将会介绍禾本科植物系统研究的简史。读者可以在 Stebbins(1987), Watson(1990), Chapman(1996, 第 6 章), Clark 等(1995)以及 Soreng 等(2007)文献中找到更多细节。有关这一科的网络电子资源见下:

世界禾草物种数据库(http://www.rbgkew.org.uk/data/grasses-db.html)
世界禾草属数据库(http://delta-intkey.com/grass)
网上禾草手册(http://www.herbarium.usu.edu/webmanual/)
新世界禾草分类数据库(CNWG:http://mobot.mobot.org/W3T/search/nwgc.html)

农业生产中栽培禾草以及命名禾草的传统已经延续了近2000年。在古希腊,泰奥弗拉斯托斯(Theophrastus)(370—287 BC)在他的《植物研究》(*Enquiry into Plants*)一书中就识别了至少19种不同的禾本科植物,其中包括我们所知的2种竹子[簕竹属(*Bambusa*)、牡竹属(*Dendrocalamus*)]和3种小麦[小麦(*Triticum aestivum*)、两粒小麦(*Triticum dicoccum*)、一粒小麦(*Triticum monococcum*)](Chapman 1996)。然而,18世纪中叶以前,禾本科植物的命名只是简单罗列,并无任何分类学规则。例如,约翰·舒泽尔(Johann Scheuchzer)在1708年发表了"*Agrostographiae Helvetica Prodromus*"一文,这是最早有关禾本科植物的论文之一。直到1753年,卡尔·林奈(Carl Linnaeus)在著名的《植物种志》(*Species Plantarum*)一书中首次提出了有花植物命名的双名法。在《植物属志》(*Genera Plantarum*,1767)中,他概括了40多属的禾本科植物,其中就包括今天广为人知的须芒草属(*Andropogon*)、黍属、大麦属和早熟禾属。其中黍属是最具多样性的属,包括了23个用双名法命名的植物。但是,此分类系统是基于花的构造特点和花各部分数目(尤其是雄蕊的数目)的性征分类系统,人为因素很强。之后对于开花植物的分类,包括禾本科植物,都尽可能地遵循自然原则,基于对同源特征和适应性辐射进行评定。

罗伯特·布朗(Robert Brown,1810)是第一位认识到禾本科植物的小穗是退化花序的植物学家。他还识别了禾本科的两大主要分支——黍亚科和早熟禾亚科——他分别描述了各分类群的小穗,以及它们在热带、亚热带和温寒性气候带下的分布和适应情况。

1878年,英国植物学家乔治·边沁(George Bentham)发表了广为接受的基于花序和果实形态特征的自然分类法(Bentham,1878)。他在黍亚科和羊茅亚科(基本等同于早熟禾亚科)中鉴定出13族禾草。他的分类体系为之后的禾本科类分类奠定了基础,包括Bentham和Hooker(1883)的工作以及Bews(1929,见第1章)的世界禾本科植物纲要。Hitchcock和Chase在他们1935年和1950年的美国禾本科植物分类中使用了Bentham的体系,他们鉴定出两个亚科和14族(Hitchcock and Chase 1950)。Hitchcock和Chase的分类体系被作为北美禾草和草原的标准分类体系使用,并且直至20世纪80年代美国大部分的植物类群的分类都遵循该体系。

那时,禾草分类主要还是基于对形态特征的观察。20世纪20—30年代,随着形态学、解剖学、细胞学和生理学新发现甚至是显微镜检测技术应用于分类学中,预示着"新分类"时代的到来。基于这些特征的分类得出的结论,往往与传统的基于花同源特征进行分类得出的结论大相径庭,因此极大地改变了经典体系的重点。

俄国细胞学家N. P. Avdulov采用染色体分析,叶片解剖,观察子叶特征、静止核结构和淀粉粒特征等方法鉴定出黍亚科和早熟禾亚科两大亚科(Avdulov 1931)。法国人H. Prat在1932年和1936年使用Avdulov的结论、传统特征和叶片上皮特征鉴定出另外3个亚科,到1960年共鉴定出6个亚科(Prat 1936)。

Avdulov和Prat的体系都表现出系统发生规律,也就是说:群体识别结果表现出分级结构,并且反映出科内植物间的主流遗传关系和进化历史。早期Bentham基于形态学的"自然"分类在某种意义上是自然的,是因为这些类群之间有着普遍的相似性,但是这些相似性并不一定来源于它们的进化史。更早期的林奈性别分类方式被认为具有较高的主观性,仅仅以部分结构表观数量为依据分类,导致亲缘关系较远植物,被鉴定为近源种。发生学系统的构建尽管从客观角度上讲是解释得通的,但对于分类来说可能不是最便捷的方法(Stebbins and Crampton 1961)。尽管如此,所有现代分类系统都是具有进化特征的,也都力图反映植物的种系发生。

英国植物学家 C. E. Hubbard 是最早使用 Avdulov 和 Prat 发生学系统的科学家之一,他在对不列颠禾草的分类中(Hubbard 1954)采用了这一理论。Stebbins 和 Crampton(1961)以及之后的 Gould 和 Shaw(1983)也相继将这一理论应用于北美禾草分类。这两组分类都将禾本科鉴定为 6 个亚科,其中就包括早已被鉴定的黍亚科和早熟禾亚科。

Clayton 和 Renvoize(1986,1992)发表了他们对于禾本科植物属的系统发生学分类结果,鉴定为 6 个亚科(竹亚科、芦竹亚科、假淡竹叶亚科、早熟禾亚科、虎尾草亚科和黍亚科)和 40 个族。尽管在属特征以及识别要点描述方面依然采用了传统的方法,但是这套分类标准依然有着广泛的影响力,因为这是继 Bews 和 Bentham 后第一个全面对全球禾本科植物属和分类的修正。它奠定了现代禾本科植物分类的基础。大约在同一时间,Watson 和 Dallwitz(1988,1992 年起,http://delta-intkey.com)开发了一个 DELTA(DEscription Language for TAxonomy,分类学描述语言)计算机数据库,基于 496 个特征描述了 785 属植物,最初鉴定为 5 个亚科,后来鉴定为 7 个亚科。数据库的检索功能可以与未知标本对比,并因此引领了分类数据储存和检索的最新发展趋势。那时 DNA 序列数据还没有对植物分类产生明显的影响。

北美植物志(Barkworth et al. 2003,2007,http://hua.huh.harvard.edu/FNA/)是禾草最新的分类档案。北美植物志对亚科的鉴定基于禾草系统发生工作组(GPWG 2000,2001)的分子生物学和形态学分析以及 Clayton 和 Renvoize 的族群分析(1986,1992,这一结论与 GPWG 的结论有几处不同)。同样,《澳大利亚植物志》和《中国植物志》对于禾本科的分类也是基于 GPWG 的体系(Flora of Australia 2002;Flora of China Editorial Committee 2006)。GPWG 的分类是基于 62 种代表性禾草系(占所有禾本科植物种类的 0.6%,属的大约 8%)以及 4 个系外类群,6 个分子序列数据组(*ndhF*,*rbcL*,*ropC2*,*phyB*,*ITS-Ⅱ*,和 *GBSSI* 或 *waxy*),叶绿体限制性酶切位点数据以及形态学数据进行系统发生学分析,从而鉴定出 11 个已知亚科 Anomochlooideae,Pharoideae,Puelioideae,竹亚科(Bambusoideae),稻亚科(Ehrhartoideae),早熟禾亚科(Pooideae),三芒草亚科(Aristidoideae),青篱竹亚科(Arundinoideae),虎尾草亚科(Chloridoideae),假淡竹叶亚科(Centothecoideae)和黍亚科(Panicoideae)的分类,并且建议设立一个新亚科[扁芒草亚科(Danthonioideae)](GPWG 2001)。之后相继出现的分子生物学数据分析(如:Davis and Soreng 2007)不断地增进了我们对于禾草系统发生的了解(Hodkinson et al. 2007b)。

2.3 各亚科的特征

贯穿整个禾草系统分类发展的历程中,黍亚科和早熟禾亚科这两大亚科多年来一直被学界所熟知。1810 年,Robert Brown 最早鉴定出了这两大亚科,当时他认为它们是禾本科(当时叫早熟禾科)最主要的两大亚群。Bentham 的论文(1881)中也将这两个亚群分别称为黍亚族和早熟禾亚族,Hithccock 和 Chase(1950)也做了相同的认定。如上所述(2.2节),20世纪60年代之后,"新分类"方法不断鉴定出这两大亚科以外的新亚科。如下所述(2.4节),当代对于12个亚科的确定是明确遵循系统发生学的,反映出禾本科的两个主要进化枝——BEP和PACCAD,此外还有3个亚科(Anomochlooideae,Pharoideae 和 Puelioideae)与主进化枝成姐妹关系(图2.1)。除假淡竹叶亚科外,所有鉴定出的亚科都体现出了单系特征,而前者与黍亚科有很多相似性。

2.3.1 亚科

以下对于各个亚科的主要描述来源于 GPWG(2001)和 Kellogg(2002)。Chapman(1996)以及 Chapman 和 Peat(1992)提供了亚种的细节的描述,只是这些资源使用的都是 Clayton 和 Renvoize(1986)的体系,鉴定为5个亚科。以下在图2.1中大家看到的亚科的排列顺序遵循了 GPWG 总结的进化分支图。

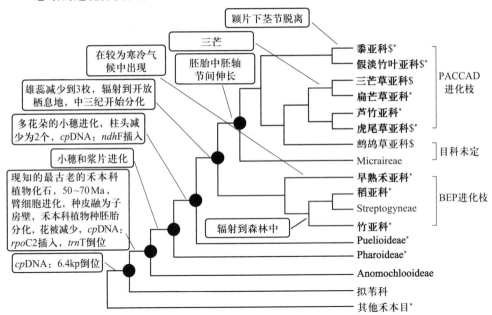

图2.1 禾本科植物简明系统进化树。本图指出这一科在进化过程中的主要形态、生态和分子变化进程。本书出现的主要的12个亚科以粗体形式出现。*,部分种有单性花/管状花;$,部分种有 C_4 固碳途径或花环结构。黑色圆圈之处是综合所有数据总结的节点(自举水平>99)。得到密苏里植物园出版社的许可重新制图(GPWG 2001)。

前三个亚科——Anomochlooideae,Pharoideae 和 Puelioideae——在整个禾本科的进化分支图中(图2.1)处于基础地位(早期分化从它们开始),其中 Anomochlooideae 是现存的禾本科植物中最早分化出的一支。科学家们认定了两大进化枝,BEP 进化枝包括竹亚科、稻亚科、早熟禾亚科,PACCAD 进化枝包括黍亚科、芦竹亚科、假淡竹叶亚科、虎尾草亚科、三芒草亚科和扁芒草亚科。

Anomochlooideae 亚科

Anomochlooideae 亚科是一个较小的亚科（2 属 4 种：两属分别为 *Anomochloa marantoidea* 和 *Streptochaeta*-three spp.），多年生根茎草本植物，生长于热带森林常阴地带的林木下层。科学家推测这一亚科均为 C_3 植物，本亚科禾草没有禾本科典型的小穗，相反却长着复杂的分支结构，并有苞片构成的双性单花花序（相当于小穗）。染色体基数：$x=11$ 或 18。叶舌边缘毛发状，这唯一的形态特征证明了这一亚科的单源性。这类禾草没有显著的经济价值。

Pharoideae 亚科

Pharoideae 亚科拥有 12 个种[包括 *Pharus* 和囊稃竹属（*Leptaspis*）]。本亚科为多年生，具根茎，开单性花，雌雄同株的草本植物。科学家认为这一亚科具备 C_3 植物的特点，分布于从热带雨林到暖温带森林的林荫，拥有反向（倒置的）叶片，单性花成圆锥花序，且有单花小穗。染色体基数：$x=12$。这类禾草几乎没有饲用价值（Harlan 1950）。

Puelioideae 亚科

Puelioideae 亚科是一个鲜为人知的亚科，拥有大约 14 个种（包括 *Puelia* 和 *Guaduella* 属），是多年生阔叶根茎的草本，主要生长于非洲雨林林荫层。科学家推测这一亚科为 C_3 植物，本亚科禾草为小花组成的总状花序或圆锥花序。这些小花靠近中心的为雄花，末梢为雌花或发育未成熟的花。染色体基数：$x=12$。传统上将其归类为竹属，但近年来分子生物学证据支持将其鉴定为禾本科早期与 BEP 和 PACCAD 互为姐妹关系的进化枝（Clark et al. 2000）。这类禾草没有明显的经济价值。

BEP 进化枝

BEP 为枝内三个亚科的首字母简写：竹亚科、稻亚科和早熟禾亚科。这三个亚科均为 C_3 植物，但是竹亚科和稻亚科通常生长于温热带气候和亚热带地区，而早熟禾亚科（冷季型禾草）则更常见于较凉的气候带和寒带。

竹亚科

竹亚科是一个庞大而又古老的亚科，大约有 1 400 多个种。绝大部分为多年生（偶见一年生）根茎型草本或木本植物，分为 88 属[包括青篱竹属（*Arundinaria*）、刺竹属（*Bambusa*）、奥克兰竹属和 *Pariana*]。这一亚科的植物主要分布于温带和热带森林，热带高山草原，河岸，有时也会分布于热带草原。本亚科中木质茎秆是很多类群的特征，最常见的竹类有多种用途，从建筑材料、高层建筑的脚手架[如巨竹（*Gigantochloa laevis*），Chapman 1996]、园艺藤条、食物（竹笋），到观赏性的陈设等。本亚科几乎都是 C_3 植物，这些植物具有穗状、总状或圆锥状的花序，花序中所有的两性（竹族）或单性小花（莪利竹族）都会在一个生长期开放。染色体基数：$x=7,9,10,11,12$。

稻亚科

稻亚科（又名 Oryzoideae）是一个中等规模的亚科，拥有约 120 个种，包括 *Ehrharta*、李氏禾属（*Leersia*）、小袋禾属（*Microlaena*）、稻属（*Oryza*）、*Potamophila* 以及菰属（*Zizania*）。本亚科的禾草为一年生或多年生，为根茎或匍匐茎草本或半灌木。主要生长在森林、开阔的山地或水生环境中，为 C_3 植物。这些禾草长有圆锥状或总状花序，单性或双性小穗，有 0~2 枚不育小花和一个雌性可育小花。染色体基数：$x=12$（小袋禾属为10，菰属为15）。经济价值方面，本亚科包括水稻属，北美野生稻——水生菰（*Zizania aquatica*）和一种很麻烦的野草——多年生李氏禾（*Leersia hexandra*）。

早熟禾亚科

早熟禾亚科是包含 3 500 多个种的巨大亚科[包括剪股颖属（*Agrostis*）、雀麦属（*Bromus*）、龙常草属（*Diarrhena*）、披碱草属（*Elymus*）、羊茅属（*Festuca*）、黑麦草属（*Lolium*）、甘松茅（*Nardus*）、早熟禾属（*Poa*）、针茅属（*Stipa*）和蓝禾属（*Sesleria*）]。本亚科多为一年生或多年生草本，生长于温带、苔原带以及热带高山。本亚科为 C_3 植物，穗状花序、总状花序或圆锥花序。小穗绝大多数为两性花，少见单性花或混合花，侧面有紧缩的 1 至多枚可育雌花。染色体基数：$x=7$[大部分雀麦属、小麦属、早熟禾族，少数短柄草族（Brachypodieae）]，2，4，5，6，8，9，10，11，12，13。经济价值方面，这个巨大的亚科包括了很多重要的经济禾草（例如黑麦草、草地早熟禾、高羊茅），观赏和坪用禾草[例如各种凌风草属（*Briza*）、发草属（*Deschampsia*）和羊茅属（*Festuca*）]以及谷类（如小麦、大麦、燕麦和黑麦）。

PACCAD 进化枝

单源进化枝包括黍亚科、芦竹亚科、假淡竹叶亚科、虎尾草亚科和扁芒草亚科。本进化枝是由显著的分子证据分析得出的。然而所有物种唯一形态学共性是胚中具有很长的胚轴节间（Kellogg 2002）。本进化枝物种大部分生长于温暖气候并（或）于生长季末开花；因此常被叫作暖季型禾草。系统分类学中的不确定亲缘关系的物种（如 Eriachneae、Micraireae、Cyperochloa）归为未分类（GPWG 2001），但基于有限的分子分析证据，它们被归入了 PACCAD 进化枝（图2.1）。根据 Pilger 的早期工作成果（1954，1956，in Lazarides 1979），北美和澳大利亚植物志项目均鉴定 Micrairoideae 族属于 PACCAD 进化枝，由此这一进化枝扩展为 PACMCAD 进化枝（Barkworth *et al*. 2007；Flora of Australia 2005）。但是这些属的分类并没有完整的数据支撑，它们与 PACCAD 中的其他系群真正的关系尚未明确（R. Soreng，个人资料）。

黍亚科

黍亚科是规模最大且已鉴定物种最多的亚科，包含 3 550 个一年生或多年生种，它们主要是热带及亚热带草本植物，也有温带植物（如须芒草、黍、甘蔗）。所有光合作用的不同途径都被展示出来，包括介于 C_3、C_4 中间的类型（C_3、C_4 包括 PCK、NAD-ME 和 NADP-ME；详见第 4 章对 C_4 途径的解释）。花序有圆锥花序、总状花序或它们的结合体，两性（单性花出现在雌雄同体或雌雄异体成员中）小穗通常为长-短成对而生，常拥有 2 个颖片，1 个只有外稃的不育小花和 1 个压扁的可育雌性小花。基本染色体的数量为：$x=5$，（7），9，10，（12），（14）。重要经济作物主要是牧草，包括大黍（几内亚草）、百喜草（巴哈雀稗）、象草和一些谷类，包括稗子 *Echinochloa crusgalli*（日本小米）、稷（*Panicum miliaceum*）（黍小米）、珍珠粟（珍珠米）、高粱和玉米。许多杂草都属于这一亚科，包括马唐（*Digitaria sanguinalis*）、白茅草和稗子（不以经济作物种植时）。

芦竹亚科

这个小亚科常被叫作"垃圾桶"，用来收集不明亲缘关系的物种，其中包括 Amphipogon、芦竹属（*Arundo*）、*Dregeochloa*、*Hakonechloa*、麦氏草属（*Molinia*）、沼原草属（*Moliniopsis*）和芦苇属

(*Phragmites*)等15属33~38个物种。Crinipoid族里的8类[*Crinipes*、*Dichaeteria*、总苞草属(*Elytrophorus*)、*Letagrostis*、*Nematopoa*、*Piptophyllum*、*Styppeiochloa*、*Zenkeria*]暂被GPWG(2001)归入此亚科。过去本亚科在广义上被视为多系统起源,但近期的分析揭示出单源芦竹属核心系。本亚科的成员多是温带或热带地区的多年生(一年生很罕见)草本和木本植物。芦苇在沼泽里生存。光合作用的途径是C_3。花序通常是圆锥花序并带有双性小花(2个颖苞±不开花的外稃)和1至多个雌性小花。基本染色体的数量是:$x=6,9,12$。本亚科包括很多有经济价值的高产作物,包括芦苇、南方泡桐、用来盖屋顶和做屏风的普通芦苇(Chapman1996)和短梗沼原草(Purple Moor grass)——一种常用的装饰植物。芦竹亚科的芦竹(青篱竹)产自亚洲,由于用于遮挡和屏风,它的入侵蔓延很严重(见表1.8)。

假淡竹叶亚科

这个小亚科有10~16属45个物种[包括*Calderonella*、假淡竹叶属(*Centotheca*)、*Chasmanthium*、棕叶芦属(*Thysanolaena*)],它们是生长在温带和热带森林里的一年生或多年生草本或苇状植物。本亚科禾草专属C_3,并且大多数共性是有特化的叶结构(比如尖状叶肉,横向延伸的维管束鞘细胞)。总状或者圆锥花序,两性或单性小穗有1(或2)至多个小花,侧向压扁。基本染色体的数量:$x=12$。本亚科的成员因为外表与竹亚科植物相似,所以历来被归为竹亚科。没有形态学的同源性状支持本亚科为单源进化。因此,假淡竹叶亚科进化枝的界限本身还不确定,大体上根据分子生物学数据而来(Sánchez-Ken and Clark 2000)。成员中大多数的特点是有着特化的叶结构,例如尖状栅栏组织,横向延伸的维管束鞘细胞。本亚科成员的经济价值有限,只有假淡竹叶(*Centotheca lappacea*)能够作为非常好的饲料(Chapman 1996)。*Chasmanthium latifolium*(又称印度木燕麦或北海燕麦)在其原产地美国作为观赏植物来种植。

虎尾草亚科

虎尾草亚科是拥有1 400个物种的大亚科,覆盖了虎尾草属(*Chloris*)(55种)和画眉草属(350种),大都是生长在干热带和亚热带(有些是在温带)的一年生或多年生的草本植物(木本植物很罕见)。光合作用主要是C_4途径[PCK、NAD-ME、除了冠芒草属(*Pappophorum*)的NAD-ME],但*Eragrostis walteri*和*Merxmuellera rangei*的途径是C_3。花序是由穗状花序组成的圆锥花序,两性小穗有两个颖片和1至多个可育雌性小花,侧向压扁。基本染色体的数量:$x=(7),(8),9,10$。本亚科的很多成员都耐旱,耐盐,耐高pH(Chapman 1996)。干旱地区的许多禾草属于这一亚科,有米契尔草属(*Astrebla*)(米契尔草,澳大利亚,彩插8),野牛草(*Buchloe dactyloides*)(北美)、非洲虎尾草(无芒虎尾草,中非)。有两个成员是谷类植物,分别是*Eragrostis tef*(埃塞俄比亚中部)和穇子(*Eleusine coracana*)(指状小米,印度、中国及非洲),*Astrebla lappacea*作为饲料来种植。许多画眉草属植物是有害杂草(Watson and Dallwitz,自1992以来)。

三芒草亚科

这个小亚科里有350个一年生或多年生草本物种[分为3类:三芒草属、健三芒草属和针茅草属(*Stipagrostis*)]。它们大多数生长在干旱的温带和热带开阔地里。光合作用的途径包括C_3(健三芒草属)和C_4(三芒草属NADP-ME;针茅草属NAD-ME)。花序为小穗组成的圆锥花序,带有双性小花,和脱离颖苞的3个具芒外稃。染色体基数:$x=11,12$。在这一亚科中,三芒草属和健三芒草属的经济价值有限，通常被认为营养价值低，其饲用价值在干旱地区也不明显（例如 *Aristida dichotoma*、*Aristida longiseta*、*Aristida oligantha* 的芒都会伤害牲畜）。针茅草属具有作为栽培饲料的价值，例如 *Stipagrostis ciliata*、*Stipagrostis obtusa*、*Stipagrostis plumose*（Watson 和 Dallwitz，自 1992 年以来）。

扁芒草亚科

这个小亚科里有 18~25 属，300 个多年生，偶见一年生，草本稀有半灌木物种。本亚科的成员大多出现在南半球由湿到干的开阔地带［扁芒草属（*Danthonia*）和双齿秤属（*Schismus*）植物土生土长在北半球］。光合作用的途径是 C_3。圆锥形花序，偶见总状花序，双性或单性的穗状花序与 1~6（~20）个雌花横向压缩在一起。外稃只有一个芒。染色体基数：$x = 6, 7, 9$。扁芒草亚科植物的胚珠中含吸器助细胞，有带纤毛的舌叶，有具很多花蕊的穗状花序，以及胚含有胚轴，但是没有克兰茨解剖结构和虎尾草亚科典型的细毛，这些都是它与其他亚科区别的显著特点。这一亚科成员的经济价值有限，*Danthonia spicata* 在北美被用于制造粗饲料，*Pentaschistis borussica* 是非洲当地重要的禾草，*Schimus arabicus* 和 *S. barbatus* 在欧亚大陆也是重要的禾草。

2.4 化石证据与进化

近年基于 *rbcl* 序列分析的系统发生关系图显示，禾本科起源于 83~89 Ma 前的白垩纪单源植物（Janssen and Bremer 2004；Michelangeli *et al.* 2003）。Anomochlooideae 是现存最早从禾本科分化出来的植物。之后，逐渐分化出了 Pharoideae 和 Puelioideae。科学家们认为其余的禾本科植物形成了一个进化枝，BEP 和 PACCAD 进化枝形成了两大主要的单源进化分支（图 2.1）。BEP 和 PACCAD 进化枝的起源尚不明确，据推测大约在 55 Ma 前，一定不会晚于始新世晚期（距今 34 Ma）（Prasad *et al.* 2005；Strömberg 2005）。从整体上看，BEP 和 PACCAD 进化枝包括了禾本科植物的主要部分，并且含有 6 个形态学同源性状（独特的共同祖先特征）：缺失假叶柄，退化为两个浆片、缺失轮生雄蕊、没有臂状和纺锤状细胞、幼苗的第一片真叶没有膜（只出现在竹亚科和 Orzyeae），进化出单性小花（绝大多数）（GPWG 2001）。BEP 和 PACCAD 各自内部和两者之间的种系模式还不太确定。多数标本来自北半球而不是全球造成了一部分的误差（Hodkinson *et al.* 2007a）。大部分的进化可能发生于整个冈瓦纳古陆（又称南方古陆）。尽管植硅体分析显示 PACCAD 进化枝内部在至少 19 Ma 前就出现了虎尾草的分化（Strömberg 2005），但由于快速的大范围辐射状扩散和分化使得当前数据无法得出清晰的系统发生学图谱（Kellogg 2000）。

在图 2.1 中总结了随着禾草进化而产生的形态变化和主要群系。部分性状似乎只经过一次进化，比如种子和果实发育与胚的早期与加速成熟之间有关联。禾草的胚中分化出部分叶子、维管系统和茎尖根尖分生组织（Kellogg 2000）。这些性状使得禾本科植物与拟苇科、二柱草科（它们最近的亲缘植物）以及其他所有的单子叶植物区别开来。其他的性状似乎经过多次进化才形成，如 C_4 光合途径就仅限于禾草中的 PACCAD 进化枝（Kellogg 2000）（第 4 章）。更复杂的是还有很多明显的退化现象，如竹亚科和一些 PACCAD 进化枝的植物中重新出现假叶柄,一些竹亚科和稻亚科进化枝中长有螺纹的雄蕊经历过三到四次进化(GPWG 2001)。在没有这些性状基因分析之前,这些变化既可能是保留下来的原始性状,也可能是表面上相似但后来进化而成的。

2.4.1 与拟苇科和二柱草科的联系

早期的学者(如 Engler 1892,也可见 Cronquist 1981 的综述)推定禾草和莎草(莎草科)之间关系密切,于是基于花的减少(flora reduction)和生化特征,将二者都归为了颖花亚纲或莎草科。现在学者们普遍认为这两组植物间没有如此密切的关系。1956 年斯特宾斯(Stebbins)提出他的观点:禾草在进化方面同最原始的百合科如鞭藤科和寻灯草科的植物亲缘关系密切。鞭藤科植物[1 属,须叶藤属(*Flagellaria*)4 种]是一种拥有植物种类不多但古老的热带草本植物,长有草状的叶子,末端成须状。然而寻灯草科(38 属,400 余种)则绝大部分生长于南半球,没有叶片,但在南非和澳大利亚的一些地区似乎取代了禾草。仅在开普敦地区就有 180 种10 属为当地特有(Mabberley 1987)。之后,Dahlgren 等(1985)和 Stebbins(1987)都认为禾草与拟苇草亲缘关系最近,拟苇科是 1970 年才被鉴定出的小科,只有一个属(拟苇草属)包含两个种(*J. ascendens* 和 *J. bryanii*),分布于马来西亚半岛以西和一些太平洋岛屿上。叶子长而窄,基部开放覆有叶鞘,茎中空无分枝,双性花六片鳞或苞片状花被,这类植物表面上与禾草有很多相似点。尽管如此,拟苇科却是一个与其他科完全不同的独立的科,起源不明。近年来的分析(GPWG 2001;Hodkinson *et al.* 2007a 以及其中的参考文献;Michelangeli *et al.* 2003)都将拟苇科和二柱草科作为姊妹科看待,认为二者与禾本科植物有着最近的亲缘关系,但是与寻灯草科和莎草科(图 2.1)关系不明。多细胞和细小绒毛是认定拟苇科与禾本科植物间亲缘关系的结构同源性状(Michelangeli *et al.* 2003)。叶绿体 DNA 基因组 6.4kb 倒置现象的存在,在细胞排列中多种细胞交替排列并与叶片表皮的气孔排列相邻,这些都是最初将这一进化枝聚合起来的同源性状(Kellogg 2000),现在被用来聚合拟苇科-禾本科植物进化枝和二柱草科[两个属,*Ecdeiocolea* 和 *Georgeantha*,经常归于寻灯草科(Restionaceae)](Michelangeli *et al.* 2003)。短细胞还形成了气孔和二氧化硅体。这些群系的共同祖先进化出了以上性状。

2.4.2 生物地理起源

禾草起源地尚不明确。当前禾草的早期分化谱系分布很离散。早期分化出的 Anomochlooideae 仅分布于中美洲和南美洲,Pharoideae 是泛热带植物,Puelioideae 仅分布于非洲热带地区。再者,姊妹科中的拟苇科出现在新喀里多尼亚的婆罗洲和太平洋岛屿(如夏威夷),二柱草科仅分布于澳大利亚的西南部。有两种可能性可以解释这些分布情况:① 跨大西洋和印度洋的长距离扩散。② 沿冈瓦纳大陆赤道的辐射分布,发生隔离后各自进化。化石证据与这一观点一致(见 2.4.3 节):在 80 Ma 前印度次大陆还没有与亚洲大陆生物地理隔离之前,BEP和 PACCAD 进化枝就已经分离并且各自广泛分布于冈瓦纳大陆。然而第三纪早期和白垩纪晚期的禾草化石缺失使得这个观点无法确定(Hodkinson *et al.* 2007b)。

2.4.3 化石史

禾草的早期化石记录很少。白垩纪晚期的沉积岩中发现了草状叶和典型花序结构,例如,Cornet 和他的同事们在美国新泽西的土伦阶-拉里坦上白垩纪的黏土层(90 Ma 前)中复原了圆锥花序和草状花的禾草叶片化石。这些化石中还包括悬铃木叶(水榆科)、欧石楠属叶子(杜鹃花科),还有可能是月桂叶(月桂科)。这些植物大多生长在三角洲冲积堤和河滩沉积物中。从这个地方找到的其他沉积物表明,早期沉积环境中曾存在松林和被子植物林(*Dewalquea* spp.,悬铃木科),分布无叶绿素的 *Mabelia connatifila*(上白垩纪最古老的单叶子化石)为主的滨海平原(Gandolfo et al. 2002)。

现存的最古老的禾草化石遗迹是花粉粒,但是由于它们的超微结构相同,花粉粒化石的价值有限。被认为是禾本科化石的单孔花粉被列入包括 *Granminidites*、*Monoporoites*、*Monoporopollenites* 中的一个属中(Macphail and Hill 2002)。然而鉴定这些化石是否确定属于禾本科还需要观察外层花粉壁的细小通道和孔(Kellogg 2001)。对禾草花粉最古老的确定记录来自古新世(55~65 Ma)的南美和非洲。关于更古老的白垩纪晚期马斯里奇特阶时期的禾草或禾草相关的化石花粉粒记录不能明确地追溯到禾本科。北美对于禾草花粉的最早记录来自最高的第三纪下层岩层。禾本科植物花粉在渐新世和中新世之后变得丰富起来。

禾草最早公认的化石记录是保存在白垩纪晚期印度中部泰坦龙粪便化石中的植物化石。这些化石包括可以鉴定为至少五个科属的态模标本。这些植物化石态模标本的多样性分类表明了禾草在冈瓦纳古陆印度分离之前的进化、多样性及传播情况(65~71 Ma 前)。

禾草最早公认的大型化石证据来自美国田纳西州第三纪下层(距今约 54 Ma 前)(Crepet and Feldman 1991)。这些沉积物包含小穗宏观化石,花簇部分宏观化石及整个植物宏观化石。化石展露出有两朵小花衬托的小穗。每朵小花有 3 个伸出来的雄蕊,背着花药(图 2.2)。然而,苞片保存得很差,有可能只有 1 个小花有 6 个雄蕊(Soreng and Davis 1998)。植物残骸展现出一种小型多年生的植物,叶从根茎发生。从这些特征以及其他花粉中的特征判断出这些植物明显属于禾本科。因为没有额外的判断特征,这些化石是否具有亚科类同还不确定,尽管有些学者提出这些化石与早熟禾亚科或芦竹亚科有类似之处——同属 C_3 类亚科。此外,这些明确的特征(尽管它们的亲缘性无法确定,无法证明它是原始禾草)与该科上白垩纪地层中的起源种一致。

第二种最古老的禾本科植物宏观化石是现存的竹亚科 *Pharus* 属的雌性小穗,雌性小穗的发现和保存与第三纪中新世早期(20~15 Ma)的哺乳动物毛发琥珀有关联(Iturralde-Vinent and MacPhee 1996; Poinar and Columbus 1992)。挂在毛发上的花粉成为花粉附在动物皮毛上扩散的最早证据。将化石归属于现在的类属进一步证明了禾本科多样化的发生要比化石记录中提到的早一些。现在的化石证据已经明确确认渐新世结束时(34~23 Ma)禾草中几个代表性的族和属已经出现。有证据表明 C_4 禾草在中新世晚期(7~5 Ma)已经出现(2.4.4 节和第 4 章)。Thomasson 等(1986)在克兰茨解剖系统中用画眉草描述典型 C_4 禾草的叶片化石。尽管有推测认为早期的 C_4 途径可能早在石炭纪二叠纪过渡期就存在,但更早的 C_4 代谢途径还无

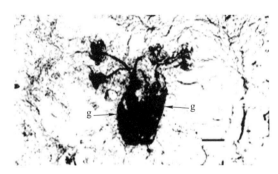

图 2.2 最古老的禾草宏观化石。可以看见一个长有颖片两朵小花组成的小穗状花。Bar=1 mm。获得 Crept 和 Feldman(1991)的许可转载。

从知晓(Osborne and Beerling 2006)。

2.4.4 禾草及草原的生态学起源：旱生环境与食草哺乳动物兴起的关系

最初的禾草在林荫或森林边缘地带进化而来，其特性依然在现存的 *Anomochloa*、*Streptochaeta*、*Pharus*、*Puelia*、*Guaduella*、竹子以及短颖草属(*Brachyelytrum*)中有所保留。数百万年间，这类禾草的多样性几乎没有改变，多样性变化主要与中新世中期扩张到开放生境相关(Kellogg 2001)。

人们认为禾草的传播以及之后的进化在很大程度上反映了气候因素。例如，现在须芒草族(野古草族)的分布规律表明了其与赤道地区夏季中期高降雨量有密切的关系。黍亚科和虎尾草亚科 C_4 植物在热带和亚热带的草原为优势种。基于更窄的分类学基础，早熟禾属的分化同高纬度高海拔紧密相关。在美国，早熟禾属在夏季凉爽的地区[也就是仲夏(6月)温度低于24℃]种群覆盖率超过5%(Hartley 1961)。

从气候上看，禾草的多样化及草原的扩张与干燥增加是同步的，特别是在渐新世时期(34~23 Ma)，例如，北美落基山的上升导致大平原干燥致使渐新世和中新世(23~5.3 Ma)森林退化(Coughenour 1985)。在非洲，日益增加的大陆隆起导致气候日益干旱，同时也是在渐新世草原得以扩张。

因此，禾草在干旱加剧的时期得以传播是因为禾草具有耐旱的特点；这包括基部分生，较低株高，高密度枝丛，地上部落叶，营养地下储存，快速蒸腾和快速生长的特点(Coughenour 1985)。Stebbins(1987)对禾草进化驱动的基本情景做的假设，包括如下选择压力和相关适应：

- 大型食草动物踩踏→高度同轴的根茎系统
- 动物采食→基部叶分生组织
- 高冠齿有蹄动物或植食昆虫的啃食→表皮细胞硅化
- 草原的开放环境→风媒授粉
- 风媒授粉→复总状花序浓缩→小穗总状花序，更加集中的花粉尘，增加的授粉目标

- 昼夜温度、湿度的变化→鳞片状花被,容易开合的多肉浆片

上述变化所反映的对干燥的真实适应程度或与食草动物协同进化的程度是不确定的,且引起了众多的争论。与耐旱性耐牧性相关的特点是否确实有益(先适应),偶尔有益(联适应),或为了带来目前的益处(适应),选择的结果还不确定。尽管天气因素可能在禾草的进化和草原的扩张中起了很大作用,但是禾草与食草哺乳动物潜在的协同进化已经成为有大量推断和预测的课题了(Coughenour 1985)。当然,食草动物的进化,特别是有蹄类哺乳动物的进化要追溯到第三纪中新世中期由天气引起的稀树草原和典型草原扩张时期。

禾草起源于白垩纪晚期到第三纪早期,但在中新世中晚期(12~5.3 Ma)才实现多样化,成为广泛分布的植被。在世界范围内形成各不相同的大面积开放草原,尽管稀树草原或矮草草原似乎形成于中新世早期(19.2 Ma)(Strömberg 2004),而北美大面积的开放草原却形成于中新世末期(8~5 Ma)(Axelrod 1985)(图2.3)。在南美,禾草建群的生态系统早在始新世与渐新世交替时(34 Ma)就形成(Jacobs et al. 1999)。相反,欧洲的中西部,现今的草原是二次人为的结果,兴起于全新世新石器时代农牧业传播之后的农耕和畜牧活动(Bredenkamp et al. 2002)。现代的北美高草草原是在大约4 000年前温暖干旱的间冰期,随着林地的退化新出现的。

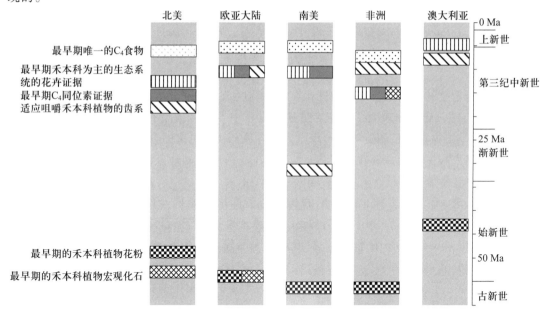

图2.3 世界范围内以禾草为主的生态系统概述。获得密苏里植物园出版社(Jacobs et al. 1999)许可转载。

禾草建群的生态系统兴起可能与中新世中期(或渐新世早期),二氧化碳分压低下环境下(二氧化碳-饥饿假说;见4.1节),进化出 C_4 光合途径有关。在更早的时间,动物界进化出适合食草的齿系(如高齿冠、高鼓齿、高臼齿动物)(Jacobs et al. 1999)。白垩纪晚期恐龙粪便(见2.4.3节)中发现的禾草化石,证明了禾草是恐龙的食物。白垩纪晚期,冈瓦纳古陆的哺乳动物长有高臼齿也可以吃草,这表明禾草与食草脊椎动物之间的协同进化比之前估计的更早

(Piperno and Hans-Dieter 2005)。

中新世晚期(8~5 Ma),伴随着森林的退化,C_4建群的草原迅速在全球范围扩张,反映出气候变化导致更加频繁的火烧(Keeley and Rundel 2005)和季节性降水增加(Osborne,2008)。季节性降水的增加使得生态系统在温暖湿润的雨季中可以实现高的生物量,从而在旱季增加起火风险。旱季的气候条件和野火杀死了树木,创造出良好的光照环境,更适合C_4禾草。更进一步,更高频变换和更剧烈的干旱气候促进了C_4禾草生长,同时抑制了木本植物生长。这种气候变化组合建立了新的环境,使C_4禾草建群草原得以扩张。可预知的频繁的火动态维持了草原生态系统的稳定。

禾草的进化是在多大程度上对采食行为的适应尚不清楚。例如,禾草表皮硅化的化石可以看作是禾草向采食行为的适应(生硬的硅石磨损牙齿,提供了一种食草的阻碍物)。相反的,齿冠高度的进化可能是对食物中硅化禾草增多的一种响应,或者禾草和食草动物是协同进化的。从沉积岩中复原的植物化石表明中新世早期(25 Ma)北美大草原是C_3植物建群的草原,比大草原上马对草原的适应早了至少$7×10^6$年(Strömberg 2002,2004)。相反的,其他高冠齿有蹄动物,如岳齿兽和骆驼是在中新世之前的始新世(55~34 Ma)就出现在大平原的。将这些事情都联系在一起,可以推测在中新世中期(18~12 Ma)北美稀树草原,食草有蹄动物的多样性大爆发是因为草地初级生产力的大幅提升,而初级生产力的提升可能是二氧化碳含量增加的结果(Janis et al. 2004)。随着气候变化及草原的扩张,草食性物种减少了。

马的进化是与之相关的(Chapman 1996)。马属,包括现代的马、野驴、非洲驴及斑马,是马科进化系中唯一现存的属,马科还包括几种已经灭绝的成员。现代的单趾马源自五趾动物,这种适应使其很适合在草原这样的开阔空间奔跑。上新世随着草原的扩张,现已灭绝的现代马单趾祖先,即上新马开始繁盛起来。与此同时,*Hiparion*和*Neohipparium*属随着森林的退化大量减少。三趾的蹄可以躲避侧面物体及向前奔跑,比起草原更加适合丛林环境。

总之,禾草和草原在进化过程中经历的主要阶段为(Jacobs et al. 1999)(图2.3):

- 禾本科起源于白垩纪的森林边缘或林荫下
- 最初繁殖于第三纪早期到中期林木丛生的环境下
- 第三纪中期,C_3禾草多样性大量增加
- C_4禾草起源于中新世(可能更早)
- 在中新世晚期C_4禾草建群的草原随着C_3草原和/或森林的消亡而逐渐扩张。

第3章 生态形态学和解剖学

也许,早春季节,绿绿的草地最使我们愉悦。阳光遍洒在映着光影的叶子上,和蓝色的天空呼应,这一切是多么漂亮。

——Anne Pratt, *The Flowering Plants, Grasses, Sedges, And Ferns Of Great Britain, And Their Allies, The Club Mosses, Pepperworts And Horsetails* (1873)

一般来说,既然耐旱性的增加意味着进化,那么植物的所有特征都是理解主流进化趋势的向导。

——Bews 1929

虽然正如第2章提出的,一般相似的科容易混淆,如灯心草科和莎草科,但是由于共有许多典型的形态学特征使得即便是外行也很容易识别禾草。在本章中,将对一种禾草的形态学和解剖学特征进行描述,并且涉及生态关联性和不同特征的重要性。通过其他参考资料可以了解更多相关知识,如 Metcalf(1960),Langer(1972),Chapman(1996),Gould 和 Shaw(1983),Renvoize(2002) 以及一些电子数据库包括 Watson 和 Dallwitz(1992)。禾草在环境中进化适应的过程中产生了大量的形态和功能多样性。尽管有一些知名的例外和反向案例,但一般来说,禾草在进化过程中表现出一系列在体积、复杂性上的减小适应(Stebbins 1982)。

3.1 发育形态学——植物繁殖单位

理解禾草的形态学和生长的中心就是植物繁殖单位的概念,假设这些植物的繁殖单位由节间,茎节以及叶片,外加上末端的叶鞘和较低端腋生花蕾组成,它是一株禾草的基本生长单位。一个植物繁殖单位从顶部到底部成熟(如叶片、叶鞘、节间),成簇的植物繁殖单位(如枝丛)是从底部到顶部成熟。最先成熟的植物繁殖单位在最底部,所以有最大的叶子保护着生长点。最幼年的植物繁殖单位是成簇的植物繁殖单位的顶端,所以只有一片短叶保护。因此一株禾草是由无性系分株的集合组成的(通过无性繁殖而能够独立存在的部分)。每一个无性系分株是一系列重复的植物繁殖单位,依次从个体顶端的分生组织分化而形成。一个分蘖(次生茎)是由单个顶端分生组织的成簇的植物繁殖单位分化而来的。禾草内部和禾草之间的形态学变异是无性系分株在数量和大小上变异的结果。这些无性系分株本身包含许多植物繁殖单位。这种变异包括从微小的禾本科如早熟禾(*Poa annua*)到竹子中的巨大植物如牡竹属,可以长到 40 m(Metcalf 1960)。对一株禾草繁殖单位之间变异的量化是理解植物发育中器官发生与环境因素影响的基础(Boe et al. 2000)。比如说,在多年生普列里草原上生长的大须芒草中,向顶模式下主茎繁殖单位中的叶片长度、叶片重量和叶鞘的重量会减少,而叶鞘的长度则保持不变。

禾草中的分生组织或生长组织恰好在茎节上方,在叶片底部,因为多年生禾草的基结容易变短,顶端的分生组织位移到有保护型叶鞘包围的基部,禾草能很好地适应在放牧后快速生长的环境。

3.2 燕麦的结构

燕麦(*Avena sativa*)是了解典型禾草形态学的很好材料(图 3.1)。地上部主要为秆、叶和花序。秆就是禾草的茎。由许多不同长度的圆柱状的管组成,这些管紧邻有固体组织连接的结合点,这些结合点也叫作节,通常颜色较暗。节与节之间空心的茎叫作节间。

禾草的叶子分两列,在茎秆不同的面上轮流交替。叶子包括三个部分,叶片、叶鞘和叶舌。叶片是上部较平的部分。叶鞘呈圆柱状包裹于茎上,朝一个方向开口,边缘覆盖在另一片叶鞘之上(至少在燕麦中是如此)。叶舌是叶鞘和叶片结合点的一层薄膜。

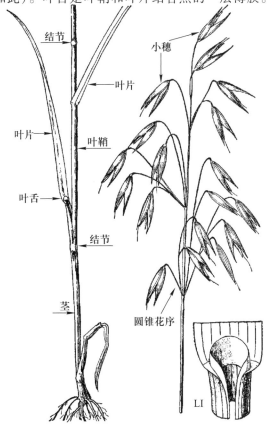

图 3.1 常见的燕麦属(*Avena*)植物——燕麦:×0.5;LI 详细展示了叶片和叶舌的基部,经 Hubbard(1984)允许引用。

茎的末端是花序，由一个主茎及一些不断扩张的枝或花梗组成。花梗的顶端是小穗。对于燕麦来说，花序是借助不断扩展的枝而形成的圆锥花序。小穗由许多鳞片组成，两边交替向不同的方向开花，组成小穗轴，小穗是禾本科最基本的繁殖单位。历史上已经形成分类的基础，每一个小穗被两个向外的鳞片包住，叫作花颖，也是小穗的外壳。对于燕麦来说，每个小穗有2~3个小花，每个小花包含一个向外的鳞片——膜和向内的鳞片——内稃。膜在末端有一小截延长部分，这是芒。花由三部分组成，1对小的鳞片、3个雄蕊和1个心皮。心皮由1个子房、1个胚珠及2个柔软的花柱组成。受精后，胚珠就形成了籽粒（图3.2）。

应该强调的是，以上描述的燕麦的结构代表着典型的禾草。后面描述的不同禾草物种间大量的变异，既反映出禾草的分类学基础，又反映出禾草对环境的适应。

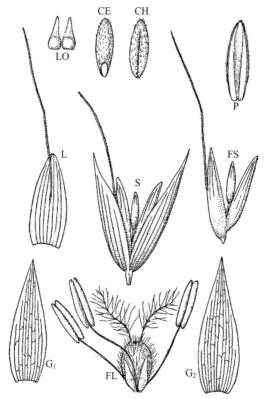

图3.2 常见燕麦属植物——燕麦的小穗，FL，LO×6；其余×2，CE：谷粒（远轴角度展示胚芽）；CH：谷粒（远轴角度展示脐）；FL：花；FS：小花；G1，G2：颖片；L：膜；LO：浆片；P：内稃；S：小穗。获得Hubbard（1984）的许可而转载。

3.3 茎秆

一棵草的营养芽顶端含有顶端或末梢分生组织，通常紧邻地面，受基部叶层保护。叶片或是发生于种胚(初生叶)或是发生于老叶叶腋处的营养芽(次级叶或分蘖),因此,茎可以分枝形成一个复合茎叶系统。分枝的位置和范围以及无性系分株的发育极大地决定了禾草的生理结构(图3.3)。地面上易于在土层表面攀爬的茎叫作匍匐茎(如匍匐剪股颖),而地下的叶或茎被称为根茎(如 Poa rhizomata)。两种结构都拥有叶芽及(至少是发育不全的或鳞片状的)叶,都能分枝,可能会产生气生茎,或在节处生根。对于许多多年生的禾草,根茎是很常见的,可能会有大量贮藏组织。

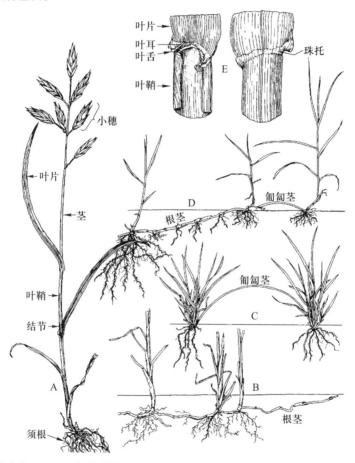

图 3.3 禾草的结构和构型:A. 一般性结构(Bromus unioloides);B. 根茎;C. 匍匐茎;D. 根茎到匍匐茎的过渡(Cynodon dactylon 狗牙根);E. 叶的叶鞘和叶片结合处(左图为近轴表面,右图为远轴表面)。获得 Gould and Shaw(1983)的许可而转载。

草茎分枝有合轴的,也有单轴的。横向叶芽在顶端后面不断发展会出现合轴分枝。这种情况下主轴会停止生长。相反,顶端分生组织不断分裂增长时就会出现单轴分枝。基部有大量气生茎的茎秆形成丛生分蘖[如北美小须芒草、羊茅(Festuca ovina)、阿尔泰洽草(Koeleria macrantha)],而草茎的上部分枝能形成灌木状形态(如 Andropogon glomeratus)。因此,草茎可以是直立状、匍匐状、灌丛状甚至树状。最常见的是,横向分枝的幼芽尖从环状叶鞘中出现

(叶鞘内的),这就形成了丛生分蘖。当叶芽尖穿过叶鞘时(穿叶鞘的),会形成更多的具有匍匐茎或地下茎的草皮[如紫羊茅(*Festuca rubra*)]。地下茎和匍匐茎都能分枝,在节处能生出不定根。如果植物分成碎片,植物是否能繁殖或继续存在,这些根尤其重要。比如说,柔枝莠竹(*Microstegium vimineum*)是北美一种入侵性的一年生禾草,它能产生大量的匍匐茎分枝,茎节处随意生根。根茎和匍匐茎在一些物种中能够同时出现,如狗牙根(图3.3)。

从叶腋芽中产生的次生叶(或分枝)对于禾草的生长和种群稳定是很重要的。比如,加利福尼亚马唐(*Digitaria californica*)是美国半沙化地区一种主要的多年生的禾草,绝大多数茎节间有腋生芽,穗节间除外。目前一年生作物的基础茎在春季或夏季由腋芽形成。腋芽对于维持种群稳定性的重要性从位于美国得克萨斯州萨凡纳市半干旱的垂穗草和*Hilaria belangeri*中可以证实(Cable 1971)。依附于亲本繁殖的根部休眠腋芽活性持续18~24个月,超出亲本分蘖寿命12个月。这些芽为分蘖的补给提供了茎间分生组织的来源,甚至超过了许多多年生禾草种子库的寿命(5.1.4节)。

多年生禾草每年更新的分株可以持续许多年,据估计有些植株的寿命超过1 000年(Briske and Derner 1998)。确定一个不断生长并枯萎的生物体植株年龄或者繁殖率是很难的,但是已经有以DNA为基础的分子标识技术来帮助完成。比如说,使用随机扩增多态性DNA(RAPD)方法(Gibson 2002)预测紫羊茅的植株繁殖率为3~7代·m^{-2}·年$^{-1}$(Suzuki *et al.* 1999)。丛生禾草的无性系繁殖取决于无性系分株的分生率和死亡率,因为植株表现出繁殖前期、繁殖期和繁殖后期的发育过程,分别要用5~10年、15~30年、15~25年完成(Gatsuk *et al.* 1980)。比如,北欧发草(*Deschampsia ceaspitosa*)从繁殖期开始出现茎的空心化,到了繁殖后期出现碎片化特征(图3.4)。较老的植株(来自一粒种子的个体产生的植物群;Gibson 2002)产生的碎片是自由生长的,能够产生新的无性系分株,但是它们可能是短命的,对于种群的维持也几乎不起作用(Briske and Derner 1998)。无性繁殖禾草分株间的生理功能配合将在第4章讨论。

分蘖是地面上的腋生枝丛,包含一个茎和附带的叶。出蘖就是产生新分蘖的过程。鞘间分蘖在叶鞘之间出现,鞘外分蘖穿透环状叶鞘基部或从没有被叶鞘所围住的芽处出现。草坪草或丛生禾草采用鞘间分蘖,而匍匐茎[如普通早熟禾(*Poa trivialis*)]或根茎[如偃麦草(*Elytrigia repens*)]的发生则是通过鞘外分蘖。气生的分蘖能从伸长茎的茎节处出现。例如,一年生禾草——柔枝莠竹在整个生长季都产生气生分蘖(Gibson *et al.* 2002)。

许多农业和生态学研究已经致力于理解和量化分蘖动态。一些量化分蘖动态的基础计算包括分蘖出现率——分蘖可被肉眼认出的比率(当然,它们之前就已经形成),最常见的计算TAR(分蘖出现率)的公式包括:

· 净绝对分蘖出现率(NTAR)

$$NTAR = \frac{N_2 - N_1}{t_2 - t_1}$$

式中,N_1为在某一时间t_1存活的分蘖的数量(每个植物,单位区域),N_2是在另一时间t_2存活分蘖的数量,如果$N_2 = N_1 +$(在时间t_1和时间t_2之间产生的新分蘖的数量,那么这个公式就得出总的分蘖出现率。

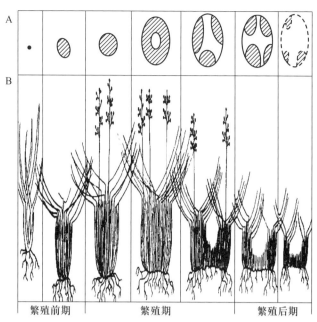

图 3.4 北欧发草无性繁殖系个体的构型发展图解。A. 鸟瞰图;B. 侧视图。无性繁育体从秧苗到衰老需要 30~60 年,注意:中空的顶冠在繁殖期及在无性分裂繁殖后期的发展。获得 Briske 和 Derner (1998) [在 Gatsuk et al. (1980) 基础上重新绘制] 许可而转载。

- 比例分蘖出现率(PTAR)

$$\text{PTAR} = \frac{1}{N_1} \times \frac{N_2 - N_1}{t_2 - t_1}$$

在此,净和总的分蘖死亡率的计算是根据 N_2 确定的,正如绝对 TAR 一样。

净和总的分蘖死亡率的计算可以相似的方式通过计算死亡分蘖"出现"率估算出来(如 Hendon and Briske 1997)。

丛生禾草高燕麦草的分蘖出现率将在图 3.5 中阐述。

从 NTAR 和 PTAR 可以看出,从分蘖数量角度看,数值大于 0 表明草丛分蘖数量的增长。数值小于 0 表明分蘖数量的减少。对于高燕麦草(A. elatius),图 3.5 表明丛从 9 月到次年 5 月是生长的,在夏天经历负增长。分蘖数量季节性的变化在渐增的分蘖出现率和死亡率中也能显示出来,总是有连续的分蘖死亡,但是在夏天是最明显的。这是同时分蘖出现率的降低导致了成活的分蘖总量的急剧下降(图 3.5)。高燕麦草是沙地草原的建群物种,季节性的分蘖动态影响着其余的植物群落(Gibson 1998a, 1988c)。

类似地,多年生冷季型禾草高羊茅全年都会长出新分蘖,尤其是在隆冬初春和花期过后的盛夏季节(Gibson and Newman 2001)。由于分蘖间的相互竞争,分蘖在 6 月死亡率最高。与之相比,大多数的暖季型禾草则是分蘖在冬季完全枯死的典型代表。例如,在美国大平原地区的广袤土地上,多年生暖季型北美小须芒草(Schizachyrium scoparium)深秋会枯死(分蘖完全死亡),到来年春末到夏季,新的分蘖又会长出。然而,在得克萨斯州草原南部,很多主茎周边的

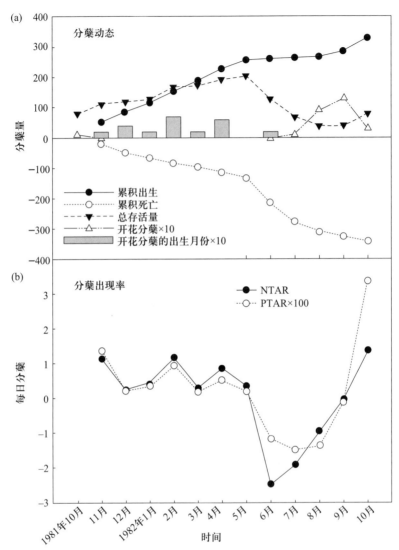

图 3.5 高燕麦草的分蘖动态，Newborough Warren, Anglesey, UK (Gibson，未出版)：(a) 季节性分蘖通量；(b) 分蘖出现率。从占地 25 cm² 的 5 块草丛中获得。NTAR，净分蘖出现率(分蘖·d⁻¹)；PTAR，比例分蘖出现率(分蘖·d⁻¹)。

分蘖可以越冬(Butler and Briske 1988)。

    这些分蘖是有等级的,大分蘖较少,小分蘖较多,其中有很多生长受抑制。分蘖过程是受遗传基因控制但又极大地受到环境制约的,因为它需要旺盛组织的分生活动和细胞生长,而这两个过程都需要能量和资源。分蘖的增加激发了叶的生长进而促成了整株植物叶子的增长。以下是对环境对分蘖过程的总的影响进行观察的结果(Langer 1972)：

    分蘖对温度很敏感,高温对分蘖有抑制作用,它与植物的呼吸速率以及可溶性的碳水化合物的含量相关。夜晚温暖的环境与白天暖和的环境相比对分蘖更有害。对于分蘖,温带的物种有相对较低的适宜温度。多年生黑麦草的适宜温度为 18~24℃，鸭茅的适宜温度为 10~25℃（Langer 1972）。与之相比，亚热带物种的分蘖温度高达 35℃。光与温度相互作用，高光强促进分蘖的产生。当下的光照比积累的更重要，当把在遮光处生长受抑制的植株再放到光照下，分蘖会继续。光的质量会影响分蘖的机制。通过实验增加红光与远红光的比例对于牙买加鼠尾粟（*Sporobolus indicus*）和毛花雀稗（*Paspalum dilatatum*）两个物种的分蘖在春季起促进生长的作用，而在秋季则起到加速死亡的作用（Deregibus *et al.* 1985）。增加红光与远红光的比例与遮阴效应呈典型相关。

土壤的湿度影响分蘖，干旱缩减分蘖的产生，抑制分蘖生长的大小和再生的比例，并且增加其死亡率。例如，在一个轻度放牧的北美小须芒草草场，湿润年份里平均有 51 个分蘖的植株，在干旱的年份其分蘖缩减到了 26 个（Butler and Briske 1988）。同时，湿润年份的分蘖发生率是 20%，而干旱年份的分蘖发生率是 0。

土壤中矿物质的含量，也就是植物体可以吸收的矿物质含量对分蘖的产生非常重要。土壤中供给的氮、磷、钾含量越高，分蘖产生的就越多。其中氮的作用最大，它与磷和钾相互作用。如果氮的含量低，即使磷和钾不缺乏，分蘖也会受抑制。对肥料的敏感性取决于土壤中的营养状况以及植株的发展阶段。

尽管放牧会直接导致植物的部分器官死亡，但放牧可以促进分蘖，它以植物的茎基部在叶原基轴上长出很多小新芽。例如，在高羊茅草场上持续放牧绵羊会增加分蘖的数量，同时减少叶的延展率（Mazzanti *et al.* 1994）。相比之下，对放牧敏感的物种会呈现出分蘖生物量下降和分蘖可采食量下降。放牧敏感性也取决于落叶的时间。例如，落叶的 *Eriochloa sericea* 在拔节期前和拔节期后表现出更大的累积性分蘖死亡率（分别是 28% 和 11%），不落叶的植物则分别是 39% 和 21%（Hendon and Briske 1997）。

从某种意义上来看，禾草本身可以被视为很多的分蘖，就像树被看成是大量的枝丛一样（Jones 1985）。分蘖的生命史取决于物种生命史、环境条件以及季节。分蘖从生到死，保持营养生长的时间可能只有几个星期，或者可以从这个季节持续生长到下个季节或更长的时间。最终，如果一个分蘖真正开始繁殖，那么在花期结束过后它就会死亡。在高燕麦草的生长中，我们首先注意到分蘖动态的季节性变化（图 3.5）。此外，分蘖的存活率有着明显的季节性（图 3.6）。夏末开花后分蘖增长迅速，大部分在秋天长出的分蘖会越冬直至第二年的夏初。相反，在初夏时节就长出的分蘖却只存活 1~2 个月。燕麦草（*Arrhenatherum elatius*）的花期从 6 月到 10 月（图 3.6）。开花的分蘖发生于头一年的 11 月至第二年 6 月，但其中的 60% 是发生于 2 月到 4 月。

茎的生长主要与节的产生相关（3.1 节）。例如，短茎的生长（如格兰马草）是多个节生长的结果。花序后期的增长会需要少量的节，大部分的节会留在基部，每一个节都会长出一个腋芽（节堆），这些芽会继续生长成为更多的分蘖。相反，长茎生长（如大须芒草）几乎不需要节就可以完成。花序早期的生长消耗了大量的节，只在基部留有少量的节。因此只剩很少的腋芽成为很少的分蘖。

竹类植物中特化的根茎产生了大量相连分节的地下茎。这些组织在地下木质化使地下茎强壮而坚硬。竹子地下茎的生长呈现两种形式。合轴地下茎，侧芽着生于地下茎的两侧，可以

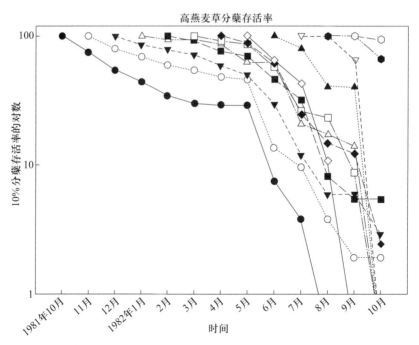

图 3.6 高燕麦草分蘖存活率, Newborough Warren, Anglesey, UK (Gibson, 未出版)。从 1981 年 10 月至 1982 年 10 月, 每个月的第一周都会记录同一块 25 cm² 位于五块草丛中心的土地上新生的分蘖量。每条线都代表了不同的分蘖同生群。

继续生长为地下茎,顶芽发育成秆,从而形成密集成群的竹子,如蓬莱竹属。反之,单轴地下茎往往长而细,生有可成长为竹笋和根的节。地下茎不断在土壤中成长,有时会使竹子长成无性繁殖的群落,遍布整个地区,如桂竹(*Phyllostachys nigra*)在夏威夷毛伊岛东侧形成的茂密的雨林。只要在切割口处留有芽或秆,从这两种地下茎上分割出的根茎都可以繁殖。

除了可以成长为秆和再生以外,根茎还是禾草的储存器官。可以保存大量的糖及淀粉,用于春季返青和遭采食后叶片再生。比如,在实验中石茅根茎中非结构性碳水化合物减少 60%,根茎就几乎不可能再分生了。禾草的根茎可供食用,比如,芦苇(*Phragmites australis*)的根可供食用或者为塔斯马尼亚人提供淀粉(Australian National Botanic Gardens, 1998)。

其他储存或者再生器官还包括鳞茎和球茎,都是从基部主茎发展而来的。真正的鳞茎很稀少,仅在鳞茎早熟禾(*Poa bulbosa*)出现,而球茎(或者像球茎的肿胀)则更为常见,如早熟禾属、臭草属(*Melica*)、麦氏草属、*Colpodium*、燕麦草(*Arrhenatherum*)、茵草属(*Beckmannia*)、大麦属、梯牧草属(*Phleum*)、*Ehrharta* 和黍属(Clark and Fisher 1986)。球茎是根部的丰满的膨胀,对植物的再生非常重要。在块茎燕麦中,球茎发生于 4 到 5 个串联的基部节间,每个都可达 1 cm 宽,带有可发芽的再生芽。营养物质储存在根茎中,对于动物的采食是很重要的。比如在非洲东部安波塞利地区,黄狒狒会挖洞,吃 *Sporobolus rangi* 的球茎(Amboseli Baboon Research Project 2001)。

当植物茎生长率到达顶点,进入初花期,花茎就会出现。节间拉伸,以及典型的花茎生长是一种竖直结构。叶原基快速形成于拉伸茎秆顶点时,蕾形成于这些原基快速增长的叶腋中。叶子生长受到抑制,蕾随后发生,成为小穗原基。对于单独茎而言,这种改变在分生组织顶点中是固定的。一个例外就是植物性增殖(也叫分芽繁殖,胎萌)。这种现象可以发生在 *Festuca viviparoidea* 植物中(在母本上成长的羊茅),在此过程中一部分再生花可以转变成植物性生长(Stace 1991)。在这种情况,颖上面的小穗就转变成了多叶的秆(Clark and Fisher 1986)。在剪股颖属、发草属、画眉草属、羊茅属、栽培稻属、梯牧草属、早熟禾属、狗尾草属(*Setaria*)、高粱属和玉蜀黍属(*zea*)中都曾有分芽繁殖的报道。

无论是一年生的禾草,还是多年生单次结实植物,开花是单次结实植物生命周期的终点(一个结实期后枯萎)。许多种类都有一年生和多年生的品种,比如雀麦,有一年生的 *Bromus japonicus* 和旱雀麦(*B. tectorum*),还有多年生的无芒雀麦(*B. inermis*)。许多竹子寿命长并且单次结实,通常在一大片地区间隔 100 年左右或者在枯萎前同时开花。比如在日本,那里有菲白竹的 35 个品种都显示出了这些特点。不管多年生植物是单次结实还是多次结实,独立的生殖枝单次结实,繁殖完成之后枯萎。

开花的本质将在 3.6 节论述。

3.4 叶

茎的圆锥形尖端侧面表皮和皮下组织(外皮细胞)下分布的叶原基分化成为叶。叶原基起初全部是分生组织(具备细胞分裂的能力),但分生活动仅局限于包括内表皮的舌叶和背面的叶片的中间区域。中间分裂组织的位置意味着如果叶片的尖部被去除,比如通过啃食或切除,叶子还能够继续生长。叶柄通常都比较短,所以叶子能够茂密地生长。顶端的两侧都有叶子形成二列叶序,即叶子是以两列垂直排列的。螺旋形叶序在禾本科中极其稀少,只在澳大利亚 *Micraira* 属的一些种类中可以发现(Watson and Dallwitz 1988)。

禾草的叶子由三部分组成:叶片、叶鞘和叶舌。主干或者侧枝的第一片叶子由膜状变态的鞘组成,没有叶片,称为先出叶或首叶。这种结构最初紧靠在叶子上,以此来保护未成熟的侧枝。次生的叶包括一枚叶片,环绕或者折叠于茎秆中。叶片通常是直线形或矛形的,有典型的平行的叶脉,比其长度稍窄,拉长并平展的。叶子可以是坚硬的,长有刚毛,针状的(永远在里面,比如 *Miscanthidium teretifolium*,拥有圆柱形带近轴的表面的叶片,只有通过一个小槽能辨别)。叶缘可能是完整的、光滑的或粗糙的。某些种类中,叶缘非常粗糙,甚至于以划伤皮肤而广为人知,比如 *Neurolepis nobilis*。在尺寸上,禾草的叶子最小的叶片通常小于 1 cm,大的可达 4.5 m 长,30 cm 宽。

叶子形状与环境条件有关。在潮湿的热带,草类叶子通常比较大,有卵形或者椭圆形的叶片。相反,在半干旱地区,叶子比较窄且细长,在干旱条件下变得向下卷。*Cladoraphis spinosa*,南非南部沙漠中的一种草,就是旱生性适应的典型代表,矛尖样的叶子非常坚硬,木质针状,至多只有 6 mm 宽并且卷曲(Watson and Dallwitz 1988)。

叶表皮特征通常反映在对干燥环境的适应上,比如在维管束间褶皱底部的泡状细胞,位于近轴表面,能在干燥环境中向内卷曲。泡状细胞被发现于羊茅的叶和长在海边干燥沙丘的滨草的叶中。禾草叶表皮的另一个特征是长有硅质细胞。这些短细胞通常成行排列或者单独出现,含有植硅体。植硅体的大小和形状在分类上不同,它们在沉积物中的存在可以用来重构草原生态系统的演化进程(Strömberg 2004)。硅(的沉积)引起食草动物牙齿的磨损(第4章),它的存在暗示了草原和食草者中曾经发生过协同进化(第2章)。气孔出现于脉间区在近轴和离轴表面,带有椭圆形的保卫细胞,大小从 15 μm 到 50 μm 不等,外形取决于副卫细胞。与表皮有关的特征包括长细胞上乳状物(竹亚科)或者线性槽,偶见腺毛(虎尾草亚科中的冠芒草族),以及单细胞或双细胞的植物微毛或皮刺(禾本科常见)。

叶鞘是叶子的基础部分。它就像一个扁平的叶柄,提供对茎秆的保护,培育内部分枝。叶鞘扣紧茎秆一般两边会重叠在一起,偶尔两边会连接成一个管[如甜茅属(*Glyceria*)、羊茅属、雀麦属]。叶鞘通常有明显的叶中脉一直延伸到叶片。在叶鞘顶部和近轴表面的叶片底部是叶缘,一个叶柄样的收缩,在大多数竹子中可发现。变态叶鞘包括环绕玉米叶耳的外鞘。有时(较少见)叶鞘和叶片无法清晰地区分,比如加利福尼亚的一年生丛生植物 *Neostapfia colusana* 和 *Orcuttia* spp.(Gould and Shaw 1983)。

叶舌是分类学判断的特征。叶舌生长在叶鞘顶点的近轴表面,在质地、尺寸和形状方面大不相同(图3.7)。例如,在 *Bambusa forbesii* 中有远轴的叶舌。通常为膜状[竹亚科(Bambusoideae)、Ehrhartoideae、Pharoideae 和早熟禾亚科(Pooideae)],白色或棕色,叶舌都长有一层筋状膜(如黄假高粱),有纤毛的边缘[Aristidoideae、芦竹亚科(除了芦竹属)以及扁芒草亚科(除了 *Monachather* 和 *Elytrophorus*)](Renvoize 2002),也有没有以上特征的(*Neostapfia*,*Orcuttia*)(Chaffey 2000)。这种类型的叶舌通常在同一个属内很统一,但是在黍属的不同品种中,两种叶舌形式都存在。似耳朵样突出的组织称为外耳,会出现在叶鞘和叶片的结合处(高羊茅),或形成一丛纤毛(见于几种画眉草属的植物中)。叶舌的作用不清楚,但是它被看作是空中根冠。被动假说认为它可以阻止水、灰尘和有害的孢子和昆虫到达脆弱的叶鞘部分(Chaffey 1994;Chaffey 2000)。主动假说认为叶舌有额外的生理作用。尽管它们没有气孔,膜状叶舌中存在发育成熟的淀粉粒,表明叶舌也具有光合作用能力。粗糙内质网、无数线粒体、肥厚的网体和附着的小气囊的存在,以及叶舌膜状细胞中的壁旁体都起着分泌的作用。细胞外产生的分泌物可作为润滑剂来辅助叶子的卷曲或者茎秆的伸展(Chaffey 2000)。

在不同的茎秆间,叶子通常比较相似。然而,匍匐枝和根茎上长出的鳞叶相对较小,绿色较浅,不具有光合作用能力。在竹子中,叶子形状随茎节的不断上升而越来越复杂。在这些禾草中,较低的叶子只有叶鞘,对植物的光合作用几乎没有贡献。越向上,叶片发育越好,可以有效地进行光合作用。叶片的变化可以是渐进的,也可能是阶段式的[如赤竹属(*Sasa*)](Chapman 1996)。

只要分蘖成活,且茎秆没有发育成花,叶可以不断地形成。随着老的较低的叶凋落,在分蘖上不断会有新叶出现。高羊茅在春天会有新叶产生,当分蘖上的叶片完全展开时,新叶就会发生(Gibson and Newman 2001)。叶的伸展一直持续直到叶舌出现。对于禾草来说,叶的寿命关乎生长的成本,对于其他植物也如此,叶寿命能够生成和维持成本与碳获取之间的平衡(Kikuzawa and Ackerly 1999)。茎秆顶部的嫩叶是生理最活跃的,老的下层叶通常被上层叶遮

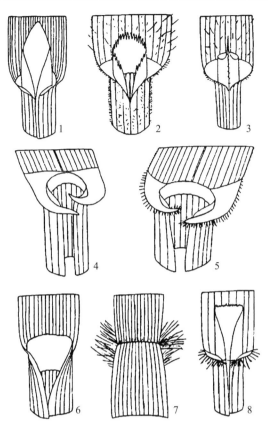

图 3.7　叶鞘和叶片结合处的叶舌和叶耳(×5)。1. 梯牧草属；2. 贫育雀麦；3. 臭草属；4. *Schedonorus pratensis*；5. *Schedonorus phoenix*；6. 看麦娘；7. *Sieglingia decumbens*；8. 黄花茅。获得 Hubbard (1984) 的许可而转载。

盖，光合作用速率较低(Skeel and Gibson 1998)。据记载，格兰马草叶的寿命从 31±1.4 天至 25 个月(Graine and Reich 2001)，而落芒草属的叶寿命可为 25 个月(McEwen 1962)。之后又有记载落芒草属的 *Oryzopsis asperifolia* 叶可以过冬，并且一直保持绿色。叶寿命不同取决于叶在哪个季节长出，生长季初发生的叶可能在夏天末就开始枯萎。光合作用、叶呼吸、叶氮素浓度以及特定叶面积都互相关联，但是都与叶的寿命无关(Reich et al. 1997)。叶寿命至少部分地取决于氮的供应率，因此植物循环的反馈可对其产生较大的影响(7.2 节)。在黑麦草属中，钠肥增加了叶寿命，主要是由于减缓了叶的衰老，而不是增加叶产量(Chiy and Phillips 1999)。据观察，提高 CO_2 浓度，C_3 植物叶的寿命延长了，而 C_4 植物的叶子却没有变化。这种差异来自 C_3 和 C_4 植物叶生理的不同以及在碳获取和氮循环之间的关系。从沿地中海撂荒地演替中可以观察到叶寿命显著缩短和叶产量增加(Navas et al. 2003)。这些变化部分由不同阶段不同植物建群导致，比如，记录中叶产量的增加可通过仅出现在演替早期的一年生植物[山羊草(*Aegilops geniculata*)、二穗短柄草(*Brachypodium distachyon*)]被晚期的半隐芽植物[多年生，*Brachypodium phoenicoides*、直立雀麦(*Bromus erectus*)]所取代得到解释。

3.5 根

  草原上60%以上的活生物量在地下。高草草原地表以下90 cm的土层中生物量的峰值为700~2 100 g·m^{-2}不等(Rice et al. 1998)。大体上根系范围与地表植物有关。根冠比从0.7∶1到4∶1不等,其中禾本科植物大部分为0.8∶1~1.5∶1之间(Gould and Shaw 1983)。生物量在地下的分配比例因物种和环境的不同而不同。通常生物量在地下的比例随着土壤湿度的增加而减少(Marshall 1977)。所以生态学家需要格外努力来了解这一系统。早期的研究者费力地在地上挖坑开渠,努力地追踪草原上的根系(Weaver 1919,1920)。后来,Weaver和Darland(1949a)发明了整体取样法,即从地里挖出整块的土壤,然后用水把土和根分离。图3.8就是在北美大草原进行的此类研究(Weaver and Darland 1949b),图中是复杂的动态的一个带有小生境差异的地下系统。受观测的草根形成一个浓密的团穿越原状土柱到母质层。大多数根存在于土壤上层,例如大须芒草根重的43%在地表下10 cm内,78%在地表下30 cm内(Weaver和Darland 1949b)。近邻植物的根在上层土壤中交叉混合。Weaver(1961)发现丛生植物草原鼠尾粟(*Sporobolus heterolepis*)的根向外延伸的方式是从植物冠层所覆盖的土壤向周围空间延伸。

  最近生态学家开发了一系列的非破坏性、扰动小的方法来研究根行为。其中包括放射性和非放射性的探测器,带根窗的根管,以及利用激光技术的迷你根管等(Böhm 1979;de Kroon and Visser 2003;Smit et al. 2000)。

  成熟禾草的根是完全随机的,多纤维的。种子根,即从种子生长出的第一枝根(见3.7节),只起一小段时间作用,但在其短暂的生命中,它每单位重量吸收的营养要比不定根多(Langer 1972)。种子根死后,由不定根替代。不定根包括1个初生根和2~7根一阶分支根。初生根可能不太容易与其他根区分,也不像许多熟悉的草本双子叶植物的主根那样。丛生禾草中,不定根生于主轴的基本茎节、匍匐茎节、根茎和地表附近的分蘖上,即任何茎节接触土壤都可以产生根。从茎节生出的根是从叶基生长出的,而且冲出了苞叶鞘。茎节长出不定根的轮状发生部能到地表上1.5 m高的位置,例如高粱属的支柱根和板状根。

  由于缺乏明显的主轴(除种苗外),禾草根系的拓扑结构是分散的。当其他植物对有限资源表现出拓扑反应时,不同分枝层面的禾草根系的直径却变化不大(直径通常小于5 mm)(Robinson et al. 2003)。然而或许是由于禾草根系的分散性,温带草原的细根生物量和细根长度比其他生物群系的高(分别是1.5 kg·m^{-2},112 km·m^{-2})(Robinson et al. 2003)。温带草原每单位根生物量中的细根远比其他任何系统都多(细根/总根生物量比为1.0)。

  根毛覆盖很长一段根表皮,不像双子叶植物,根毛只覆盖根尖后一小部分。根毛很长且持久,它们从生毛细胞中长出,生毛细胞是一种比其他不长成根毛的表皮细胞生长更缓慢的细胞。根毛负责上传水和营养。根毛密度与菌根状态(第5章,Tawaraya 2003)、土壤pH(Balsberg and Anna 1995)和地质构造(Bailey and Scholes 1997)有关。

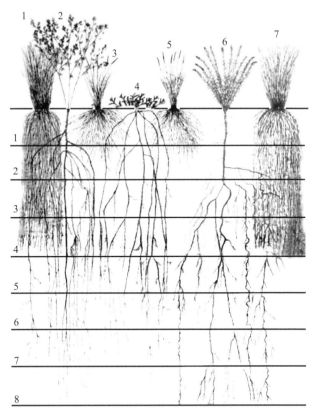

图 3.8 北美大草原地下根系的生态位分离。1 和 7,北美小须芒草;2,*Psoralidium tenuiflorum*;3 和 5,洽草属;4,黄芪;6,*Brickellia eupatorioides var eupatorioides*。请注意这些禾本科植物的根都处于不同的深度,然而非禾本科植物的根会更深。图中以英尺为单位度量。获得 Weave 和 Fitzpatrick (1934)的许可而转载。

3.5.1 根在土壤中的分布和周转率

根的生物量、根的增生和根的枯萎都随季节波动。土壤水分充裕情况下,生物量随生长季而增长。地表下 10 cm 的土层是最活跃的,也是对与根增长有关的环境条件最为敏感的(Rice et al. 1998)。在生长季结束时,根的生长速度减缓,其原因并非土壤温度的下降,在苔原草 *Dupontia fisheri* 中是因为昼长的缩短(Shaver and Billings 1977)。

环境因素如火、放牧、温度和营养等影响根的繁殖和周转。频繁的火烧后根的生物质通常会较高,这与根的繁殖率高有关,而非枯萎率下降(Rice 1998)。禾草根系对放牧的响应是多变的(Milchunas and Lauenroth 1993)。在对全球 236 处放牧草场对比中发现,根生物量与牧场物种构成无关。然而,放牧起到积极作用的草场占 61%,这些草场中放牧对年净初级生产力起到积极作用。从区域来看,增加放牧强度的情况下,北美小须芒草的根系出现质量下降、密度降低等现象(Weaver 1950)。用刈割代替放牧,对根繁殖的影响正好与放牧相反(Branson

1956)。事实上,在后来的研究中,即对美国五种禾草[蓝茎冰草(*Pascopyrum smithii*)、拟鹅观草(*Pseudoroegneria spicata*)、*Hesperostipa comata*、草地早熟禾、格兰马草]的刈割研究发现,其对根系影响比地上部分更大。这表明过度放牧的情况下,植物地下部分受到的影响要早于地上表现出来。地上组织损失超过50%会导致根系在一段时间内停止生长,可能是植物需要积累能量用于地上组织的恢复(Crider 1955;Jameson 1963)。刈割后根尖处的根最快出现凋亡。

增加营养物在短期内可使根生物量增加,但从长期看,响应可能会不同(Rice 1998)。土壤湿度和不同深度湿度要比肥力更重要。浅层土壤湿度大会产生浅根系,而深层土壤湿度大根扎得更深些。根生物量在土柱中的分布及根总量随土壤类型,尤其是其渗透性的不同而变化(Weaver and Darland 1949b)。叶接收的光照强度影响根的生长。Langer(1972)描述了无芒雀麦在光入射减少18倍的情况下,根重减少30倍,而叶芽仅仅减少5倍。

根的增生具有季节规律,白三叶/红三叶草坪中,新的不定根在晚冬至早春之间发生,到4、5月份生长减缓,夏季生长率降低(Garwood 1967)。在这些草坪中四种草[两种黑麦草的栽培变种,鸭茅(*Dactylis glomerata*)和梯牧草(*Phleum pratense*)]的差异最小。在2—4月发生的不定根比其他任何时候都多。这些根并不分叉,起初缓慢延长,但是有些根继续在表土层一直生长到夏季中期。夏季后期生长的根只存活几天而且扎根不深。与之相较,9—11月的根能存活并生长过冬到次年春夏。根增生在夏季下降的模式在几个物种中可见(Huang and Liu 2003;Murphy et al. 1994)。当然,一年生禾草的根通常不会存活1年以上。然而,秋季发芽的一年生植物,发芽后迅速长出大量根,为过冬后春天生长做好准备。例如,一年生旱雀麦在11月中旬可以在>30 cm土中发芽,最终长到地表下1.2~1.5 m(Hulbert 1955)。

如上所述,大部分多年生草的根系死掉后,次年被替代,如50%的草地早熟禾(*Poa pratensis*)和细弱剪股颖(*Agrostis capillaris*)的根(Sprague 1933)。根周转率,即新根的净增长和老根的消亡。在干旱情况下根周转率是很高的。例如,在美国高草草原根周转率在干旱年份是564%,次年雨水充足时是389%。从全球来看,根周转率随全年平均气温变化呈指数增长(Gill and Jackson 2000)。温带草原根周转率从荷兰中部的0.83·年$^{-1}$到美国矮草草原的零周转率不等,平均为0.47·年$^{-1}$(Lauenroth and Gill 2003)。对比而言,在热带草原的平均周转率为0.87·年$^{-1}$,在高纬度地区(多数是苔原)为0.29·年$^{-1}$。许多个体的根存活两年以上。以下是一些植物的不定根存活两个生长季的比率:阿尔泰洽草30%,*Hesperostipa spartea* 57%,北美小须芒草23%,大须芒草45%,垂穗草36%,黄假高粱37%等(48页)。

3.6 花序和小穗

花序是指秆上部开花的部分(图3.1)。它着生于顶叶茎节的基部。正常情况下花序范围内没有叶。同其他叶子相比,顶叶通常呈细长形,但其叶鞘变大,包裹着发育中的花序。部分禾草中,成熟的花序仍然在或者部分在鞘中(例如柔枝莠竹、复方鼠尾粟属)。

禾草的属间、种间花序的形态差异很大,这也是划分种属的基础。以下描述的变异稳定地存在于物种中。竹子有着非典型花序,包括具有小花的假穗,有可能成为假穗或包在苞叶内的颖片,或是非典型的大量花的各部分(例如狭叶竹属中的颖片)(Chapman 1996 中的表 4.1)。

花序通常直立长在地上茎上,使开花的茎倒伏,然而一些闭花受精禾草的穗着生于地下茎上。例如 *Amphicarpum purshii*、*A. muhlenbergianum* 和 *Enteropogon chlorideus*。后者由于它的根茎结穗而被广泛称为埋种伞状禾草。在闭花受精穗中种子位置是最高的(Barkworth *et al.* 2003)(见第 5 章)。

一年生植物花期只有不到 3 个月,或者像某些竹子很多年才开花一次。花位于花轴上无柄或有柄的花序上或单生或复生的分枝系统中。顶端小穗先成熟,下部最后成熟。正如许多其他方面一样,玉米是个例外。玉米穗的颖果从中间成熟,然后向上下扩展,逐渐成熟。

有三种主要的花序形式(彩插 2):圆锥花序、总状花序和穗状花序。这种划分是以连续花穗的顶端形态来区分的。

在圆锥花序中,小穗着生于主轴上长出的原生的、次生的甚至是第三代枝的花柄上。大多数禾草的花序是圆锥花序,如黍属。并且圆锥花序代表着禾本科花序的最初状态。在圆锥花序中分枝形态可能较松散[例如燕麦属、雀麦属、拂子茅属(*Calamagrostis*)、画眉草属、黍属、早熟禾属];或是集中、狭窄、呈圆柱状且稠密的形态[即在梯牧草属、看麦娘属(*Alopecurus*)、䕡草属(*Phalaris*)、*Lycurus* 中集中的]。小穗可能是无柄的或是具短柄的,长在原生花序枝上;或是掌状的,长在茎秆顶端;或沿主花序轴分布的,例如所有虎尾草族、大多数黍族和须芒草族的植物。

在总状花序中,小穗着生于主轴的花柄。花序可以是单生的顶穗,就像 *Danthonia unispicata* 一样。有些禾草带有总状枝的圆锥花序,例如,稗属(*Echinochloa*)、雀稗属(*Paspalum*)。

在穗状花序中,小穗完全独立地长在花序轴上,没有花柄。小穗单生在节上,例如,黑麦草属、小麦属、冰草属;或是每个节上有两个或更多,例如,*Hilaria*,披碱草属,*Sitanion*。然而大麦属在同一节上生有 1 个无柄和 2 个具短柄小穗。

无论何种形式,花序可以是相同的,或是雄性单性花、雌性单性花、雌雄同体,或是不结实穗混合。例如摩擦禾属(*Tripsacum*)的近端小穗仅有雌花,而远端小穗仅有雄花。玉米有分离的雄雌花序(缨和穗)。野牛草是雌雄异体的,有独立的雌株和雄株。在这种情况下,野牛草雌雄株之间的差异不能解释为繁殖分配或是在环境中成长和成功生存下来的结果(Quinn 1991)。

小穗是禾草分类学的基本单位。它包含小穗轴,一到几个小花,并被两片苞片限定在基部,即颖片(图 3.2)。小穗是有限花序结构的,但竹子例外,它有假小穗,例如 *Bambusa* 和其他一些热带、亚热带竹子。当颖片包裹住一个将成为花枝的苞芽时,假穗就会出现。而花枝本身又可以有颖片被芽苞所包裹。这一重复模式即续次发生(iterauctant)花序。在小穗中,一个或更多的小花组合在一起,通常被两片颖片包裹。颖片通常是膜状而且是不繁殖的,因为它的轴上没有小花或芽苞,所以它被认为等同于叶鞘。颖片在小穗中起保护作用,它可以是有芒的,也可能是无芒的。根据小花中雌雄蕊的存在/不存在,小花可能是雌雄两性的、雌性的或雄性的,或不育(见第 2 章子系特征)。

小花(包括外稃、内稃、浆片、雄蕊和心皮)长在小穗颖片上的小穗轴上,它们的数量固定,并能以此区分物种。从一穗含 1 个小花(如针茅属)到画眉草属中多于 40 个小花不等。一些组中小花减少到每穗一花,这是个别现象。早熟禾亚科、虎尾草亚科、竹亚科和芦竹亚科大多数每穗有数个小花。黍亚科植物小穗含 2 个小花(顶端小花两性,下部小花雄性或退化仅余外稃而不育)。有些早熟禾亚科和 cloridoid 草每穗有 1 个雌雄两性的小花。小花要么是功能性的,要么是无功能的。在早熟禾亚科中,离颖片最远端无功能小花残留,在黍亚科中则为离颖片最近端无功能小花残留。

在小花基部有两片膜——内稃和内稃下的外稃。内稃、外稃和小花一起构成稃片。内稃、外稃中的一个或者两个都有可能存在、不存在或减少。外稃来自叶鞘,并依不同种类而表现出许多变异,从而使其在分类上很重要。外稃呈披针状或椭圆形;质地从纸质到皮质不同;有 1~15 条叶脉;牢固坚硬;背部紧缩,或是圆形背;顶端完整(无芒)或对裂,有一个芒。芒的存在可以作为一个从外稃凸起的组织,或者以末端的方式(中脉的一个延伸),抑或以背端方式(从中脉的背部凸起)。大体上,芒是平直的狭小结构,它可以向中间弯曲,平滑或带有棘毛。在三芒草属中,芒是三裂的,或者说有三个分枝。有芒时,外稃基能减弱到两裂的膜或是窄翼瓣。芒可以具有吸湿性,含水后弯曲,使得裂开的谷粒移动,从而帮助传播。即使不具有吸湿性,芒也可以使颖果粘挂在动物毛皮上,达到帮助传播的作用。内稃是先出叶的改良,通常两个叶脉、两个龙骨;透明类似颖片;在外稃对面,背靠小穗轴。内稃无芒,澳大利亚的 *Amphipogon* 例外,它的内稃有两个芒(Bews 1929)。

禾草的花(浆片、雄蕊和心皮)是雌雄同体,或一雌或一雄,或者是不止一种。小花包含一个有两个气孔(竹子有三个)的心皮,一到两个轮生体,三个雄蕊,每个与另外两个在中部相连(丁字型),或者在基部细丝处相连(基部附着型)。有些植物有更多的花药,例如 *Ochlandra*(竹亚科)有 6~120 个雄蕊。心皮包含一室子房,一个单胚珠,通常两个花柱和气孔;子房形状有所不同;气孔是两支的(竹子三支),轻柔、座生的,架在一个单花柱或几个分离花柱上。*Zea mays* 中,每个子房里有一个单长细丝状的分离花柱,即玉米穗的"丝"。子房受精后产出一粒种子。

浆片是小花基的小窄条。通常植物有两个不显眼的浆片,但部分物种中有一个甚至没有,竹子有三个浆片。从进化角度看,浆片代表花被裂片。浆片很小,灰绿色或白色,轮状排列(像雄蕊,但不像互生颖片、外稃和内稃)。它们在开花期涨满,使小花开放。

禾草的小花中花药长 1~14 mm。黄色或奶油色到粉色、红色、紫色不同;大多数是光滑的;通过裂缝或孔隙裂开。花粉大小不同,但形态差异不大,而且大致呈椭圆形,粒径 14~130 μm;有独立的腐化萌发孔,周围有明显的环被果盖覆盖。外层(外粉壁)是斑点状或斑纹状(即分散的或成簇的细粒)(Clifford 1986)。光学显微镜下显示的禾草花粉中少量的形态变异说明,在孢粉样品中存在的禾草花粉不仅表明在对应沉积时代存在,还能反映出所在的群落。孢粉证据对研究草原生态系统发展史很有价值(第 2 章),但不能据此对草原物种进行识别。

在一些属中,颖片、外稃或是一些不能繁殖的小枝可以硬化连在一起,形成保护结构,被称为总苞(或花被)(Bews 1929)。例如在蒺藜草(*Cenchrus*)中,总苞包括在基部连在一起的刺毛,形成一个多刺的杯状或刺苞来保护穗。这种结构使其很容易挂在动物的皮毛上(扎在人的脚底很痛!),帮助传播种子。

花序的进化倾向是 200 多年来人们一直争论的一个话题(Bews 1929;Clifford 1986;Kellogg

2001)。缩简(压缩和简化)、抑制、多倍化(倍增)、圆锥花序中非特化结构的融合,派生出缩小的与之相对的穗状花序等,在一些族群里发生过许多次(表3.1)。小花的进化被认为最早始于"百合"型:通过融合心皮(即达到单心皮条件),共用单一的茎胚珠,雄蕊从6个减到3个,三个花瓣(可能)转化成三个浆片,浆片减为两个。在玉米和水稻的浆片中出现的花瓣特征基因,支持了浆片是花瓣的缩小、改变的结果这一观点。始祖的三个萼片可能转变为内稃,或者内稃、外稃可能是从相关的苞片叶中转变而来(Chapman 1996)。其他特征如芒的复杂化或消失等,被认为是进化的进步。

表3.1 假定原生和进化禾草的小穗特征比较

	原生的	进化后
小穗	大的,多花的	小的,少花的或单花的
颖片	大的,叶状纹理,几个有叶脉的,无芒或短芒	多方面的改良、减弱或消失,可高度发展为花卉保护和种子传播结构
外稃	与颖片一样	与颖片明显不同
内稃	存在,2个或多个有叶脉	无叶脉的,减弱或消失
浆片	6或3个	2或1个
雄蕊	6个,在两个轮生体中	3个,2个,或1个,在一个轮生体中
柱头	3个	2或1个

引自 Gould and Shaw(1983)。

3.7 禾草种子及幼苗发育

多数禾草果实都是颖果,由单一的种子和包裹在其外面的果皮构成。按常用术语来说,禾草种子实际上是外围有或没有花序结构(如苞、穗轴)包裹的颖果构成的类似种子的颗粒。没有果皮的种子只限于几个属,如鼠尾粟属(*Sporobolus*)、䅟属(*Eleusine*),其他类型都可以称之为瘦果或胞果。有的颖果没有外稃和内稃包裹(如麦),有的则永久包裹(三芒草属、针茅属植物以及黍族的成员)。在高粱族中,苞片连同花梗和部分花轴永久地包裹颖果。果实在发育成熟过程中会不断增长,其体积会超过苞片、内稃和外稃。在一些竹属类植物中,果被会脱离种子,果实能够长成苹果一般大小的莓果[如藤竹属(*Dinochloa*)、梨藤竹属(*Melocalamus*)、梨竹属(*Melocanna*)、奥克兰竹属(*Ochlandra*)];有的会长成坚果[如牡竹属(*Dendrocalamus*)、裂稃草属(*Schizachyrium*)、泡竹属(*Pseudostachyum*)](Bews 1929)。

单独的颖果是不能成为禾草繁殖体的。禾草繁殖体的脱落过程可以发生在颖片的下方、中间以及上方和各个小穗轴节间。黍亚科在颖片的下方脱落。雀稗属和黍属的小穗会分别脱落。小穗整体脱落,如画眉草属类植物。*Schedonnardus*、复序石栎、画眉草属和羽毛三芒草属类中,花序会整体脱落。表3.2提供了更多例证。禾草除了具有能够长出倒钩芒刺这样的附属物以外,其繁殖体的形态学特征对其扩散有着重要的意义。

表 3.2 禾草繁殖体的多样性

繁殖体	例子	特征
整个花序	*Scrotochloa*, *Spinifex*	整束花朵脱落
分组穗状花	*Tristachyma*	雌雄异体,雌花整体脱落,雄穗分别脱落
整个穗状花序	高粱属	三分穗状体连同花梗脱落
整穗	芒野大麦	内稃和外稃黏附于颖果上
仅颖果	小麦属植物	容易脱粒的经过培育的麦
仅种子	鼠尾粟属	外层附有黏膜的经改良的颖果
多向裂开	*Catalepsies*	花轴先分离,然后小穗分别脱落
黏附性传播	三芒草属	丝石竹状的"草团"

传播后,禾草的颖果可能还未成熟就已做好发芽的准备。关于种子传播的生态学和休眠及其发芽过程将在第 5 章做详细阐述。下面说明种子(颖果)的形态学以及幼苗发育过程。

禾草的胚芽是高度特化的,在颖果的平坦一侧的凹槽处看上去是卵状的。在与胚芽相对的另一侧是种脐,看上去是一条线(如黑麦草和野燕麦),或一个点[如绒毛草(*Holcus lanatus*)和凌风草(*Briza media*)],是种子与果皮相连的标志性痕迹。胚芽含有由一片、两片或更多簇叶构成的叶原基、初生根以及由几个不定根构成的叶原基。盾片是一种吸收器官,相当于一片子叶,具有分泌酶的功能并能从胚乳中吸收营养以供胚利用。胚芽中还含有胚芽鞘、外胚层和胚根鞘,上述结构都是禾草独有的。发育胚胎的嫩芽被称为胚芽,胚胎的初生根叫作胚根。中胚轴是一个向下通往胚根鞘向上通往胚芽鞘的维管束。胚乳是种子中的一个大椭圆形结构,由胚中的两个极核和一个精核受精而成。胚乳为胚芽和幼苗发育提供营养,而且通常是固态糨糊状的(液态存在于洽草属、三毛草属和所有燕麦族中)。胚芽结构的多样性与下列因素相关:有无中胚轴,有无外胚层,有无盾片裂口(即盾片是否与胚根鞘相连接),初叶是卷状还是折叠状,能否被识别出胚芽的进化顺序(Renvoize 2002)。具有外胚层和盾片以及折叠状初芽的胚芽被认为是最初类型。与具有中胚轴和盾片裂口相比较而言,没有中胚轴和具有外胚层的分配与 BEP 和 PACCAD 进化枝的划分是一致的。

3.7.1 种子发育

萌发的最初迹象是:颖果吸收水而膨胀,接下来胚根鞘和胚芽鞘增大,然后初生根穿出胚根鞘而生长。几小时或几天后,长出两对过渡根节(图 3.9)。初生根和过渡根节构成了种子的初生根系统。由 1 至 7 个根构成,取决于物种类型和当时环境。中胚轴根能够从中胚轴中随机长出。胚芽鞘向地性比较消极而向光性却十分积极,而且围绕初生种子根和过渡根节不断生长。先出叶最初从胚芽鞘长出。初生芽从胚芽鞘中长出,它是由一个茎秆期和几个出叶期构成,而且能在第三叶期生出子叶节根(根颈)。中胚轴根和子叶节根是成熟植物的唯一根。种子根持续活跃 4 个月吸收有机物然后死去。例如无芒雀麦,不定根会在其发芽的第 5 至 14 天生长,到 40 天时,不定根已构成全部根的 50%。

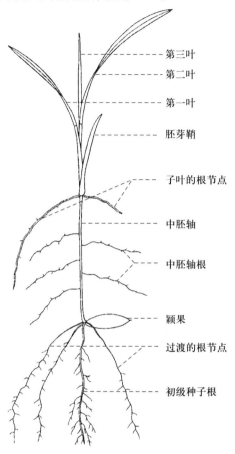

图 3.9　假定的禾本科秧苗展示不定根(子叶根结节点和中胚轴根)的生长。获得 Gould and Shaw (1983) 的许可而转载。

禾草从幼苗发育到开花成熟的生长过程可以通过一系列成长阶段来表述。比如,可以按照形态学标准对水稻的幼苗发育、生长和繁殖各时期进行认定(Counce 2000)。幼苗发育期包括仍未吸胀种子(S0 时期),胚根和胚芽鞘生长(S1 时期,S2 时期),先出叶(S4,第四时期)。营养生长时期包括 V1,V2,……,VN 各时期。这里 N 指当主茎长出根颈的各个时期。繁殖包括 10 个生长阶段:花序期(R0 时期),生长期(R1,R2,R3),开花期(R4),果实发育期(R5～R9)。对各个生长期的确定可以给种植者提供管理帮助,同样也可以给研究者交流时提供生长方面的数据。

3.8 解剖学

从解剖学角度来说，禾草与其他单子叶植物有许多共同特征，比如薄壁组织的维管束鞘包裹着外韧维管束，叶片上的平行叶脉，单子叶和普遍缺乏有规律的次生加粗生长（Mabberley 1987）。禾草独有的特征列举如下。

3.8.1 茎（秆）

维管束可能散布在节间薄壁组织中（当它为实心时），或以单个、一双或更多同心环的形式出现。分散的维管束存在于大部分的族中，以同心环排列的维管束存在于除了须芒草属和曲唇兰属以外的所有属中。早熟禾亚科的茎一般是空心的，panicoids 的茎是实心的。空心的时候，维管束的形成局限于柱形壁内；实心的时候，它部分地分散于中间的髓，但是大部分集中在外侧。强化的厚壁组织存在于接近维管束的地方。在竹子中，整个地上组织都可以木质化，因此变得十分坚固。

茎和叶的维管束在一排稍小的次生木质部外部有两大次生木质部导管，内部有原生木质部。韧皮部在次生木质部远轴的一侧，筛管及其周围的细胞很容易区分开来。在次生木质部远轴的一侧有空洞代替原生木质部。这个空洞的存在是由于延伸率的不同以及木质部和细胞的差别造成的。在叶子上，维管束由具有光合作用的组织包裹。

叶子的维管束垂直经过空心茎，不分枝穿过几个节间，在节丛处分枝与茎的维管束连接起来。此处维管束交叉吻合在一起，使得同化物在整个植物体内各处以及叶与叶间进行移动运输。大量维管束在每个节点处吻合起来，使得维管组织的总数量大致相同。

维管束大小不一。叶子中间的维管束最大，成为许多物种的界限清楚的主脉。在主脉的两侧还有大小不一的维管束交互排列。坚实的厚壁组织与叶子和茎的大维管束连接在一起。

3.8.2 根

不定根发生于居间分生组织之下节点处的薄壁组织之中。禾草根部维管系统是分离的多源型。大根有 10~14 组外始式木质部与韧皮部交互并存，内部为中心髓。通常有 1~2 层的中柱鞘，但并不总会出现。内皮层细胞壁随着根部的成熟而增厚，凯氏带存在于径向壁中。薄壁组织细胞存在于木质部和韧皮部之间，随着根部的成熟，中柱鞘和中心髓开始木质化。皮层组织仍旧保持薄壁组织状态，老一点的根皮层组织可能被破坏。有些物种的皮层上面会散布着一些腔孔，例如，半水生的膜稃草（*Hymenachne amplexicaulis*）的皮层内就有很多大的气腔（Renvoize 2002）。在小根上，维管组织形成了具有单个大的次生木质部导管的原生中柱。

3.8.3 叶

禾草叶的基本组织(叶肉)是由短的同化薄壁组织细胞和无色薄壁组织细胞构成的。禾草没有明显的栅栏组织和海绵组织的分化。同化薄壁组织细胞的壁很薄,排列上变化较大,有些因形状不规则而出现气室,有些排列紧密,围绕着维管束呈不明显或明显的放射状排列。维管束由包含一或两层细胞的维管束鞘围绕着。最外层(当只有一层时为单一层)是由薄壁细胞构成的薄壁组织鞘。内层细胞(内皮或束内输导组织鞘)由内切向壁和径向壁加厚的小细胞组成。从解剖学变化的角度,识别出六种束鞘类型(Brown 1958)(表3.3)。这六种束鞘类型与环境相对应,C_4光合途径的三芒草型和虎尾草型在干旱草原上很典型(第4章)。在图3.10中标明了早熟禾型、虎尾草型和芦竹型三种结构。

除了最小的维管束和纤维簇状存在,大部分的维管束都有厚壁组织纤维。纤维可以从维管束一直延伸到表皮,形成一道梁或I-束结构(Gould 和 Shaw 1983;Metcalf 1960)(图3.10 c)。

表3.3 六种叶片的解剖构型

	早熟禾型 (羊茅型) [Pooid (festucoid)]	竹型 (Bambusoid)	芦竹型 (Arundinoid)	黍型 (Panicoid)	三芒草型 (Aristidoid) (仅三芒草属)	虎尾草型 (Chloridoid)
内皮鞘,叶鞘/内皮层	发育完全,厚壁的细胞	有	与薄壁细胞界限不清	*Erichloa sericea* 中有,但典型种缺失	缺失	至少在最大的维管束周围存在
外薄壁叶鞘	难以辨识,小且薄的细胞,有叶绿体	有,总是厚壁而且有圆形或椭圆形的叶绿体	缺失叶绿体的大个细胞	大个细胞,可能含有淀粉质	双层,内叶鞘细胞比外叶鞘细胞大。细胞壁厚且有特殊质体	有特殊质体的单层细胞
叶肉的绿色组织	松散或无规则排列。有很大空间。含有叶绿体的细胞	巨大纺锤形细胞和臂形细胞与维管束相垂直	细胞松散或紧密地堆叠。偶见臂形细胞,缺失纺锤形细胞	自薄壁组织叶鞘,呈现不规则或辐射状	在维管束周围呈狭长辐射状排列的细胞	有少量的叶绿素,自维管束起,单层的狭长细胞辐射状排列
储存淀粉的特化细胞(花环状细胞)	缺失	缺失	在某些属中有	在某些属中有	有	有

引自 Brown(1958)。

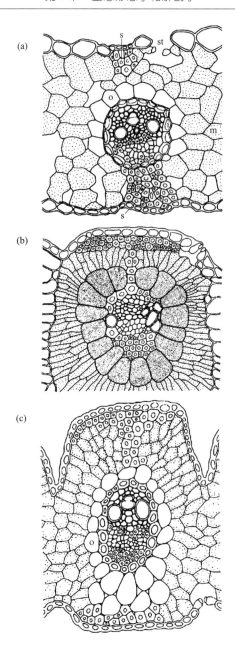

图 3.10 禾草的叶片解剖。叶片的横断面。(a) 早熟禾,早熟禾型;注意巨大薄壁外细胞的双维管叶鞘(o)缺少叶绿体和小型内细胞(i),有增厚的内壁和径向壁的细胞。叶肉(m)由巨大的、松散而不规则排列的绿色组织细胞构成。位于维管束上方和下方的厚壁组织纤维构成了"工字梁"支撑组织。(b) *Bouteloua hirsuta* var *pectinata*,虎尾草型细胞为巨大的维管束鞘以及具有不规则的形式统一的增厚细胞壁的小个内鞘细胞。小个的、紧密排列围绕在维管束以辐射状排列的绿色组织细胞就是典型花环解剖结构。(c) *Cortaderia selloana* 芦竹型,表现为一个巨大的维管束和缺少叶绿体的外部或薄壁组织的叶鞘(o)。获得 Gould and Shaw (1983)的许可而转载。

专门用来合成苹果酸或进行天门冬氨酸脱羧和 C_4 光合途径中（第 4 章）卡尔文循环部分的叶肉细胞被称作花环状细胞（Kranz cell）（Brown 1974,1975）。该词在 1882 年由 D.G. Haberlandt 创造，用来描述莎草科里的环形叶鞘。*Kranz* 是个德语词汇，意为花环，环或是边。花环状细胞在 10 科被子植物中存在；单子叶植物中，在禾本科和莎草科存在；双子叶植物中，在苋科、藜科、菊科、大戟科和蒺藜科存在。花环状细胞与生理学、解剖学和细胞学有关。这些细胞一般只存在于环绕叶片维管束的薄壁细胞鞘中。这些细胞为长形，与维管束的主轴相平行。禾草花环状细胞和相关的花环结构仅限于黍亚科（一些种类），虎尾草亚科（所有），三芒草亚科（除了健三芒草属），以及芦竹亚科[*Stipagrostis*、三芒草属、*Asthenatherum* 和 *Alloeochete*]。

禾草花环状细胞的特点包括：细胞壁比叶肉细胞厚，有很多纹孔和胞间连丝；叶绿体与叶肉细胞中的叶绿体不同（体积大，单个花环状细胞中数目多，分布于细胞内特定的位置，叶绿体基粒多而大）。在虎尾草亚科和三芒草亚科中环状薄壁组织鞘在束内输导组织鞘的外面。黍亚科一般只有一层环状鞘，不过在一些分类群中存在束内输导组织鞘。三芒草亚科的针禾属有两层鞘，外面的是环状鞘，里面的由没有叶绿素的薄壁细胞组成，它不被当成束内输导组织，在三芒草属中有两层含叶绿素的环状鞘（即双层薄壁细胞鞘）。

第 4 章 生 理 学

食物的初级形态是草。草喂养牛,牛营养人,人死后又归于草。因此生命的潮汐在连续循环圈中无限地重复,无休止地向前、向上。在很大程度上,所有的肉体都是草。

——John James Ingalls(1872),
美国堪萨斯州参议员(1873—1891)

草本植物是许多独特生理特征的完美组合体。这些生理特征包括:与其他类群相比,草本植物更多分类单元具有先进的 C_4 光合途径(C_4 photosynthetic pathway)(4.1 节)、具高营养价值的牧草(4.2 节)以及能生产重要的经济化合物,如淀粉、糖和其他碳水化合物(4.3 节),同时其组织中含有大量的二氧化硅(4.4 节)。这些生理特征和其他未提到的生理特征从根本上影响草本植物的生态。这些内容将在本章中详细阐述。

4.1 C_3 植物和 C_4 植物光合作用

相对于其他植物群落来说,草本植物演化出了更先进的 CO_2 同化机制,即 C_4 二羧酸途径(C_4 dicarboxylic acid pathway)。众所周知,C_4 的这种光合途径可使植物通过抑制光呼吸(photorespiration)来聚集大气中的 CO_2。因此,拥有 C_4 光合途径的植物在干旱和炎热环境下比缺乏这种途径的植物(如 C_3 植物)更具优势。其结果导致 C_3 和 C_4 植物在从数平方米范围到生物群系的不同层次上都具有根本性的显著差别。需要指出的是所有草类都拥有具完整功能的 C_3 光合途径,而 C_4 光合途径是其中一部分植物的补充。不管有没有 C_4 光合途径,所有草本植物都依赖光反应,即从太阳光中捕捉能量,从水中释放氧气,并产生能量运输分子三磷酸腺苷(ATP)和烟酰胺嘌呤二核苷酸磷酸(NADPH)。表 4.1 列举了 C_3 和 C_4 植物的主要不同,详细的内容将在下一节讲述。

表 4.1 C_3 和 C_4 草本植物的差异总结(注:许多分类单元展现了过渡的特征)

特征	C_3 草本植物	C_4 草本植物
分类学和解剖学		
草本植物中的系统发生率	包括所有草本植物和 BEP 分支成员无一例外是 C_3 植物	包括虎尾草亚科(Chloridoideae)、三芒草亚科(Aristidoideae)和黍亚科(Panicoideae)的大部分植物

续表

特征	C_3草本植物	C_4草本植物
叶片结构	叶肉中无花环(Kranz)结构叶绿体	叶肉中有花环结构(维管束鞘细胞)叶绿体
进入卡尔文循环的CO_2的释放位置	叶肉中的叶绿体	维管束鞘细胞中的叶绿体
生理学		
初始CO_2固定酶	RUBP羧化酶/氧化酶(Rubsico)	PEP羧化酶
固定CO_2的初始产出	2个PGA分子	PEP
对光呼吸的敏感性	有	无
同位素$^{13}C/^{12}C$比率	$-22 \sim -35$	$-9 \sim -18$
叶肉中CO_2的内部分压(P_i)(C_4植物的维管束鞘细胞格局相反)	大约25Pa	大约10Pa
CO_2补偿点	$4 \sim 5$Pa,随着温度的升高而急剧上升	$0 \sim 0.5$Pa
对大气中CO_2浓度升高的响应	光合作用增强,生长加快(至少最初是这样的)	很微小甚至无响应
对O_2浓度升高的光合作用响应	负相关	不受影响
对温度升高的光合作用响应	随温度的升高,光呼吸增强而光合作用减弱	在高温下维持CO_2同化的高比例
CO_2 Rubisco酶的亲和力(K_m)	低	高
水分利用效率	低	高
叶片组织N浓度	$200 \sim 260$ mmol N·m^{-2}	$120 \sim 180$ mmol N·m^{-2}(比Rubisco低$3 \sim 6$倍)
氮利用效率(NUE)和单位叶片氮的光合利用效率(PNUE)	低	高
其他		
牧草品质/适口性/粗蛋白含量	较高	较低
低磷土壤中真菌共生	兼性菌根营养植物	专性菌根营养植物
生态优势	适于寒冷、潮湿的环境中	更适于热、干旱和高光照环境中

4.1.1 探秘 C_4 途径

1966 年,澳大利亚生理学家 M.D. Hatch 和 C. R. Slack 详细分析了重要经济作物甘蔗(*Saccharum officinarum*)和玉米的 C_4 光合作用中的碳代谢,揭示了两种植物的 C_4 光合途径。随后研究人员意识到叶片特殊的花环结构(见第 3 章)与光合作用有关,其中 C_4 植物的组织中拥有比 C_3 植物更高的 $^{13}C/^{12}C$ 比例,而 C_3 植物和 C_4 植物在植物地理分布上的差别与气候有关(Hattersley 1986)。

4.1.2 草本植物中 C_4 光合途径的分布和演化

禾本科植物(约 4 500 个物种)中有一半拥有 C_4 光合途径。在 12 个亚科中(见第 2 章),虎尾草科(Chloridoideae)的植物以 C_4 植物为主,包括少量的 C_3 植物,三芒草亚科(Artistidoideae)有 C_3 和 C_4 植物,而黍亚科(Panicoideae)拥有具 C_4 光合途径所有类型的代表类群,还包括一部分属于 C_3 到 C_4 过渡的植物(intermediates)。另外 9 个亚科包括所有的 BEP 分支①成员(BEP clade)都无一例外为 C_3 植物,柊叶竺亚科(Anomochlooideae)、服叶竺亚科(Pharoideae)和姜叶竺亚科(Puelioideae)的所有原始类群拥有这些特征。同时拥有 C_3 植物和 C_4 植物的类群包括黍亚科中的毛颖草属(*Alloteropsis*)、*Neurachne* 和黍属以及虎尾草亚科的画眉草属。一些物种如新世界的 *Steinchisma decipiens*、*P. hians*、*P. spathellosa* 和澳大利亚的 *Neurachne minor* 拥有 C_3 植物到 C_4 植物之间过渡的特征。C_4 光合作用也存在于一些非草本的被子植物科中,如单子叶植物中的 Cyperaceae[薹草类,如莎草属(*Cyperus*)和藨草属(*Scirpus*)某些种]和水鳖科(Hydrocharitaceae)[Frog 的一个小族,如 *Vallisneria spiralis* 和黑藻(*Hydrilla verticillata*)]以及 16 种双子叶科,包括苋科(Amaranthaceae)[如莲子草属(*Alternanthera*)和苋属(*Amaranthus*)]与藜科(Chenopodiacea)的部分成员[如一些滨藜属(*Atriplex*)、雾冰藜属(*Bassia*)和 *Suaeda* 的某些种](Sage 2004)。

C_4 光合作用的演化是多元化的,它至少来自 45 个相互独立的起源,而它在草本植物中的演化可能已有 11 次以上(Hattersley 1986;Sage 2004)。大气中的 CO_2 浓度在白垩纪很高,但到第三纪中期下降了。比当前大气中 CO_2 浓度低的现象首次出现在 23～34 Ma 前的渐新世时期。CO_2 枯竭假说认为这些情况和热带地区的干旱一起为 C_4 植物提供了有利于 CO_2 富集机制和光呼吸缺乏的选择性演化的主要动力(Cerling et al. 1998;Osborne and Beerling 2006),尽管这种机制不一定影响到中新世中后期以 C_4 光合作用为主的草本植物的扩张(见第 2 章)(Osborne 2008)。由于 C_4 光合作用代表了生理特征(如磷酸烯醇式丙酮酸羧化酶,PEP carboxylase)和形态特征(如花环结构,见第 3 章)的复杂混合体,因此 C_4 植物的演化很有可能开始于大约 50 Ma 前古新世的早期(Apel 1994)。与有氧光合作用的整个演化过程对比来看,以 24 小时为时间框架,C_4 光合作用有可能出现在最后一个小时的后一半时间(Apel 1994)。然而,最古老的没有争议的 C_4 植物化石是出现在距今 12.5 Ma 前具有花环结构的黍型草本植物叶片。由古土壤(化石土壤)中获取的同位素碳比率和来自 14～20 Ma 前东非和北美食肉动物的牙齿共同验证了中新世中期景观中 C_4 植物的出现(Sage 2004)。关于玉米和高粱属分化以及

---

① BEP 分支,现在称为 BOP 分支。——译者注

玉米和禾本科植物(包括所有 C_4 植物)分化的分子钟证据认为植物中的 C_4 光合作用出现时间甚至更早,大约在距今 23~34 Ma 前的中新世早期。正如在 2.4.4 小节中提到的,草本植物中的 C_4 光合作用演化使得以 C_4 植物为主的草原以及温带 C_4 植物草原分别于中新世末期和 5 Ma 前在低纬度地带广泛扩张(Cerling et al. 1997;Sage 2004)。

4.1.3 C_4 光合作用生物化学

C_4 光合途径与 C_3 光合途径最根本的区别是大气 CO_2 被吸收的位置和方式。在 C_3 光合作用中,CO_2 分子被吸收并进入叶绿体的碳还原(PCR 或卡尔文)循环中。CO_2 被固定(共价闭合)在二磷酸核酮糖(RuBP)中后,在叶肉的羧化酶/氧化酶(Rubisco)的催化作用下被分解为两个 3-磷酸甘油酸分子(PGA)。PGA 是具有 3 个碳的分子,因此被称为 C_3 光合作用。卡尔文循环的全部过程是利用光反应产生的 18 个 ATP 分子和 12 个 NADPH 分子还原 6 个 CO_2 分子,同时产生 2 个 3-磷酸甘油醛(G3P)分子,进而通过吸收 CO_2 形成 RuBP,然后开始新的循环。叶绿体上的 G3P 被传输到细胞质基质(Matrix)中,并被快速地转化为蔗糖的前体葡萄糖-1-磷酸和果糖-6-磷酸。在白天,保留在叶绿体中的 G3P 被转化为淀粉,并以颗粒的形式在基质中被暂时储存起来。在晚上,淀粉可以被转化为蔗糖从叶绿体中输送出去。

C_3 光合作用的问题在于 Rubisco 的催化作用与 O_2 和 CO_2 的浓度及温度密切相关。随着温度的升高,CO_2 的可溶性比 O_2 下降得更多。而且当温度升高时,相比在有 CO_2 存在的状态下,Rubsico 基质饱和酶在有 O_2 存在状态下的活性(V_{max})增高更快,并以更快的速度继续反应(Lambers et al. 1998)。上面提到的羧化反应可产生两个 PGA 分子,而氧化反应发生时仅能产生一个 PGA 分子和一个二碳化合物磷酸乙醇酸(GLL-P)分子。叶绿体中的 GLL-P 可被进一步传输,经过一系列的转换后,一个 GLL-P 分子被用于产生一个丝氨酸分子,进而形成一个甘油酸分子,然后产生 PGA。在这个过程中释放出一个 CO_2 分子和一个 NH_3 分子。由于此过程依赖光而且是一个呼吸过程(释放 CO_2),因此被称为光呼吸。所以光呼吸降低了卡尔文循环的效率,并在高温下引起净光合作用的下降。

C_4 光合作用中 CO_2 的吸收过程是通过磷酸烯醇式丙酮酸(PEP)羧化酶的催化作用将重碳酸盐附着到 PEP 中,产生了具有 4 个碳的有机酸草酰乙酸(OAA)。这个反应发生在 CO_2 相对丰富的叶肉叶绿体中。PEP 羧化酶仅能催化从 PEP 到 4 个碳的有机酸的转化,它与 Rubisco 不同,它不受 O_2 浓度水平的影响。有机酸被传送到特殊的维管束鞘细胞的叶绿体中,在那里 CO_2 被释放出来并进入常规的卡尔文循环。这种"CO_2 泵"将维管束鞘细胞中 Rubisco 位置上的 CO_2 的浓度增加了 10~20 倍(Apel 1994)。

具有由有机酸输出到维管束鞘细胞过程的 C_4 循环有三种亚类型(图 4.1):催化脱羧基作用的酶、维管束鞘细胞的解剖结构(第 3 章)和可降低维管束鞘细胞中的 CO_2 向叶肉空隙渗透的机制。C_3 草本植物有两层细胞围绕在维管束周围,没有一个是具有光合作用的。而在 C_4 植物中,双层(XyMS+)或单层(XyMS-)的维管束鞘细胞反映了内层即木质部附近束内输导组织鞘的存在与否。维管束鞘细胞外围和径向的细胞壁也可以被栓化,进而减少维管束鞘细胞中的 CO_2 向叶肉中渗透。这三种 C_4 亚类型可通过脱羧酶进行区分。

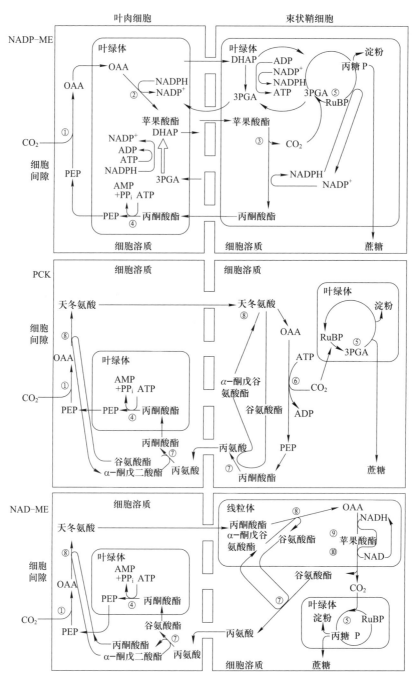

图 4.1 通过脱酸酶进行区分的三种光合代谢 C_4 亚类的示意图。NADP-ME:需要 NADP 的苹果酸酶;PCK:PEP 羧激酶;NAD-ME:需要 NAD 的苹果酸酶。数字各代表下面的酶:① PEP 羧化酶;② NADP-苹果酸脱氢酶;③ NADP-苹果酸酶;④ 丙酮酸磷酸双激酶;⑤ Rubsico;⑥ PEP 羧激酶;⑦ 丙氨酸转氨酶;⑧ 天冬氨酸氨基转移酶;⑨ NAD-苹果酸脱氢酶;⑩ NAD-苹果酸酶。该图来自 Lamber et al.(1998),使用得到 Springer Science and Business Media 的许可。

PEP-CK(PCL 和 PEP 的同义词)亚类型具有克兰茨结构和栓化层的 XyMS+。外层的束状鞘层具有离心排列(面向维管束的外围)的无基粒叶绿体,因此可促进光合作用。叶肉细胞的 CO_2 与草酰乙酸盐(酯)结合形成天门冬氨酸,然后被传送到维管束鞘细胞中,并通过胞质体中的磷酸烯醇式丙酮酸盐(酯)(PEP 丙酮酸激酶)被再次转化为草酰乙酸盐(酯)。PEP 或丙氨酸中的碳返回叶绿体中。相关的例子包括臂形草属(*Brachiaria*)、虎尾草属(*Chloris*)、黍属(*Panicum*)、大米草属(*Spartina*)和结缕草属(*Zoysia*)等植物,种属特征同时包括干季和湿季区域。在澳大利亚,具有 PEP-CK 类型的画眉草属的植物经常出现在北部降水量高的热带地区和湿润的亚海岸带和海岸带,而 NAD-ME 类型的植物则经常出现在年降水量小于 300 mm 的区域(Prendergast *et al.* 1986)。

NADP-ME 亚类型是指在具栓化层的单层束状鞘中包含较大的无基粒 C_3 叶绿体(产生出较差的光合体系Ⅱ)的 XyMS-。PEP 与 CO_2 一起被固定,产生 4-碳草酰乙酸,并进一步被转化为苹果酸,然后被传输到束状鞘叶绿体中。在叶绿体内,在 NADP 的共同作用下,NADP-苹果酸脱羧酶将产生的物质进行了脱羧基作用。碳作为丙酮酸的组分返回叶绿体内。NADP-ME 亚类型的植物体内经常产生有毒的次级化合物(4.3 节),而这种现象在 NAD-ME C_4 植物中很少出现(Ehleringer and Monson 1993)。这些化合物可能阻碍昆虫类食草动物的摄食。由食草习惯产生的这种保护措施对于保护细长的和长方形的薄壁维管束鞘细胞中暴露在外的蛋白质是必要的。相比之下,NAD-ME 草本植物的维管束鞘细胞一般较短,呈立方体型,因此具有较高的表面积/体积比率,难以被破坏。与 NADP-ME 草本植物相比,NAD-ME 草本植物的维管束鞘细胞能够更好地保护它们的蛋白质含量,而且可消除产生有毒次级化合物的需求。具 NADP-ME 亚类型的草本植物一般生活在温暖地区的湿润到半干旱地带,比如甘蔗属(*Neurachne*)、玉蜀黍(*Paractaenum*)、澳大利亚岩蕨草属(*Paraneurachne*)和 *Plagiosetum*,所有的 NADP-ME 黍型的分布都被完全限制在澳大利亚干旱气候区中(Prendergast *et al.* 1986)。大多数黍亚科(Panicoideae)物种都属于 NADP-ME 亚类型。

NAD-ME 亚类型是指具向心排列(指向内细胞壁)的基粒叶绿体的 XyMS+,这种类型能使 CO_2 向束状鞘/叶肉界面扩散的途径实现最大化。维管束鞘细胞没有栓化层,因此能比其他类型释放出更多的 CO_2,但很少有维管束鞘细胞表面暴露在叶肉组织或细胞间隙中。CO_2 与叶肉结合起来形成天门冬氨酸后被传送到维管束鞘细胞中,进而在线粒体内被转化为苹果酸,然后在 NAD-苹果酸脱羧酶和 NAD 共同作用下进行脱羧基反应,最后再被传送到叶绿体中参与卡尔文循环。与 NADP-ME 亚类植物相比,NAD-ME 亚类植物的维管束鞘细胞具有更加丰富的线粒体。存在于丙酮酸或丙氨酸中的碳被重新转回叶绿体内。这种类型是温暖区域尤其是干燥栖息地中生长的虎尾草亚科(Chloridoideae)植物的特点,这类植物包括野牛草属(*Buchloe*)、狗牙根属(*Cynodon*)、画眉草属(*Eragrostis*)、黍属(*Panicum*)、鼠尾粟属(*Sporobolus*)、三齿稃草属(*Triodia*)和 *Triraphis*。研究发现 NAD-ME 亚类植物在澳大利亚的干旱区出现最频繁(Prendergast 1989)。

从生态学的角度看,三个 C_4 亚类植物的分布有差异。但 C_4 亚类不一定是对特定气候的适应,也不是植物分布的唯一决定因素。比如,澳大利亚的 *Eragrostis* 物种的分布与花环解剖细胞中叶绿体位置的关系要比与 C_4 亚类的关系更密切:具有向心叶绿体的物种在干旱环境下占优势。而在较湿润的环境下,具有离心/在外围分布的叶绿体的植物更占优势(Prendergast et al. 1986)。

至少有20种植物,其中包括大量的草本植物,展示出介于C_3植物和C_4植物之间的解剖学特征和生物化学特征。这些C_3/C_4植物过渡体发展出与NAD-ME亚类植物类似的较弱的克兰茨解剖结构,Rubisco在叶肉和维管束鞘细胞中都有出现,因此与C_3植物相比,这类植物具有较低的光呼吸速率和CO_2光补偿点。C_3/C_4过渡植物的两个主要类型如下。

第一种类型是C_4酶的活跃性很低,因此没有功能性的C_4-酸循环,但是这些植物在维管束鞘细胞中通过光呼吸释放出CO_2后利用叶肉对CO_2进行光依赖的再捕捉。因此CO_2可被清除,降低了光补偿点。这种类型的C_3/C_4过渡植物的例子有岩蕨草属(*Neurachne*)和黍属(*Panicum*)的一些物种。

另外一种类型具有较高的C_4酶活跃性,CO_2能被很快固定到C_4酸中,并被转移到卡尔文循环中。然而,这仅限于C_4循环的运行。由于CO_2不能在维管束鞘细胞中进行有效聚集,因此不能形成真正C_4植物的低量产出特征。

C_3和C_4植物在$^{13}C/^{12}C$比率上有差别,C_3植物具有较低的比值($-22 \sim -25$),而C_4植物具有较高的比值($-9 \sim -18$)(Chapman and Peat 1992)。大气中^{12}C占主导优势,而^{13}C仅占大气组分的1%。^{12}C较多的时候Rubisco反应更加稳定,因此酶排斥^{13}C,过量的^{13}C会扩散到大气中,所以植物材料中的^{13}C含量要比大气中的低。然而,C_4植物对^{13}C较少排斥,这是因为:① 束状鞘和叶肉的扩散障碍阻止了C_4植物中的Rubisco将^{13}C排斥出去;② 过量的^{13}C被PEP羧化酶和碳酸酐酶捕捉(Lambers et al. 1998)。其结果是$^{13}C/^{12}C$比率可被看作是C_3和C_4植物对甄别有机质如牧草、无法识别的根、古土壤、动物牙齿珐琅质等有相对贡献的标志(如Cerling et al. 1993)。比如,对现存大象的日常饮食中同位素比率的观察发现大象以取食C_3植物为主(Cerling et al. 999)。对哥伦比亚安第斯山脉的波哥大流域中晚更新世古土壤的有机质同位素比率的研究证实了C_4植物的出现,说明在这一当前以当地C_3植物为主的区域中曾存在热带高纬度草原的早期扩张(Mora and Pratt 2002)。

4.1.4　C_4光合作用对光、温度和湿度响应的影响

C_3和C_4植物光合作用的生物化学差异导致拥有这两个光合途径的草本植物出现许多生理特征上的巨大差异。其中即将讲到的最重要的差异是相对于C_3植物来说,C_4植物在温暖和干旱的环境中所拥有的优势。简单地说,C_4植物能够在高温下维持更高的光合作用速率,并具有更高的水分利用率(WUE)(由于较低的内部CO_2浓度使得C_4植物在同样的CO_2同化率下具有较低的气孔导度)和氮利用率(NUE)(由于Rubisco对丰富氮的需求较低)。

C_4植物的CO_2补偿点($0 \sim 0.5$ Pa CO_2)(吸收的CO_2浓度与释放的CO_2浓度相等时大气中的CO_2浓度)比C_3植物的低($4 \sim 5$ Pa CO_2)。因此C_4植物在气孔闭合时更易固定CO_2,而在干旱环境下更易保存水分。C_3植物的CO_2光补偿点对温度很敏感,随着温度的上升而急剧上升(Williams and Markley 1973)。这就使得C_4植物在高温下比C_3植物具额外的生理优势。此外,

C_4植物光合作用不受O_2浓度的影响(因为没有光呼吸),而C_3植物光合作用随着O_2浓度的增加而降低。

C_3植物叶肉中CO_2的内部压力(P_i)为25 Pa,而C_4植物的是10 Pa;但C_3植物和C_4植物的维管束鞘细胞中CO_2的内部压力数值恰好相反,因为这里的CO_2被释放到不受光呼吸影响的卡尔文循环中。维管束鞘细胞中的高CO_2浓度使得植物可利用维管束鞘中的Rubisco动力。C_4植物中Rubisco酶分离的稳定性[米凯利斯-门诺稳定性,$K_m(CO_2)$]很高,也就是说C_4植物中的CO_2没必要如C_3植物那样与Rubisco紧密绑定在一起。与C_3植物相比,C_4植物中Rubisco的高K_m值引起较高(快)的催化活动,进而导致单位Rubisco和单位时间内更多的CO_2被固定。同时,C_4植物中PEP羧化酶中CO_2的K_m要比Rubisco的K_m低,使其具更高亲和力。

由于C_4植物的气孔不需要打开,因此它的水分利用率较高,而C_3植物在同样速率下同化CO_2时需要更长时间或需更广泛地打开气孔,进而在蒸腾作用下引起水分流失。C_4植物在每蒸腾250~350 g水时可产生1 g生物量,而C_3植物要生产1 g生物量则需要蒸腾650~800 g水(Ehleringer and Monson 1993)。因此,C_4植物在干旱环境下更具优势。比如,尽管在湿润的年份C_4植物大须芒草(*Andropogon gerardii*)与C_3牧草的最大光合速率没有明显差异,但前者的水分利用率要比后者高40%~170%(Turner et al. 1995)。

C_3植物的光响应曲线(光合速率与光强度之比的曲线)在高光强度下达到最大,此时CO_2同化成为积累的限制因子。与C_3植物相比,C_4植物的光响应曲线要更陡峭,它不受O_2浓度的影响,并在更高的光强度下达到最大。因此,C_4植物在高光强和更开放的环境下比C_3植物更具优势。

在高温下(比如25~30℃),C_3植物的产量和光利用率(LUE)较低,并随着温度的升高而降低,因为Rubisco的补氧活动增加(即光呼吸升高)。相反,C_4植物的产量较高,且不受温度的影响。在低温下,C_4植物的产量和光利用率比C_3植物的低,这是因为C_4植物需要额外两个依赖光反应获取的ATP分子来形成一个丙酮酸PEP分子。这使得C_3植物在低温下比C_4植物更具优势。因此,由于C_4植物没有光呼吸,其光利用率不受温度影响,而C_3植物的光利用率随着温度的升高而降低。

C_4植物的组织氮水平(叶片中120~180 nmol N·m^{-2})比C_3植物的组织氮水平(叶片中200~260 nmol N·m^{-2})低(Ehleringer and Monson 1993),因为与C_3植物相比,C_4植物所需要的具丰富氮的Rubisco要少3~6倍,而光呼吸酶的浓度也较低。因此,C_4植物的氮利用率(NUE)和单位叶片氮的光合利用效率(PNUE)要比C_3植物的高。但较高的PNUE并没有让C_4植物在低氮的土壤环境下具有优势(Lambers et al. 1998)。

4.1.5 生态后果

C_4植物光合作用演化而形成的热带地区持续成为C_4植物包括C_4草本植物分布的中心。C_4物种在暖季降水的热带和温带草原上占据优势。C_4植物出现的频率与生长季最低温度呈正相关关系(Terri and Stowe 1976)。比如,北美C_4草本植物属的分布范围包括从北方到西南部沙漠,其占草本植物属的比例也从12%到82%不等(图4.2)。沿着大西洋和太平洋海岸带,

C_4 草本植物所占比例随着纬度的升高和 7 月最低温的升高而增加（Wan and Sage 2001）。NADP-苹果酸酶的 C_4 草本植物所占比例则与年均降水量呈正相关关系。

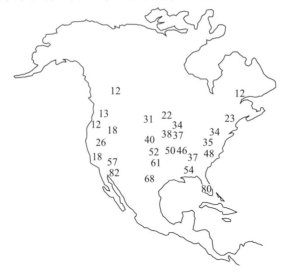

图 4.2 北美草本植物属类的地理分布。数字表示草本植物中属于 C_4 植物属的百分比。该图来自 Lamber et al.（1998），是在 Terri and Stowe（1976）文章中的图基础上重新绘制。使用得到 Springer Science and Business Media 的许可。

在对北美残存真普列那草原的一项调查中发现沿着从达科他州北部到得克萨斯州南部的南北梯度上，禾草状植物的 C_3/C_4 比率从 1.9 降低到 0.8，该比率与年降水量和年均温度成反比，而与土壤有机质成正比（Diamond and Smeins 1988，见 6.1.2 节）。在中东的内盖夫、西奈和朱迪亚三大沙漠中，C_4 草本植物的数量随着降水量的减少而增加（Vogel et al. 986）。C_4 草本植物总是在全年温度高的地方占据优势。在水分胁迫不是主导因子的地方，NADP-ME C_4 亚型植物出现得最频繁（有 18 个属，27 个种）。而在环境干燥、开放的沙漠地带，NAD-ME 亚型植物出现得最频繁（有 7 个属，16 个种）。大多数 NADP-ME 亚型草本植物是夏季型多年生植物，而 NAD-ME 亚型的草本植物则以冬季型多年生植物为代表。PEP-CK 亚型有时候只生长在岩石的缝隙和灌溉区，因此它在中东的植物群系中并不丰富（有 6 个属，10 个种），其分布介于前两种亚型植物之间。

在局部尺度上，无数研究分析了 C_3 和 C_4 草本植物的分布对当地湿度、光辐射和温度梯度的响应（如 Archer 1984；Barnes et al. 1983；Gibson and Hulbert 1987）。比如，在美国亚利桑那州东南部骡子山发现了 6 个被子植物科的 69 个 C_4 植物种，它们占据了维管束植物的 13.5%~22.3%（约有 69%~96% 的植物属于禾本科），其范围涵盖了从生活在湿地的矮小的针叶橡木灌丛［矮松（*Pinus cembroides*）、墨西哥圆柏（*Juniperus deppeana*）、亚利桑那州栎（*Quercus arizonica*）、银叶栎（*Q. hypoleucoides*）和艾氏栎（*Q. emoryi*）］到生长于干旱环境的沙漠草地［*Elyonurus barbiculmis*、*Bouteloua radicosa*、黄槿黄茅（*Heteropogon contortus*）］（Wentworth 1983）。花岗岩上植物群落中 C_4 植物的比例和冠层盖度随着温暖和干燥环境的增加而增加。相比而言，石灰岩上被过度放牧的植物群落中则没有出现这种关系。

即使在最小的空间尺度上,潮湿的土壤环境也可以导致草原上 C_3 植物比 C_4 植物更加丰富。比如,在美国科罗拉多州残存的草地-牧场混合区的 400 米斜坡上,只出现了 3 个 C_4 草本植物[格兰马草(*Bouteloua gracilis*)、垂穗草(*B. curtipendula*)和北美小须芒草(*Schizachyrium scoparium*)],而 C_3 草本植物占据了湿润的顶部[蓝茎冰草(*Pascopyrum smithii*)]和底部[草地早熟禾(*Poa pratensis*)](Archer 1984;Barnes *et al.* 1983)。

总的来说,尚不清楚是否由温度和湿度条件决定 C_3 和 C_4 草本植物的分布,而更有可能的是这两个因子之间的相互关系在 C_3 和 C_4 植物的分布上起重要作用。

4.1.6 全球气候变化的影响

从工业革命开始,由于人类活动的影响,在过去的 250 年中全球温度和大气 CO_2 浓度升高了。政府间气候变化小组预测大气 CO_2 浓度在 21 世纪中后期将增加 2 倍,并导致年均温升高 $1.4 \sim 5.8\,^{\circ}\mathrm{C}$(IPCC 2007)。由于 CO_2 是光合作用的基础,升高的 CO_2 浓度将直接提高陆地植物的光合速率和生长速度,并通过气孔闭合和提高水分利用率降低叶片的蒸腾呼吸。

特别是对 C_3 植物来说,升高的大气 CO_2 浓度通过降低光呼吸并提高碳同化速率为植物提供了一个大的"施肥"效应。有关 C_3 草本植物在 CO_2 浓度升高状态下(一般是周围浓度的 2 倍,如 760 $\mu g \cdot g^{-1}$ CO_2)的实验研究均显示其生长速率提高了 34%~44%(Amthor 1995;Kirschbaum 1994;Long *et al.* 2004;Poorter 1993)。然而,光合速率的升高可使得一些植物变得短命,因此顶端开放的室中升高的 CO_2 浓度使得部分植物适应了这种环境或者降低了调节功能,体内产生出较少的 Rubisco,减少了分配到叶片中的碳量,降低了叶片的气孔密度,或者为适应叶肉细胞中蔗糖循环的增多,减少了光合作用基因或基因产品的表达(Long *et al.* 2004)。此后发表的研究则认为这种影响更倾向于指示植物对变化环境的适应(比如受限的根体积或营养限制),而不是由于气体交换水平的变化从而形成本质上的调节降低(Long *et al.* 2004)。生长于野外 CO_2 浓度升高环境[称为空气中 CO_2 富集或 FACE 实验(free-air CO_2 enrichment experiments)]中的植物显示出 Rubisco 减少和光合速率升高的特征,但 1,5-二磷酸核酮糖再生的能力没有变化。在土壤有效磷没有升高的情况下,高 CO_2 浓度下增加的生长速率可导致植物组织中氮含量降低("氮稀释")和蛋白质组成发生变化(Newman *et al.* 2003)。

相比之下,C_4 植物包括 C_4 草本植物不受 CO_2 浓度的限制,因此当大气中 CO_2 浓度升高 10%~25%时,其生长响应较小(Long *et al.* 2004;Wand *et al.* 1999)。C_4 草本植物对升高的 CO_2 浓度的积极响应主要是由于 CO_2 引起了气孔闭合,并提高了水分利用率,而不是直接提高光合速率。比如,当 CO_2 浓度比周围高时,北美高草牧场的 C_4 草本植物大须芒草(*Andropogon gerardii*)很少会发生由于水分胁迫而引起的光合作用下降(Knapp *et al.* 1993;Nie *et al.* 1992a)。

C_3 和 C_4 植物对 CO_2 浓度升高的不同响应与全球温度升高的预期共同影响植物间的竞争关系,改变群落组成,进而提高 17% 的草地生态系统产量(Campbell and Stafford Smith 2000;Navas 1998;Polley *et al.* 1996;Soussana and Luscher 2007)。与 C_3 植物和双子叶植物相比,在竞

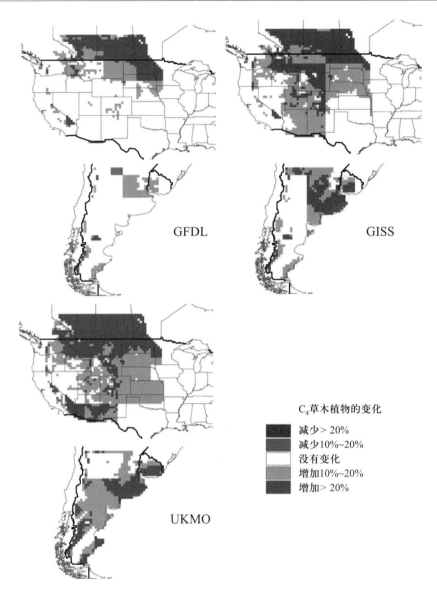

图 4.3 当 CO_2 浓度升高 2 倍时,3 种常用循环模型(GFDL、GISS 和 UKMO)模拟出的 C_4 草本植物丰富度的绝对百分比的变化。

争环境下生长的 C_4 植物在高营养条件下相对不受 CO_2 浓度升高的影响(Poorter and Navas 2003)。同时高温对 C_4 植物的负面影响比 C_3 植物小,而且升高的 CO_2 浓度还可以随非生物因子的变化而变化(Soussana and Luscher 2007),进而通过复杂的途径影响土壤分解率和营养成分矿化,因此 CO_2 浓度和全球温度升高的整体影响很难预测。很明显我们以叶片的生理特性来预测植被格局的可靠性是很有限的。一些有关 CO_2 浓度升高对草地群落影响的实验发现草本植物与牧草的比例减少了(比如 Potvin and Vasseur 1997; Teyssonneyre et al. 2002; Zavaleta *et al.* 2003)。Winkler 和 Herbst(2004)对营养贫乏和钙化的半自然草地[直立雀麦(*Bromus erectus*)占优势]进行连续 4 年的植物组成变化的研究发现,由于 CO_2 浓度的升高,豆科植物增多。

全球循环模型(GCMs)可以模拟不同气候环境下,包括高温和大气 CO_2 浓度升高的状态下,C_3 和 C_4 植物的一些显著变化。比如,Epstein 等(2002b)的模拟发现,美国北部和南部大部分温带草原和灌木丛中,C_4 草本植物的丰富度提高了 10%,而 C_3 草本植物的丰富度则下降了(图 4.3)。这些推测与高温下的预测是一致的,但与 C_3 草本植物在升高的 CO_2 浓度下要比 C_4 草本植物更受益的假设不一致。事实上,一些实地研究显示,高 CO_2 浓度下 C_3 草本植物并不具备对 C_4 草本植物的竞争优势(Owensby *et al.* 1993)。只有在温度和湿度适宜的条件下,升高的 CO_2 浓度才会对 C_3 草本植物有益处,而在太热和太干燥的环境下,即使 CO_2 浓度升高,C_4 植物也将维持竞争优势(Nie *et al.* 1992b)。在全球气候变化的环境下,当大气中 CO_2 浓度与其他气候因子如温度和降水的关系一定时,多因子实验就显得很重要(Norby and Lou 2004)。例如,在一项模拟半湿润温带地区多种气候变化包括生长季降水量和温度升高状况下的研究中发现,在当前大气 CO_2 浓度不变时,光合作用途径和降水被认为是影响叶片生产力的最重要的变量(Seastedt *et al.* 1994)。

4.2 牧草品质

牧草是指饲养家畜的草本植物,不包括精饲料(见表 1.2)。这个技术性的定义在某种程度上是狭义的,从生态学角度看,牧草应该是包括草原上所有可喂食家畜的植物材料(第 9 章)。牧草品质是指牧场生产的可用于供所需动物取食的植物质量。牧草营养品质是指营养成分的提炼物、可消化率(能值)和被取食者消化后的产出物(Collins and Fritz 2003)。牧草的重要成分包括矿物质(营养元素)、细胞壁碳水化合物(结构性碳水化合物)、木质素、粗蛋白和非结构性碳水化合物(包括有机酸、淀粉和蔗糖)、蛋白质和脂质。牧草品质与采食者行为之间有很重要的反馈机制(见第 9 章和第 10 章)。

牧草品质总是要通过观测动物的响应来判定,比如牛奶产量或重量收益,但开展这种放牧实验是昂贵的,需要投入大量的劳动力和设施,并调查大量的动物。室内分析提供了动物的潜在响应信息。一项典型的牧草品质分析应包括对中性清洗纤维(NDF)、酸性清洗纤维(ADF)、粗蛋白(CP)、湿度和矿物特别是钙、磷、镁、钾和硫的富集度的分析。NDF 是指在去掉中性清洗溶液后取食的所有纤维质或细胞壁部分。ADF 是利用 1N 硫酸形成的提取物,主要由纤维素、木质素和二氧化硅组成。半纤维素并没有和 ADF 一起被提取出来,而有可能是在将 ADF 从 NDF 中提取出来的过程中被剔除了。

消化率是动物消化道中消化的干物质或组分所占的比例(Barnes *et al.* 2003),它的数值可通过计算生物体内或生物体外的物质进行判定。在生物体内,消化率通过对权衡喂养的动物粪便中干物质排出量来计算得到。在生物体外,消化率(指生物体外干物质消失的量:IVDMD)通过在瘤胃液体中注入牧草模拟反刍动物的消化道来获取。消化率一般不采用对经济牧草的实验来测定。

相对饲养值(RFV)(Collins and Fritz 2003)是指在 ADF 和消化率之间以及 NDF 和自由采食量(在供应不受影响的状态下动物消费的牧草量)之间出现负相关关系时用于比较牧草品质的相对值。因此,

$$RFV = (DDM \times DMI)/1.29$$

DDM 是干物质消化率(%);DMI 是干物质的自由采食量,以下式表示:

$$DDM = 88.9 - (0.779 \times ADF)$$

$$DMI = 120/NDF$$

近红外反射光谱(NIRS)是一种无破坏性的技术,它对 CP、NDF、ADF 和 IVDMD 值的预测有 90%~99% 的准确率,而且它比标准的实验室研究造价更低。

4.2.1 不同物种牧草品质的不同

不同物种的牧草品质有很大不同,比如豆科植物一般比其他草本植物具有更高的品质。豆科植物和冷季草本植物一般具有相似的 ADF 提炼物和消化率,但冷季草本植物具有更高的 NDF。紫花苜蓿(*Medicago sativa*)和梯牧草(*Phleum pratense*)的 NDF 值分别为 49% 和 66%,CP 值分别为 16% 和 9.5%(Collins and Fritz 2003)。暖季 C_4 牧草一般品质较低,其中消化率要比冷季 C_3 草本植物低 13%,这是因为大部分叶面积被高度木质化且难以消化的组织(维管束、表皮和厚皮组织)覆盖(图 4.4)。暖季草本植物叶片中的粗蛋白水平也要比冷季草本植物叶片中的低。有人认为 C_3 和 C_4 草本植物在高 CO_2 浓度下的营养是相同的。然而,在对 5 个 C_3 和 C_4 草本植物进行比较后得出的研究结论却发现,只有 C_3 草本植物在高 CO_2 浓度中的蛋白质含量降低了(Barbehenn *et al.* 2004)。

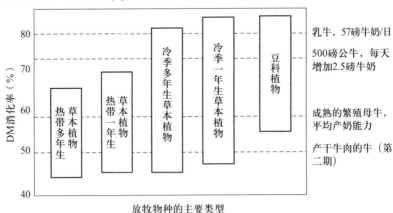

图 4.4 主要牧草类型的消化率范围。虚线表示牧草的消化率水平需要满足不同类型牛的能量需求。使用得到 Collins and Fritz(2003)的许可。

牧草品质随着植物的年龄/成熟度的增加逐渐降低,主要是因为叶:茎的比值减小了

(Nelson and Moser 1994)。比如,从植物生长的早期阶段到开花期,鸭茅(*Dactylis glomerata*)总干物质中叶片所占比例从 61%下降到了 23%(Buxton *et al.* 1987)。叶片代表了牧草的最高品质部分,一般会被采食者优先选择。植物经年累月后逐渐成熟,茎所占比例增加了,而叶片与茎的品质则下降了(图 4.5)。鸭茅的叶片要比叶鞘和茎凋落得慢。

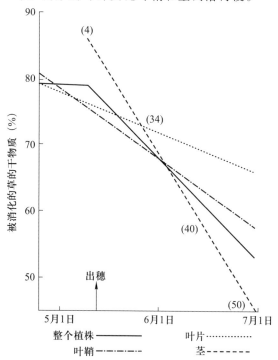

图 4.5　在春天的第一次生长季中鸡脚草[S. 37 鸭茅(*Dactylis glomerata*)]植物不同部位的牧草品质下降了。括号中的数字是指茎占全植株的百分比。使用得到 Bransby(1981)的许可。

植物成熟度对牧草品质的影响要比其他任何因子都高,而它也随着植物环境的变化而变化。太阳辐射是生产力上限的驱动因子,温度和降雨则起到调节作用。光强度和光质影响植物生长过程,如促进形态和植物结构的形成,影响分蘖、分枝、茎节间伸展、展叶和开花(Nelson and Moser 1994)。研究人员通过对比分析冷温(白天/夜晚:10℃/5℃)和暖温(白天/夜晚:25℃/15℃)条件下生活的 128 种 C_3 草本植物和 57 种 C_4 草本植物的叶片中所含的总非结构性碳水化合物(TNC)水平,描述了环境因子对牧草品质的影响(Chatterton *et al.* 1989)。研究发现,C_3 草本植物在冷温和暖温下积累的 TNC(分别为 312 mg·kg^{-1} 和 107 mg·kg^{-1})要比 C_4 草本植物(分别为 166 mg·kg^{-1} 和 92 mg·kg^{-1})的更高,这主要是由于叶片中果聚糖的积累,尤其是在寒冷环境下。一般来说,牧草在低温环境下更易消化,这是因为:① 高温下细胞壁材料易木质化;② 低温下易消化的储存物积累得更多。

4.2.2 营养元素

畜牧业中了解草本植物及相关的草原植物的营养水平是非常重要的。牧草营养物质的生物可利用性影响取食者的饮食规律和营养。许多农业研究致力于改善牧草的矿物营养品质(Spear 1994)。

除了碳(C)、氢(H)和氧(O),植物还需要14种其他无机元素和营养(矿物质)元素。这些元素被称为必需元素,即① 如果缺乏就会导致植物无法完成生命周期中的生长或繁殖阶段;② 针对缺乏某一种元素,只能通过补充此类元素才能消除或避免植物受到影响;③ 这些元素直接存在于植物体内,它们不能改善土壤或培养体中的不适宜环境(Whitehead 2000)。

大量元素指9类有大量需求的必需元素,包括碳(C)、氢(H)、氧(O)、氮(N)、钾(K)、钙(Ca)、磷(P)、镁(Mg)和硫(S)。另外7种微量元素是指需要量非常小甚至极微量的元素,它们包括铁(Fe)、氯(Cl)、锰(Mn)、锌(Zn)、钼(Mo)、硼(B)和镍(Ni)。另外,钠(Na)和钴(Co)对某些植物是必需的,被称为部分植物的微量元素(Whitehead 2000)。

除了碳(C)、氢(H)和氧(O)能通过气孔的气体交换来进行吸收外,其他必需元素主要通过根从土壤液体中吸收。金属离子如 Ca^{2+}、K^+ 一般作为正极阳离子被吸附到土壤颗粒物中,而非金属如硝酸盐(NO_3^-)、硫酸盐(SO_4^{2-})和碳酸氢盐(HCO_3^-)一般作为负极阴离子出现在土壤液体中,随时都可以从其中过滤出来。一些土壤中的磷酸盐不可溶沉降物被含有铁、铝和钙的混合物吸收后附着在表面上,这些物质不能被淋洗出来,因此从某种程度上很难被植物根系吸收。由于菌丝增加了吸附表面积,土壤中的菌根在吸收磷酸盐方面比非真菌的根更加重要(第5章)。C_4草本植物是由专性菌根供给营养的,特别是在低磷酸盐的土壤中需要依赖真菌来吸收磷酸盐(Anderson et al. 1994;Hetrick et al. 1986)。

自然和半自然草原上土壤营养成分的富集反映了土壤母质在长期的环境和气候作用下的特征(第7章)。在这些土壤中,植物死亡和腐烂的不断循环过程驱动着营养成分释放和植物吸收营养成分的再循环。相比之下,人为管理下的土壤一般会补充氮肥、磷肥和钾肥,以及一些微量元素来弥补土壤中由于植物和动物残骸的移除所造成的营养元素缺乏或损失。动物排泄物是放牧草原再循环过程的重要组成部分(第9章)。豆科植物是温带半自然草原上起重要作用的组分,它们的固氮量高达 500 kg N·hm^{-2}·$年^{-1}$(Whitehead 2000),比如欧洲和新西兰草原上的三叶草(*Trifolium repens*)、北美草原上的红三叶草(*Trifolium pretense*)和百脉根(*Lotus corniculatus*)以及具明显干季的温带草原(包括部分澳大利亚)上的一年生三叶草和苜蓿(*Medicago* spp.)都是当地最重要的豆科植物。

营养成分的吸收主要发生在土壤深度 5~55 mm 的区域。在这个区域中,根须(直径在 10 μm 以内,长度在 0.2~1 mm 之间的单个表皮细胞突出部分)深入到土壤凝结物的微孔中。根须增加了根部有效吸附部分的表面积。根须和细根的丰富度为植物在有限的土壤中提供了最有效的营养成分吸收能力。根须附近的营养离子通过集中流动或扩散来移动。草本植物的根须要比豆科植物的长,数量也更多。

植物和土壤提炼物之比

草原植物提炼物浓度的不同主要取决于土壤的属性及其与环境因子的关系。植物与土壤中聚集的营养成分含量差别很大(表4.2),其中氮积累数量的比例最大(10∶1),其次是氯(7∶1),它们在土壤液体中分别以NO_3^-、NH_4^+和Cl^-的形式被植物吸收。铁显示了最大的排斥吸收力(0.4∶1)。除了与水、光合作用和离子的动态平衡有关的氯,植物中微量元素积累的浓度要比大量元素低。

表4.2 草本植物组织中典型营养元素的浓度:充足组织浓度(维持重要功能所必需的浓度)和临界浓度(叶片中的营养物质低于该浓度时将可能使植物最大产量减少10%或更多)

	土壤干物质的典型浓度	草本植物干物质的典型浓度:平均值和范围	充足组织浓度 (Taiz and Zeiger 2002)	临界浓度 (Whitehead 2000)	植物与土壤浓度之比($x∶1$)
大量营养元素(%)					
N	0.3	2.8(1.0~5.3)	1.5	2.5~3.2	10.0
P	0.2	0.4(0.05~0.98)	2.0	0.12~0.46	2.0
S	0.1	0.35(0.04~0.43)	0.1	0.16~0.25	3.5
K	1.5	2.5(0.21~4.93)	1.0	1.2~2.5	1.7
Na	0.3	0.25(0.00~0.39)	10	—	1.0
Ca	1.8	0.6(0.03~2.73)	0.5	0.1~0.3	0.33
Mg	0.8	0.2(0.03~0.79)	0.2	0.06~0.13	0.25
微量营养元素(mg·kg^{-1})					
Fe	35 000	150(10~2 600)	—	<50	0.3
Mn	1 600	165(6~1 200)	50	20	0.1
Zn	150	37(3~300)	20	10~14	0.25
Cu	30	9(0.4~214)	6	4	0.3
Cl	500	3 500(500~10 000)[a]	100	150~300	7.0
B	50	5(1~94)	20	<6	0.1
Mo	2.6	0.9(<0.02~17)	0.1	<0.1~0.15	0.35

该表来自Whitehead(2000)文献中表3.4和表3.6植物和土壤营养物质的水平和浓度比率,该研究结果是基于对芬兰、宾夕法尼亚和纽约(美国)、英格兰和威尔士等几个地方的温带草原上超过12 400个样地的分析得出的。

a. Cl浓度范围来自Barker and Collins(2003)。

组织营养水平

植物组织中营养元素的水平从氮含量的1.0%~5.3%到一些元素如钠和钼含量接近于0(表4.2)。氮是来自土壤的必需元素,它在氨基酸、蛋白质、核苷酸、核酸、叶绿体和辅酶中无处不在,因此它在植物组织中的含量水平最高。尤其是植物组织中的Rubisco是最消耗氮的、具有丰富氮组分的复合物。每一种元素在植物组织中的积累水平会随着植物成熟度、物种差异、季节和气象因子的变化、土壤类型的不同以及营养成分的施用等发生很大变化(Whitehead 2000)。植物群落被认为是对牧草品质最具影响力的单一因素,而环境中的生物和非生物因子则是重要的调节器(Baxter and Fales 1994)。

植物组织中必需元素的充足水平和最小含量已很清楚(表4.2)。这些积累物对维持植物极重要的功能是必不可少的。为满足最佳的生长状态、寿命和干旱抵抗力而需要的营养元素浓度随着物种的变化而变化。临界浓度是指叶片中营养物质的最低浓度水平,低于该浓度会因为营养成分缺乏足够的供应而造成最大产量减少10%甚至更多。我们对草原植物临界浓度的认识大部分来自撒种的或半自然温带草原(特别是黑麦草)上主要物种的农业生产经验。草本植物中的大量元素特别是氮、磷和钾的临界浓度将在下面讨论,目前尚未有关于钠的报道(表4.2)。草本植物中的微量元素的临界浓度尚不十分清楚,Whitehead(2000)的研究曾有过相关讨论。临界浓度的知识可为人为管理的牧场和农田的施肥提供建议。比如,黑麦草(Lolium perenne)的临界浓度为:氮3.2%、钾2.8%、磷0.21%、硫0.17%和镁0.07%(Smith et al. 1985)。植物组织中的氮浓度水平从1.0%到5.3%不等(表4.2),其含量依赖土壤供应情况、物种类型和植物生长阶段,其中植物的生长阶段起决定性的作用。比如经过4周的时间,黑麦草中的临界氮浓度为3.2%~3.5%,而经过6周的时间,该数值仅有2.5%(Whitehead 2000)。亚热带和热带草本植物组织中磷的临界浓度的变化范围为0.12%~0.46%之间,冷季草本植物中磷的临界浓度的变化范围为0.20%~0.34%之间,而暖季草本植物中磷的临界浓度的变化范围为0.22%~0.30%之间(Mathews et al. 1998)。组织中钾的临界浓度随季节和栽培品种的变化而变化,在冷季草本植物中为1.6%~2.5%之间,而在暖季草本植物中为1.2%~2.0%之间(Cherney et al. 1998)。年幼草本植物中硫的临界浓度为0.16%~0.25%之间(Whitehead 2000)。草本植物很少缺乏钙或镁,但有报道指出黑麦草的临界钙浓度为0.1%~0.3%之间,而临界镁浓度为0.06%~0.13%之间,其含量随着植物年龄的变化而变化。管理措施会影响营养物质的临界浓度,因为经常被收获(比如通过刈割或制造干草)或放牧的草本植物需要高营养水平来维持高产。

表4.3显示了4种温带草本植物和红三叶草(Trifolium pretense)的叶片组织成分。这些温带C_3草本植物中的营养元素含量非常相似,没有一个物种中的所有营养成分含量比其他物种都高。这些物种是生长在施用N、P、K肥料的样地上的单一种植物(Fleming 1963)。所有植物组织中的大多数营养元素都超过了最低水平,但一些微量元素可能不足,尤其明显的是硼。同时生长的草本植物中营养元素含量的规律并不总是相似,比如Cherney等(1998)的研究表明由于土壤中钾含量较低,许多热带地区C_4草本植物组织中的钾含量一般比C_3草本植物的低(分别为1.2%~3.8%和1.4%~5.2%)。牧草组织中一些营养元素的含量要比同时生长的其他草本植物组织中的高,但这种变化取决于草地上的群落组成。正如所预料的,Fleming(1963)的研究发现,固氮豆科植物红三叶草(Trifolium pretense)叶片组织中的氮含量是其他草本植物的2倍左右(表4.3)。

表 4.3　四种温带牧草草本植物和红三叶草(*Trifolium pretense*)
叶片组织中的营养成分浓度(3 个对照样的均值)

营养成分	黑麦草	鸭茅	梯牧草	牛尾草	红三叶草
N(%)	2.1	2.8	2.5	2.6	4.2
P(%)	0.32	0.32	0.13	0.3	0.3
K(%)	2.3	2.6	1.7	2.1	1.7
Ca(%)	0.87	0.57	0.88	0.87	2.1
Mg(%)	0.17	0.15	0.27	0.18	0.3
Fe(mg·kg^{-1})	101	67	42	109	134
Mn(mg·kg^{-1})	41	105	38	29	136
Zn(mg·kg^{-1})	20	23	19	16	42
Cu(mg·kg^{-1})	5.0	7.1	4.6	4.9	17
B(mg·kg^{-1})	9	10	17	10	26
Mo(mg·kg^{-1})	0.47	0.77	0.58	0.60	0.3

来自 Fleming(1963)。

品种或生态型的不同会明显影响组织中营养成分的积累。有研究尝试栽培出独特的品种来积累特定的营养元素。比如,黑麦草(*Lolium perenne*)繁殖库中拥有适应 8~17 种必需元素的基因变化,而且具有组织镁、钠和磷的选择性遗传可能性,但没有组织钾的(Easton *et al.* 1997)。一项对澳大利亚南部与黑麦草具亲缘关系的科的对比研究发现,随产量、镁、钙和钾含量变化而变化的植物中,基因型和环境共同影响组织矿物质尤其是钾和镁的含量水平(Smith *et al.* 1999a)。

在季节和植物年龄的共同影响下,植物不同部位的组织矿物质浓度变化很大。尽管微量元素含量随年龄的变化并不规则,但一般来说,幼年时植物营养成分的积累要比老年时高。从早春到仲夏,氮的含量可减少 70%,而磷和硫的含量则减少 40%~60%。衰老的叶片经过再活化作用或雨水的冲刷丧失了营养成分,尤其是氮、磷、硫和钾。由于钙和微量元素离子的活动性相对较差,它们在衰老的叶片中的含量下降较少,甚至会相对增加(Whitehead 2000)。

4.3　次级化合物:抗捕食防御物质和他感物质

与其他植物一样,草本植物会产生一系列的次级化合物,它们虽不参与到初级代谢过程或生物合成中,但在草本植物与它们的生物环境之间的生态关系中起着重要作用(图 4.6)。大部分次级化合物是有毒的,影响牧场上草本植物的消化率和营养价值,或者影响食草动物的生理,导致动物中毒或遭受压力。其他化学物质和上述次级成分中的一部分是阻止或促进附近植物生长的重要他感物质(见 Sánchez-Moreiras et al. 2004 的评论)。

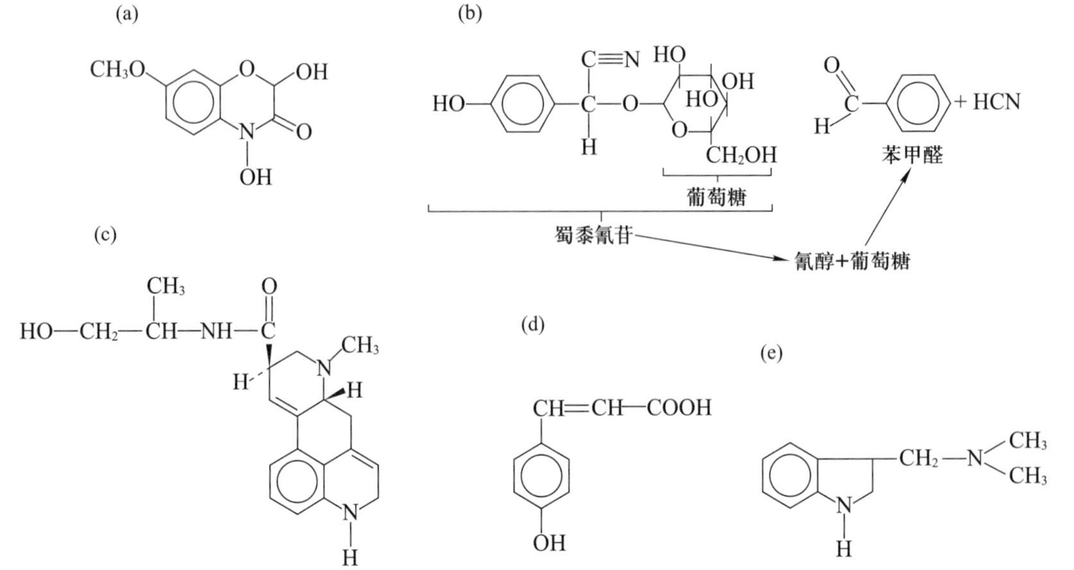

图 4.6 草本植物中的一些次级化合物:(a) DIMBOA(2,4-二羟基-7-甲氧基-1,4-苯并噁嗪-3(4H)-酮),一种异羟肟酸;(b) 蜀黍氰苷,一种生氰配糖体;其分子被水解后释放出氢氰;(c) 麦角新碱,一种麦角生物碱;(d) 聚氧酸,一种苯酚;(e) 芦竹碱,一种吲哚碱,来自有香味的氨基酸色氨酸。使用得到 Vicari 和 Bazely (1993)的许可。

牧场上非草本植物组分中的化合物不在这里讨论,除非它们产生对牧草品质有负面影响的有毒物质,比如地三叶草(*Trifolium subterraneum*)地下部分产生的植物雌激素、豆科植物产生的鞣酸(tanins)、紫叶稠李(*Prunus virginiana*)和蕨菜(*Pteridium aquilinum*)产生的氰苷(Cyanogenic glycosides),以及苋科(Amaranthaceae)(猪草)、藜科(Chenopodiaceae)(鹅脚)、十字花科(Brassicaceae)(芥)、菊科(Asteraceae)(向日葵)和茄科(Solanaceae)(茄属植物)产生的 NO_3^-(Nelson and Moser,1994)。

Harborne(1977)认为草本植物的次级化合物依据生态重要性可分为四类:氮化合物、萜类化合物、酚醛塑料和其他。这些成分中的大部分在他感物质的相互作用中或者占据一定角色或者会阻止食草动物的采食。

4.3.1 氮化合物

含氮次级化合物包括生物碱、胺、非蛋白氨基酸、氰苷和葡糖异硫氰酸盐。大部分葡糖异硫氰酸盐只存在于十字花科植物中,不再进一步讨论。有研究表明非蛋白鸟氨酸来自小麦(*Triticum aestivum*),主要用来抵抗麦长管蚜(谷类蚜虫)采食(Ciepiela and Sempruch 2010)。其他非蛋白氨基酸在另外一些植物群体如豆科(Fabaceae)植物中广泛分布。

生物碱是由一个或多个含氮环构成,包括了医学上重要的成分,如尼古丁(烟碱)、阿托品

(颠茄碱)、士的宁(番木鳖碱)和奎宁(金鸡纳碱)。这些组分对动物具有重要的生理影响。生物碱存在于很多草本植物中,如羊茅属(*Festuca*),黑麦草属(*Lolium*)和藕草(*Phalaris*)等,尤其在刚出芽的幼苗和受胁迫的植物中含量较多。这些化学物质被用作采食抗阻物和他感物质。比如藕草(*Phalaris arundinacea*)(红金丝雀草)中的吲哚生物碱减弱了该植物对绵羊的适口性,但它的浓度随着植物年龄的增长逐渐降低。由于球茎草芦 *P. tuberosa*(硬质草)和 *P. aquatica* 组织中含有的生物碱,藕草属蹒跚病对绵羊来说有时是致命的(Lee et al. 1956)。当生长在光周期长和高温下时,大麦(*Hordeum vulgare*)的嫩叶会产生出能阻止采食的吲哚生物碱禾草碱(图 4.6),用于抵抗蚜虫和蝗虫的取食(Ishikawa and Kanke 2000;Salas and Corcuera 1991)。从大麦(*H. vulgare*)根部提取的禾草碱和大麦芽碱被用作他感物质以减少该植物中胚根的长度并影响植物的健康和活力(Sánchez-Moreiras et al. 2004)。由真菌引起的内部寄生植物与草本植物共生时(第 5 章)会产生麦角碱(图 4.6c)和其他生物碱。食草昆虫,特别是蚜虫,从受内部寄生植物感染的植物中取食受阻,因为生物碱降低了昆虫的生长率、存活率和生育率。当大型的食草动物牛和马在受内部寄生植物干扰的 *Oryza sativa* 和多年生黑麦草草地上取食时,会受到羊茅毒素和毒麦草蹒跚病的严重影响(Vicari and Bazely 1993)。在这些受感染的草本植物中,能引起血管收缩的麦角碱和黑麦草神经毒素在叶片中积累(Gibson and Newman 2001)。

胺是另一种含氮分子,它由氨基酸的脱羧化过程或通过乙醛的转氨过程组合而成。植物荷尔蒙吲哚乙酸是一种色胺(来源于色氨酸)。许多植物包括天南星科植物的花朵中均含有芳香脂肪胺(amines)。多胺的积累则能指示生长阶段或环境(Bouchereau et al. 2000),比如栽培稻中的热胁迫(Roy and Ghosh 1996)和雀麦属中的盐胁迫(Gicquiaud et al. 2002)。

由腈(C≡N三键)、葡萄糖(或其他糖)和葡糖异硫氰酸盐中可变的 R 环组成的氰苷在 110 个科约 3 000 个物种的植物中都有发现。当植物组织遭受破坏时,可通过 β-葡萄糖苷酶将葡萄糖分子移除,并释放氢氰酸(HCN)来溶解氰苷,比如当被采食时氰苷离析。许多牧草包括高粱属(*Sorghum*)(含有蜀黍氰苷,图 4.6)、莲花属的三叶草和野豌豆属(*Vicia*)的野豌豆(*Vicia sepium*)均含有氰苷(Nelson and Moser 1994)。其他含有氰苷的草本植物包括星草(*Cynodon plectostachyus*)(Vicari and Bazely 1993)、龙竹(*Dendrocalamus giganteus*)(Ferreira et al. 1995)和象草(*Pennisetum purpureum*)(Njoku et al. 2004)。氢氰酸通过采食动物的消化道被吸收到动物体内,进而抑制呼吸电子传递链中细胞色素氧化酶的形成。氰苷的含量在嫩叶组织中最高,并且随着植物的年龄和生长环境的变化而变化。

4.3.2 萜类化合物

萜类化合物(类异戊二烯)是易挥发的次级化合物(>25 000 种化合物)的一个大类,它以相互连接的异戊二烯(C_5H_8)分子为基础,每一个异戊二烯单元都有一个"头"和"尾",可用很多方法将它们连接起来。从生物合成途径上看,萜类化合物源自香叶焦磷酸,包括单萜类化合物(C_{10})、倍半萜类化合物(C_{15})、双萜类化合物(C_{20})和三萜类化合物(C_{30})。由单个异戊二烯单元构建的萜烯化合物多种多样,包括 β-胡萝卜素(一种维生素)、自然和合成橡胶、植物精华油(单萜类化合物如柠檬中的柠檬醛)、植物生长调节物、脱落酸(倍半萜类化合物)、赤霉素(双萜类化合物)和动物中的类固醇激素(比如雌激素和睾丸激素)。

尽管在芦竹(*Arundo donax*)、丘斯夸竹属(*Chusquea*)、芦苇(*Phragmites australis*)、毛里求斯芦苇(*Phragmites mauritianum*)和普通小麦(*Triticum aestivum*)中发现有 $0.02\sim40~\mu g \cdot g(LDW)^{-1} \cdot h^{-1}$ 异戊二烯释放物,而在丘斯夸竹属、毛里求斯芦苇、蕨菜(*Secale cereale*)、高粱(*Sorghum bicolor*)和普通小麦中发现有小于 $0.02\sim40~\mu g \cdot g(LDW)^{-1} \cdot h^{-1}$ 的单萜类化合物释放物,但萜类化合物在草本植物中分布并不广泛(Kesselmeier and Staudt 1999;König et al. 1995)。当大气中 CO_2 浓度增高时,芦苇中萜类化合物的释放量减少,这是由类异戊二烯合成基因和类异戊二烯合成酶活力的表达受限引起的(Scholefield et al. 2004)。草原植物的释放物中含有大量多种多样的单萜类化合物,比如美国中西部以禾本科植物为优势的草原释放的 α-和 β-松油萜、月桂烯和柠檬烯(Fukui and Doskey 2000)以及澳大利亚草原上释放的 α-苧烯、崖柏烯、莰烯、香桧烯、β-罗勒烯和 γ-萜品烯(König et al. 1995)。然而,这些释放物对草原结构和组成的作用很难评价,因为 NO_3^- 的氧化仅有几分钟时间。而萜类化合物和其他易挥发有机化合物的研究具有全球意义,因为它们的氧化产物是形成对流层臭氧和其他光化学诱导的氧化剂的成分。

萜类化合物对草本植物的重要性是作为间接的防御化学物质(Turlings et al. 1990)。玉米的幼苗在对甜菜夜蛾(*Spodoptera exigua*)幼虫的唾液产生响应时能释放出单萜类化合物,可吸引寄生黄蜂缘腹绒茧蜂将卵产到毛毛虫体内,预防玉米遭受进一步采食。

倍半萜烯环己烷衍生物如布卢姆[布卢姆醇 C,9-O-(2'-O-β-葡萄糖醛酸)-β-葡萄糖苷,结构上与脱落酸相似]在受真菌感染的草本植物根部广泛分布,尤其在燕麦族、早熟禾族和小麦族中出现最频繁(Maier et al. 1997)。真菌引起的萜类化合物积累的原因并不清楚,但这些化合物在真菌菌根的生理功能中起重要作用(见 5.2.3 节),或反映了植物对真菌感染的胁迫响应。在小麦次生根的表皮上接种的 3~4 周后布卢姆的含量达到最高。布卢姆极大地阻止了菌根的入侵,说明这些化合物参与了植物的真菌调节(Fester et al. 1999)。

4.3.3 酚类物质

酚类物质是三环系统的化合物,它由一个苯乙烯酸和莽草酸途径的终端产物三个丙二酸单酰 CoA 分子构成,在一些结构性的物质包括橙酮、黄酮、花青苷和鞣酸中有大约 500 种酚类物质。所有的维管束植物都有酚类物质。由于鞣酸的收敛性(降低适口性)或难消化性(与蛋白质结合的特征),它们是许多植物特别是木质植物的采食抗阻物。禾本科植物不存在鞣酸,因此不在这里讲述。

草本植物中出现的最简单的酚类物质是苯丙素,如在超过 70 种草本植物的叶片中都有关于咖啡酸、对香豆酸、阿魏酸和芥子酸的研究(Harborne and Williams 1986)。这些酚类物质出现时总是与细胞壁半纤维素(对香豆酸和阿魏酸)或脂质部分结合在一起,或者与烃醇、脂肪酸、甘油联系在一起,或者出现在叶片的蜡质(如高粱的对羟基苯甲醛)内(Harborne and Williams 1986)。当出现在叶片蜡质中时,酚类物质与抵抗蝗虫捕食的机制有关。新割下的干草的清香是由于草木樨酸(二氢-氧-香豆酸)水解后释放出香豆素(1,2-苯并吡喃酮)所产生的。自从 19 世纪末期在实验室内人工合成之后,香豆素常被用作香料和调味品,或者制作抗凝血剂和灭鼠剂。在大麦属植物中香豆素参与开花和叶片伸展,并限制根的生长。在甘蔗属植物中香豆素参与分蘖(Brown 1981)。

苯醌是通过酶氧化过程从苯酚中提取出来的,它是由一个 1,4-环己二酮-2,5-二烯醇(如对醌)或一个 1,2-环己二酮-3,5-二烯醇(如邻醌)组成的(Leistner 1981)。这些酚类物质在草本植物中存在并不广泛。比如高粱醌存在于高粱(*Sorghum*)的提炼物和分泌物中,它作为一种他感物质减少了周围杂草的生长(Einhellig and Souza 1992;Sánchez-Moreiras *et al.* 2004)。从机制角度来说,高粱醌是一种光合作用电子传递抑制剂(Nimbal *et al.* 1996)。

类黄酮作为花朵的强天然色素分布在大多数的被子植物科中,可为许多果实、蔬菜、花朵、叶片、根和储存器官提供黄色、红色、紫色和蓝色。从化学组成上看,类黄酮是多酚化合物,拥有 15 个碳原子和 2 个由一个线性的 3-碳链参与的苯环。

类黄酮的化学结构是基于 C_{15} 结构,该结构具有包含一个次级芳香环(B)的色烷杂环(图 4.7a)。碳环位于一个同质异构的开放结构中,或者更常见的是以五元环存在(图 4.7a)。环 B 在杂环 C 的第二个位置上出现最频繁,但在类异黄酮中它出现在第三个位置上。依据替代格局和杂环 C 的氧化状态以及环 B 的位置,类黄酮被划分为超过 4 000 个类别。

类黄酮中的 6 个主要化学亚类是:查耳酮(大多数是其他类黄酮生物合成的媒介)、黄酮〔一般出现在草本的科中,如唇形科(Labiatae)、伞形花科(Apiaceae)和菊科(Asteraceae)〕、黄酮醇(一般出现在木本被子植物中)、黄烷酮、花青素(Anthocyanins)和异黄酮(只存在于豆科植物中),其中黄烷酮和花青素将在下面进一步讨论。

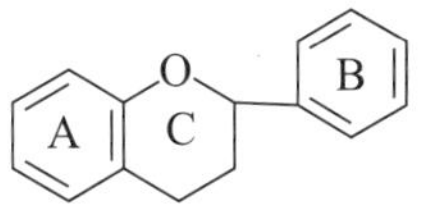

黄烷酮(如芹菜苷元、毛地黄黄酮、苠草素)无论是糖苷还是糖苷配基(取决于是否与糖绑定)都是基于类黄酮的深度氧化结构(图 4.7a)。

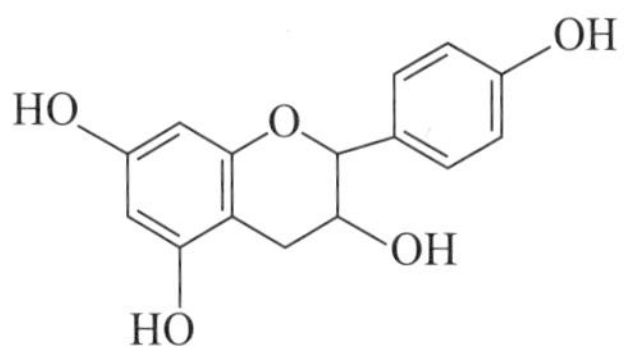

图 4.7 (a)类黄酮结构;(b)花色基元结构。

C-糖苷类黄酮是草本植物的特征,在调查的物种中有 93% 都含有该物质(Harborne and Williams 1986)。麦黄酮最先是从抗锈小麦品种中分离出来的,后来被发现在草本植物中广泛存在,而在其他植物群体中较少见(Harborne 1967)。从褐色大米糠中提取的麦黄酮可作为人类乳腺癌和结肠癌的抑制剂(Cai *et al.* 2004;Hudson *et al.* 2000)。

花青素是基于羟基的添加或移除、花色基元(2-苯基苯并吡喃)结构(图 4.7b)的糖基化或甲基化作用而形成的(Escribano-Bailón *et al.* 2004)。当花色基元结构与一个或多个糖联合起来并在有机酸作用下酰化就形成了花色素(糖苷配基)。

花青素是强染色剂,是天然色素中的最重要部分,它为高等植物中的花瓣和叶片分配粉色、鲜红色、红色、淡紫色、紫色和蓝色(Harborne 1967)。在草本植物中,当渗入质体色素(叶绿素)后这种色素总是显得很淡,并最终形成棕色、灰色或白色的外观。然而,花青素普遍存在于被子植物中,并作为一个整体在草本植物中占据支配地位〔比如花青素 3-糖苷——花色基元结构(图 4.7b)中 C_3 环的羟基群结构,被蔗糖取代]。

在早熟禾亚科(Pooideae)和黍亚科(Panicoideae)中,花青素中包含脂肪酰基[如花青素3-(3″,6″-二丙二酰基葡萄糖苷和其他丙二矢车-3-葡萄糖苷)],而在稻亚科(Ehrhartoideae)、竹亚科(Bambusoideae)和芦竹亚科(Arundinoideae)中,酰基化的花青素普遍缺乏,并出现分布各异的花青素 3-糖苷和甲基花青素(Fossen et al. 2002)。

谷类作物中的花青素早已被研究者密切关注(Escribano-Bailón et al. 2004)。紫色玉米棒(玉米的一个色素品种)中至少包括 6 种不同的花青素。这些花青素出现在表皮细胞中,并在抵抗 UV-B 紫外线和阻止真菌病原体黄曲霉形成草毒素方面起重要作用。在红色和白色稻穗中发现花青素-3-糖苷、甲基花青素-3-糖苷和少量其他花青素。在经济上,花青素色素被用作食品调料;而在田地里,花青素阻止了稻米的主要病原体之一稻白叶枯黄杆菌的生长。同样,蓝色、紫色和红色小麦(普通小麦的栽培品种)的色素是由于花青素包括糖苷和芸香糖苷以及花青素和甲基花青素的酰化衍生物的积累而形成的。高粱(Sorghum bicolor)是少量由于病原体感染而产生抗微生物的植物抗毒素的单子叶植物之一。高粱属(Sorghum)中的植物抗毒素是有颜色的 3-脱氧花青素,当被真菌入侵时,它将在细胞周围的细胞囊中聚集。

草本植物中类黄酮在功能上的作用同样与抑制采食主要是昆虫的取食有关。比如由于小麦栽培品种艾米戈(Amigo)的叶片中有麦黄酮和黄酮苷,因此它可以避免蚜虫(Schizaphis graminum)的采食(Harborne and Williams 1986)。其他草本植物类黄酮可作为捕食引诱剂被固定和存储在昆虫体内。比如,蝴蝶中的大理石纹白蝶(Melanargia galathea)的身体和翅膀干重的 1%~2%为被固定的黄酮(水解的麦黄酮 7-糖苷)。有证据证明草本植物组织中的酚含量影响哺乳动物捕食行为的选择,但除了部分雌激素的微弱影响,类黄酮并不影响动物的繁殖(Harborne and Williams 1986)。一个例外是山鼠(Microtus montanus),当它从海滨盐草(Distichlis stricta)获取高浓度的对香豆酸和咖啡酸时,它在冬季的生育将会受到抑制。

类黄酮在减轻太阳光 UV-B 辐射对叶片的伤害中起重要作用(Bassman 2004)。类黄酮和其他酚类物质的合成基于关键生物合成酶的感应基因表达。比如,蒲苇(Gynerium)芽对羟基肉桂酸(酚类物质)的合成是由 UV-B 辐射引起的。UV-B 辐射通过增加植物的次级代谢物(secondary compounds)来影响植物-食草动物和植物-病原体之间的关系,因此可推断它是陆地生态系统植被群落多重营养关系的重要调节器(Bassman 2004)。

4.3.4 其他化合物

异羟肟酸(hydroxamic acids)(4-羟基-1,4-苯并噁嗪-3-酮)是莽草酸生物合成途径中的衍生物,它出现在以小麦族属植物为主的多种草本植物中,包括谷类作物、玉米、大麦、小麦和一些野生草本植物[Deschampsia 属、披碱草属(Elymus)、大麦属(Hordeum)和藕草属(Phalaris)](Gianoli and Niemeyer 1998;Vicari and Bazely 1993)。异羟肟酸主要的化合物是具线粒体新陈代谢和感应防御机制的抑制剂 DIMOA(2,4-二羟基-7-甲氧基-1,4-苯并噁嗪-3-酮,图 4.6)和 DIBOA(2,4-二羟基-1,4-苯并噁嗪-3-酮)。当叶片受到伤害后这些化合物的浓度开始上升,并阻止食草动物的咀嚼和昆虫的吮吸,以及细菌和真菌病原体的入侵。在植物的幼苗期这些化合物的浓度最大,然后随着植物年龄的增加其浓度逐渐降低。在多年生草本植物中,化合物的浓度随着季节的变化而变化,其中在夏季昆虫食草的高峰期浓度最高。谷类作物已形成的繁殖机制提高了异羟肟酸的浓度。异羟肟酸在抵抗食草类脊椎动物采食方面的效力目前尚不清楚。DIBOA、DIMOA 和其他异羟肟酸是抑制种子萌芽和生长的他感物质(allelochemicals),它们可从匍匐披碱草(*Elymus repens*)、黑麦(*Secale cereale*)、小麦(*Triticum aestivum*)、斯卑尔脱小麦(*T. speltoides*)和玉米(*Zea mays*)的根部提取物中分离出来(Sánchez-Moreiras *et al.* 2004)。

4.4 硅

硅存在于石英和其他矿物质中,它是地球上大多数植物生活的基质土壤中第二丰富的元素。在土壤液体中,硅酸主要以原硅酸(H_4SiO_4)的形式存在,其浓度在 0.1~0.6 mM 之间,与钾、钙和其他主要植物营养物质的浓度相近(Epstein 1994)。硅在水中以 $Si(OH)_4$ 的形态被牧草吸收后浓度可达到干物质的 10%。牧草叶片中硅浓度的正常范围为 400~10 000 $mg \cdot kg^{-1}$(Barker and Collins 2003)。硅含量>1%且硅/钙分子比率大于 1 的植物被称为硅储存器(Ma *et al.* 2001),尤以草本植物占优势。在 pH 为 8~9 的土壤中,可溶性的硅浓度达到最大值(Prychid *et al.* 2003)。

植物中的硅不可逆地沉降下来成为植硅体中的非结晶硅(SiO_2-nH_2O 或"猫眼石"或硅胶)。草本植物的大部分物种的表皮和皮下厚壁组织都有植硅体。禾本科植物中的植硅体在形态上是多种多样的,包括哑铃状、十字状、鞍状、圆锥状或具有光滑或弯曲外形的水平延伸状。植硅体在一些组织中很丰富,有时它们是来自植物碎片的尘粒,进入大气中后具有致癌性。比如,虉草属(*Phalaris*)物种的花苞中含有大量的硅体。这些草本植物是伊朗东北部谷类作物众所周知的污染源,而该地区是食道癌高发区(Sangster *et al.* 1983)。

硅并没有被看作是必需元素(4.2.1 节)的观点逐渐受到质疑(Epstein 1994, 1999; Richmond and Sussman 2003)。硅对植物的作用包括通过提高植物的水分利用效率以及对干旱和重金属的耐受性来改善其对病原体和捕食的抵抗力,维持茎和叶片的硬度,并减小叶片的蒸腾作用(Richmond and Sussman 2003)。"窗口"假设认为表皮硅体有利于光线穿透表皮进入光合作用叶绿体或茎的皮层组织,促进了光合作用和植物的生长。然而,这种假设并没有得到试验研究的支持(Agarie *et al.* 1996; Prychid *et al.* 2003)。叶表皮的硅体赋予植物对 UV-B 辐射伤害的抵抗力,但增加了酚化合物的浓度(Li *et al.* 2004)。

硅在放牧草地生态系统的生态过程和联合演化中的作用是显著的(见第 2 章)。对非洲塞伦盖蒂的研究发现,植物组织中硅的高含量(从放牧强度较低地段的 11.9%到放牧强度较高地段的 19.6%)随着生长季从根部到叶片逐渐减少(McNaughton *et al.* 1985)。而在试验研究中,硅促进了当地未被采食的草本植物的生长,并增加了叶片中叶绿素的含量。研究者认为硅积累的自然选择与放牧范围有关。硅通过磨蚀食草动物的口器来抵御采食者,从而保护了脆弱的植物组织。而硅浓度>2%时可导致牛犊产生致命的硅尿石病,同时草本植物组织中硅沉淀可通过释放碳来改善植物的碳和能量消耗,否则这些碳会使植物变硬、变厚。

4.5 草本植物无性繁殖的生理整合和无性系分株的调节机制

很多草本植物中独特的用于分蘖和无性繁殖的多种模块化结构为牧草的生长提供了机会,而且有利于研究当地的环境(第3章)。草本植物和其他类似的无性繁殖植物的无性系分枝可半自主生长,而在生理上依附于母体植株,这反映了无性系分株的调节机制,特别是不同模块间的生理整合程度。无性繁殖生长方式在形态上从具有密集簇状分蘖的"密集型"[如丛状草本植物羊茅(*Festuca ovina*)和北美小须芒草(*Schizachyrium scoparium*)]到具有广泛伸展的根状茎的散型[如狗牙根(*Cynodon dactylon*)](Lovett Doust 1981)。无论什么样的生长型,无性繁殖系中所有的根状茎或其一部分组成了一个整合的生理单元(integrated physiological unit,IPU),在这个单元中资源(营养物质、光合作用产物和水)可被来回传输。以这种方式进行的无性系分枝的整合允许:① 无性系分枝中资源的均等分配;② 无性系分枝之间最小的竞争;和③ 资源获取的最优效益(Briske and Derner 1998)。因此可以认为高水平的生理整合可为放牧造成的不完全落叶提供补偿性的生长。然而,在一项有关塞伦盖蒂麦芽草(*Digitaria macroblephara*)和星草(*Crynodon plectostachyus*)的研究中,并没有得出补偿性生长的假说(Wilsey 2002)。分离的根状茎产生的生物量比不分离的根状茎少,但生理整合是重要的,这种减少与落叶无关。相比之下,生活在沙丘栖息地上的沙鞭(*Psammochloa villosa*)的生理整合可帮助其无性系分枝在被沙掩盖后存活下来(Yu *et al.* 2004)。资源从未被埋的无性系分枝中传送到被埋的分枝上,增强了被埋无性系分枝伸展并长出沙面的能力。

有研究对北美高草草原上无性繁殖的多年生草本植物柳枝稷(*Panicum virgatum*)的生理整合程度进行了调查(Hartnett 1993)。柳枝稷的无性繁殖系是营养物质的添加、附近植物的移除以及根状茎的分离处理的组合体。根状茎分离没有产生任何影响或者它与其他处理没有相互作用说明整合的生理单元比无性繁殖系的尺寸要小。因此,在柳枝稷中,无性系分株之间资源的传输可能是短期的,或者只存在于无性系分枝的一部分中。

上述对柳枝稷的研究(Hartnett 1993)与其他研究(见 Briske and Derner 1998 的评论)均说明无性繁殖的草本植物中无性系分枝间完整的生理整合受到单个无性系分枝等级集合(无性系分枝群)的限制(图4.8)。无性系分枝间生理整合的部分断裂是由于老的无性繁殖系中无性系分枝间的维管束连续性中断造成的。邻近无性系分枝各级别的根之间的菌根联系可能会造成低水平的资源再分配。

无性繁殖中草本植物的无性系分枝调节和新分蘖成员均处于复杂的生理和生态控制中。Tomlinson 和 O'Connor(2004)的研究提出了一个整合模型模拟了花蕾释放新分蘖来控制植物生长素与细胞分裂素比率的过程。红外线与热红外线的比率影响根部生长素的形成和输出,而根部氮(受到土壤资源的影响)的积累影响细胞分裂素的形成。因此,当地土壤氮的变化与根部的光环境相互作用共同控制新分蘖的形成。

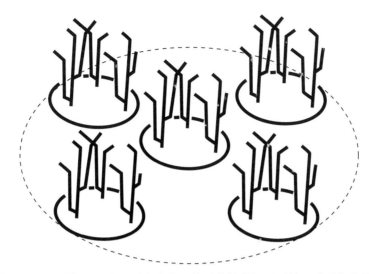

图 4.8 丛生草本植物的无性繁殖系,由一群自发的无性系分枝分级而不是一系列整合的无性系分枝组成。生理整合的移除受限于单个无性系分枝分级(实线圈内),各分级间的竞争主要针对无性繁殖系下面的土壤资源(虚线圈内)。使用得到 Briske 和 Derner(1998)的许可。

第5章 种群生态学

> 毫无疑问,植物通常通过自花授粉来繁殖自身,而很难进行异花授粉。尽管这些植物是通过无性繁殖来增加种群数量,但现状是它们已在全世界广泛分布。
>
> ——查尔斯·达尔文(1877),对白高粱(*Leersia oryzoides*)的评价

种群生态学(population ecology)是为了理解一个区域(或一个种群)中由单一物种的个体组成的群体与它们的环境因子之间的关系而设置的学科。1977年,John L. Harper 发表了著作《植物的种群生物学》(*Population Biology of Plants*),从而被誉为植物种群生态学之父。事实上,他的研究大部分在北威尔士的多年生黑麦草(*Lorium perenne*)和三叶草(*Trifolium repens*)牧羊场中进行(如 Sackville Hamilton and Harper 1989;Sarukhán and Harper 1973;Turkington and Harper 1979)。有关禾草和草地种群生态学的很多议题都出现在 G.P. Cheplick(1998a)编辑的书中(见 Gibson 1998 的评论)。在这一章中,这些重要议题将被深入探讨。首先,我们将分析禾草的繁殖和种群生长(5.1节);接下来将讨论影响禾草地上或地下部分的菌类如何对它们的种群生态产生影响(5.2节);最后,在基因生态学的标题下将重点阐述生态型、多倍体、杂交和基因结构等内容(5.3节)。

5.1 繁殖和种群动态

5.1.1 开花物候

禾草的开花(即物候)时间是受基因和环境因素(特别是昼长)控制的。Calvin McMillan (1956a,1956b,1957,1959b)的经典实验研究了北美大平原区主要禾草在开花期间生态型的重要变化(见 5.3 节有关生态型的讨论)。温度和土壤湿度的年际变化可以影响开花时间,甚至影响种群,后者在基因上还受限于对昼长变化的响应。例如澳大利亚南部多年生簇生禾草 *Notodanthonia caespitosa* 的开花物候由于受上述因素影响产生基因分化和表型可塑性。阴冷、潮湿的温带环境下生活的南方种群其开花物候与生长季内的昼长变化密切相关。与此相反,炎热、半干旱环境下生活的北方种群则经常暴露在昼长超过花蕾形成所需临界值的环境下,因此一旦开花分蘖形成,温度和土壤湿度将决定繁殖发育的速度(Quinn 2000)。同样,生活在美国东北部湿润生境的 *Danthonia sericea* 种群随着基层温度的变化而开花,而生活在排水良好的高山土壤中的种群则需要额外的光周期刺激才能开花(Rotsettis et al. 1972)。

对多数禾草尤其是生活在温带区的多年生羊茅类植物(无论是否有充足的昼长)而言,提前暴露在低温下对开花是必要的。这个先决条件相当于种子促熟法,对多年生植物的每一年生长发育都适用。种子促熟法温度范围在−6℃到14℃之间。种子促熟法的要求对不同物种以及同一物种的不同品种都不一样。比如,同属于早熟禾属(*Poa*)的高山早熟禾(*P. alpina*)和草地早熟禾必须要有种子促熟的条件,鳞茎早熟禾(*P. bulbosa*)和泽地早熟禾(*P. palustris*)对种子促熟法有响应,而高山早熟禾对种子促熟法没响应。

5.1.2 开花期和花粉扩散

小花中的浆片膨大,致使内稃和外稃张开,花药突出、花粉脱落。植物一般早上或下午开花,某些植物则晚上开花。例如,Prokudin(参见 Conner 1986)的研究认为,同一地点不同早熟禾属的植物开花时间不同,其中贫育早熟禾(*P. sterilis*)开花时间在上午 8 点到中午 12 点之间,林地早熟禾(*P. nemoralis*)开花时间在下午 5—8 点之间,而另外 5 种早熟禾属类植物的开花时间在晚上 11 点到午夜 12 点之间。

禾草的花粉主要以风媒传粉(anemophilous)为主。对一些热带禾草[如独焰鲶属(*Olyra*),*Pariana*;Soderstrom and Calderón 1971]来说,虫媒传粉(entomophily)(昆虫传粉)在很多地方受到限制。比如中华蜜蜂(*Apis cerana*)喜欢收集实肚竹(*Phyllostachys nidularia*)的花粉,并促进其传粉(Huang et al. 2002)。有关温带禾草的虫媒传粉的研究不少,比如独居蜜蜂[如隧蜂科(*Halictidae*)]的传粉可有效提高毛花雀稗(*Paspalum dilatatum*)种子的安置能力(Adams et al. 1981)。在两个例子中,花粉/胚珠的比率都比较低,而毛花雀稗的花粉比利用风媒传粉的植物的花粉要大,而且一般是通过一簇穗子传播。

不管是否以风媒传播,禾草的花粉一般都传不远。尽管黑麦草(*Lolium perenne*)和梯牧草(*Phleum pratense*)有 20% 以上的花粉能传播到 200 米以上的距离,珍珠粟(*Pennisetum glaucum*)和玉米(*Zea mays*)有 90% 以上的花粉只能传播到 5 米之内(Richards 1990)。

毛状物中的花粉被谷穗的柱头捕捉后形成水合物。花粉管从花粉粒的孔中伸出,长进柱头中。花粉管的顶端长出一个营养核和两个精原核,然后建立花粉管核到卵细胞的通道,小麦可用 1 个小时形成通道,而玉米由于要形成长长的丝需要用 22 个小时(Chapman and Peat 1992)。被子植物的双重受精特征是一个单倍体精原核($1n$)与形成二倍体($2n$)合子的卵组合在一起,另外一个精原核与两个极核融合在一起形成三倍体($3n$)胚乳。也有研究发现小麦的壳果中有正常的胚乳但没有胚胎(Evans 1964)。

异花和自花不相容性

禾草相容性的控制是非常独特的,主要表现在对柱头面上自身花粉的排斥。这种控制通过两个多等位的、互相不联系的基因 $S_{1,2,3...}$ 和 $Z_{1,2,3...}$ 实现。一个二倍体禾草拥有两个 S 和两个 Z 等位基因,比如 $S_1S_2Z_1Z_2$,而单倍体仅有一个由每个基因组成的等位基因,如 S_1Z_2。每个基因有 10 个等位基因,可以组成成百上千的等位基因组合。当单倍体花粉的等位基因与二倍体孢子体柱头的等位基因匹配时就会产生花粉排斥,也就是说这两个等位基因必须不能重合才能实现相容性。比如一个基因为 $S_1S_2Z_1Z_2$ 的花粉母体将可产生基因为 S_1Z_1、S_1Z_2、S_2Z_1 和

S_2Z_2 的子花粉,但当该母体附着在基因类型为 $S_1S_2Z_1Z_2$ 的花粉上时,所有的子花粉都不能形成。相反,一个基因为 $S_1S_3Z_1Z_3$ 的花粉母体可产生基因为 S_1Z_1,S_1Z_3,S_3Z_1 和 S_3Z_3 的子花粉,但当该母体遇到基因为 $S_1S_2Z_1Z_2$ 的花粉时,有 1/4 的子花粉(即 S_1Z_1 基因组的花粉)将不能形成(Chapman 1996)。多倍体(polyploidy)保留了这种不相容反应(5.3 节)。在花粉管顶端接触到柱头的前两分钟,花粉的不相容抑制性就产生了(Heslop-Harrison and Heslop-Harrison 1986)。

5.1.3 生殖系统

禾草拥有从雌雄同体到雌雄异体的一系列生殖系统。多年生禾草大部分都是异花受精,以及部分或完全自花受精,一年生禾草则以自花受精为主(Gould and Shaw 1983)。在一些属中出现了从自我不相容的多年生植物向自花传粉的一年生植物演化的趋势[比如雀麦属(*Bromus*)、蒲苇(*Gynerium*)、披碱草属(*Elymus*)、冰草属(*Agripyron*)、羊茅属(*Festuca*)和早熟禾属(*Poa*)植物](Stebbins 1957)。确保异花受精的机制包括一些族类如蜀黍族(Andropogoneae)和黍族(Paniceae)的杂性物种中雄性小穗状花序开花时间要比雌雄同体的小穗状花序的开花时间晚。完全的雌雄同体属植物[如看麦娘(*Alopecurus*)、黄花茅属(*Anthoxanthum*)、狼尾草属(*Pennisetum*)和大米草(*Spartina*)]在柱头可见之前,雌蕊的花药就突出出来并释放花粉,首先成熟。环境状况能够通过改变异花受精和自花受精之间的平衡来改变杂交系统。比如雾气可以除去小麦和大麦的雄蕊,并使其产生远系繁殖(Evans 1964)。

一些自花受精的禾草在封闭的小花中形成闭花受精的授粉花朵,比如沙鼠尾粟(*Sporobolus cryptandrus*)的晚期小穗状花序被部分或完全封闭在最上端的叶鞘中。而在鞘花鼠尾粟(*S. vaginiflorus*)以及其他一些一年生禾草中,在开花季节的晚期,嫩枝上会形成闭花受精的小穗状花序。达尔文(1877)在对这种现象的一次调查中记载了 3 种禾草属[大麦属(*Hordeum*)、李氏禾属(*Leersia*)]和鼠尾粟属(*Sporobolus*)]的闭花受精形成过程。在新世界的温带区,闭花受精在所有亚科[最常见的是高等黍亚科(Panicoideae)]的 82 个属 321 种禾草中均有研究(Campbell et al. 1983)。在拥有闭花受精物种的类群中,针茅的数量最大,为 46 个物种。

闭花受精的特殊之处在于在至少 10 个属 22 个物种[如 *Calyptochloa*、*Cleistochloa*、*Cottea*、扁芒草属(*Danthonia*)(7 个物种)、九顶草属(*Enneapogon*)、乱子草属(*Muhlenbergia*)、冠芒草属(*Pappophorum*)、*Sieglingia*、针茅属(*Stipa*)和三重茅属(*Triplasis*)]中出现二型腋生的闭花受精植物(闭花受精小穗状花序被最低端的茎节上的叶鞘包围起来)(Campbell et al. 1983;Chase 1908,1918)。在这些物种中,腋生的种子没有扩散,直接留在叶鞘中,直到有花的分蘖枯萎。结果形成的种子异态性代表了植物的"两头下注"生态策略。比如,在海岸栖息地生长的 *Triplasis purpurea* 可从低处的闭花受精小穗状花序中长出大大的较重的种子,这些种子可被植株母体附近的沙子掩埋。而生长在高处茎上由开花受精(chasmogamy)形成的种子一般较小,且重量轻了 64% 左右,它们一般通过风的作用扩散到沙地表面(Cheplick and Grandstaff 1997)。

作为进化过程中的一项特质,闭花受精是遗传基础,但它的出现也受到环境因子如光周期、土壤湿度和温度等的影响。闭花受精作为一种繁殖系统为植物提供了一个能够提高生殖力的有效而成功的授粉途径。比如，研究证明 Dichanthelium clandestinum 的植株可产生超过10 倍开花受精种子数量的闭花受精种子，且由闭花受精的种子形成的新植株比开花受精的种子多 4 倍(Bell and Quinn 1985)。闭花受精一个极端的形态是地上地下结果性，即闭花受精的小穗状花序从地下分蘖中生出，比如 Amphicarpum purshii、A. muhlenbergianum 和 Enteropogon chlorideus，其结果是地下种子的生产为具有地上/地下两型果实的植物避免地上干扰提供了一个安全保证。比如美国新泽西州松林泥炭地的物种 A. purshii 的地下种子生长策略避免了地上频繁的火灾(Cheplick and Quinn 1987)。在这个物种中，由闭花受精带来的幼苗的存活率和适应性远远大于由悬浮于空中的开花受精种子产生的幼苗的存活率和适应性(Cheplick and Quinn 1983,1987)。在混合杂交系统中，从地上或地下的小穗状花序中长出的种子有助于维持基因型和表型的可塑性(Cheplick and Quinn 1986)。

无性繁殖

孤雌生殖是指生殖结构中没有进行雌性和雄性融合的繁殖。禾草中的孤雌生殖有兼有的也有专有的。兼有孤雌生殖的生物可通过有性生殖和无性生殖繁殖下一代，而专有孤雌生殖的生物已失去有性生殖的能力。孤雌生殖的优点是个体能够生活很长时间，且能覆盖很大面积(Richard 2003)。禾草(分布于 62 个属种，Czapik 2000)和被子植物特别是菊科和蔷薇科植物是孤雌生殖生物的代表。孤雌生殖有两种类型：胎萌(vivipary)，即后代从胚胎而不是种子中产生；不完全无配生殖(agamospermy)，即种子繁殖。在单性生殖(apomixis)的胎萌中，生殖结构(即花、外稃和内稃)被鳞芽或珠芽改变或取代。这种现象出现在早熟禾属(Poa)、羊茅属(Festuca)、发草属(Deschampsia)和剪股颖属(Agrostis)的物种中。这种胎萌的形态(即假胎萌)经常出现在生活于高山和极地栖息地［如高山早熟禾(Poa alpina var. vivipara)、Festuca viviparoidea］、部分干旱区［如鳞茎早熟禾(Poa bulbosa)、西奈早熟禾(P. sinaica)］以及具大范围时空异质性的环境中的物种里(Elmqvist and Cox 1996)。与此相反的真胎萌经常出现在生活于浅海环境的海草和红树林中。它是指通过有性繁殖形成的胚胎渗透进果实的皮内并长到足够大直到扩散(Elmqvist and Cox 1996)。分芽繁殖有时被称为胎萌的一种，但它包含了颖苞上面的小穗状花序向叶茎的转化(见 3.3 节的讨论)。

作为繁殖策略，禾草假胎萌的生态优势在于允许植物在极地、高山和干旱环境中的短期生长季里快速繁殖(Lee and Harmer 1980)。这些环境拥有大的母质斑块，能够在时间和空间上为下一代的生长提供最好的机会。假胎萌的潜在优势包括：鳞芽的大小允许将营养物质和有机质传送给下一代；连续生长使得在种子产量库的移动和再分布过程中没有改变形态或损失能量；即使在即将扩散时叶片也可进行同化；避免从花粉中损失营养成分；拥有高的繁殖体形成率。所有的无性繁殖形态共同的缺点包括：受限制的基因交流和形成大的植物幼苗所需要的高能量消耗。一些物种是半胎萌的，能够产生能存活的种子和胎生繁殖体(比如 Festuca viviparoidea)。

一般存在以下两种不完全无配生殖的类型。

异位胚胎：对早熟禾属植物异位胚胎的研究发现，当胚芽从胚珠内和珠心或珠被中的胚芽囊外长出时，新的孢子体直接从没有配子体的孢子体组织中长出，这样就避免了世代交替。

配子体单性生殖：当一个二倍配子体在没有受精和减数分裂的情况下产生时，比如单性生殖，通过没有受精的卵核的有丝分裂形成胚胎；可能需要（假受精的）也可能不需要（自动的）授粉。如果是假受精，将需要雄性配子去生成胚乳和胚胎，但不用对胚珠受精。

相对于其他禾草属来说，不完全无配生殖是黍族和蜀黍族植物中最常见的（Brown and Emery 1958），比如极地早熟禾（*Poa artica*）、高原早熟禾（*P. alpigena*）、高山早熟禾（*P. alpina*）和草地早熟禾（*P. pratensis*）是单性生殖和假受精繁殖（Evans 1946）。在无霜期短的寒冷环境中和开阔的地形下，早熟禾属植物的不完全无配生殖的单性生殖要比两性生殖（通过雌性和雄性配子的融合产生种子）更为成功（Soreng 2000）。由于单性生殖不受繁殖时需要交配（授粉）的限制，因此单性生殖比两性生殖更容易迁移和定居在一个新区域中。单性生殖比两性生殖拥有更多的机会，成为 r 选择。

雌雄异株

种群中出现两个性别形态称为雌雄异株[dioecous，来自希腊语的 *di*（两）+*oikos*（结合）+*ous*]，一个有雌蕊，能够生产种子（即雌性），另一个有雄蕊，能够产生花粉（即雄性）。雌雄异株的禾草在大陆性的新世界特别是古美洲出现频率最高。雌雄异株的植物属有 5 个：芦竹族：蒲苇（*Gynerium*）（1 种雌雄异株物种）；虎尾草族：野牛草属（*Buchloe*）（1）、拟野牛草属（*Buchlomimus*）（1）、*Cyclostachya*（1）、山柚子属（*Opizia*）（2~3）、*Pringleochloa*（1）、*Soderstromia*（1）；画眉草族（Eragrostideae）：*Allolepis*（1）、盐草属（*Distichlis*）（13）、*Jouvea*（2）、*Monanthochloe*（3）、*Neeragrostis*（2）、*Reederochloa*（1）、*Scleropogon*（1）、*Sohnsia*（1）；黍族（Paniceae）：*Pseudochaetochloa*（1）、鬣刺属（*Spinifex*）（4）、*Zygochloa*（1）；早熟禾族（Poeae）：羊茅属（*Festuca*）（400）、早熟禾属（*Poa*）（500）（Connor et al. 2000）。在观察到的所有种群中，总是出现预料中的 1∶1 的雌/雄比率（Connor et al. 2000）。雌雄异株的演化优势是当雌性和雄性小生境的专有性以及适合度的相对差异缺乏时具有远交优势（避免同系繁殖）（Quinn 1991）。然而，研究发现一些禾草如盐草属（*Distichlis*）（更多雌性生活在含盐的环境中）和 *Hesperochloa kingii*（更多雌性生活在潮湿的环境中）出现两性的空间隔离（Bierzychudek and Eckhart，1988）。正如上所述，这不一定说明两性之间出现生境分化，而更有可能是其他的解释，包括不同的死亡率、造成后代性别比率差异的父母决定因素或者环境引起的性别改变（Fox and Harrison 1981）。海滨盐草（*Distichlis spicata*）的性别是由基因决定的，特定性别的幼苗存活倾向是决定特定小环境中性别比率的原因（Eppley 2001）。

5.1.4 种子库、种子休眠、萌芽和出苗

有关禾草种子形态及其与扩散的关系以及出苗的描述见 3.7 节。当前探讨种子如何在土壤中聚集、休眠、萌芽并出苗的过程非常重要。

种子库是种子在土壤中（上）的聚集。单个物种的种子（在上下文中一般指的是包括种子和果实）如果能够在成熟后的第一个休眠季节存活下来就可以形成一个过渡的种子库，或者如果能够在成熟后的第二个（或接下来的）休眠季节存活下来就能形成一个永久的种子库（Thompson and Grime 1979）。比如，加利福尼亚一年生禾草的草地仅仅拥有一个过渡的种子

库。少量可发育的种子被从当年贮存到下一年，而占优势的禾草几乎没有被贮存下来(Young et al. 1980)。然而，永久种子库中植物的种子可被经年积累在土壤中。一项研究的调查发现，61 个属 99 个种的禾草的种子形成了密度从 1 粒·m^{-2} [止血马唐(*Digitaria ischaemum*)、*Hesperostipa comata*、大麦(*Hordeum vulgare*)、瓶刷草(*Sitanion hystrix*)] 到 9 340 粒·m^{-2} [结缕草(*Zoysia japonica*)]不等的永久种子库(Baskin and Baskin 1998)。另外一项调查显示，一个群体的禾草种子库密度从 7 粒·m^{-2} (混合禾草牧场)到 18 050 粒·m^{-2} (一年生草地)不等，这两种草地的总种子库密度在 281~27 400 粒·m^{-2} 之间(Rice 1989)。西北欧的 1 725 个有关种子库的研究(约 45%来自草地)记录了 241 个禾草物种中有 130 个是属于区域范围的，而 4 237 个记录中的 2 033 个是属于过渡带物种(Thompson et al. 1997)。在数据库里记录的数量排在前 100 位的物种中有 22 个是禾草，其中绒毛草(*Holcus lanatus*)、普通早熟禾(*Poa trivialis*)、草地早熟禾(*Poa pratensis*)和紫羊茅(*Festuca rubra*)排在前 10 位(分别是第三位、第五位、第八位和第九位)。种子密度随着物种和抽样深度的不同而不同。在土壤上层 10 cm 深处种子平均密度最高的 5 种禾草为大麦状雀麦(*Bromus hordeaceus*)(18 110 粒·m^{-2})，细根茎甜茅(*Glyceria fluitans*)(17 957 粒·m^{-2})，多花黑麦草(*Lolium multiflorum*)(11 200 粒·m^{-2})，普通早熟禾(*Poa trivialis*)(6 479 粒·m^{-2})和屈膝看麦娘(*Alopecurus geniculatus*)(6 023 粒·m^{-2})。

尽管表面上永久种子库寿命很长，但仅有少数禾草的种子被埋在土壤中 5 年后还能存活。研究表明，仅有很小比例的种子能存活较长的时期，比如草地早熟禾(*Poa pratensis*)、金色狗尾草(*Setaria glauca*)、倒刺狗尾草(*S. verticillata*)、*S. viridis* 和沙鼠尾粟(*Sporobolus cryptandrus*)的种子能存活超过 39 年(Toole and Brown 1946)。细弱剪股颖(*Agrostis capillaris*)种子的寿命则能超过 40 年(Thompson et al. 1997)。在自然界中，种子通过就地萌芽、被采食、病原体入侵或老化而从永久种子库中消失(图 5.1)。永久种子库的死亡率遵循迪维(Deevey)Ⅱ型存活曲线或负指数曲线(显示与年龄几乎无关的死亡率)。而过渡种子库中的种子则出现一个更快地接近于迪维Ⅱ型存活曲线的初始死亡率(Baskin and Baskin 1998)。对美国俄勒冈州当地丛生禾草草原的一项实验研究了来自 4 种一年生禾草 44%~80%的种子，其结果表明种子在受三种控制——衰老、疾病或食草类的脊椎动物影响时死亡率比较低(Clark and Wilson 2003)。因此可推测，大多数种子的死亡产生的因素是非菌类(细菌和病毒)疾病、无脊椎动物捕食、竞争和非生物限制因子。

种子库代表了植物群落的生存"记忆"，其存在的物种包括许多在以前的环境条件下特别是干扰下生活的植物。因此，种子库缓冲物种的波动及在当地灭绝的风险，影响了干扰后种群的恢复。在未受干扰的北美草原上，一些占优势的多年生禾草或非禾本牧草的种子出现在永久种子库中(Abrams 1988)。种子密度大于 6 000 粒·m^{-2} 的土壤主要存在于 12cm 深的上层，牧场种子库主要由短命的机会主义物种组成，这类物种以"扎根-等待"为生存策略，等待合适的环境发芽(Hartnett and Keeler 1995)。在其他草原上，由于种子库中杂草类物种的数量很大，种子库的物种组成与当地植被之间总是有很大的差异。事实上，植被中占优势的植物并不出现种子库中。比如经常作为牧场的优势种多年生黑麦草(*Lolium prenne*)和鸭茅(*Dactylis glomerata*)很少出现在种子库中，而剪股颖属(*Agrostis*)和早熟禾属(*Poa*)的植物则在种子库中大量且广泛地分布(Rice 1989)。一般来说，在草原的种子库中，一年生植物比多年生植物更

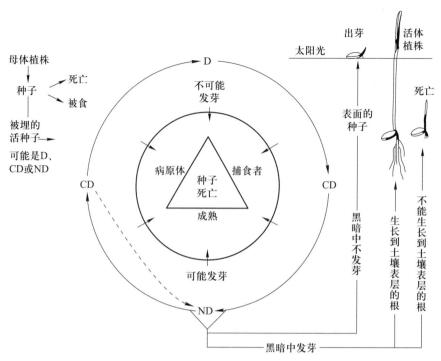

图 5.1 显示影响禾草被掩埋种子的持久性和损耗的因子及种子一年中可能的休眠状态变化的流程图。D，休眠；CD，有条件的休眠；ND，不休眠。使用得到 Baskin 和 Baskin(1998)的许可。

具代表性，而不是禾本科牧草比禾本科植物更具代表性。杂草类物种的存在说明种子库的物种组成能够极大地影响干扰后的早期演化过程中物种的组成。然而优势植物植株部分(芽库)的生长比种子库中种子的发芽更重要(Benson et al. 2004；Virágh and Gerencsér 1988)。不过，草原种子库一般反映了干扰和管理机制(如 Kalamees and Zobel 1998；López-Mariño et al. 2000)，如添加氮肥的比例(Kitajima and Tilman，1996)。种子库和植被之间的相似性是复杂的。比如，一项有关地中海草原的研究表明，植被和种子库的相似性随着海拔高度的升高而降低，但与地形和放牧无关(Peco et al. 1998)。在物种丰富的草原上，种子库中具有代表性的物种数量与植被的关系很少，说明大多数物种是过渡的或者种子产量低(Kalamees and Zobel 1998；O'Connor and Everson 1998)。在瑞典湿润的半自然草原上，物种丰富的种子库对草原的恢复贡献很小(Milberg 1993)。未受干扰的植被中种子发芽的机会很少，最可能出现在最近发生的人工降雨之间的间隔期。但无论如何，植被中物种的数量一般与种子库中物种的数量呈正相关关系。

有研究建议利用种子库进行草原修复。尽管一些物种能从种子库中恢复生长，还有一些物种可以通过自然或人为地引进来成功恢复(Bekker et al. 1997；Milberg 1995)。比如 Bossuyt 和 Hermy(2003)通过对 16 个单独的研究进行评述后发现，在欧洲的草原和灌丛群落中，尤其是钙质草原或砂质草原上，随着摒弃传统放牧或牧场收割管理的时间的增长，种子密度不断下降。特定物种的种子随着时间的增长而不断减少，而其他杂草或具竞争性的农作物的种子则随时间的增长不断增加。Hutchings 和 Booth(1996)在对一个钙质草原的研究中观察到了同样的现象。相比之下,永久种子库种子的积累使得入侵物种的根除或控制更加困难。比如美国东部林下植物柔枝莠竹(*Microstegium vimineum*)是来自亚洲的一年生入侵物种,据估计在该物种开花的个体下 5 米深的土壤中存在一个密度为 64 粒·m^{-2} 的永久种子库(Gibson et al. 2002)。

种子休眠和萌芽

除了其他明确提到的作者的研究外,下面有关物种不同休眠和萌芽特征的例子都是来自Baskin 和 Baskin(1998)的研究。种子休眠是新成熟的种子无法进行萌芽时的一个状态,它在禾本科植物中非常常见。禾草经历休眠(D)、有条件休眠(CD:一些种子只能在一定条件下萌芽)和不休眠(ND)一系列过程(Baskin and Baskin,1998)。在植物展示的不同类型休眠中,禾草拥有非深度生理休眠(PD),即休眠可被周围温度造成的干贮存、机械伤害、内稃和外稃的移除、赤霉素(GA_3)等因素中断或刺激。因此,禾草缺乏形态上的或自然休眠。一些禾草能够被任何一种环境因素刺激而生长发芽[如北美小须芒草(*Schizachyrium scoparium*)],而另外一些植物能够对其他环境因素产生反应[比如狗牙根(*Cynodon dactylon*)可被干贮存中断生理休眠]。禾草种子要想进入永久种子库,就必须处于固有的休眠状态或进入次级休眠状态。目前很少证据证明如非洲撒哈拉沙漠以南(sub-Saharan)萨瓦纳草原中植物中的多年生禾草之类的草原植物具有休眠中断或刺激的现象(O'Connor and Everson 1998)。非主流的另外一些禾草种子包括冬季一年生植物、夏季一年生植物和多年生植物,如野燕麦(*Avena fatua*)和粟草(*Milium effusum*)(Baskin and Baskin 1998)。

禾草种子休眠中断的先决条件有两个:夏季的高温或冬季的低温(Baskin and Baskin 1998)。夏季高温是下列植物种子休眠中断的条件:温带或地中海气候下冬季一年生植物和地中海或热带-温带气候下多年生禾草,比如早熟禾(*Poa annua*)、旱雀麦(*Bromus tectorum*)、早熟埃若禾(*Aira praecox*)和福克斯泰尔羊茅(*Vulpia bromoides*)。冬季低温则是冷冻层温带多年生禾草和夏季一年生禾草种子休眠中断的条件。此后,在大多数温度环境下,种子发生无休眠和冬季萌芽,比如多年生植物鸭茅(*Dactylis glomerata*)、羊茅(*Festuca ovina*)、柳枝稷(*Panicum virgatum*)、草地早熟禾(*Poa prapensis*)和黄假高粱(*Sorghastrum nutans*)以及一年生植物金色狗尾草(*Setaria glauca*)和 *S. viridis*。

当处于非休眠状态时,种子萌芽取决于环境因子之间复杂的共同作用。主要的环境因子是温度(稳定或变动的)、光:暗比和土壤湿度。需要夏季高温的禾草种子休眠中断所需最适宜温度分别为:冬季一年生禾草为 16.2±1.1℃,多年生禾草为 27.2±2.0℃,夏季一年生禾草为 29.9±0.1℃。需要冬季低温的禾草种子休眠后萌芽所需的最适宜温度分别为:夏季一年生禾草为 24.8±1.1℃,多年生禾草为 23.5±1.1℃(Baskin and Baskin 1998)。一些禾草种子则需要变动的温度才能萌芽[比如细弱剪股颖(*Agrostis capillaris*)、鸭茅(*Dactylis glomerata*)和黑麦草(*Lolium perenne*)]。在变动的温度中一些禾草的种子可以在黑暗中萌芽[比如发草(*Deschampsia caespitosa*)和草地早熟禾(*Poa pratensis*)]。对变动的温度响应的种子萌芽被认为是一种土壤深度探测机制和一种林隙探测机制(Thompson et al. 1977)。这些响应产生的原因是由于温度的波动随着土壤深度或冠层覆盖度的增加而下降。因此,对变动温度响应的种子比对稳定温度响应的种子更有可能生长在浅层的土壤中或林隙下。无论生长在哪里,这些环境下萌芽的种子能提高幼苗的成活率。

种子萌芽的光：暗比的要求主要受光敏色素系统的控制。红光(R)总是能促进萌芽,而远红光(FR)能抑制萌芽。通过绿色冠层过滤的光一般 R：FR 的值较低,进而减少一些种子的萌芽[比如阿披拉草(*Apera spica-venti*)、匍匐披碱草(*Elymus repens*)、黑麦草(*Lolium pratense*)、草地早熟禾(*Poa pratensis*)和倒刺狗尾草(*Setaria verticillata*)](Baskin and Baskin 1998),也可限制这些种子在封闭、阴暗的禾草冠层下萌芽。尽管一些禾草种子的萌芽需要黑暗条件[如贫育雀麦(*Bromus sterilis*)],但大多数禾草种子在光照下要比黑暗中能更好地萌芽[比如丝千金子(*Leptochloa filiformis*)和乱子草(*Muhlenbergia schreberi*)]。一项有关钙质草原上的实验研究支持了这一观点(Silvertown 1980a)。

种子吸入水分是进入萌芽的第一步,因此土壤湿度对萌芽非常重要。由干旱造成的水分胁迫能减少和抑制禾草的萌芽。将种子萌芽率由 80%~100% 减少到 50% 的平均土壤水分胁迫为 -0.78 ± 0.09 MPa,当其下降到 -2.03 MPa 时,干旱区的禾草如黑格兰马草(*Bouteloua eriopoda*)的种子能维持超过 50% 的萌芽率。相比之下,一些禾草种子[如湿地物种沼生菰(*Zizania palustris*)和大米草属(*Spartina anglica*)]是抗压能力强的,只有在土壤湿度下降到 20%~45% 时才会死亡,或者在洪涝灾害中的高湿度条件下才会停止萌芽[如长毛落芒草(*Oryzopsis hymenoides*)](Blank and Young 1992)。水分胁迫与温度和光照一起共同决定种子萌芽。比如,贫育雀麦(*Bromus sterilis*)种子的萌芽仅仅在温度低于 15℃ 时才会受到远红外光(FR)的限制(Hilton 1984)。因此,光抑制和水分胁迫可以将秋季新脱落种子的萌芽推迟到下一个春天。

影响种子萌芽的其他因子包括土壤化学性质,如土壤 pH、矿物质(特别是 NO_3^-)、盐度、重金属和有机化合物等(Baskin and Baskin 1998;Fenner and Thompson 2005)。有火灾倾向的草原上植物种子的萌芽与烟雾有特殊关系。烟雾作为萌芽的一个指示指标,其作用对不同植物各不相同。在一项研究测定到的 20 个物种中有 8 个物种[*Austrostipa scabra*、澳洲虎尾草(*Chloris ventricosa*)、昆士兰蓝草(*Dichanthium sericeum*)、多子稷(*Panicum decompositum*)、稷(*P. effusum*)、*Paspalidium distans*、*Poa labillardieri* 和阿拉伯黄背草(*Themeda triandra*)]的种子萌芽比率在烟雾下有显著提高(Read and Bellairs 1999)。类似的一项研究发现,22 个物种中有 16 个物种的种子萌芽对烟雾或高温有明显响应,其中对烟雾有积极响应的物种是 *Austrodanthonia tenuior*、*Eragrostis benthamii*、*Entolasia leptostachya*、*Panicum effusum* 和 *P. simile*(Clarke and French 2005)。这些研究表明火对群落结构的改变是通过烟雾和高温对萌芽的影响进而促进不同植物的生长来实现的。

出苗

禾草幼苗(见 3.7 节)面临存活和生长的双重挑战。个体小、适口性强和有限的储量使得幼苗的死亡率总是很高。死亡原因可能是许多非生物的(掩埋、低光照、洪水、干旱和火灾)和生物的(捕食、真菌、细菌或病毒、菌根、种内或种间竞争)因子中的一个(Kitajima and Fenner, 2000)(表 5.1)。比如旱雀麦(*Bromus tectorum*)24 个幼苗群体在 3 年中的死亡主要是由于萌芽后前几个月的脱水造成的(图 5.2)(Mack and Pyke, 1984)。但在这个季节的某些时候,死亡是由于疾病[黑穗病(*Ustillago bullata*)]、浓雾和野鼠类的采食,这些因素的影响强度随着地点的不同而不同。

表 5.1 影响禾草出苗的小尺度、主要因子和相应的大尺度环境决定因素

主要因子	主要决定因素
非生物因子	
当地土壤状态(湿度、营养物质、通气性等)	降雨格局和分布、地形、土壤类型
光照	昼长、植被结构/类型、干扰强度
温度	区域气候、植被结构/类型
生物因子	
竞争	种群密度、植被结构/类型、干扰强度
邻近效应(如他感作用、保育效应)	种群密度、植被结构/类型
食草习性	昆虫/动物丰富度、结构的或化学的防御机制
凋落物	植被结构/类型、分解率、火频率
病原体/互利共生/其他共生体	结构的或化学的防御体系、环境状况(湿度、温度等)、接种体的可利用性
母体效应(如种子异型性)	种子成熟期的环境状况、母体上种子成熟的位置

得到 Cheplick(1998b)的许可。

作为更新过程,草原上幼苗生长的重要性是可变的,主要依赖于系统。在大尺度干扰如干旱或火灾(Glenn-Lewin *et al.* 1990)和小尺度的干扰如动物洞穴系统(Rabinowitz and Rapp 1985;Rapp and Rabinowitz 1985;Rogers and Hartnett 2001a)的影响下,幼苗的更新变得十分重要(见第 9 章)。灾难性的干扰如 1943 年美国中西部的大干旱使许多牧场优势物种死亡,这时就需要增加大规模的抗干旱物种幼苗如蓝茎冰草(*Pascopyrum smithii*)、杂草幼苗如贫育雀麦(*Bromus secalinus*)以及非禾本牧草如小蓬草(*Conyza canadensis*)、北美独行菜(*Lepidium virginicum*)和 *Tragopogon lamottei*(Weaver and Albertson 1936)。这时封闭的、成熟的和未受干扰的草原上的幼苗更新就没么重要了。北美牧场上很多以前的经典研究为幼苗、出苗物候以及幼苗的低密度提供了详细的解释(Weaver and Fitzpatrick 1932)。即使种子是人工播种,由于夏季干旱、冬季多雾或昆虫采食,幼苗的密度也会很低而死亡率很高(Blake 1935)。最近的一项研究显示未受干扰的牧场上优势物种的幼苗更新比较少,属于个别事件(Benson *et al.* 2004)。只有在雨多的年份中,而且存在或出现缺口时,幼苗的数量才会大量增加,并开始生长(Blake 1935;Glenn-Lewin *et al.* 1990)。

幼苗总是需要一个与已长成植株不同的微生境"安全环境"(Harper 1977)。由于草地上存在的竞争关系,适合幼苗生长的安全环境很稀少(Defossé *et al.* 1997b)。许多研究将草原上适合幼苗生长的安全环境或微环境表征为光、湿度和营养成分等资源(Bisigato and Bertiller 2004;Defossé *et al.* 1997b;Dickinson and Dodd 1976;Romo 2005)或动物采食(Edwards and Crawley 1999)。正如上面提到过的,像北美普列那草原等,空地能够为幼苗更新提供机会。空地形

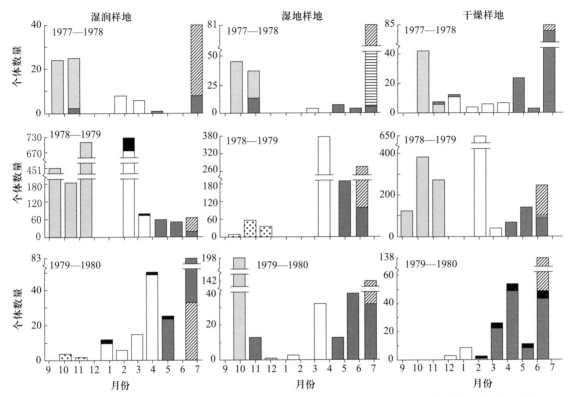

图 5.2 美国华盛顿东部 1977 年夏末到 1980 年 6 月之间旱雀麦(Bromus tectorum)幼苗的死亡率。深灰色：脱水；阴影线：黑穗病；黑色：放牧；白色：死亡；浅灰色：其他。使用得到 Mack 和 Pyke(1984)的许可。

成的大小、时间和持久性及其与采食者(Defossé et al. 1997a)等环境因子之间的相互影响共同决定了空地中幼苗更新的成功率(Bullock et al. 1995)。而且，大量的繁殖芽体可能会限制新幼苗进入到安全环境中(如 Edwards and Crawley 1999；Foster et al. 2004)。Rapp 和 Rabinowitz (1985)研究了牧场上小尺度干扰之后的幼苗更新发现，不同物种具有不同的幼苗更新生长格局，是独立的。比如高草大草原上北美獾(Taxidea taxus)的干扰可为经不起干扰的牧场上的短命物种提供生长更新的合适场地(Platt，1975)。

Grime 和 Hillier(2000)认为植物有以下 5 种更新策略，其中前 4 种是关于特定环境下幼苗的成功生长。

- 季节更新(S)：一个单一组群中产生的独立后代(种子或营养繁殖体)
- 永久种子或孢子库(B_s)：全年休眠的可生长的种子或孢子，一些能持续休眠超过 12 个月
- 大量大范围扩散的种子或孢子(W)：空气中无数拥有异常浮力的后代；大范围扩散，总是持续一段时间
- 长期幼年期(B_{sd})：后代来自独立的繁殖体但幼苗或孢子能长期处于幼年期
- 营养扩张(V)：新的营养芽附着在植株母体上直到幼苗长成

Grime 和 Hillier(2000)的研究表明 5 种更新策略的重要性随着栖息地类型的不同而不同,比如在早期演替的栖息地中,W(生产大量可大范围扩散的种子或孢子)是占主导地位的更新策略,而永久种子库更新策略(B_s)则在矮林和灌丛栖息地受干扰之后占据优势。一项对英国德贝郡附近栖息地 3 种种子更新策略(S,B_s和 W)的研究证实了这些论断(表 5.2)。因此,演化早期栖息地中 W 更新策略更重要,森林栖息地上季节更新(S)更重要,而值得注意的是,在草原上季节更新(S)和永久种子库(B_s)的更新策略都起着重要作用。还有一些研究者通过不同的方法来划分草原上的更新策略。比如,种子大小成为英国钙质草原上认识物种更新策略的重要生活史特征(Silvertown 1981)。草原上的大粒种子(1.0~3.0 mg)在物种对水分和营养物质竞争激烈的夏季发芽。与此相反,小粒种子(0.01~1.0 mg)则在竞争较弱的秋季发芽。

表 5.2 英国德贝郡 Lathkill Dale 中邻近栖息地已有植物再生策略[S(季节更新),B_s(永久种子或孢子库)和 W(大量扩散的种子或孢子)]的相对重要性(%)

栖息地	S	B_s	W
悬崖	38	30	18
露天采石场堆	44	40	18
钙质草原	50	45	5
酸性草原	49	51	4
天然钙质草原	3	31	0
灌丛	52	21	1
落叶林地	73	30	1

注:百分比合计并没有达到 100,因为 3 种类型并不是专有的,另外一些物种并没有进行分类。来自 Grime 和 Hillier(2000)。

5.1.5 种群动态

出生、死亡、迁入和迁出共同调节种群密度(Harper 1977)。种群中的个体总数量总是保持相对稳定,而个体数的流量非常大(图 5.3)。这一部分将讨论禾草的种群生长。

利用种群增长曲线计算种群生长率可获取种群变化。种群增长曲线是指由密度制约型死亡率的种群当前大小(N_t)和下一次统计时种群大小(N_{t+1})绘制的曲线(Silvertown and Charlesworth 2001)。任何种群大小落在 $N_{t+1} = N_t$ 曲线的对角线上的物种都处于平衡状态。种群增长曲线的斜率(N_{t+1}/N_t)是 λ 值,即种群每年(有限的)增长的比率。比如,Watkinson(1990)对英国北威尔士两个沙丘系统上一年生禾草 *Vulpia fasciculata* 的研究发现,在 9 年的时间里,*V. fasciculata* 的密度下降了。尽管种群的整体密度下降了,但种群增长曲线中种群生产力随着时间的变化持续呈现负密度制约现象。连续多年的估算显示有限种群的生长率与裸沙的覆盖比例呈正相关关系(图 5.4a),该结果又用来计算不同沙地覆盖水平下平衡种群的大小(图 5.4b)。*V. fasciculata* 种群只有在裸沙的覆盖度超过 50%时才能维持稳定状态。一项对一年生禾草 *Sorghum intrans* 的类似研究再次表明由环境因子调节的生产力是属于负密度制约(Wat-

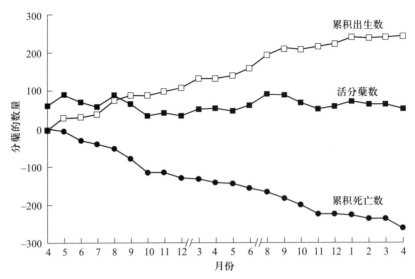

图 5.3 黑麦草（*Lolium perenne*）（分蘖数量）的种群流。使用得到 Silvertown 和 Charlesworth(2001)的许可。

kinson *et al.* 1989)。即在当地生长潜力很差的地方，没有外来种子迁入，生产力很低，从而难以维持一个种群的稳定，负密度制约是一种挽救效应(rescue effect)(Hanski and Gyllenberg,1993)。

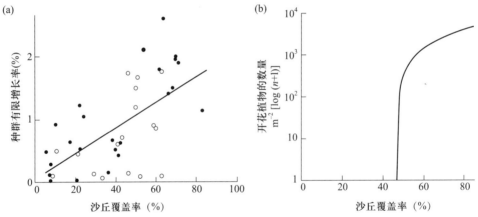

图 5.4 英国北威尔士两个沙丘系统中(a)*Vulpia fasciculata* 种群有限的增长率与沙丘盖度的关系；(b)*V. fasciculata* 种群预测的平衡密度与沙丘盖度的关系。使用得到 Watkinson(1990)的许可。

随着时间变化而变化所形成的不同年龄或阶段状态/类型（比如从年龄为 1 的植物到 2 的植物，或者从幼苗到草丛，见图 3.4)的种群中，种群年龄或阶段结构以及种群中个体出现的可能性可整合为一个预测(转化)矩阵(Gibson,2002)。在这个矩阵中，可通过比较前一个时间段间隔内任何一个年龄/大小类型的数量所占比例来估算 λ 值。当矩阵中的主要特征值达到稳定状态时可准确计算 λ 值。不同类型的模型有助于理解环境因子干扰下的重要禾草的种群动态，并有助于提出控制草原入侵杂草的最佳管理措施(Magda *et al.* 2004)。

植物生命周期中的不同部位对 λ 的贡献可被作为可塑性(e_{ij})来计算，即由单个的年龄/

时期转化状态得到的 λ 比例(de Kroon et al. 1986)。因此可塑性为矩阵中的元素对适应性贡献的一个相对测度。有关这种类型的矩阵模型研究表明,禾草种群生长对由物种和环境设置决定的特定年龄/时期很敏感(O'Connor 1993)。过渡时期一年一年的变化能够显著影响长期的种群生长率。比如短期的变化可影响 *Danthonia sericea* 新个体数量从小种群增大到大种群,其中大种群可显著影响 λ 值(Moloney 1986)。可塑性矩阵可被分解并用于比较分析以不同种群统计过程为主导的矩阵系数,这些过程包括 S(停滞阶段,从一个转化阶段到下一个转化阶段保持相同的年龄/时期类型)、G(生长阶段,由小种群转化到大种群)和 F(生育力,种子繁殖)(Silvertown et al. 1993)。比如,一项对 6 种非洲萨瓦纳禾草的比较研究发现,种群的高生长率总是与停滞时期或生长时期有关(O'Connor 1994)。然而对种群生长率最重要的贡献一般包括最小种群。环境变量极大地影响种群生长的驱动因子,比如干旱年份半干旱草丛中的禾草黑拉禾(*Hilaria mutica*)的 λ 值主要受到停滞时期和退化的影响,而在较为湿润的年份,生产力是最主要的影响因子(Vega and Montaña 2004)。草原上 λ 值主要受火动态影响,而热带萨瓦纳 *Andropogon semiberbis* λ 值主要受到小种群转化的影响,此外这里没有火灾(61% 可塑值),所以没有火烧环境的影响(50%)(Silva et al. 1991)。然而,事实上所有的系数都是与至少两个种群的统计过程或关键指标(即停滞率和生长率)相联系,所以我们应该计算每个矩阵系数中种群关键指标中隐含的可塑性(Franco and Silvertown 2004)。在此基础上对多年生禾草的对比研究显示了对 λ 值可塑性影响的重要性(表 5.3)。与生长时期(G)相比,停滞时期(S)在这些对比中占据主导地位,因为这些禾草丛寿命很长。而反映生育力(F)的关键指标对 λ 值的贡献很小。

表 5.3 一些多年生禾草的生活史特征:种群增长率(λ)、寿命(L:死亡时的预期年龄)、性成熟的年龄(α:个体进入活跃生育阶段的平均年龄)、净繁殖率(R_0:个体在生命周期中产生后代的平均数量)、世代(μ:植物产生后代的平均年龄)和可塑性(G:生长,F:生育力,S:停滞期)

物种	λ	L	α	R_0	μ	G	F	S
Andropogon semiberberis	1.25	8	2.0	2.59	5.0	0.19	0.14	0.68
Aristida bipartita	1.34	6	1.0	6.31	14.7	0.07	0.21	0.72
Bothriochloa insculpta	1.05	11	1.0	1.71	12.7	0.06	0.10	0.84
Danthonia sericea	1.20	41	2.2	15.01	32.7	0.18	0.08	0.74
大指草(*Digitaria eriantha*)	1.27	7	3.6	5.81	11.2	0.26	0	0.74
匍匐披碱草(*Elymus repens*)	2.96	6	1.0	25.84	15.5	0.44	0	0.56
黄茅(*Heteropogon contortus*)	0.91	14	1.0	0.49	6.6	0.19	0.07	0.74
Setaria incrassata	0.94	18	3.9	0.66	5.8	0.27	0	0.72
Swallenia alexandrae	1.00	29	4.0	0.90	28.0	0.03	0.03	0.98
阿拉伯黄背草(*Themeda triandra*)	1.14	52	2.0	0.94	16.5	0.22	0.06	0.72

引自 Franco 和 Silvertown(2004)。

目前有关一年生禾草生命周期阶段对种群生长速度的影响还未弄清楚。但对另外一些一年生植物的相关研究表明种子库中种子的寿命、由种子个体到成株植物的过渡阶段(Kalisz and McPeek 1992)以及生育力(Fone 1989)对种群的生长速度起重要作用。冬季种子的存活率、生育力和种子逃避采食的比例是农作物即一年生禾草大狗尾草(*Setaria faberi*)种群 λ 值的主要驱动因子(Davis *et al.* 2004)。对一年生禾草早熟禾来说,旺季繁殖是 λ 值的主导影响因素,然而,随着密度压力的增加,延迟的萌芽和繁殖的重要性逐渐增加(van Groenendael *et al.* 1994)。相比之下,一年生萨瓦纳禾草短叶蜀黍(*Andropogon brevifolius*)植株的存活率对种群 λ 值的影响要比种子存活率的影响更重要(Canales *et al.* 1994)。

5.2 真菌关系

禾草种群生物学特征及其对种群群落的贡献受到病原体的显著影响。真菌疾病的影响一般非常明显,可以降低寄主禾草的存活率、生长率和繁殖力(5.2.1 节),但真菌共生体的影响则不明显。真菌与禾草之间形成的共生关系是互惠共生的,这种关系有两种类型,即地上真菌内部寄生体(endophytes)(5.2.2 节)和地下真菌菌根(mycorrhizae)(5.2.3 节)。

其他与禾草互惠共生的细菌包括非菌根真菌、土壤细菌和病毒,它们与植株的根围和叶际相互联系,能显著影响植物的适应性和竞争关系(Bever 1994;Malmstrom *et al.* 2005;Westover and Bever 2001)。有研究发现,一些热带亚热带禾草如小麦、高粱、甘蔗、玉米(Reinhold *et al.* 1986)和一些温带禾草[如匍匐剪股颖(*Agrostis stolonifera*)、*Calamagrostis lanceolata*、偃麦草(*Elytrigia repens*)和藺草(*Phalatis arundinacea*)](Haahtela *et al.* 1981)的根围与固氮螺菌(*Azospirillum*)的物种和至少 11 个固氮细菌种类相互联系。这些相互作用指的是共生体或固氮根球茎,它们能够显著影响禾草的氮代谢过程(Baldini and Baldini 2005)。

5.2.1 真菌疾病

禾草中寄宿着许多重要的疾病,比如生长在主要的草皮植物和牧草中的锈病、黑粉病和麦角症(Couch 1973;Tani and Beard 1997)(表 5.4)。这些真菌能够对禾草的生理、化学组成和种群生态产生重要影响,同时影响草地的群落组成和生态系统,特别是影响优势种(Burdon *et al.* 2006)。比如,花朵黑粉病狗牙根黑粉菌(*Ustilago cynodontis*)(黑粉菌科)可将花的结构替换为真菌基质从而使无性繁殖的禾草狗牙根(*Cynodon dactylon*)不育,当与其他未受干扰的植物一起生长时,该疾病可降低禾草的生长速度、根茎比和存活率(Garcia-Guzman and Burdon 1997)。同样,系统性的花黑粉真菌米丝(*Sporisorium amphiliphis*)能降低多年生禾草 *Bothriochloa macra* 种子的繁殖能力以及植株的生长状况。对生物因素和非生物因素相互影响的研究显示,*B. macra* 种群中真菌的发生率是受密度制约的,且与寄宿范围的边缘有关,同时与冬天温度低于 0℃ 的天气出现的频率成反比(Garcia-Guzman *et al.* 1996)。非系统性的锈病和黑粉病(即没有在受感染的部位之外扩散)一般是一年生的,比如禾草中的禾柄锈菌(*Puccinia graminis*)。与此相反,系统性的锈病和黑粉病可以扩散到整个植株寄宿体,并在无性系分株上形成小孢子,而不仅仅是感染早期的寄宿体。真菌在寄宿体上形成小孢子之前可潜伏一段时间。

表 5.4 一些常见的禾本科牧草感染的主要疾病。× = 寄主上出现的疾病；▲ = 只对寄主有害的疾病

	ALPR	AREL	BRCA	DAGL	ELRE	HOLA	LOMU	LOPE	PHAR	PHPR	POPR	SCAR	SCPR	TRFL
锈病 (*Puccinia* spp.)														
黑锈病 (*P. graminis*)	×	×	×	×	×	×				×	▲	×		×
黄锈病 (*P. striliformis*)	×		×	▲			×	×	×	×	▲	▲	×	×
棕锈病 (*P. recondite*)	×	×		×	×	▲	▲	▲			▲	▲	▲	
其他		×		×	×	▲	×	×	×		▲			
叶瘟 (*Rhynchosporium* spp.)														
R. secalis	×		×		×				×			×		
R. orthsporum				▲			▲							
长蠕孢霉病 (*Helminthosporium* diseases) (*Drechslera* spp.)														
D. dactyloides	×		▲	×			▲	▲		×		×	×	
D. siccans				×			▲	▲		×	▲	×	×	
其他	×	▲	×	×	×	×	×	×		×			×	
鞭毛孢叶斑病 (*Mastigosporium* leaf flecks)														
M. album				▲					×	×				
M. rubricosum	▲													
其他										×				
牧草眼斑病 (Timothy eyespot) (*Cladosporium phlei*)										▲				
褐条病 (*Cercosporidium graminis*)	×			▲			×			×		×		

	ALPR	AREL	BRCA	DAGL	ELRE	HOLA	LOMU	LOPE	PHAR	PHPR	POPR	SCAR	SCPR	TRFL
雪霉病[雪霉叶枯菌(*Microdochium nivale*),肉孢核瑚菌(*Typhula incarnata*)…]			▲				▲			×	×	×	×	×
黑粉菌(*Ustilago* spp.)		×			×		×	×	×	×				
条黑粉菌(*Urocystis* spp.)								×				×		
其他						×	×	×	×					
白粉病[小麦白粉病(*Blumeria graminis*)]	×		×		×	×	×	×		×			×	
Choke[香柱菌(*Epichloë typhina*)]			×	×		▲				×		×		
麦角病[麦角菌(*Claviceps purpurea*)]	×		×	×	×	▲	×	×		×	×	×	×	
Spermospora 叶斑病(*S. lolli*)							×	×			×	×		
Rasmularia 叶斑病(*R. holci-lanati*)			×			×								
亮二孢(*Ascochyta*)叶枯病(*A.* spp.)					×		×				×	×		
内生真菌(*Neotyphodium* spp.)								×				×		

符号表: ALPR: 孤尾草(*Alopecurus pratensis*); AREL: 高燕麦草(*Arrhenatherum elatius*); BRCA: 扁穗雀麦(*Bromus catharticus*); DAGL: *Dactylis glomerata*; ELRE: 偃筒披碱草(*Elymus repens*); HOLA: 绒毛草(*Holcus lanatus*); LOMU: 多花黑麦草(*Lolium multiflorum*); LOPE: 多年生黑麦草(*Lorium perenne*); PHAR: 虉草(*Phalaris arundinacea*); PHPR: 梯牧草(*Phleum pratense*); POPR: 草地早熟禾(*Poa pratensis*); SCAR, *Schedonorus phoenix*; SCPR: 牛尾草(*Schedonorus pratensis*); TRFL, *Trisetum flavescens*。使用已获得 Peeters(2004)的许可。

受感染的寄宿植株存活率下降,生长状况发生变化,尤其在受感染的根部产生扭曲和延伸(Anders 1999)。无性系繁殖植物可通过旺盛的生长以及生成较长的根茎或/和匍匐茎来避免被真菌感染,比如被系统性真菌(*Epichlo glyceriae*)感染的 *Glyceria striata* 的无性系繁殖体能生长出较少的分蘖和受感染的繁殖体以及更长的匍匐枝来应对疾病(Jean and Keith 2003)。

真菌和禾草之间演化形成的相互作用在经典的公园草地实验中有说明(6.2.2 节)。黄花茅(*Anthoxanthum odoratum*)种群喜欢选择施大量氮肥的样地以抵抗霉病(*Erysphye graminis*)(Snaydon and Davies 1972)。经过一段时间,通过这种方式产生疾病抵抗力的种群可在疾病的严重性和土壤氮肥水平之间形成负相关关系(Burdon *et al.* 2006)。

在自然环境下真菌病原体对草地群落产生复杂的影响。生于土壤的致病真菌和线虫类之间的相互作用影响荷兰一处紫羊茅(*Festuca rubra*)-沙生薹草(*Carex arenaria*)草地群落的镶嵌结构(Olff *et al.* 2000)。在这个草地上,病原体限制了紫羊茅的生长,而在兔子和蚂蚁的小尺度干扰下,线虫类群落限制了沙生薹草的生长。一项实验对 *Holcus lanatus* 更新草地上冠锈病和叶斑真菌小孢壳二孢(*Ascochyta leptospora*)在第 1 年和第 2 年演替中的变化进行了对比,结果显示一般情况下,① 真菌能通过增强优势类多年生禾草的生长而降低其他多年生禾草的丰富度,从而减少生物多样性;② 在演替过程中真菌可降低一年生禾草的丰富度;③ 当真菌没有增强禾草的生长时将增加生物多样性(Peters and Shaw 1996)。对海岸带水边低沙丘草地的研究为土壤真菌关系演替提供了更清晰的证据,该研究表明当沙丘中占优势的具抗病性的沙生植物马兰草(*Ammophila arenaria*)种群处于稳定状态时,土壤中真菌疾病的严重性与抗病禾草物种数量同时增加(Putten *et al.* 1993)。从生态系统的角度看,病菌可减少生产力。对大须芒草(*Andropogon gerardii*)占优势的草地中的叶真菌病原体(叶斑点病和锈病真菌)进行排除性实验时发现,随着病菌的减少,植物叶寿命和光合作用能力均有增长,并导致地上碳分配量和根生产力的增加(Mitchell 2003)。

这些植物-真菌关系的复杂程度在当前的环境条件下是可以理解的,但这种关系可能受到全球气候变化的影响,后者可改变群落中一部分植物种类的抗病性。新生的植物群落可形成新的植物-病原体关系(Garrett *et al.* 2006a)。而气候变化的影响对草地可能很重要,但影响程度尚不清楚。不过,目前已有关于以大须芒草(*Andropogon gerardii*)和印第安草黄假高粱(*Sorghastrum nutants*)为优势种的高草普列那草原上植物基因表达的变化对模拟的气候变化响应的报道(Travers *et al.* in Garrett *et al.* 2006b)。上面提到的 Mitchell 等(2003)关于大须芒草(*Andropogon gerardii*)和叶真菌病原体关系的研究表明,病原体可限制生态系统碳贮存。这种限制性可对全球气候变化下草地生态系统地下部分的碳固定产生重要影响。

5.2.2 寄生菌

全世界所有亚科和种群禾草地上植株部位的细胞间和系统中都有 Clavitaceous 真菌(Clavicipitaceae 科[子囊菌门])生长(Clay 1990b)。White(1988)识别出禾草/寄生菌感染的三种类型(表 5.5)。

表 5.5　禾草-内部寄生植物之间三种关系类型 Ⅰ、Ⅱ、Ⅲ 的特征对照

	有症状的(类型Ⅰ)	混合型的(类型Ⅱ)	无症状的(类型Ⅲ)
真菌			
繁殖	有性繁殖	两者兼有	无性繁殖
传输	水平传送	两者都有	垂直传送
繁殖体	囊孢子	两者都有	种子中的菌丝
寄主			
繁殖	不育的/无性繁殖	部分不育	有性繁殖
相互作用	引起疾病	介于两者之间	±共生
感染频率	低到中	介于两者之间	高
分类	全部禾本科植物	C_4 早熟禾亚科禾草	C_3 早熟禾亚科禾草

引自 Clay 和 Schadl(2002),已得到芝加哥大学出版社的许可。

- 在共生体Ⅰ中,受到感染的寄主无法生育。真菌通过从叶子和绽放的花序的子实体(子座)中产生孢子进行扩散,导致寄宿植物不育。

- 在共生体Ⅱ中,真菌属如瘤座菌属(*Balansia*)、*Balansiopsis* 和 *Myriogenospora* 的物种感染黍亚科(Panicoideae)和虎尾草亚科(Chloridoideae)中的暖季型 C_4 禾草。比如,当系统性真菌 *Balansia henningsiana* 感染禾草 *Panicum rigidulum* 时会阻止该植物开花,在受感染的植株中仅有个别无症状的健康开花植株(Clay et al. 1989)。共生体类型Ⅱ是介于共生体Ⅰ和共生体Ⅲ之间,在该类型中具有真菌子实体的寄宿植株能产生可育花序和不育花序。

- 在共生体Ⅲ中,寄宿植株无症状,像平常一样开花结果,并通过种子垂直散播寄生菌。共生体Ⅲ中缺乏真菌生活周期的有性阶段,这类真菌属于来自有性物种稻香柱菌属(*Epichloë*)的无性属内生真菌(syn. *Acremonium*)。共生体Ⅲ主要存在于早熟禾亚科(Pooideae)的冷季型禾草中。

大多数寄生菌会产生一个或多个生物碱(alkaloids)类群(比如麦角碱缬氨酸、黑麦震颤素和黑麦草碱,见第 4 章),进而帮助寄宿植株抵抗食草动物的采食。与以矿物资源为基础的菌根共生不同(见 5.2.3 节),禾草/寄生菌共生体主要以保护寄主不受生物和非生物压力的影响为基础。

寄生菌感染可为寄主提供多种好处,包括提高抗旱性、增强光合速率和促进生长(如生长率、植株大小和生产力)(West 1994),进而影响禾草的表型可塑性(Cheplick 1997)及其与周围未受感染植株的竞争能力(Clay et al. 1993)。对具有寄生菌类型Ⅲ的种群进行调查的研究表明,感染可提高植株的存活率、开花频率、分蘖数量和生物量(Clay 1990a)。高羊茅(*Schedonorus phoenix*)和黑麦草(*Lolium perenne*)中受寄生菌感染的植株的种子产量比未受感染的植株高,而且受感染植株的种子具有更高的萌芽率(Clay 1987)。因此,同一物种中受感染的无性系分株的相对适应性比未受感染的高。相比之下,寄生菌类型Ⅱ和Ⅲ通过抑制开花来提高其禾草寄主的植株繁殖力,有些时候还能引起胎萌(Clay 1999b)。但目前的研究并不是总能观测到受寄生菌类型Ⅲ感染的禾草寄主所得到的共生益处。比如,对美国亚利桑那羊茅(*Festu-*

ca arizonica)的研究发现,受感染的植株呈现出比未受感染的植株更差的生长状况,更低的竞争能力和适应性(Faeth *et al.* 2004;Faeth and Sullivan 2003)。

对寄生菌感染的经度地带性研究认为随着时间的推移,种子传播的寄生菌越来越广泛。在实地试验的研究中发现受感染的高羊茅(*Schedonorus phoenix*)能够抑制其他未受感染的羊茅类禾草和牧草的生长,并降低采食者(比如蚜虫和啮齿类动物)的种群数量,其结果表明草地中受寄生菌感染的禾草可显著改变群落和生态系统结构(Clay 1994,1997)。比如 Clay 和 Holah(1999)的研究显示,经过 4 年的时间,当优势种高羊茅(*Schedonorus phoenix*)受感染的样地比未受感染的样地多时,尽管总的生产力没有改变,物种的丰富度呈现下降趋势。Spyreas 等(2001b)的研究同样表明在复杂的寄生菌-植株相互作用的干草样地中,以高羊茅(*Schedonorus phoenix*)为优势种的样地的演替过程显示了相似的关系,即物种多样性与寄生菌感染之间存在正相关关系。

尽管寄生菌在冷季型禾草中广泛分布(如 Spyreas *et al.* 2001a),而且其感染的程度与草地群落的结构有关(Gibson and Taylor 2003),详细的种群研究主要局限于两种农业牧场禾草[黑麦草(*Lolium perenne*)、高羊茅(*Schedonorus phoenix*)]和一个干旱草地本地种亚利桑那羊茅(*Festuca arizonica*)。很明显寄生菌与寄主之间的关系要比最初想象的复杂得多,而且取决于寄主基因型与环境之间的相互作用(Cheplick and Cho 2003;Cheplick *et al.* 2000;Hunt and Newman 2005)。在干旱等环境压力下寄生菌对禾草寄主的益处更为明显。因此,无性寄生菌与禾草的共生体可被看作是与植物-菌根真菌关系(5.2.2 节)相似的共生-寄生共同体(Muller and Krauss 2005)。

5.2.3 菌根

菌根是出现在 90%植株根部的共生真菌关联体。菌根在所有生境尤其是草地中的禾草中广泛分布(表 5.6)。这类感染仅在湿润和肥沃的生境中受到限制。在生长过程中,真菌渗入到次生根中,并从土壤里真菌的厚垣孢子中长出成为无壁菌丝,或从其他受感染的根中长出,进而进入的组织是根须的表层和皮层,而不是维管柱或分裂组织。受菌根真菌感染的植株根部的结构未受感染,但形态上常表现为分枝减少。菌根的类型有很多,而大多数禾草中生长的是内生菌根(内部的菌根)。一些树木(比如苹果树和橘子树)也拥有内生菌根,但大多数木质植物具有外生菌根,即真菌覆盖在根表面上。

真菌孢子是真菌门单元分支中"低矮真菌"物种的繁殖结构(Schüβler *et al.* 2001)。一般通过光学显微镜下能看到这些真菌的孢子特征,并进行分类。但这种方法只能识别广泛分布的真菌中的部分种类(表 5.7),这些真菌包括 6 个属[无梗囊霉属(*Acaulospora*)、内养囊霉属(*Entrophospora*)、巨孢囊霉属(*Gigaspora*)、球囊霉属(*Glomus*)、囊霉属(*Sclerocystis*)和盾孢囊霉属(*Scutellospora*)],大约 150 个种。然而,分子分析显示菌根类群包含巨大的生物多样性(Fitter 2005)。

表5.6 英国禾草物种中真菌入侵在不同生活型、栖息地和土壤肥力上的分布

	遭受普遍入侵和偶尔入侵的禾草物种所占比例(%)	极少被入侵和从未被入侵的禾草物种所占比例(%)
生活型		
一年生	100	0
多年生	90	10
栖息地		
农业的/管理的土地	100	0
沙丘/海滨	96	4
内陆悬崖/沙地	96	4
灌丛/草地	92	8
森林(除去潮湿湿地)	92	8
森林(包含潮湿湿地)	84	16
沼泽/湿地	83	17
淤泥滩/盐沼	80	20
土壤肥力		
非常贫瘠	93	7
贫瘠	86	14
肥沃	78	22
很肥沃	80	20

来自 Newsham 和 Watkinson(1998),已得到使用许可。

真菌在植物中形成两个特别的结构,其中丛状物是用于营养传输的多枝吸器,而泡囊是用于贮存的终端菌丝膨胀物。因此专业术语泡囊灌木状菌根真菌(vesicular arbuscular mycorrhizae,VAM)通常用来指这些菌根真菌。真菌通过在植物体内生活并吸收单糖(超过20%的碳是由植物固定的)进而从共生中获利。

真菌菌丝从植物根部扩张开来,因此也增加了与土壤的接触面。菌根感染对植物的益处包括(见 Brundrett 1991 的评论文章;Fitter 2005;Koide 1991):

(1) 提高对营养成分尤其是土壤中运动缓慢的磷以及水分的吸收;对土壤磷的吸收是截至目前植物得到的最大益处;

(2) 通过改变根的结构并抑制分枝来改善根的健康和寿命;

(3) 增强对干旱、土壤高温、重金属有毒物质、土壤极端 pH 和移植振荡等的抵抗力;

(4) 通过菌丝网将代谢物从一个植株传递到另外一个植株上;

(5) 通过真菌制造植物生长调节器和抗生物质(病菌保护)。

表 5.7　美国堪萨斯州高草普列那草原上菌根真菌孢子密度

	孢子·kg^{-1}土壤(± 1 SE)	出现次数(%,44 个样品中)
缩球囊霉(*Glomus constrictum* Trappe)	800±143	96
Sclerocystis sinuosa Gerd. & Bakshi	600±237	71
摩西球囊霉[*Glomus mosseae* (Nicol. & Gerd.) Gerd. & Trappe]	496±124	100
Glomus etunicatum Becker & Gerd.	340±216	28
Glomus aggregatum Schenck & Smith	222±99	39
Entrophospora infrequens (Hall) Ames & Schneider	216±39	89
球囊霉[*Glomus fasciculatum* (Thaxer sensu Gerd.) Gerd & Trappe]	64±28	21
Acaulospora longula Schenck & Smith	60±40	11
地球囊霉[*Glomus geosporum* (Nicol. & Gerd.) Walker]	38±17	21
Sclerocystis rubiformis Gerd. & Trappe	36±19	7
Gigaspora gigantea (Nicol. & Gerd.) Gerd.& Trappe	6±3	25
Scutellospora pellucida (Nicol. & Schenck) Walker & Sanders	2±2	14

使用得到《真菌学》(Gibson and Hetrick,1988)© The Mycological Society of America(美国真菌学协会)的许可。

大多数情况下,禾草中菌根感染能够对生长和生物量包括生产力和/或出苗率产生积极作用(Newsham and Watkinson 1998)。然而这些影响是受环境制约的。比如通过对比 *Vulpia ciliata* ssp. *ambigua* 两个样地的菌根感染程度发现,土壤中菌根的减少降低了一个样地的生产力,但增加了另外一个样地的生产力(Carey et al. 1992)。生产力增加的样地中发现一些能够对植物生长产生负面影响的致病真菌感染数量减少,这也显示了菌根感染的保护作用(Newsham et al. 1995)。栽植的燕麦(*Avena sativa*)也得益于菌根感染(如植株寿命、单个植株的圆锥花序、根中磷浓度和含量、开花持续时间以及单个种子的平均重量等都有增加),但当野生的野燕麦(*Avena fatua*)受到感染时各方面获得的益处却明显降低、没有影响、甚至产生危害作用(Koide et al. 1988)。植株对菌根感染响应的差异是由于植株为菌根共生体所提供的营养偏差。

对美国堪萨斯州 Konza 高草普列那草原上禾草的一系列研究显示了菌根在影响植物生长、调节竞争关系以及决定植物群落组成方面的重要性。这些研究可概括如下。

温室实验:生长在无菌、低磷(浓度低于 10 mg·kg^{-1})的草地土壤(有或者没有幼套球囊霉接种体)中的本地草原种,随着一些 C_4 禾草总生物量增加 60~220 倍,表现为对 C_4 禾草和杂草生长的高度依赖(表 5.8)(Hetrick et al. 1988)。相比之下,C_3 禾草对菌根没有依赖作用,或者个别物种如阿尔泰洽草(*Koeleria macrantha*)的生长甚至对菌根产生负面响应。C_3 和 C_4 禾草对菌根响应的不同可能是由于后者对组织中磷浓度的增加有更好的适应性,或者它们更原生的根和较低的功能需要获取更多的土壤磷(Newsham and Watkinson 1998)。进一步的研究证实了这些结论,而且显示一年生禾草以及一年生和二年生牧草对菌根感染的响应也较低(Wilson and Hartnett 1998)。调查的一年生植物是兼性菌根营养(即被菌根侵入,但生物量对菌根没响应)。在这个高草大草原上,与多年生禾草相比,一年生禾草一般具有较低的感染率

(15%比85%;与英国草地中感染率为100%的一年生禾草的对比见表5.8)。在受干扰的栖息地处于稳定且具有较高竞争环境的演替最后阶段,菌根感染可能不会成为植物生长的有益因素,尤其以一年生禾草为代表。

表5.8 依赖菌根真菌的冷季和暖季禾草和杂类草。物种依赖性=$(E^+-E^-)/E^+\times 100\%$

	受感染的(E^+)(g dw)	未受感染的(E^-)(g dw)	依赖性(%)
暖季禾草(C_4)			
大须芒草(*Andropogon gerardii*)	3.38	0.02	99.5
垂穗草(*Bouteloua curtipendula*)	3.79	0.06	99.5
柳枝稷(*Panicum virgatum*)	3.96	0.02	98.4
黄假高粱(*Sorghastrum nutans*)	4.31	0.02	99.4
平均值			99.2
冷季禾草(C_3)			
无芒雀麦(*Bromus inermis*)	2.27	1.29	43.2
阿尔泰洽草(*Koeleria macrantha*)	0.80	0.92	−15.0
灰色赖草(*Leymus cinereus*)	3.73	1.99	46.6
黑麦草(*Lolium perenne*)	2.06	1.72	16.5
蓝茎冰草(*Pascopyrum smithii*)	2.05	0.50	75.6
高羊茅(*Schedonorus phoenix*)	3.77	1.67	55.7
平均值			37.1
杂类草(C_3)			
Baptisia leucantha	2.55	0.15	94.1
紫色达利菊(*Dalea purpurea*)	0.88	0.02	97.7
Liatris aspera	0.34	0.03	91.2
平均值			94.3

引自 Hetrick et al.(1998)。

进一步的实验:这些实验分析了菌根对C_4禾草大须芒草(*Andropogon gerardii*)和黄假高粱(*Sorghastrum nutants*)与C_3禾草加拿大披碱草(*Elymus canadensis*)和阿尔泰洽草(*Koeleria macrantha*)之间竞争关系的影响(Hartnett et al. 1993;Hetrick et al. 1994)。这两个不同的实验表明,菌根的存在有助于维持C_4禾草竞争的优势。但当土壤中磷的含量低时,即使有菌根的存在,C_4禾草也不具有竞争优势。

实地调查:该调查用于验证温室实验。调查结果显示利用除菌剂减少土壤真菌(包括菌根)时,除非增加额外的磷,不然大须芒草的生产力也会随之下降(Bentivenga and Hetrick 1991)。示踪实验显示^{32}P在邻近的物种之间传输的过程与通过菌根菌丝相互作用进行传输的过程相一致(Fischer Walter et al. 1996)。对菌根的限制(控制在 25%以下)导致依赖菌根营养的 C_4 禾草的丰富度下降,作为补充,处于次级兼性菌根营养的 C_3 禾草和牧草的丰富度和多样性则上升,因此总的生态系统生物量保持不变(Hartnett and Wilson 1999; Smith et al. 1999b; Wilson and Hartnett 1997)。

这一系列的温室和实地实验表明,土壤菌根在调节高草大草原的种群和群落动态上起到重要作用。对菌根的依赖性以及种群和生长的响应程度随着物种和生活形态的变化而变化。特别是占优势的 C_4 禾草从与菌根的共生体中受益,可使它们在土壤磷含量较低的系统中维持竞争优势。而两个相关的实验将这些研究结果推向了更广阔的领域。第一,与对生物量的明确影响相比,土壤菌根对幼苗形成、开花和种群密度的影响要比预想的复杂得多(Hartnett et al. 1994)。当菌根受到抑制时,C_4 植物(大须芒草、柳枝稷)的幼苗形成与菌根状态无关,C_3 植物(加拿大披碱草、阿尔泰冶草)的幼苗数量减少,而牧草的幼苗形成则出现无规律变化。不过,一旦幼苗长成,火烧牧场中 C_4 植物的兴盛期将由于菌根的存在而得到延长,而 C_3 植物莎草科的薹草属(Carex)、禾本科二型花属的 Dichanthelium oligosanthes 以及牧草 Symphyotrichum ericoides 的兴盛期在没有菌根但受到火烧积极影响的样地中时间更长。第二,用于评价菌根依赖性但在高磷土壤中进行的平行实验并没有显示 C_4 植物的高度依赖性(Anderson et al. 1994)。高磷土壤中植物对菌根响应的缺失说明了菌根共生体在土壤磷缺乏情况下具有优势。在高磷情况下,植物不需要从菌根中获取好处,因此也没有理由放弃许多要被真菌吸收的物质和营养。

总的来说,上述这些研究以及其他地方的相关研究表明土壤菌根通过改变草地上植物的种群生物特征,包括统计参数和适应性,调节群落和生态系统结构与功能,进而与植物之间产生显著的相互作用。尽管菌根所提供的益处与土壤磷的获取程度有关,但单个植物的响应还取决于当地的环境(如 West et al. 1993)。

5.3 遗传生态学

从生态学的角度看,禾草基因的三个方面与草地基因结构的关系尤其重要(5.3.4 节),分别是生态型的发展(5.3.1 节)、禾草多倍体出现的频率(5.3.2 节)和杂交(5.3.3 节)。

5.3.1 生态型和复合种群

生态型(ecotype)是物种对当地环境条件适应后能与同一物种的其他生态型相互交配形成的截然不同的基因型的集合体(Hufford and Mazer 2003)。生态型的概念最初是 20 世纪 20 年代由 Göe Turesson 在研究了欧洲瑞典的一个花园中的物种之后提出来的,他从研究中发现这些物种在生长过程中一直保持它们原有位置和栖息地的特征(Briggs and Walters 1984)。Stapledon(1928)认为禾草鸭茅(Dactylis glomerata)生态型的出现是对生物因子的响应。在此后的 20 世纪 40 年代,Clausen、Keck 和 Hiesey 对加利福尼亚中部 200 英里断面上一处花园样地中收集到的物种的经典研究验证了 Turesson 对一系列物种包括禾草 Deschampsia caespitosa

观测得到的结论(Lawrence 1945)。另外一些有关禾草生态型的早期研究包括对草地早熟禾(*Poa pratensis*)(Smith et al. 1946)、垂穗草(*Bouteloua curtipendula*)(Olmated 1944,1945)和北美小须芒草(*Schizachyrium scoparium*)(Larson 1947)的调查。在这些早期研究之后的相关研究表明无数的禾草在对生物和非生物因子适应后显示出了不同的生态型,其中一项对禾草生态型进行深入和系统性的研究是由 McMillan(1959b)开展的。在这个研究中,研究者从北美牧场大草原上的39个样地中收集了12个禾草的无性繁殖材料,并将其移植到内布拉斯加州林肯市的一个普通花园中,12个物种中的9个在生长过程中维持了原始栖息地上的成熟期物候现象,其中成熟期的三种模式与气候有关:

(1)与源种群来自南部和东部相比,源种群来自北部和西部的物种开花较早,且高度较矮。这种模式的代表性物种有7个:大须芒草(*Andropogon gerardii*)、垂穗草(*Bouteloua curtipendula*)、格兰马草(*B. gracilis*)、阿尔泰洽草(*Koeleria macrantha*)、柳枝稷(*Panicum virgatum*)、北美小须芒草(*Schizachyrium scoparium*)和黄假高粱(*Sorghastrum nutans*)。

(2)来自南部源种群的物种开花最早,而来自东部源种群的物种开花较晚,加拿大披碱草(*Elymus canadensis*)就是一个代表性物种。

(3)无论来自何方开花都是一样的机会物种,代表性物种有长毛落芒草(*Oryzopsis hymenoides*)、*Hesperostipa comata* ssp. *Comata* 和 *Hesperostipa spartea*。

另外一些研究者的进一步研究证实,无论在种群内或者是沿着广阔的生境梯度带上,全世界的草地和大草原上的禾草的生态型变化是广泛存在的(如 Casler 2005;Kapadia and Gould 1964;Quinn and Ward 1969;Robertson and Ward 1970)。生态型的变化并不局限于草地中的禾草,它还广泛存在于群落中的其他类群中(如 Gustafson et al. 2002)。McMillan(1959a)的研究证实了物种小尺度生态型变化的重要性,他认为"通过自然选择,每一个存在的牧场与另外一个牧场有实质上的差别"。认识到禾草生态型变化有助于识别以保护、修复、更新、环境美化和生物治疗为目的的最佳生态型(见第10章)。

禾草生态型差异的一个最突出的例子是为适应废弃矿场、冶炼厂和金属精炼厂周围被重金属污染的土壤而产生的生态型(Antonovics et al. 1971;Baker 1987)。第一次记录这些适应性的生态型现象的是细弱剪股颖(*Agrostis capillaris*)入侵英国威尔士的古罗马时期矿场(Bradshaw 1952)。受污染的矿场土壤中生长的植物一般很少,仅有少数能适应的禾草生态型能够入侵。附近或邻近未受污染的土壤上通常存在部分对重金属有抗性的低盖度(一般<10%)植物。这些植物的种子可入侵到矿场土壤中,并形成对重金属具抗性的种群。对一些废弃的铅矿矿场上生长的细弱剪股颖(*Agrostis capillaris*)种群的研究表明,与生活在未受污染的土壤上的种群相比,矿场上的种群一般形态较小、开花较早、生育力较低(Jowett 1964)。对抗锌植物黄花茅(*Anthoxanthum odoratum*)的基因研究发现,在包括少数染色体点位的多基因系统控制下抗性占主导地位(Baker 1987)。植物中的重金属抗性表现为具有较高的遗传可能性。在一些物种中,只要在源种群中提供足够的基因变化,重金属抗性能在一个世代中很快发展起来(Karataglis 1978)。而在另外一些物种中则发现对一个或多个重金属的共同抗性不属于选择机制(Cox and Hutchinson 1979)。也有报告发现对重金属有抗性的生态型来自受自然污染的土壤,比如在从岩床上淋洗下的地下水造成铅丰富的土壤上生长着对铅有抗性的植物曲芒发

草(*Deschampsia flexuosa*)(Høiland and Oftedal 1980)。也有有关生态型形成过程缺乏的研究,比如对入侵到重金属矿区废弃地中的禾草产生的基本抗性[如生长在铅/锌/镉矿区土壤上的须芒草(*Andropogon virginicus*),Gibson and Risser 1982]的研究。禾草的重金属抗性生态型已经被用于在受重金属污染的土壤上的植被恢复,比如钙质铅/锌矿区废弃地上的紫羊茅品种梅林紫羊茅(*Festuca rubra*)、耐酸铅/锌矿区废弃地上的 *Agrostis capillaris* cv. Goginan 以及铜废弃地上的 *Agrostis capillaris* cv. Parys(Smith and Bradshaw 1979)。

禾草的生态型能很快形成(Bone and Farres 2001)。观察发现对重金属有抗性的生态型的形成仅需要 30 年(Al-Hiyaly *et al.* 1988)。对英国一个公园的禾草黄花茅(*Anthoxanthum odoratum*)的实验研究发现,由于土壤因子的限制使得该植物的种群差异性可在 6 年内形成(Snaydon and Davies 1982)。而在对样地实施除草剂氟嘧磺隆的两年内,旱雀麦(*Bromus tectorum*)产生了具除草剂抗性的生物型(即基因上而不是生态特征上有差别的个体)(Mallory-Smith *et al.* 1999)。

需要注意的是演化的单元是种群,而生态型的概念可用于识别基因决定的生态种群群体(Quinn 1978)。蒂勒松生态型的概念主要体现在可识别的生态单元中环境和栖息地的一致性上。相比之下,种群通过局部扩散和灭绝而形成的复合种群的概念则为识别种群的遗传生态学的重要性提供了一个动态的与尺度有关的方法。

复合种群被定义为一系列种群,它们通过斑块入侵、灭绝和再入侵在区域上维持(Freckleton and Watkinson 2002)。在复合种群的定义中,区域过程在当地种群过程中占主导地位。复合种群概念的价值在于它可用于识别不同尺度的种群过程。局地种群灭绝是复合种群中植物理应出现的现象。从保护的角度看,土地管理者可能对一个濒危植物种群数量下降或灭绝的关注较少,除非已经知道它是属于复合种群的一部分。比如,由于受到周期性的干扰,在沙丘上生长的禾草沙滨草(*Leymus arenarius*)的海岸种群经常遭受灭绝,但其种子在海洋作用下迅速扩散并可快速入侵,因此它可在区域复合种群过程中维持基因流(Greipsson *et al.* 2004)。草地广泛的栖息地碎裂化(见第 1 章)破坏了能够维持复合种群的区域过程的运行。碎裂化的草地斑块可能需要很长时间(比如爱沙尼亚钙质草地需要 70 年,Helm *et al.* 2006)才能显示出局地灭绝的后果。

严格来说不是所有的斑块化种群都能被定义为复合种群(Freckleton and Watkinson 2003)。当入侵-灭绝的过程不存在时,就会出现区域整体(在由适宜的或不适宜的栖息地组成的镶嵌体上生存的互相不联系的当地种群集合体)或空间扩展种群(在大范围栖息地上生存的单个广泛分布的种群)。比如当灭绝种群的入侵现象比较稀少或不存在时,越冬的一年生禾草 *Vulpia ciliata* 互相不联系的局地种群就会形成区域种群(Watkinson *et al.* 2000)。因此 *V. ciliata* 的分布以区域整体为特点(Freckleton and Watkinson 2002)。相比之下,*Avena sterilis* 的种群则呈现空间扩展种群的局地入侵和灭绝的动态特点(Freckleton and Watkinson 2002)。

5.3.2 多倍体

当植物的染色体数量是它分类系统中染色体基数的 2 倍以上的多倍数(一般为偶数倍

数)时,就产生了多倍体(Jones 2005)。研究者认为多倍体在禾草演化过程中起主要作用(Stebbins 1956),并影响它们的种群生物特征(见 Keeler 1998 的评论)。大部分植物类群都有一些物种拥有的染色体数量是染色体基数的倍数。所有开花植物仅有 30%~50% 的物种是源于多倍体,而禾草大约 80% 的物种是源于多倍体的(De Wet 1986)。

禾本科植物中染色体数量较低的是分布于印度、马来西亚到澳大利亚拥有 20 个种的 *Iseilema*,其数量为 $2n=6$,而染色体数量较高的为广泛分布的早熟禾属植物,为 $2n=263~265$ (De Wet 1986)。禾本科一般的染色体基数通过多倍体和染色体递减,从原始的 $x=5,6$ 和 7 的混合进而演化为:早熟禾亚科(Pooideae)的 $x=7$,虎尾草亚科(Chloridoideae)和黍亚科(Panicoideae)的 $x=9$ 和 10,以及芦竹亚科(Arundinoideae)、稻亚科(Ehrhartoideae)和竹亚科(Bambusoideae)的 $x=12$。这个科中最常见的二倍体染色体数量为 $2n=20/40$,$2n=14/28$ 和 $2n=18/36$。原始的二倍体仅组成当前禾草物种的不到 10%。多倍体可以是原始染色体数量基数的倍数[如羊茅属(*Festuca*),$2n=14,28,42,56$ 和 70]或者是派生的[比如来自次级基数 $x=10$ 的格兰马草属(*Bouteloua*),$2n=20,40$ 和 60]。

基于重复染色体组来源的多倍体有两种形式:同源多倍体(autopolyploidy),即相同染色体组的多重复制,和异源多倍体(allopolyploidy),即同一个体从不同物种获取的多个染色体组。简单来说,同源多倍体来自没有分裂的配子的性行为,比如染色体不分离所形成的没有分裂的雌性卵子,而异源多倍体来自杂交后染色体的加倍。实际情况要复杂得多,植物一般产生多倍体染色体组,而不是形成同源或异源多倍体。比如,研究者认为异源八倍体蓝茎冰草(*Pascopyrum smithii*)($2n=56$)是由染色体成倍后 2 个四倍体[*Elymus lanceolatus* 和 *Leymus triticoides*,均为 $2n=28$]杂交形成的(Dewey 1975)。拟鹅观草(*Pseudoroegneria spicata*)是同源多倍体的一个例子。大多数多倍体的种群都是它们的染色体数量自发成倍后形成的二倍体,部分种群形成同源四倍体(Jones 2005)。Stebbins(1947)认为多倍体演化的一般顺序是:首先,原始的二倍体演化为四倍体,然后四倍体又演化为六倍体和八倍体,并被它们取代。多倍体在禾本科植物中广泛分布,说明新演化的多倍体在对可利用的栖息地的竞争中是成功的。多倍体的缺点是广泛的基因复制使得难以形成新的适应系统(Stebbins 1975),而优点则包括保留杂交优势和杂种的活力,并通过杂交获取巨大的基因库,进而使多倍体发展出适应一个系统的属性。多倍体比二倍体具有更强的适应性,因此能进入新的气候带中,或者耐受气候变化。而在气候变化下,二倍体的祖先或者灭绝或者演化出新的适应系统。

在同一个地理区域中同一类群不同多倍体水平的物种形成了多倍体集合体,它在草地特别是北美草地的演化中起重要作用(Stebbins 1975)。北美大平原上有 8 个多倍体集合体,它们分别属于格兰马草属(*Bouteloua*)、野牛草属(*Buchloe*)以及黍亚科(Panicoideae)的属类[须芒草属(*Andropogon*)、孔颖草属(*Bothriochloa*)、裂稃草属(*Schizachyrium*)和假高粱属(*Sorghastrum*)]、*Piptochaetium*(在今天的大草原上仅仅是化石果实的代表)、*Stipa*、*Agropyron*、*Elymus* 和 *Hordeum* 属。这些多倍体集合体代表了过去 $(5~10)\times 10^6$ 年中大平原上由物种演化而来或迁入迁出的群体。比如由 11 个二倍体($2n=20$)、2 个四倍体、1 个六倍体和 6 个二倍体、多倍体或非整倍体形成的混合体组成的格兰马草属多倍体集合体主要分布区以美国西南部以及墨西哥北部和中部为中心。这种分布表明格兰马草属多倍体集合体从西南部进入了大平原。当前大平原上禾草占主导地位的基因大多为多倍体,仅在少数类群如 *Sphenopholis*、三芒草属 (*Aristida*)、*Schedonnardus* 以及黍属(*Panicum*)和雀稗属(*Paspalum*)的一些物种中发现二倍体。

物种内多倍体层次的变化称为多倍体多态性,这种现象在 36 个禾草物种中有报道(表 5.9)。Keeler 和 Kwankin(1989)发现多倍体多态性在北美草原优势植物中出现的概率为 67%,明显比在普通的银胶菊属(*Asteraceae*)(47%,观测的 21 个物种中有 10 个发现多倍体多态性)或豆科类的物种(22%,观测的 9 个物种中有 2 个发现多倍体多态性)中出现的概率高。而且在柳枝稷的一些栽培品种中也发现有多倍体层次的变化(即 Summer 和 Kankow 品种 $2n=36$,Pathfinder、Blackwell 和 Nebraska 28 号品种 $2n=54$;Riley and Vogel 1982)。

表 5.9 拥有超过三个水平的多倍体多态性的禾草

属和种	多倍体	染色体数量
匍匐剪股颖(*Agrostis stolonifera*)	—	28, 35, 42
Andropogon hallii	$6n$, $7n$, $10n$	60, 70, 1
黄花茅(*Anthoxanthum odoratum*)	$2n$, $3n$, $4n$	10, 15, 20
Aristida purpurea	$2n$, $4n$, $6n$, $8n$	22, 44, 66, 88
高燕麦草(*Arrhenatherum elatius*)	$2n$, $4n$, $6n$	14, 28, 42
垂穗草(*Bouteloua curtipendula*)	$3n$, $4n$, $5n$, $6n$, $8n$, $10n$, $14n$	21, 28, 35, 40, 42, 45, 50, 52, 56, 70, 98
野牛草(*B. dactyloides*)	$2n$, $4n$, $6n$	20, 40, 60
格兰马草(*B. gracilis*)	$2n$, $4n$, $6n$	20, 29, 35, 40, 42, 60, 61, 77, 84
B. hirsuta	—	12, 20, 21, 28, 37, 42, 46
鸭茅(*Dactylis glomerata*)	$2n$, $4n$, $6n$	14, 28, 42
花叶根茎绒毛草(*Holcus mollis*)	$4n$, $5n$, $6n$, $7n$	28, 35, 42, 49
阿尔泰洽草(*Koeleria macrantha*)	$2n$, $4n$, $8n$, $10n$, $12n$	14, 28, 56, 70, 84
柳枝稷(*Panicum virgatum*)	$2n$, $4n$, $6n$, $8n$, $10n$, $12n$	18, 21, 25, 30, 32, 36, 54, 56~65, 70, 72, 90, 108
Paspalum hexastachyum	$2n$, $4n$, $6n$	20, 40, 60
Paspalum quadrifarium	$2n$, $3n$, $4n$	20, 30, 40
虉草(*Phalaris arundinacea*)	$2n$, $4n$, $5n$, $6n$	14, 27, 28, 29, 30, 31, 35, 42, 48
梯牧草(*Phleum pratense*)	$2n$, $3n$, $4n$	14, 21, 28
高羊茅(*Schedonorus phoenix*)	$2n$, $4n$, $6n$	14, 28, 42
Spartina pectinata	$4n$, $6n$, $12n$	28, 40, 42, 80, 84
沙鼠尾粟(*Sporobolus cryptandrus*)	$2n$, $4n$, $6n$, $8n$	18, 36, 38, 72
穗三毛(*Trisetum spicatum*)	$2n$, $4n$, $6n$	14, 28, 42

引自 Keeler(1998)。

多倍体多态性与生态分布的关系还不清楚,但这种现象多出现在可变的、受干扰的环境中。多倍体多态性很可能是由自然选择驱动的,它可能是:① 反映了适应优势(但对菊科和豆科植物好像不是);② 或者是快速演化的过渡特征;③ 或者是与生态和演化无关的中立特征;④ 或者反映了秘密物种(Keeler and Kwankin 1989)。相关研究发现同一物种的二倍体和多倍体数量存在栖息地差异。比如在南非的阿拉伯黄背草有四种染色体种类的变化:变种 var. imberbis 是二倍体,变种 var. trachysperma 大部分是二倍体,变种 var. hispidum 是以二倍体为主,而变种 var. burchellii 是以多倍体为主(De Wet 1986)。这些变种的分布与植被类型有关,比如在处于过渡期的森林中,种群的 91% 为二倍体变种 var. imberbis,19% 为多倍体变种 var. trachysperma,在半干旱灌木丛中,种群的 50% 为二倍体变种 var. imberbis 和变种 var. trachysperma,50% 为多倍体变种 var. hispidum,而在萨瓦纳草原上,种群的 81% 为多倍体变种 var. hispidum 和变种 var. burchellii,19% 为二倍体变种 var. imberbis。相比之下,印度的阿拉伯黄背草(T. triandra)是多倍体($2n = 49, 80, 90, 1\,000$),但在多倍体层次上没有明显的分布差异。

大须芒草(Andropogon gerardii)主要以两种细胞型出现:六倍体($2n = 6x = 60$ 个染色体)和九倍体($2n = 9x = 90$ 个染色体)(Keeler and Davis 1999;Keeler et al. 1987)。在北美高草草原的东部边缘,大须芒草种群无一例外都是六倍体,然而在向西干旱和更多变的环境下,该种群高层次的多倍体个体增加到 80%(Keeler 1990)。由于表型的极度可塑性,从形态上无法区别野外不同细胞型,但在控制实验中,九倍体个体比六倍体个体要高大(Keeler and Davis 1999)。在一个样地(堪萨斯州的 Konza 牧场)中观测到,小尺度上不同细胞型的混合出现与火灾和土壤湿度无关(Keeler 1992)。同样,鸭茅(Dactylis glomerata)和柳枝稷(Panicum virgatum)中出现广泛的细胞型变化(表 5.9),但利用区域或局部地理格局无法解释小尺度上出现的不同细胞型(Keeler 1998)。比如在北美大平原中心的西部区和北部区,柳枝稷(Panicum virgatum)种群以四倍体为主,而在其他地区则出现多样化的类型(McMillan and Weiler 1959)。在俄克拉何马州观察到低地种群一律为四倍体($2n = 36$),但高地种群则由八倍体($2n = 72$)和八倍体的非整倍体变种($2n = 66 \sim 77$)混合组成(Brunken and Estes 1975)。

5.3.3 禾草中的杂交

与其他植物类群一样,杂交将不同物种两个或多个单体的基因传递给它们后代,它在同一属内的一些物种之间甚至在不同属的物种之间是常见的和广泛分布的。Watson(1990)研究了 50 个基因内部的禾草杂交物种。在一些组群中,对杂交的障碍很少,这就导致在杂交实验中,如何形成物种边界的真实环境进而合成杂种等问题,如冰草属(Agropyron)、披碱草属(Elymus)、Sitanion 和小麦属的其他成员之间的杂交(如 Connor 1956;Dewey 1969,1972)。杂交对一些耕种的谷类植物尤其是小麦和玉米来说是重要的。六倍体小麦是四倍体母体小麦圆锥小麦(T. turgidum)与二倍体野生种 Aegilops tauschii 杂交形成的,而圆锥小麦本身是由拟斯卑尔脱山羊草(Aegilops speltoides)和小麦六倍体的祖先 T. zhukovski 杂交而来的(Dvorák et al. 1998)。同作为耕种植物的玉米(谷类,印度谷类,玉米,$2n = 20$)的形成过程比小麦更复杂和曲折。玉米仅作为耕种的作物与墨西哥南部类蜀黍(Balsas teosinte)(玉米 parviglumis)共同存在,后者是墨西哥和美国中部的野生禾草,被认为是玉米的祖先(Iltis 2000; Matsuoka 2005)。类蜀黍是玉米属野生种的通称,包括3个物种(*Zea diploperennis*、*Z. perennis*、*Z. luxuricans*)和两个具不同地理分布的亚种(即 ssp. *huehuetenangensis*、ssp. *mexicana* 和 ssp. *parviglumis*)。在过去100年的研究中出现不同的假说来解释玉米的起源(Chapman 1996)。解释玉米起源的问题在于理解具丛生细长穗的玉米如何向具单个大穗(玉米棒子)的玉米转换的过程。相关的假说包括认为它是5 000~10 000年前美国中部和南部的玉米早期栽培品种与类蜀黍(*Balsas teosinte*)或摩擦禾属(*Tripsacum*)的杂交。最新的观点认为玉米是9 000年前墨西哥南部类蜀黍(*Balsas teosinte*)经过一系列少有的变异的单一栽培过程形成的(同源异形有性转换假说,Iltis 2000)。随后进化的多种地方品种都是当地农场玉米和类蜀黍在经过种子的各种交流后相互重复基因渗入而形成的(Matsuoka 2005)。

杂交的生态和演化关联在与多倍体相联系的种间杂交种中维持下来,有助于禾草即使在生殖力下降的情况下也可突破不完全不育性的瓶颈(Stebbins 1956)。这种方式形成的杂交种在原来的生境或其他生境中可能比它们的祖先更具优势。一个经典的例子是作为新种的 *Spartina* × *townsendii*($2n = 62$)的起源,它是19世纪末期由英国南部南安普敦市的当地种 *S. maritima*($2n = 60$)与北美引进种互花米草(*S. alterniflora*)($2n = 62$)之间杂交形成的。尽管 *S. townsendii* 是不能繁殖的,从它的基因中产生了可育的双二倍体大米草(*S. anglica*)($2n = 120, 122, 124$),后者进而被广泛传播开来(Stace 1991)。在生境中,杂交种在杂种区中显示出与原始种隔离的或不同的空间格局。有两个模型可以解释杂种区中杂交种的存活方式:张力带模型认为杂种的存活是摈弃本质上不合适的杂种且不依赖环境的选择;生态选择梯度模型认为杂种的存活是母本物种和杂交种之间存在差异且具环境依赖性的适应性选择。一项关于钙质山地草原的研究显示,大花夏枯草(*Prunella grandiflora*) × *P. vulgaris*(唇形科)杂交种展现了杂交地带中杂交种的中间行为,支持了生态选择梯度模型(Fritsche and Kaltz 2000)。

5.3.4 草地和禾草的基因结构

正如前面所讨论的(5.3.2节),无数的分子研究证实了生态型差异的基因基础(见 Godt and Hamrick, 1998 的评论)。比如高草牧场中被隔离了数百千米的优势种大须芒草(*Andropogon gerardii*)的种群之间存在基因差异(Gustafson *et al.* 1999; McMillan 1959b),有时被隔离仅数英里的种群之间也存在基因差异(Keeler 1992)。而事实上,美国伊利诺伊州大须芒草的种群内部比种群之间拥有更多的基因多样性(Gustafson *et al.* 2004)。

对同种异型酶的研究发现,禾草物种以及物种内部和种群之间基因多样性的程度要高于其他植物(禾草种群的基因多样性为27%,而非禾草为22%)(Godt and Hamrick 1998)。而且,尽管一年生禾草和多年生禾草的基因多样性没有差异,但一年生禾草比多年生禾草拥有更高的多态基因位点比例(65%:55%)和更多的单位基因位点等位基因片段(2.65:2.12)。广泛分布的禾草和具异型杂交繁殖系统的混合交配体系的禾草,比有限分布或仅具有同种交配系统的禾草具有更多的种群内部基因多样性。然而,能够通过禾草生活史特征解释的基因多样性的比例很低(1%~13%)。因此,与其他植物科一样,大多数基因多样性和结构是基于每个物种的系统发生史和演化史的(Godt and Hamrick 1998)。

正如上面列举的 Godt 和 Hamrick(1998)的综述一样,禾草具有很高的种群内基因多样性。比如,通过自我不相容的观察和形态标示,可从位于苏格兰山坡上的一处占地 84 m^2 的区域上识别出 170 个基株的紫羊茅(*Festuca rubra*),其中 51% 的基株是单个基因型,其中 90% 的基株仅有单个样本(Harberd 1961)。这些数据表明具有强壮地下茎的紫羊茅(*Festuca rubra*)种群以广泛分布于整个区域的优势基因型为主导。然而,种子有性繁殖有助于维持较高的稀有基因型的多样性。研究者利用 RAPD 分析对捷克斯洛伐克共和国山地草原上紫羊茅进行分子研究,结果发现该植物具有较高的基株多样性(231~968 基株·m^{-2}),其中 145 个无性系分株中 68% 的基株仅发现一次(Suzuki *et al.* 2006)。由于是幼苗补给(7~17 基株·m^{-2}·$年^{-1}$),基株的周转率很低(每年大约 0.1%~1%),这有助于维持高水平的基株多样性。

生境中物种不同的基因型不是随机分布的,基因型更能反映生境变化的空间分布特征。比如一项研究发现,瑞典矮化草原上羊茅(*Festuca ovina*)拥有与土壤的 pH、湿度和深度有关的等位基因-生境复合体(Prentice *et al.* 1995)。进一步的实验研究添加了营养成分和水分,结果表明这些草原上的等位基因-生境复合体受到能维持小尺度基因整合的选择性控制的影响(Prentice *et al.* 2000)。

景观水平上的研究表明,当草地成熟时,禾草种群的基因多样性随着时间的变化而逐渐降低,但它还受到土地利用历史和草地管理模式的显著影响。比如,在具有较高比例临近草地斑块的碎裂化草地上,凌风草(*Briza media*)的基因多样性最高(Prentice *et al.* 2006)。年轻生境最初会具有高的基因多样性,这主要是由于最初的入侵后基因变化的空间斑块化造成的。由环境筛选或基因型的直接选择导致的基因多样性降低将引起斑块结构的丧失,这与瓦伦德原理(种群随着时间而分化并造成异质性的丧失)是一致的。

随着时间的变化而形成的种群内部基因型多样性的变化影响了群落中所有物种的共存。Aarssen 和 Turkington(1985b)发现,加拿大 4 个牧场中竞争和放牧造成适应性差的基因的消失,因此最初的高基因多样性随着时间的变化而出现下降趋势。这些牧场中黑麦草(*Lolium perenne*)和白车轴草(*Trifolium repens*)的邻近基因型准确展示了早已明确的生物特征,说明经过自然选择的基因型生态筛选过程可以造成当地相邻物种之间平衡的竞争关系(Aarssen and Turkington 1985a)。

当前对自然和半自然草地上基因消耗(即独特植物基因或基因型的丧失)的关注逐渐增多。基因消耗可能是由于通过管理和土地利用实践有意或无意地将新的栽培品种或种类引入(通过播种或基因流)到草地中而造成的。Sackville Hamilton (1999)认为基因消耗是英国草地的主要问题,而其中最大的问题是改良品种的基因渗入到当地种群中,造成了传统地方品种的丧失。然而,少量现有的实践研究表明,尽管栽培品种的基因流能进入当地种群中,但它是否能引起基因消耗还是不确定的(Anttila *et al.* 1998;Van Treuren *et al.* 2005;Warren *et al.* 1988)。有研究将当地种和非当地种的种子播种到附近一块 20 年的大须芒草(*Andropogon gerardii*)样地,然后进行同工酶分析,结果表明尽管种群间的基因流产生了基因渗入的种子,但没有证据表明基因流在母本植物中存在,也就是说基因混合的种子并没有在样地中生长起来(Gustafson *et al.* 2001)。相比之下,已有研究发现有基因流从耕种的作物中渗入该科非农作物的野生亲缘植物中,这些作物包括小麦(*Triticum aestivum*)、栽培稻(*Oryza sativa*)、珍珠稷(*Pennisetum glaucum*)和高粱(*Sorghum bicolor*)(Ellstrand et al. 1999)。事实上,石茅(*Sorghum halepense*)从杂草状转变到现在的外形可能是由于高粱基因的渗入。从农作物到野生植物的基因流是当前基因改良农作物形成和种植过程中需要着重考虑的(Ellstrand 2001)。尽管转基因的合法性已经被强烈质疑过,但仍有报道,在墨西哥偏远山区对玉米的地方品种导入了转基因 DNA 结构(Metz and Fütterer 2002; Ortiz-Garcia et al. 2005; Quist and Chapela 2001)。

第6章 群落生态学

植物社会学研究的中心目标——植物群落，围绕这个单位进行知识的累积以便于利用和分类。可以用法则和假说形式系统总结群落的功能关系。

我想说的是 T. S. Eliot 对莎士比亚工作的评价：要了解一件事情的任何部分，首先必须知道关于它的一切。

——Watt（1947）

草原内的竞争必然是较为激烈的，伴随某种程度上和森林不同的过程，由于缺乏冠层的遮盖而显得赤裸……此外，草原优势种主要表现在对水分的竞争上，而光习性是次要的。

——Clements et al. (1929)

群落生态学是考虑某一地区所有物种的集合以及它们之间相互关系的学科，所以比种群生态学高一层次（第5章）。了解草地群落生态需要考虑物种所展示的时空格局以及涉及物种之间相互作用以及物种与环境之间相互作用的过程。了解和研究草地格局和过程的历史可追溯到生态学家开创性的野外工作，包括 Cowles（1899）、Clements（1936）和 Weaver（见第1章）以及 Gleason（1917，1926）的理论观点。Alex S. Watt 在英国生态学会的主席致辞中将这些早期的研究汇集到一起（Watt 1947）。在他的报告中，描述了植物群落，包括他研究了超过30年的英国酸性石楠荒原草地（Watt 1940,1981a）中，不同的物种随着时间和空间是如何动态变化的。他将不同生长阶段的植物群落形容为斑块和镶嵌状；是一系列小尺度的循环替代。当代关于草地和其他生境的研究推进了这些观点向前发展（Newman 1982；van der Maarel 1996），也使得我们能够更好地理解一些重要的群落格局和植被-环境关系（6.1节），例如演替（6.2节），重要机制的一些术语（如竞争、促进作用、化感作用、寄生、互利共生；6.3节）和群落结构的通用模型（如 Tilman 和 Grime 的模型，复合群落模型，生态位-中性模型；6.4节）。干扰格局是草地结构的一个重要组分，将在第9章中详细讲解。时空尺度问题是所有尝试了解草地群落的基础，在6.5节详细描述。

6.1 植被-环境关系

在最大尺度上，草地的分布和组成与气候有关（第8章）。在草地群落内部，从多种尺度可以观察到清晰的植被-环境关系。某一种特定草地的组成可能与一个或者多个因素相关，包括当地气候、地形、坡度、方向、基岩和土壤、土壤湿度和养分状况、干扰（第9章）、年龄（从定植开始累积的时间)和管理(第 10 章)。这些相互关系类型可以利用多变量聚类分析和排序的方法总结和研究(Greig-Smith 1983；Legendre and Legendre 1998；Ludwig and Reynolds 1988)。聚类分析在草地分类发展中被视为一种客观的方法(第 8 章)。下文中将会引用文献中两个例子来解释排序方法在研究草地植被-环境关系中的应用，分别为非洲的塞伦盖蒂大草原以及北美的真草原和上部海岸普列那草地。

在最小的尺度上，草地展示了精细尺度的异质性或者斑块性，这些可能与个体物种对邻近生物和非生物环境的响应是相关的。Watt(1947)也认可此观点，且将其作为许多后续研究的重点(van der Maarel 1996)。例如，威尔士沙丘草地上小尺度的植被格局与优势禾草高燕麦草草丛的出现频度、土壤养分格局强烈相关(Gibson 1988c)。实验工作表明，土壤养分格局是由高燕麦草丛下土壤养分累积所致(Gibson 1988a)。当这种草地开始放牧索艾羊时，随着优势禾草被啃食到接近土壤表层，此时允许较小的植物种独立于土壤养分格局而扩展，使得植物的空间格局发生改变。

6.1.1 塞伦盖蒂大草原群落

非洲的塞伦盖蒂大草原是热带/亚热带疏丛生萨瓦纳草原(8.2.1 节和彩插 4)，占据坦桑尼亚北部和肯尼亚南部超过 25 000 km^2 的面积。为了评估植被与环境的关系，1975 年调查了塞伦盖蒂国家公园和马赛马拉动物保护区 105 个林分的植被(McNaughton 1983)。基于这些林分间所有成对数据，计算出最邻近群落两两之间的相似概率，得到聚类分析结果，第一次辨识出共有 17 个植物群落类型。之后用极点排序将这 17 个植物群落类型在通过相关分析得到环境变量在排序轴上的得分之后排序。阿拉伯黄背草是最重要的一个物种，在 17 个植物群落类型中的 6 个都占据优势。确定了一个从矮草、中草到高草以及洪积平原草地的连续分布体(图 6.1)，而且组成变化与放牧强度和土壤质地密切相关。塞伦盖蒂大草原以迁徙有蹄类的大型牧群为特征，通过植被组成和放牧强度之间的关系反映出食草动物和植被之间的相互作用。放牧强度本身与降水量存在微弱的相关性，反映出雨季食草动物的迁徙生境集中在最干旱的地区。火山基岩上土壤变化反映出土壤质地尤其是黏土含量与植被组成的关系。

在最小尺度上，塞伦盖蒂草地的群落格局与表层下 Na$^+$ 浓度和影响土壤水分入渗的白蚁土丘建立活动有关(Belsky 1983，1988)。

6.1.2 真草原和上部海岸普列那草地

Diamond 和 Smeins (1988)调查了 63 个残留的真草原和上部海岸普列那草地，从美国北部的得克萨斯州墨西哥湾沿岸，经大平原进入北达科他州。在每个取样点，植被冠层覆盖度都用 25 个 0.125 m^2 的样方估算。目的是对植被的组成、结构和多样性与环境变量做相关分析。对这些数据进行主成分分析(PCA)排序，结果显示群落组成中有两个主要的变异组分(图 6.2)。第一主成分轴揭示了群落组成的北-南梯度，与温度和降水量呈正相关，与土壤有机质含量呈负相关。沿着这个组成梯度，物种丰富度和 C$_3$/C$_4$ 禾草植物比例从北到南逐渐增大，因

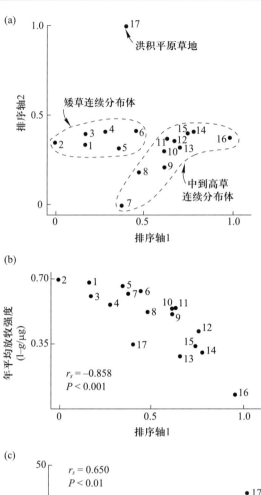
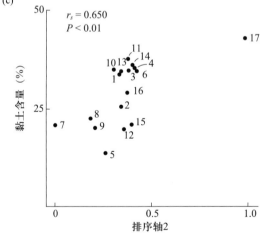

图6.1 （a）非洲塞伦盖蒂草地生态系统中17个草地群落的极点排序；（b）排序轴1与年平均放牧强度相关，μg表示围封地内部的植物现存量，g表示围封地外部的植物现存量；（c）排序轴2和土壤黏土含量相关。重绘经美国生态学会（McNaughton 1983）许可。

为一些优势物种的丰度发生了变化：皱稃雀稗（*Paspalum plicatulum*）、台湾雀稗（*P. floridanum*）、北美小须芒草（*Schizachyrium scoparium*）、黄假高粱（*Sorghastrum nutans*）、*Sporobolus compositus*、含羞草（*Mimosa microphylla*）、草原松果菊（*Ratibida columnifera*）和芦莉草（*Ruellia* spp.）向北逐渐减少，同时灰毛紫穗槐（*Amorpha canescens*）、大须芒草、*Symphyotrichum ericoides*、*Carex pensylvanica*、*C. tetanica*、*Helianthus rigida*、草原鼠尾粟和 *Hesperostipa spartea* 向北不断增多。第二主成分轴反映了这些草地在组成上的土壤梯度，与黏土含量和 pH 呈负相关，但是只有得克萨斯州 35 个取样点出现这种情况。总的来说，这些草地解释了一个连续分布体在组成上的变化与从北到南跨越 192 000 km 梯度的环境有关。

从这些非常大尺度的区域草地研究可以得出结论：气候因子是最大尺度上草地群落组成的首要驱动力。在较小尺度上，局地因子包括土壤、地形和干扰等是很重要的。具体与群落组成有关的环境因子取决于分析的尺度（见 6.5 节）。

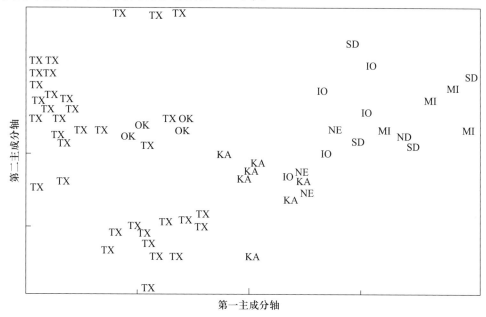

图 6.2　北美真草原和上部海岸普列那草原 63 个高地草地主成分分析中有 42 个为多年生禾草草原。研究站点按照所在州位置标记：IO：爱荷华州；KA：堪萨斯州；MI：明尼苏达州；NE：内布拉斯加州；ND：北达科他州；OK：俄克拉何马州；SD：南达科他州；TX：得克萨斯州。经 Diamond 和 Smeins（1988）许可使用。

6.2　演替

演替是随着时间的推移，一个植物群落逐渐被另一个植物群落代替的过程。原生演替是指在从未有过动、植物生长或虽有过动、植物生长但已被彻底消灭了的原生裸地上发生的生物演替，如火山熔岩、海洋中形成的新岛、泥石流或由冰川暴露出的表层或沉积物，或者由于人类活动产生的如矿区弃土或疏浚土。次生演替是指该群落中的植被遭受干扰时发生的演替，也就是说之前有植被覆盖但是由于受到干扰破坏而导致的演替,如火灾、洪水、暴风、皆伐或弃耕地。除非是在很一般意义上(如在美国东部森林即将开发),植物群落演替过程是不可预测的。演替的顺序是不确定的,且是具有不确定终点的概率过程。个体论的观点与在 20 世纪大部分时间占据植物生态学和牧区管理的气候顶极观点(第 10 章)差异很大。一般而言,草原是演替的中间阶段,而且在没有频繁干扰的情况下终将转变为森林。

6.2.1 原生演替

禾草是从早期到中间阶段原生演替的共同组分,特别是在演替为森林的地区(如美国俄克拉何马州露天采煤的荒地,禾草盖度随年龄降低,而树木丰度不断增加;Johnson et al. 1982)。1883 年印尼喀拉喀托群岛火山喷发,早先的群落被彻底摧毁;取而代之的是以 3 m 高的甜根子草(*Saccharum sponteneum*)占据优势的开阔草地(Whittaker et al. 1989)。在一些生境,一种或者多种禾草成为演替早期的优势植被。例如,河口滩涂湿地可能被几种大米草定植,通常就有很少其他几种。在西班牙西北部,*S. maritima* 通过根茎营养繁殖片段随潮汐定植泥滩(Sánchez et al. 2001)。随着个体植物的生长,形成个体团(mat of individuals),最终合并形成一个更加连续的草地垫面。相似地,一种高山早熟禾——卷耳(*Cerastium* spp.)植被类型在最近的挪威 Storbeen 冰山前陆融化后形成的前沿地中被确认为先锋植被类型(Matthews 1992)。

如前所述(5.3 节),工业废地特别是那些重金属污染的地区,可被禾草定植。由于这些禾草的生理特性使得这些地区的植物区系往往也是唯一的,只有其他少数种能够在被污染的土壤上生长(Shu et al. 2005)。以英国为例来说,被国家植被分类公认为是在铅矿和重金属岩石露头上生长的群落(*Minuartio-Thlaspietum alpestris*)局限分布在英国西部和北部(Rodwell 2000)。该群落包含稀疏分布羊茅草丛的开敞草坪,一些细弱剪股颖(*Agrostis capillaris*)斑块以及一些稀少个体物种春米努草(*Minuartia verna*)和无毛百里香(*Thymus praecox*)。这些生境在景观上形似孤岛,这种特性为影响原生演替中重要的迁入和扩散过程提供了验证假说的机会(Ash et al. 1994)。

草地常常是沙丘生境中的优势群落,在北半球占据优势的禾草有马兰草(欧洲),*A. breviligulata*(北美)或 *Uniola paniculata*(在美国从弗吉尼亚向南的大西洋海岸和墨西哥湾海岸一直延伸到墨西哥境内)。一些最早的描述原生演替模式的生态学研究是在沙丘生境中开展的(Cowles 1899; Olson 1958);Cowles 特别强调演替的动态性。在这些生境中的原生演替遵循了核心演替(Yarranton and Morrison 1974),即第一个建植的物种成为后来到达物种配合建植的核心。这种建植模式导致了植物在空间上的集群分布(Franks 2003)。这些海岸沙丘生境中原生演替的速率变化极大,在很大程度上取决于暴风雨的频率,它可以影响禾草在沙丘上的定植速率(Gibson et al. 1995)。影响原生演替速率的其他因素包括土壤微生物的存在(Putten et al. 1993)、当地地形和土壤湿度(Ehrenfeld 1990)。

6.2.2 次生演替

调查了大量草地上的次生演替发现,世界范围内草地组成随不同的干扰类型而变化。许多最有价值的研究是那些长期收集数据的工作。本书用到的见解都是从 30 年以上的研究中所获得的(表 6.1)。

表 6.1　草地次生演替的长期研究案例(>30 年),按研究时间递减的顺序排列

草原类型(优势种)	地点	研究时间跨度	处理/环境因素	文献来源
半湿润草原	英国,公园草地实验	>150 年,自 1856 年	土壤 pH、养分、干草收割	Silvertown et al. (2006)
高草草原(大须芒草,柳枝稷,黄假高粱)	美国,堪萨斯州,吉里县	114 年,1856—1969	不同土壤上燃烧和不燃烧站点的树木盖度	Bragg and Hulbert (1976)
半荒漠草原(三芒草属、黑格兰马草、黑拉禾、*Scleropogon brevifolius*、高地鼠尾粟)	美国,新墨西哥州, Jonarda 实验带	105 年,1858—1963	由土壤类型所估计的优势灌木丰度(*Flourensia cernua*、石炭酸灌木(*Larrea tridentata*)、腺牧豆树)	Buffington and Herbel(1965)
高草草原(北美小须芒草)	美国,堪萨斯州,弗林特山	54 年,1928—1982	在未放牧草原上每年在不同季节进行燃烧	Towne and Owensby (1984)
南部高草草原(黄茅、阿拉伯黄背草、*Tristachya leucothrix*)	南非,夸祖鲁纳塔尔	>50 年,自 1950 年	受养分、生产力和土壤 pH 影响	Fynn and O'Connor (2005)
荒漠草原带	美国,亚利桑那州	50 年,1904—1954	4 种木本植物丰度(牧豆树,*Opuntia fulgida*, *O. spinosior*,石炭酸灌木),调查其对气候、放牧和啮齿动物的响应	Humphrey and Mehrhoff (1958)
亚高山草原(*Poa hiemata*)	澳大利亚波贡高原	48 年,1946—1994	有放牧牛和未放牧地点的比较	Wahren et al. (1994)
半干旱草原(*Hilaria belangeri*)	美国西得克萨斯	45 年	过度放牧和干旱后响应	Fuhlendorf and Smeins(1996)
沙蒿草原(*Artemisia filifolia*、北美小须芒草、格兰马草、*Andropogon hallii*、沙鼠尾粟)	美国俄克拉何马州 USDA-ARS 南部平原实验带	39 年,1940—1978	有牛放牧和不放牧草场	Collins et al. (1987)
燕麦草原(高燕麦草)	英国拜伯里绿地(Bibury Verges, UK)	>38 年,自 1958 年	刈割	Dunnett et al. (1998)

续表

草原类型(优势种)	地点	研究时间跨度	处理/环境因素	文献来源
羊茅、*Hieraceum pilosella* 和 *Thymus drucei* 草原	英国东安格利亚,布列克兰,"A"草原	38 年,1936—1973	驱除兔的草原	Watt (1981b)
高草草原(大须芒草、柳枝稷、北美小须芒草、黄假高粱)	美国俄克拉何马州俄克拉何马大学草地研究区	32 年,1949—1981	3 个未放牧点,1 个围封,2 个耕地	Collins and Adams (1983); Collins (1990)
北美矮蒿(三齿蒿)禾草区	美国爱达荷州,蛇河平原	30 年,1936—1966	1936 年火烧 259 hm^2 并从 1938 年开始放羊	Harniss and Murray (1973)
矮草(格兰马草–野牛草)、混合草(北美小须芒草)和高草(大须芒草)草原	美国堪萨斯州,海斯	30 年,1932—1961	3 个未放牧草地,且有 2 个重度干旱	Albertson and Tomanek (1965)

很显然,演替变化在受干扰(或去除一个干扰,如放牧)时可能更快速,但是在物种水平存在异质性和不可预测性(如 Collins and Adams 1983)。美国俄克拉何马州草地一个四阶段序列的次生演替被预测为:① 2~3 年杂草阶段;② 9~13 年的丛生禾草阶段;③ 不定时间的多年生草本植物阶段;④ 成熟普列那草原(Booth 1941)。然而,32 年的实验只确定了先锋和成熟草原阶段(Collins and Adams 1983)。物种可以快速变化以响应当地的气候(如 Albertson and Tomanek 1965)。在响应新条件,特别是木本植物类群入侵和建立后,可以达到稳定(可选择)的状态(Buffington and Herbel 1965),但是并不一定是在自然干扰的情况下(管理,如自然移除木本植物单元)。放牧可以引起"阻滞演替发展",继而有效地阻止演替进程(Kemp and King 2001)。演替后期植被组成上可能会发生没有明确方向趋势的波动(见下文)(Collins et al. 1987;Wahren et al. 1994;Watt 1981b)。时间上的波动意味着简单单调的演替模型可能并不适用。此外为应对新的环境,一个物种的瞬间动态变化很明显,然后另外一个物种又暂时占据主导地位(Fynn and O'Connor 2005)。在不同的演替序列中控制变量的影响差别很大;气候变化是最重要的因素之一(Albertson 1937),但如果气候变化很小,局部因素如土壤和地形也很重要(Bragg and Hulbert 1976)。实验研究表明控制变量的等级限制,支持了 Liebig 的最小因素法则(Fynn and O'Connor 2005),即最短缺供应的资源是最重要的,然后是次短缺的限制资源,依此类推。对于复杂的情况,分解演替格局的不同特征时,调查和分析的空间尺度很重要(Collins 1990)。在最小的样方尺度下,物种丰度的变化可能是高的、不可预测的且杂乱的;而在较大尺度上,物种丰度变化明显存在高的潜在可预测性,且朝着波动、稳定或者平衡阶段发展(Fuhlendorf and Smeins 1996)。总体而言,除了或许在外貌水平上生活型与气候、最近干扰的时间、频率和强度相关的情况外(Collins and Adams 1983;Collins et al. 1995;Silvertown et al. 2006),草地演替很难被预测。

公园草地实验(Park Grass Experiment)的研究结果值得深思(Silvertown et al. 2006)。该实验点建于 1856 年,用来检验普通农家肥肥效,该实验是持续时间最长的生态实验,产出了许多重要的生态学研究成果。对于草地群落而言,在不同施肥处理的最初几年,植物组成变化很迅速,但是虽然物种组成在不断发生变化,与土壤 pH 和生产力相应的不同生活型(草类、豆类、其他)的比例早在 20 世纪就已稳定。持续变化的个体物种丰度表明物种和同资源种团结构的调控是独立的。物种组成和化肥处理之间的明确关系使得利用这些数据在最初的野外实验中检验了资源比率假说(resource ratio hypothesis)(6.4.2 节)。

更多的近期在草地上较为短期的次生演替研究强化了之前长期实验研究所观测和得到的结果。此外,这些较短期的研究揭示了应对全球气候变化的物种组成漂变或演替速率的改变(Vasseur and Potvin 1998),以及在干扰后非本地物种侵入和建植的倾向(D'Angela et al. 1988; Ghermandi et al. 2004)。

在缺乏重大干扰的情况下,植被变化是非演替且表现出波动(fluctuations)(即非定向不规则变化)。波动有别于演替变化,它们是可逆的且没有组成的净变化或新物种的入侵(Rabotnov 1974)。这些组成的漂变可能是季节的或年循环的(Kemp and King 2001),或发生在更长时期。季节循环反映了不同物种在一年内的生长进程,因为在不同时间有不同的优势植物。例如,在澳大利亚牧场,多年生禾草[球茎草芦(*Phalaris aquatica*)、鸭茅和黑麦草]在生长季早期占据优势,此时一年生植物刚开始生长;随后,一年生植物[福克斯泰尔羊茅、大麦状雀麦(*Bromus hordeaceus*)],包括豆科草(特别是 *Trifolium subterraneum*)在春天长势越来越突出(Kemp and King 2001)。在夏季随着土壤湿度下降,豆科草可能死亡,留下的空白地可以使杂草[如车前叶蓝蓟(*Echium plantagineum*)]依赖间歇的夏雨事件生长。例如美国堪萨斯州堪萨斯高草草原上植被循环时间为 4 年,正好耦合了 4 年的火烧周期(Gibson 1988b)。在这些有规律循环的过程中,两种一年生物种(*Erigeron strigosus* var. *strigosus* 和 *Viola rafinesquii*)的频度发生变化,在火烧(fire)当年被根除,在下一次火烧来临之前的 3 年期间丰度增加。其他草原也展示出同样的波动,包括俄罗斯草甸(Rabotnov 1955)、荷兰沙丘草地(van der Maarel 1981)、美国俄克拉何马的沙蒿草原(表 6.1;Collins et al. 1987)和公园草地实验中的半湿润草地(表 6.1;Silvertown et al. 2006)。这种系统中物种个体的丰度变化可能以一种混乱的方式振荡(Tilman and Wedin 1991a)。

总之,草地演替的这些观察表明,尽管物种表现出单种的行为,但是群落却以受约束甚至混乱的方式变化(波动),允许传统的 Clementsian 观点(决定论)和 Gleason 观点(个体论)相融合(Anand and Orloci 1997)。特别是,完整的群落观点主张以下几点的协同作用:① 随机过程,② 物种的非生物耐受性,③ 植物之间的正负相互作用(6.3 节),以及 ④ 营养级内部和营养级之间的间接相互作用(Lortie et al. 2004)。有越来越多的证据表明这些复杂的过程构建起草地的结构(Holdaway and Sparrow 2006)。

6.3 物种的相互作用

物种之间的相互作用可以被定义为影响群落结构的那些机理,赋予群落的不仅仅是植物个体总和,而是使其拥有一些新特性(van Andel 2005)。群落中生长在一起的植物之间有不同

类型的相互作用,取决于它们相互作用的结果,可以是正的(有利的:+),负的(不利的:-)或中性的(0);即:

	物种 A	物种 B
竞争	-	-
化感作用	0	-
寄生	+	-
促进作用	0	+
互利共生	+	+

6.3.1 竞争

植物之间的竞争有许多不同的定义方式;Begon 等(2006)提供了一个明确的定义:"竞争是个体之间的一种相互作用,是由对一种资源的共享需求引起的,并导致了至少一些竞争个体的生存、生长和/或繁殖的降低"。这种相互关系相当复杂,因为它涉及同一物种内的竞争(种内竞争)或不同物种间的竞争(种间竞争),同时也包括确定性原因导致的竞争(有限的资源)和净效果(产量或适合度下降)。从机理上,竞争需要一些介质,竞争双方都需要一种资源;当资源(如光、土壤湿度)的丰度发生变化时都有所反应。重要的是需要识别和衡量一个物种对另一个物种的抑制性作用(净竞争效应)(net competitive effect)和该物种对其他物种竞争性的响应(净竞争响应)(net competitive response)(Goldberg 1990)。竞争可以是均衡的,在这种情况下,效果与竞争个体大小成比例,如对地下资源的竞争;或者竞争也可以是非均衡的,在这种情况下,竞争"获胜者"与物种个体大小不成比例,如在对光的竞争中,一种植物生长超过另一种植物,造成作为邻居的后者被前者遮光,这种竞争无关乎它们的大小(只要简单地让自己的叶片生长在阳光之下,超过其他竞争者叶片高度即可)。

自 Clements 等(1929)开展工作之后,竞争作为一种自然现象和过程,在理解草地的群落结构时最为重要。他们的工作在北美草原开展,在田间和温室一起种植来自幼苗或者草皮移栽的植物,并连续观测几个季节。总的结论是:竞争在决定成熟草原的组成和结构方面是极其重要的。在影响因子实验中,对土壤水分的竞争是相对最重要的,其次是对光的竞争,养分排在最后。物种在冠层中的位置在决定竞争因素中尤为重要。占据了冠层最上端的优势物种,首要的是对光的竞争;而对于亚优势物种,土壤水分的竞争更为重要。不同物种幼苗之间的竞争结果主要取决于开始生长的时间和生长速度——最先开始生长和生长最快的那些物种占据优势,但那些耐受低土壤水分状态(特别是干旱)的幼苗除外,它们能够克服开始生长时间晚和生长速度慢,最终这些耐旱物种成为优势种。他们的工作预示了后期的工作,表明资源供求比例在机理上的重要性。他们还指出,放牧可以显著改变物种之间的竞争平衡,这往往不利于较高的优势种,而更利于较矮的亚优势种。

在 20 世纪 60 年代,随着 de Wit 的替代序列设计和数学分析的发展,农业系统中,尤其是牧场,竞争所起的作用尤为突出,因为竞争个体间的生态位关系可以在产量减少的基础上通过上述方法定量化(de Wit 1960)。这项工作,与 Harper 对牧场中生态重要性的认可(Harper 1978),促使该项工作在全世界范围内展开且一直延续至今。卓越的群落结构模型建立在源于研究草地所揭示的竞争关系基础上(6.4 节)。Tow 和 Lazenby(2001)在关于牧场的竞争和演替一书的导论章节中,在讨论到涉及天然和播种牧场表现的过程中,指出"植物竞争是控制这些过程的一个重要因素",但接着指出"对于这种竞争的特性我们还不是完全了解。"

草地上的竞争包括生物因子(如传粉者,Anderson and Schelfhout 1980)和非生物因子,包括地上光(如 Dyer and Rice 1997)和地下土壤养分及土壤湿度(如 Sharifi 1983),或在多物种混合中,多因子之间的相互作用(Schippfers and Kropff 2001,见 6.4 节)。禾草的竞争能力与其特定的生长型有关,如位于叠层的叶片限制了叶片的自遮阴,并且发散的、不定根系统提供了近土壤表层的较大的表面积(第 3 章)。Lauenroth 和 Aguilera(1998)将禾草的竞争影响归纳为:① 在背阴的叶片下,光的量和质都发生改变,光合作用的光子流密度、红外辐射、短波辐射随着叶面积的增加而减少;② 土壤养分和土壤水分的消耗能力与根际周围植物养分的再沉积有关(如 Gibson 1988a)。这些影响使得禾草减少了土壤养分(Tilman 1982;Tilman and Wedin 1991b)和土壤水分(Eissenstat and Caldwell 1988),且遮蔽了它们的邻居(见 Skeel and Gibson 1998)。禾草对竞争的响应包括:① 增加分蘖以应对高的红外辐射和远红外辐射的比例;② 升高的吸收能力和有差别的根系统增殖来应对养分分布的空间异质性;③ 降低对干旱后有效水分增加的响应能力。

草地上物种间的竞争平衡可被以下因素所改变:火(如 Curtis and Partch 1948)、放牧(如 Briske and Anderson 1992)以及其他形式的干扰(第 9 章),气候(温度、降水量、日照和它们对竞争的影响现在正随着全球气候变化而改变,Polley 1997),土壤菌根(第 5 章)和寄生生物的存在(6.3.3 节),化感物质的产生(6.3.2 节)和竞争者的遗传特性(Gustafson *et al.* 2002;Helgadóttir and Snaydon 1985)。无数草地上的野外研究显示,当竞争不那么激烈,如通过移除潜在的竞争者,此时被抑制的物种生长加快,表明可通过影响生态位关系而影响竞争(如 Mueggler 1972)。

Risser(1969)给出了草地植物间竞争关系的一个通用评述,他乐观地总结如下:如果给定任意物种的种子大小和数量、发芽时间、无性繁殖率、生长速率、最佳条件下物种个体所能达到的最大数量和大小、土壤根在哪一水平级运作、根和茎生长的初始时间和条件,以及任何需要考虑的化感作用均已知道,就可以合理预测该物种与任何其他物种之间的相互作用,前提是其他任何物种的上述同等信息都要知道。

6.3.2 化感作用

定义化感作用为"一种植物(包括微生物)通过向体外环境中分泌化学合成产物,对其他植物产生任何直接或者间接的有害或有益的影响"(Rice 1984)。一些禾草中产生的他感化学物质的化学性质已在 4.3 节进行了描述(Gibson 2002)。第一次实验证实一些化感作用与禾草(如小麦和燕麦)根部产生的化学物质有关(Hierro and Callaway 2003)。化感作用在植物群落,包括草地群落结构形成机理中所起的作用至今还存在争议。在甘蓝型油菜(*Brassica nigra*)地段的周边区域,由于其释放到土壤中的毒性他感化学物质,消灭了一年生禾草[野燕麦、硬雀麦(*Bromus rigidus*)和毛雀麦](Bell and Muller 1973)。据报道,美国俄克拉何马州弃耕地演替到普列那草原的早期阶段,被先锋杂草阶段的物种包括石茅产生的自我抑制的植物毒素所加速。这其中的某些物种也能产生阻碍硝化和固氮细菌的酚类,从而使得低氮需求物种如 *Aristida oligantha* 定植(Abdul-Wahab and Rice 1967)。最近,化感作用被确认是外来物种入侵草地的起因。如欧亚蓟[铺散矢车菊(*Centaurea diffusa*)]抑制了北美丛生禾草(*Festuca idahoensis*、阿尔泰洽草和拟鹅观草)在蒙大拿草地的生长;而其对于同属植物[羊茅、*Koeleria laerssenii* 和冰草(*Agropyron cristatum*)]在欧亚本土生境中的抑制性显著弱于前者(Callaway and Aschehoug 2000; Hierro and Callaway 2003)。北美物种对铺散矢车菊没有影响,但却受到欧亚物种的负面影响。

6.3.3 寄生

寄生生物依靠寄主确保自身的适合度,而寄主却不需要寄生生物。全寄生生物为异养生物,缺乏叶绿素且依靠寄主的根和茎内营养物质存活。而半寄生生物可进行光合作用,且只从寄主根内摄取所需营养物质。草原上的寄生生物包括全寄生的菟丝子属(*Cuscuta*)植物,半寄生的一年生植物 *Agalinis*、鼻花属(*Rhinanthus*)和 *Tomanthera* 以及多年生的独脚金(*Striga*)。独脚金属包括 11 个被视为对农业有严重危害的物种,尤其对 C_4 禾草谷物玉米、小米、高粱和甘蔗以及 C_3 植物大米而言(Cochrane and Press 1997)。大部分寄生生物都可以感染多个寄主,据报道欧洲草地上的佛甲草(*Rhinanthus minor*)可感染来自 18 个科(30% 为禾本科)超过 150 种寄主(Gibson and Watkinson 1989)。这些寄生生物可能大大降低寄主个体的适应能力,并且通过改变物种间竞争平衡而影响群落结构(Press and Phoenix 2005)。例如,在实验草地样地中播种可感染多个寄主的半寄生鼻花(*Rhinanthus alectorolophus*),结果减少了寄主植物的生物量,在禾本科植物群落和功能型多样性低的实验样地(Joshi et al. 2000)尤为严重。鼻花属使英国和意大利的草地生产力下降 8%~73%,而且通过降低禾草丰度改变了物种之间的组成平衡,使得双子叶植物的比例增加(Davies et al. 1997)。佛甲草更喜欢感染生长迅速的禾草,降低它们的竞争优势;通过这样来增加植物多样性,降低群落生产力(Bardgett et al. 2006)。

6.3.4 促进作用

促进作用是指通过一种植物来改善非生物环境,使其在时间和空间上更适合其他生理上独立的植物定植、生长和/或生存(Brooker et al. 2008; van Andel 2005)。因此,举例来说,植物可以改善将来植物生长的土壤条件或者作为护理植物,通过改善光、湿度、温度或土壤湿度和养分条件来庇护其他植物的幼苗。在这些条件中,促进作用的正效益必须大于同比邻而居的其他植物的竞争负效益,如护理植物冠层下的植物只能接受较低的光强(Holmgren et al.

1997）。促进作用形成了植物之间相互作用连续体的一端，而竞争在另一端（Callaway 1997）。要充分理解这些相互作用的本质，重要的不仅仅是认识这些现象，而是要了解相互作用之下的机理。许多生态理论在理解群落结构时把竞争作用作为一个重要的过程放在首要地位，而对促进作用过程的理解还没有得到足够的重视（Bruno et al. 2003；Cheng et al. 2006；Lortie et al. 2004）。

在草地，高的禾草可提供庇护并促进幼苗定植。例如，堪萨斯州草原上北美小须芒草幼苗在有相邻植物存在时可促进其生长，但仅在那些生产力低、相邻植物间竞争很少的地点（Foster 2002）。类似地，在瑞士营养贫乏的石灰岩草地（Mesobrometum）上相邻植物可促进硬毛南芥（*Arabis hirsuta*）和黄花九轮草（*Primula veris*）的建植（Ryser 1993）。与此相反，其他物种如长叶车前草（*Plantago lanceolata*）和小地榆（*Sanguisorba minor*）在空隙内建植可能更加容易，而不是在相邻植物存在的条件下，这表明了避免竞争压力的有利影响。在此，以巴塔哥尼亚草原为例说明竞争和促进作用之间的相互互动：只有在实验中减少已建植禾草的根部对水分的竞争，灌木（主要是 *Mulinum spinosum*）才会为 *Bromus pictus* 幼苗提供空间保护（Aguiar et al. 1992）。此外，当灌木很小时，周围不会有太多竞争的禾草，故在此阶段可为其提供保护并促进禾草的建植（Aguiar and Sala 1994）。

通过改善土壤条件来实现促进作用的例子在美国明尼苏达州实验草地上可以看到，当优势禾草不存在时，固氮的豆科草［头状胡枝子（*Lespedeza capitata*）和多年生羽扇豆（*Lupinus perennis*）］刺激其他多年生草本植物［千叶蓍（*Achillea millefolium*）和管蜂香草（*Monarda fistulosa*）］生长而提高产量。豆科植物的这种促进效应归因为草原上多样性-生产力之间的正相关关系（Lambers et al. 2004）。禾草也可以相互促进，通过一个组合的正效应影响微气候（Kikvidze 1996）。

6.3.5 互利共生

这种相互关系类型对于两个参与者都有利。草地上重要的互利共生关系包括植物与真菌和内生菌（详见 5.2 节）、细菌根瘤菌和授粉者（详见草原授粉 5.1 节）的相互关系。根瘤菌是一种土壤细菌，它生活在根瘤内，诱导豆科植物根毛的生长。白车轴草是一种豆科植物，是世界范围内播种黑麦草-白三叶（黑麦草-白车轴草）牧场中最重要的非禾草（第 8 章）。根瘤菌将大气中的氮固定为豆科植物可利用的 NH_4^+（7.2 节）。部分固定的氮通过以下几种机制中的一个或者几个在群落中被转化到非豆科植物体内：① 分解植物残体，② 摄取脱落皮层细胞的矿化氮，③ 菌根菌丝连接（5.2 节）或 ④ 从豆科植物根系分泌物中吸收氮化合物（Payne et al. 2001）。豆科植物可获得的额外氮改变了牧场上禾草和豆科植物之间的竞争平衡（Davies 2001），在氮受限的草地上为豆科植物提供了竞争优势，尤其是在频繁刈割（放牧）的条件下（Davidson and Robson 1986）。事实上，根瘤菌和三叶草的互利共生作用非常关键，在相当大程度上决定了黑麦草和白三叶在低输入放牧场上的共存，并为了解草地群落提供了一个有用且相对简单的模型系统（Schwinning and Parsons 1996）。在更复杂的天然草原上，固氮的豆科植物在系统的氮收支上起着相似的作用。例如，在北美高草草原，豆科植物的结瘤和固氮能力差别很大，据观测，相较演替晚期物种，演替早期的物种固氮能力更强（Becker and Crockett

1976); 且在氮受限的每年过火草地, 其丰度比过火频度较低的草地更高 (Towne and Knapp 1996)。细菌和豆科植物之间的互利共生有助于豆科植物和其他禾草之间较强的促进关系 (Lee *et al.* 2003; Rumbaugh *et al.* 1982; Spehn *et al.* 2002)。

植物-传粉者之间的相互作用在草原上非常重要, 可确保这些群落中非禾草成员的授粉。许多植物-传粉者的相互作用是非特异的, 但是, 如果是特异的, 那么在没有传粉者时, 这些特定的植物物种将会面临繁殖失败。甚至非特异的植物-传粉者相互作用在斑块化的生境中也能陷入危险, 因为那里传粉者的丰度较低 (Kwak *et al.* 1998)。例如, 通过蝴蝶传粉的多年生物种西洋石竹 (*Dianthus deltoides*) 在斑块化草甸中只有很少的昆虫造访者, 造成授粉和结实比非斑块化生境要低 (Jennersten 1988)。欧洲钙化草地上的研究支持这个观点, 斑块化扰乱了植物-传粉者的服务, 降低了昆虫多样性和植物本身的适应性 (Steffan-Dewenter and Tscharntke 2002)。同时发生在植物之间对传粉者的竞争在构建草地群落中可能很重要, 有一些来自开花物候学研究的证据可支持这个观点 (Lack 1982)。

6.4 草地群落结构模型

生态学文献中关于群落结构的两个模型的意义之争已持续了数十年。这两个模型即群落-单元假说 (Clements 1936) 和 Whittaker (1951) 的连续体假说, 后者源于 Gleason (1917; 1926) 的个体论假说。群落-单元假说认为群落是离散的、可重复的单元, 通过景观这个尺度很容易被识别, 这个假说部分是以 Clements 对北美草地的通晓而提出的。有趣的是, Gleason 以伊利诺伊草地的研究为主, 也和 Clements 一样通晓同一片草地。连续体观点认为植物群落在组成和结构上随着环境梯度而逐渐变化, 且识别不出截然不同的物种联合。尽管植被分类依然清晰地基于辨识和命名相当分散的植物群落 (第 8 章), 但是现代植物群落的观点还是赞同连续体假说 (见 6.1 节)。像这样广泛描述性的概念模型对于产生决定草地群落结构的过程假说是有价值的。其中一些模型在现代的发展会在本节后半部分介绍, 即基于生态位的集合种群模型和集合群落模型 (6.4.3 节), 以及中性模型 (6.4.4 节)。首先介绍两种不同的机理模型。

Grime 的 CSR 模型和 Tilman 的 R^* 模型是群落结构的两个机理模型, 它们的提出可以让我们了解草原上物种是如何共存并形成群落的。两种模型都是首先在草地上发展起来的, 但是也可以应用到其他植被类型。此外, 两者都基于生态位理论, 因为它们假设物种性状代表对环境的进化适应。物种性状之间的权衡, 如分配到根或茎的生长量, 被认为是一个物种用于处理与其他物种之间相互关系的一个重要机理。这正好与基于中性理论的模型相反, 后者认为功能是等价的 (6.4.4 节)。

6.4.1 Grime 的 CSR 模型

CSR 模型是对早期 r 选择和 K 选择理论的扩充, 该理论认为物种拥有可通过种群内禀增长率(r)或环境承载能力(K)应对环境限制的适应能力(MacArthur and Wilson 1967)。在 CSR 模型中,三种不同的植物生活史代表了一个对环境特性适应和权衡的连续体:竞争(C),"邻近植物利用同样的光量子、矿质元素离子、水分子或者空间的趋势";胁迫(S),"限制光合产物的现象";或者干扰(R)——对于杂草而言,"部分或者全部生物量的毁灭"(Grime 1979)。竞争者是生活史适应过程中那些能最大限度地提高其相对生长速率(RGR_{max}),并迅速利用丰富的地上和地下资源的物种。胁迫耐受者是那些 RGR_{max} 较低且能够承受较低的资源水平和低干扰的物种。杂草是这样的物种,可利用新产生的、低胁迫、干扰程度高或者频繁的生境。这三个系列排列在一个三角形内(图 6.3),每个物种可按照其特性找到与其相适应的位置。因此,演替早期过程中能应对高度干扰的物种应该在图形的右下角角落。

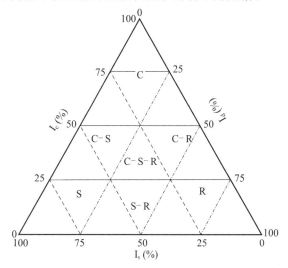

图 6.3　Grime 的 CSR 三角模型描述了竞争(I_c)、胁迫(I_s)和干扰(I_d)之间的均衡。引自 Grime(1979)并得到许可。

虽然大部分的实验数据来自对英国禾草的调查,但是 CSR 模型的发展仍然给一定范围的生境内的植物群落提供了机理性解释。该模型帮助我们了解植物对策在草地群落建构中所起的作用(Joern 1995)。例如,Wolfe 和 Dear(2001)发现 CSR 模型是认识澳大利亚草地轮作牧场物种的种群动态的一个有用的概念性代表。研究指出牧场物种大都接近 CSR 模型排序的中心位置(图 6.3),那里的竞争、胁迫和干扰都是同等重要的。在这些轮作的草地中,一年生豆科植物(如 *Trifolium subterraneum*)被视为杂草,因为它们有能力经受干扰并大批生长。这些牧场的优势禾草——黑麦草被认为拥有一个竞争者的特性,其原因是它能够与 *T. subterraneum* 竞争,但是它的浅根系使其对干旱比较敏感;同时因其自由分蘖生长习性而兼备杂草的特性;且具有通过种子繁育而重建和放牧后恢复种群的能力(Wolfe and Dear 2001)。

作为一个基于性状的体系,CSR 方法允许对草地上物种生活史特性的综合评价进行总结和解释。许多欧洲物种的相对性状是可以获得的(Grime et al. 1988)。这样的 CSR 属性(Hunt et al. 2004)为概括植被格局、属性响应和环境梯度提供了有用的框架。用这种方式观察来自拜伯里绿地的长期数据(表6.1),得出草地在 CSR 和 C/CSR 类型之间保持相对稳定达到 44 年以上;但是对应于 S -型和 R -型物种的增加,C-型物种的丰富度显著下降(图6.4)。春夏两季降水量的长期下降,增加了与相对干旱条件典型相联系的一定数量的物种,包括千叶蓍、蓬子菜(*Galium verum*)、欧洲山萝卜(*Knautia arvensis*)、高羊茅、*Phleum bertolonii*、蒲公英(*Taraxacum officinale* agg.)和救荒野豌豆。

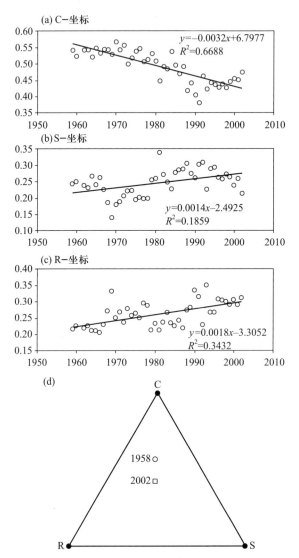

图 6.4 英国拜伯里绿地的植被(1958—2002)。(a~c)随着时间变化 C、R 和 S 坐标单独的变化(分别为图 6.3 的 I_c,I_s,I_d),包括有线性趋势线、方程和 R^2 的值;(d)在 1958 年和 2002 年植被取样,CSR 属性的整个变化过程。(a~c)为通过所得数据所获得的拟合曲线);(d)三角形说明了 CSR 的整个空间,限制边界为 C = 0~1,S = 0~1 和 R = 0~1;两点之间的笛卡尔距离为 0.14 个单位。引自 Hunt *et al.*(2004)并得到许可。

比起传统的 Raunkiaer 生活型(Raunkiaer life forms)(Raunkiaer 1934)或简单的形态或繁殖性状，根据 CSR 体系归类物种能提供一个有细微差异并且信息更丰富的草地植被观点。对挪威一个半天然高地草地[优势禾草包括细弱剪股颖、曲芒发草(*Desckampsia flexuosa*)、甘松茅(*Nardus stricta*)、高山梯牧草(*Phleum alpinum*)和早熟禾]的评估显示了 CSR 植物性状和植被组成变化中的主要土壤-肥力梯度之间显著相关；后者由去趋势对应分析(DCA)排序表示(Vandvik and Birks 2002)。CSR 对策可解释重要的和独特的植物区系变异的比例(10.8%)，只有土壤因子能解释一个较高的百分比(16.8%)。植被的土壤肥力梯度与胁迫-耐受物种的增加呈平行关系。

6.4.2 Tilman 的 R^* 模型

David Tilman 关于群落结构的资源比率(R^*)模型(Tilman 1982, 1988)，最初是从对水生藻类群落的观测而来，之后他在美国明尼苏达州锡达克里克高草橡树大草原的工作和英国公园草地实验站中营养型草地的研究数据将该模型补充完全。该模型将物种间竞争作用的结果放在首要地位。假设物种个体在地下竞争养分(主要是氮)或者水分，在地上竞争光。物种获取资源的能力不同，并由此降低了环境中资源的可获得性。物种生长速率取决于其获得资源的能力，而最强的竞争者是那些能将资源水平降低到最低水平且可在这一水平生存的物种。一个物种的竞争能力基于其所有植物性状的综合效应，该效应被称为 R^*，更精确的定义为"一旦一个物种达到平衡，它会将限制资源的可获得性密度降低到最低水平 R^*"，实际上指的是"某一生境中物种生存所需可获得资源的密度"(Tilman 1990)。因此，当一个物种所需一种资源的水平大于 R^* 时，其增长速率为正；当资源水平低于 R^* 时，增长率则为负。当两个物种竞争时，它们都将环境中该资源的水平降低(地上部分的竞争通过超出其竞争者的顶部且遮蔽光来实现)，较强的竞争者通常的做法是将资源水平降到低于较弱竞争对手的 R^* 水平。因此，对一特定限制资源而言，较强的竞争者是那些有着较低 R^* 需求水平的物种。

Tilman 指出，在明尼苏达州锡达克里克热带稀树草原，物种主要竞争两种资源：氮和光。他的模型表明，不同物种利用这两种特定比例资源的能力是不同的。该模型通过零净增长等值线(ZNGIs——种群净生长率为 0 时的资源水平)图解物种对氮和光的竞争(图 6.5)。沿土壤肥力梯度进行的多年生禾草物种的测量(Tilman and Wedin 1991b)和对这些物种之间的竞争结果观测(Wedin and Tilman 1993)证实了 R^* 模型的估计。研究发现 R^* 对相当数量的植物性状的预测是很准确的，特别是根生物量，它可以解释 73% 的地下 R^* 的变异。在公园草地实验中的半湿润草地(表 6.1)中，Tilman(1982)指出相当多的主要分类群和单个物种对因由不同实验地施肥所造成的可利用资源的差异响应与 R^* 理论的预测完全一致(例如，图 6.5)。

检验 R^* 模型预测结果的实验很少，1 333 篇提到该模型的引用文献中只有 26 篇文献报道了 42 个检验实验(Miller *et al.* 2005)。其中，只有 5 个涉及陆地生态系统，并且，除了原先被 Tilman 作为其工作基础的锡达克里克草原的研究工作之外，只有 1 个涉及禾草或草地植被；即在英国萨默塞特洋狗尾草(*Cynosurus cristatus*)干草草甸上开展的施肥实验，它支持了决定植被组成和多样性的是养分比例而不是绝对数量这个预测(Kirkham *et al.* 1996)。Miller 等

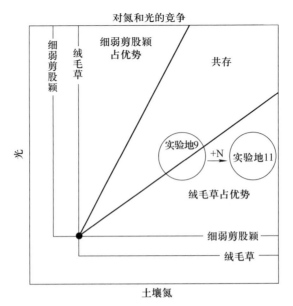

图 6.5 支持 R^* 模型的英国公园草地实验。图中显示在氮和光限制下细弱剪股颖 (*Agrostis capillaris*) 和绒毛草 (*Holcus lanatus*) 的零净增长等值线 (ZNGIs)。绒毛草是该实验地的优势种,其生物量较高,对光的竞争有优势,而细弱剪股颖对氮的竞争有优势。圆圈显示两个实验地 (9 和 11) 可利用资源的变化情况,以及由于施肥造成的可利用资源的改变所导致的绒毛草占优势。引自:D. Tilman 并得到许可,《资源竞争和群落结构》,©普林斯顿大学出版社,1982。

(2005) 的另外一个实验验证了 R^* 模型对旱雀麦入侵北美西部草地的预测 (Harpole 2006; Newingham and Belnap 2006)。在以往实验工作的基础上,预测旱雀麦在对土壤磷或钾的竞争中或当盐胁迫高时,是比较弱的竞争者。资源比率理论预测,降低磷或钾的供应或增加钠的供应将会有利于本地物种 *Hilaria jamesi* (图 6.6)。在大田和温室实验中,设置养分浓度梯度,其结果支持了这一预测且与 R^* 模型的预测相一致。相比之下,R^* 模型没有正确预测出在半干旱草原上两个本地物种 [拟鹅观草、向日葵 (*Helianthus annuus*)] 和非本地物种 [斑点矢车菊 (*Centaurea maculosa*)] 之间的竞争结果 (Krueger-Mangold *et al*. 2006)。

虽然 CSR 和 R^* 模型在最初提出该模型的草地上适用性良好,但是当它们被推广到其他草地来解释群落结构时就不是那么清楚了。模型核心部分的竞争相互作用和群落发展的平衡阶段要求模型产生的预测结果很少能获得,因为存在屡见不鲜的扰动、空间和时间异质性以及与食草动物的相互作用 (Joern 1995)。这两个模型引发了 Grime (Grime 2007) 和 Tilman (Tilman 2007) 与其他学者 (Craine 2005; Grace 1990) 之间在文献上的激烈讨论。尽管在比较竞争优势时的确有性状和进化权衡上的差异 (Grace 1990),但大部分的讨论涉及语义[①]。CSR 模型强调最大生长速率 (RGR_{max}) 的重要性,允许捕获资源,而 R^* 模型强调的是降低最低资源需求 (即 R^*) 的能力。在 R^* 模型中竞争被赋予很重要的地位,因为假设除了利用不同的资源,竞

---

① 对模型中涉及术语的理解。——译者注

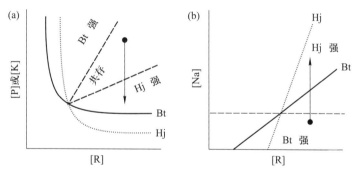

图 6.6 根据 R* 模型预测改良土壤后物种的响应:(a) 两种有限资源的竞争。旱雀麦(Bt)对 P 和/或 K 的竞争性比 *Hilaria jamesii*(Hj)弱,但是对其他资源(R)的竞争性强。Bt 在[P]或[K]高的情况下占主导地位,但是当不施肥时,降低了 P 或 K 的可用性,从而相对降低了 Bt 的丰富度(箭头表示)。点线是 Hj 零净增长等值线:资源比率设定为恰恰能平衡其损失。在等值线右侧的点,生长率为正;在等值线下方和左侧的点,生长率为负。实线是 Bt 的等值线,虚线将共存和竞争排斥划分在不同的区域。(b) 一个限制资源和环境胁迫因素下的竞争。盐胁迫对 Bt 的负面影响要比 Hj 大,但是 Bt 对其他资源(R)的竞争性更强。Na 浓度的增加有利于 Hj(用箭头表示)。若[Na]有空间异质性,而且存在允许这两个物种在孤立的斑块上生存的水平,那么在这种情况下它们是可以共存的。实线和点线是 Bt 和 Hj 的等值线。虚线将竞争和排斥划分在不同的区域。引自 Harpole(2006)并得到许可。

争在任何条件下都相当激烈。相比之下,在 CSR 模型中随着胁迫增加和产量下降,竞争的强度和重要性都在下降,最近的观点认为促进作用(见 6.3.4 节)是在干旱和半干旱环境群落建构的一种重要机制,这种环境包括草地,如地中海半干旱草原(Maestre *et al.* 2003)。胁迫梯度假说指出在恶劣的环境下促进作用很重要,而在温和环境中竞争相互作用变得更加重要(Bertness and Callaway 1994)。接受这种假说的预测模棱两可(Lortie and Callaway 2006;Maestre *et al.* 2005,2006)。全凭经验的实验数据绝大多数支持一个相当简单的低胁迫-高竞争和高胁迫-高促进作用模式。另一种观点是,竞争在极端环境胁迫梯度下占主导地位,而在中等水平的环境胁迫下正相互关系(促进作用)变得重要(Cheng *et al.* 2006;Michalet *et al.* 2006)。

总的来说,我们显然应该将 Grime 和 Tilman 的观点结合起来,即竞争结果的预测取决于物种抢先利用资源的能力,获得叶面积优势和根长优势以分别增加对光和土壤资源的竞争优势(Craine 2005)。然而,这些理论都没有充分考虑资源的时空异质性。

6.4.3 复合种群和复合群落模型

一个物种的种群通过扩散和局部灭绝的过程而相互间彼此联系,这个思想由 S. Levins 发展而来,后经 Hanski(1999)修改,形成复合种群概念,定义为一个区域物种的种群的重新组合,或"种群们的种群"(见 5.3.1 节)。在区域尺度上,隐含在复合种群概念中的种群改变大小的过程和定植/灭绝因素的合作是促进核心-卫星物种(core-satellite species,CSS)假说发展的主要推动力(Hanski 1982)。CSS 假说预测物种占有频度的双峰分布,允许出现核心物种(广泛分布且丰富)和卫星物种(稀有和斑块状)。CSS 假说假设斑块结构的同质性,半自主的种群命运,在一个组合中所有物种迁入和迁出格局的相似性以及救援效应(来自大种群的定植可以维持局部被根除的小种群)(Gibson et al. 2005)。假设物种种群在某一区域内随机波动以响应随机的环境波动。物种占有分布的形状能反映在群落建构中很重要的生物机制,包括一个大型的、区域的物种库的存在,局部过滤器的重要性以及优势物种优先占有生态位的模式。在此基础上,CSS 假说和 Grime 对生态系统中物种的分类是相似的,即分为优势种、从属种和偶见种(Gibson et al. 1999;Grime 1998)。

研究发现 CSS 假说充分描述了堪萨斯高草普列那草原上物种区域丰富度的时空动态。根据来自 19 个地点 8 年以上的数据绘图得出,物种占有分布以双峰形式为主(Collins and Glenn 1991)。在不同土壤类型之间以及在几个空间尺度上也观察到了双峰分布型(Collins and Glenn 1990;Gotelli and Simberloff 1987)。然而,在最大尺度上观察到的是物种占有的单峰模式,与 Brown(1984)基于生态位的资源利用模型相一致。资源利用模型假设,随着大区域内生境变化的增加,只有非常少数的广幅种会在此生存,而允许相对大量的较稀有的且更特化的种发生。对阿根廷洪积大草原(第 8 章)的调查没有发现核心物种的明显群;相反,大约 70% 的维管植物区系由卫星物种组成(Perelman et al. 2001),与资源利用模型的假设一致。

复合种群理论的扩展是对复合群落的确认;有多重潜在相互作用的物种散布后形成的局部群落的集合(Leibold et al. 2004)。复合群落概念的价值在于提供了一个框架,用以考虑发生在局地群落内的相关过程(如基于生态位的过程)如何被诸如在较大的区域尺度上运转的散布过程所调节。这个方法强调影响物种成功的空间动态的重要性,并与嵌入不同生境组成的景观内的斑块化的草地群落有特殊的关联。尽管许多研究认识到了复合群落概念在理解草地上的重要性(Bruun 2000;Davis et al. 2005),但是检验此概念的实验还很少。散布限制,一个复合群落理论的租户,其重要性可以用一个野外实验来解释。该实验为在一个低生产力的草地上同时播种常住和非常住的本地物种;常住本地物种能够作为草地的新成员生长,而非本地物种只能在减少植被覆盖物的干扰后才能建植(Gross et al. 2005)。在美国明尼苏达州的橡树大草原上开展的种子添加实验(Foster and Tilman 2003)和挪威半天然亚高山草地上(Vandik and Goldberg 2006),均发现与复合群落理论一致的局地生物过程和区域散布限制之间的相互影响。

6.4.4 中性模型

在生物多样性和生物地理学研究中提出统一的中性理论来描述在一个群落或者复合群落中所有个体之间功能等同的前提下,物种相对丰度格局的期望分布(Hubbell 2001)。根据中性模型,物种性状的任何差别均不会导致物种或个体之间在人均种群发展速率(即必不可少的出生、死亡和迁移的速率:见 5.1.5 节)上的任何差异。物种通过生态漂移(种群数量统计上的随机性)得到的相对丰度不同而被辨识。因此,群落组合被认为是由繁殖体丰度的差异所驱动的一个随机过程。中性理论的支持来自热带森林群落而非来自草地。物种的相对丰度分布符合零和的多重正态分布,这与中性理论一致,而且这也在美国明尼苏达州锡达克里克的弃耕地草地的数据上得到证实(Harpole and Tilman 2006)。然而,这些数据也符合对数正态分布,这与生态位理论一致。此外,在这些弃耕草地,如锡达克里克年限较短的弃耕地以及美国堪萨斯州 Konza 草原上成熟的高草普列那草地上,R^* 估计值低的物种(见 6.4.2 节)通常比 R^* 值较高的物种有着更大的丰度;和群落结构符合物种生态位差异而非中性理论相一致。此外,物种丰度格局的变化对氮素添加的响应,用 R^* 值的方式反映出来,这一点也与中性理论不一致。锡达克里克的另一项实验研究表明强烈的非随机同资源种团内竞争,因为优势的 C_4 禾草能最有效地抵抗其他 C_4 禾草的入侵;这个结果与生态位理论相一致,但是与中性理论关于从区域物种库中随机抽取组合群落的预测不一致(Fargione et al. 2003)。

中性理论预测,在物种间出生、死亡、迁入和散布的随机波动能导致形成物种间的优势格局,如物种-面积和物种-时间关系。然而,对中性模型同时模拟在堪萨斯草原观察到的物种-面积和物种-时间关系的预测能力的检验不成功(Adler 2004)。相反,一个包括了物种间生态位差异假设的功能型模型是更成功的。中性模型的失败被认为应归因于变化的草地环境有利于较为短命的植物,而非受中性理论影响的乔木优势群落。随机生态位理论尝试将中性理论的某些方面和经典的基于权衡的生态位理论相调和,它假设入侵物种只有在利用本地物种不利用的资源并且死亡率是随机的条件下存活下来,此时这些入侵种才能建立种群并且活至成熟(Tilman 2004)。在现存植被小区中播入草地物种的实验研究支持了这一观点。在同一功能群内,本地物种对入侵者的抑制效果是最强的,同随机生态位理论中本地物种应当抵抗与其最相似物种的入侵的预测相一致。

6.5 小结:尺度问题

正如本章所讨论的,提出的几种模型可以帮助解释草地群落的结构和组成。它们在一定程度上都有优点。它们都是正确的吗?是的,这是一个尺度问题。空间尺度的以下三个方面紧密相关:量度(取样单位的大小),范围(比较所在的地理范围)和焦点(推论适用的面积)(Rahbek 2005;Scheiner et al. 2000)。在哪个空间尺度上检视群落,影响到我们对系统的观察。例如,在高草普列那草地,火被视为是干扰抑或稳定因子取决于数据是否被定性或定量看待(Allen and Wyleto 1983)。在这个例子中,观察尺度影响了我们所看到的格局,但结果却告诉我们隐含在系统中的组织等级水平(有关我们观察草地中干扰的更多方式,见第 9 章)。相似地,在堪萨斯高草普列那草地,土壤类型、燃烧和刈割的影响表现出与尺度有关(Gibson et al. 1993)。在一个土壤类型内,刈割的影响大于燃烧;而在不同的土壤类型间,燃烧的影响比刈割更大。在塞伦盖蒂大草原(见 6.1.1 节),物种丰度与气候和地形有很强的相关性,但是具体模式依赖于空间尺度,特别是量度和范围(Anderson et al. 2007)。在 1m 和 10^3m 的空间量度之间,但仅在空间范围≥150km 时,物种丰度的决定因素从生态位关系变为异质性。这就意味着潜在的过程和机理的重要性和相关性随尺度不同而改变。事实上,物种-库假说(Zobel 1997)明确了这一点。这种现象是假定物种丰度上的局地变化反映了在大尺度上的变化,即,在斑块水平上发现的物种受限于来自较大的、区域物种库的可获取性。瑞典半天然草地的调查发现支持这个物种-库假说(Franzén and Erikkson 2001)。

在最小尺度上,竞争作用、促进作用和其他相邻植物间的相互作用是主要的。在这些尺度上,CSR 和 R^* 模型是紧密相关的,并且可观察到草地群落遵循许多简单的组合规则,这些规则能限制群落发展和物种共存。换言之,通常和功能型(如禾草、杂草和豆类)相关的物种的特定群或同资源种团能被辨识(Wilson and Roxburgh 1994;Wilson and Watkins 1994)。在更大的尺度上,复合种群模型如 CSS 假说能成立;并且在最大的,即区域尺度上,如资源利用模型一类的模型显得更为重要。

第 7 章 生态系统生态学

> 适合描述生物群区及其存在环境的所有有效无机因子的基本概念就是生态系统。并且,具体到草地生态系统……首先需要维持的是放牧动物和禾草以及其他地面芽植物之间的动态平衡,尽管这些植物被持续地啃食,但是它们依然存在且旺盛地生活着。
>
> ——Tansley 1935,第一次使用"生态系统"这个术语

生态系统生态学是研究环境中生物和非生物组分的一门学科;换句话说,是研究生命有机体及其与环境的相互作用,是 Tansley(1935)作为生态学的一个概念引入的。在此水平上的研究,较少关注个体物种或群落,而将重点放在环境的综合组成及其涉及的能量流动和物质循环的基本过程。生态系统可被看作是由通过能量和物质转换相连接的三个子系统所组成:植物子系统、食草动物子系统和分解者子系统。最初经由绿色植物通过光合作用固定碳是植物子系统的特征(见 7.1.2 节)。死有机物被分解为碎屑的再循环代表了分解者子系统(见 7.3 节)。在第 9 章讨论食草动物的作用。

本章结合草地,描述了这三个重要的生态系统过程,即生产过程(碳和能流)(7.1 节)、养分循环过程(7.2 节)及分解过程(即生态系统再循环过程)(7.3 节),随后是对草地土壤的描述(7.4 节)。

7.1 能量和生产力

7.1.1 能量流动

能量是工作的能力,指的是作为生态系统中的"货币(currency)",表达为在特定营养级上有机体为了生存所必须储存和使用物质的能力。能量的 SI 单位是焦耳(J),1 焦耳表示 1 秒内持续产生或者转换 1 瓦特(W)功所需的能量。

太阳是草地所有的能量之源,由初级生产者(自养生物、绿色植物)产生并被转送到较高营养级上的消耗者,包括食草动物,食肉动物,食虫动物和杂食动物;或通过地上和地下的碎屑被转送到分解者库。次级生产力指的是通过异养有机体获得的生物量。在草地中,初级消费者包括大型食草动物(如牛、野牛和羚羊)以及由小的哺乳动物(如田鼠、小鼠和鼩)和小的无脊椎动物(如毛虫)为代表所组成的一大类小型食草动物(第 9 章)。草地的次级消费者包括各种食肉动物,如北美普列那草原郊狼和非洲萨瓦纳草原雄狮以及一些小的生物,如蝗虫和其

他节肢动物等(第 9 章)。营养级之间的每一次转换,系统都会以热量形式损失很大一部分能量。其中包含了大部分以化学形式储存,供有机体"工作"和"维持"能量的有机分子。这些能量物质以组织呼吸的途径被氧化,碳则以 CO_2 形式损失到大气中或者转送到分解者那里成为土壤有机质(7.3 节)。

草地展示了营养级之间较低的转换效率。北美放牧和不放牧草地捕获的太阳能不到 1%(图 7.1,Sims and Singh 1978c)。根据研究,捕获的能量流动到地下的部分大致是地上的 3 倍。在没有放牧的情况下,地下部分包含的能量是地上活体茎的 13 倍。能量的输入和输出在不同的部分大致是平衡的。放牧改变了能量平衡,当北美草地放牧时,能量损失的速率超过了能量捕获的速率,达到约 34 $kJ·m^{-2}·d^{-1}$,特别是地下部分(Sims and Singh 1978c)。在北美温带草原,山地和混合禾草草地类型的能量捕获效率(约 1%)比矮草和高草普列那草原的效率(约 0.7%)高一些。报道的最低能效发生在荒漠草地(未放牧和放牧情况下分别是 0.17% 和 0.14%)。尽管热带草地表现出比温带草地有更高的能效,但是冷季优势草地(cool-season dominated grassland)似乎比暖季优势草地有更高的能量捕获效率(Sims and Singh 1978b)。印

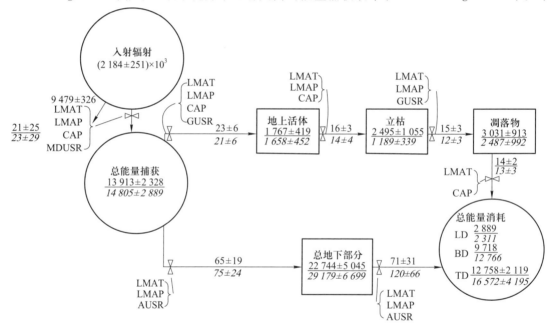

图 7.1 在生长季北美草原生态系统通过"平均"生产者进行能量流动。方框中数字代表未收割的初级生产者的平均现存量($kJ·m^{-2}$)。圆中数字代表生态系统中能量的输入和输出($kJ·m^{-2}$)。箭头上数字代表能量流动率($kJ·m^{-2}·d^{-1}$)。画横线数字代表未放牧草原生态系统能量,斜体数字代表放牧草原生态系统能量。曲线箭头上变量为与生态系统中物质循环和能量流动有关的变量:LMAT(long-term meanannual temperature):长期年均温;LMAP(long-term mean annual precipitation):长期年均降水量;CAP(current annual precipitation):当前年总降水量;GUSR(growing season usable incident solar radiation):生长季内可用太阳辐射;MDUSR(mean daily usable incident solar radiation during the current growing season):当前生长季内平均每天可用太阳辐射;AUSR(annual usable incident solar radiation.):年均可用太阳辐射。使用得到 Sims et al.(1978)许可。

第安热带草地的能量效率从半干旱草地的 0.23% 到半湿润草地的 1.66%(Lamotte and Bourliére 1983)。通过施肥增加初级和次级生产力的高输入围栏草场,因其高的氮素水平而具有更高的能效。比较混合禾草普列那草原和高草普列那草原的能值(表 7.1)发现,在高草普列那草原有更高的地上生产力和转换效率,而地下部分正好相反。从牧草到次级生产力(随时间而在食草动物体内转化为动物生物量)的能量传递效率高草草原高一些,尽管全部效率也只有 0.006%。正如下面有关生产力的讨论中所指出的,水分有效性是限制能量传递的主要因子。

表 7.1 混合禾草普列那草原(得克萨斯州)和高草普列那草原(堪萨斯州)上每年的能量含量(MJ)和初级生产力及次级生产力的能量转换率与总辐射及光合辐射有关。箭头表示不同系统成分之间的能量转换率,如总的太阳能到地上部分能量的转换率为 0.1%

系统成分	混合禾草普列那		高草普列那	
	能量含量 ($MJ \cdot hm^{-2}$)	能量转换率 (%)	能量含量 ($MJ \cdot hm^{-2}$)	能量转换率 (%)
太阳能				
总辐射	10 319 708		9 227 033	
光合辐射	4 573 047	0.1	4 087 414	0.17
初级生产量(植物生长)		0.22 0.50 0.002		0.39 0.38 0.006
地上部分(饲料)	10 320		16 188	
地下部分(根系)	41 076		19 364	
总植物生物量	51 396	2.0	35 504	3.6
次级生产量(动物获得)	206		579	

引自 West and Nelson(2003)。

7.1.2 生产力和碳

草地生态系统中的碳储量高于其他生态系统,约占全球土壤碳库的 30%(表 1.9),是由能流(7.1.1 节)和生产力所驱动。初级生产力中的碳被积极地固定到相对稳定的土壤碳库中。初级生产力是"绿色植物以有机物形式储存能量的速率"(Redmann 1992),通常表示为净初级生产力(NPP),是单位时间和单位面积上碳的累积量或生物量(即 $g \cdot m^{-2} \cdot d^{-1}$),是测量期间从固定的总能量(即总初级生产力,GPP)中减去呼吸作用(R)消耗的能量。即

$$NPP = GPP - R$$

净初级生产力等于净光合作用。产量是"在特定的一段时间内由 NPP 的累加获得的干物质数量"(年产量用 $g \cdot m^{-2}$ 表示)。地上产量在草地的暖季等同于 NPP,在每个季节末枯死后又重回土壤表层。现存量(standing crop)(生物量)是生态系统中任何时刻有机组分的重量,通常用每单位面积干重或无灰干重表示($g \cdot m^{-2}$),可能包括当季和前一季所有的生物量。

草地地上净初级生产力（above-ground net primary productivity, ANPP）通常用以下几种收获法获得的生物量来估计：① 活生物量峰值（通常包括当年的立枯生物量）；② 现存量的峰值；③ 最大减去最小的活生物量；④ 活生物量中正增量的总和；⑤ 活的和死的生物量再加上枯枝落叶中正增量的总和；⑥ 考虑了分解作用的活体和死体生物量变化总和（Hui and Jackson 2005）。方法①在没有放牧的情况下最常用。考虑数量和取样单位大小的详细方法描述见 Milner 和 Hughes（1968）。非破坏性的方法包括^{14}C示踪研究和CO_2交换法（Redmann 1992）。

在已发表的由收获法得到的 ANPP 值的解释中存在的问题是，测量是否包括立枯物（枯枝落叶）。立枯物是当年产生又在当年死亡的植物组织，在植物生长总量中占一定比例。由于食草动物啃食而导致的损失甚至刺激（译者注：动物捕食植物地上部分对植物生长造成的刺激）而导致的生物量增加可能是显著的，也应当在计算 NPP 时考虑到。除了在特定的草地，如温带草原草地外，基于活体生物量最大峰值的 ANPP 估计，可能显著低估了 2~5 倍（Scurlock et al. 2002）。

因为分蘖和叶片产量、生长和死亡都有季节性（图 3.5 和图 7.2），所以一年中测量的时间很重要，需要考虑（Radcliffe and Baars 1987）。季节的生物量累积可能表现出单峰或者双峰的模式。在温带冷季型草地中，对应于低的土壤湿度，产量在仲夏会下降；而随着初秋温度的下降和降水量的增加，生长渐次恢复。相反，北美暖季型草地（和可能在其他某处类似的草地，如南非草地）地上生物量的季节过程表现为>80%的年 ANPP 发生在生长季的最初两月，生物量峰值发生在仲夏（Knapp et al. 1998）。由冷季和暖季禾草同时占据优势的北美草地表现出产量的双峰模式，反映了冷季禾草的季节前期生长和暖季禾草的季节后期生长（Sims and Singh 1978a）。

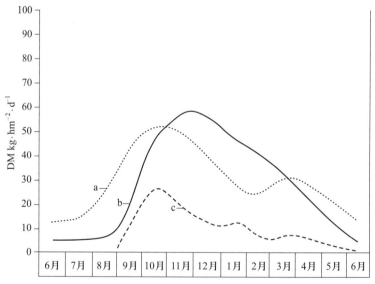

图 7.2 新西兰牧场产量的季节模式：a. 有暖冬和干夏的北岛（North Island）；b. 有寒冷的冬季和秋季，比北岛干燥一些的南岛（South Island）；c. 奥塔哥中部（Central Otago）非常干燥的地点，南岛的严重季节性长期水分胁迫。源自 Radcliffe and Baars（1987），经 Elsevier 允许重新绘制。

地下生产力(below-ground productivity,BNPP)的测定比较困难(见 3.5 节),并且基于收割法获得的数据(挖根,把它们从土壤中分离,烘干并称量)的许多估计都低估了细根的产量,并且几乎所有根产量的研究都忽略了根系有机物的分泌和根物质的损失(Redmann 1992)。BNPP 的大部分估计来自:① 连续的生物量取样或② 耦合了生物量估计的周转系数。

用简单的环境变量估计 BNPP 的一个通用方程是(Gill et al. 2002):

$$BNPP = BGP \times \frac{LiveBGP}{BGP} \times 周转率$$

其中,BGP = 0.79(AGBIO) − 33.3(MAT+10) + 1 289

BGP 是地下生物量($g \cdot m^{-2}$);AGBIO 是地上活体生物量峰值($g \cdot m^{-2}$);MAT 是观察地下生物量的年均温度(℃);Live BGP/BGP = 0.6。周转率是每年产生和死亡的根所占比例,最好用下式估计(Gill et al. 2002)

$$周转率 = 0.000\ 9\ g \cdot m^{-2}(ANPP) + 0.25\ 年^{-1}$$

这个算法($r^2 = 0.54, p = 0.01$)的优势体现在当用全球草地 NPP 的全球数据库检验时,允许在缺乏实际地下测量时,用这大片区域的 BNPP 的估计值来代替。

世界草地最大现存产量的估计值从旱生干草地的 <500 $g \cdot m^{-2}$ 到冷温带亚南极草地的 >5 000 $g \cdot m^{-2}$(表 7.2,平均值 = 1 571±256 $g \cdot m^{-2}$)。这些地点的总 NPP 从 278 $g \cdot m^{-2}$ 到 5 581 $g \cdot m^{-2}$(平均值 = 1 853±365 $g \cdot m^{-2}$),平均 282 $g \cdot m^{-2}$,比现存量高,反映了季节内死去的活体组织。虽然地下现存量和地下 NPP 不相关($p = 0.35, R = 0.24$),但是地上现存量和 NPP 是显著相关的(表 7.2,$p < 0.000\ 1, R = 0.86$)。枯枝落叶是草地生态系统的一个重要组分(见 7.3 节),平均值是 251±40 $g \cdot m^{-2}$,尽管其数量与任何形式的现存量或年产量都不相关。表 7.2 表现出来的主要格局是产量和降水量呈正相关关系,但和温度则未必。尽管一些有最低产量的地点是最干旱、炎热和干燥的;但是那些有最高产量的地点,虽然湿润,但在炎热(如印度)和寒冷地区(如南极)都有分布。地中海和半干旱草地的生产力主要是由生长季的长度所决定的,这时候可以获得充足的土壤湿度(Biddiscome 1987)。事实上,ANPP 和降水量的关系在世界范围内的草地通常是线性的(Paruelo et al. 1998),包括萨瓦纳和其他热带树-禾草系统(Scholes and Hall 1996)。例如,在非洲萨赫勒-苏丹地带和地中海盆地的牧场,每百毫米降水量估计可以分别生产 1 $kg \cdot hm^{-2}$ 和 2 $kg \cdot hm^{-2}$ 的可消耗的干物质(Le Houerou and Hoste 1977)。在北美降水量达到 500 mm 的草地中,观察到 ANPP 和降水量之间存在线性关系,随着生长季降水量的增加,生物量先增加之后趋于平稳(Sims and Singh 1978b),可能也反映了其他限制因子,如光和营养等,其重要性也增加了。

在美国堪萨斯每年火烧的低地高草普列那草原上,ANPP 年际间的季节差异是巨大的,从 279 $g \cdot m^{-2}$ 变化到 785 $g \cdot m^{-2}$(平均 527.5±26.9 $g \cdot m^{-2}$),主要是对降水量的变异所产生的响应(图 7.3)。在温带草原,ANPP 的年际差异比不同地点之间的差异要大,和生长季的降水量以及季节早期的土壤温度相关。事实上,英国的半天然草地和北美草地 ANPP 变异的 60%~70% 归因于生长季降水量(Radcliffe and Baars 1987;Sims and Singh 1978c)。

表 7.2 世界天然草地现存生物量（$g \cdot m^{-2}$ 干物质）和年净初级生产力（$g \cdot m^{-2}$ 生物量）

草地类型	地点	绿体	遮盖物 死亡	总量	立枯	地下	总生物量	根茎比	净初级生产力 地上	地下	总量
混合天然草原	印度,皮拉尼	76	27	103	31	86	230	0.8	217	61	278
浅壤土草原	南非			208		71	279	0.3			
荒漠草原	美国,新墨西哥州			105	44	225	374	2.1			
沙土草原	南非,尼尔斯弗莱			171		226	397	1.3			
禁牧草原	印度,Khirasara	201	178	379	40	205	624	0.5			
沟颖草草原	印度,拉特兰	363	316	679	275	872	1 827	1.3	433	399	832
沟颖草草原	印度,简思			1 408	226	333	1 967	0.2	1 019	497	1 516
混合天然草原	印度,古鲁格合德拉	424	306	730	231	1 040	2 001	1.4	617	785	1 402
Dichanthelium annulaturn 草原	印度,乌加印	457	422	879	423	925	2 227	1.1	520	464	984
混合普列那	美国,南达科他州,卡顿伍德	184	210	301	452	1 520	2 273	5.0	433	269	702
剪胶颖沼泽地	玛丽恩岛			639		2 024	2 663	3.2			
黄茅草原	印度,萨加	572	518	1 090	433	1 381	2 904	1.3	914	937	1 851
南美湿润草原	阿根廷	222	640	862	140	1 956	2 958	2.3	532	496	1 028
混合普列那	加拿大,马特多	131	504	560	268	2 383	3 211	4.8	447	677	1 124
高羽穗草草原	印度,瓦腊纳西			2 360	145	788	3 293	0.3			
混合普列那	美国,堪萨斯州,海斯	131	234	560	268	2 383	3 211	4.8	422	288	710

7.1 能量和生产力

续表

草地类型	地点	遮盖物			立枯	地下	总生物量	根茎比	净初级生产力		
		绿体	死亡	总量					地上	地下	总量
混合普列那	美国,北达科他州,迪金森	192	504	672	797	2 168	3 637	3.2	580	391	971
Deschampsia klossii 草原	新几内亚			3 431		421	3 852	0.1			
高乔茅草原	南乔治亚岛			2 535	140	1 642	4 317	1.7	492	350	842
刺田菁草原	印度,古鲁格舍德拉	1 921	1 440	3 361	331	900	4 992	0.3	2 143	998	3 141
羽穗草草原	印度,古鲁格舍德拉	838	740	1 578	227	2 868	4 673	1.8	862	1 592	2 452
混合禾草草原	印度,古鲁格舍德拉	1 974	1 268	3 242	300	1 167	4 709	0.4	2 407	1 131	3 538
垂穗画眉草低地	印度,瓦腊纳西			3 296	152	1 282	4 730	0.4	3 396	1 161	4 557
Chionochloa antarctica 草原	玖贝尔岛			2 717		2 322	5 039	0.9			
早熟禾草原	玛丽恩岛			2 574		3 236	5 810	1.3			
Poa cookii 草原	玛丽恩岛			4 458		2 001	6 459	0.4			
Poa foliosa 草原	麦考利岛			3 510	101	4 800	8 411	1.4	1 911	3 670	5 581
平均值±SE		549±168	522±177	1 853±365	251±40	1 571±256	3 210±388	1.6±0.3	1 021±217	833±201	1 853±365

引自:Coupland(1933b),版权所有:Elsevier。

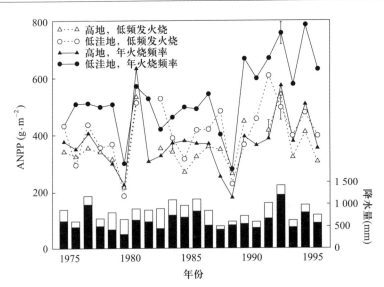

图 7.3　美国堪萨斯州 Konza 高草草原的高地和低洼地 ANPP(g·m^{-2}±SE)季节性变化受年变化和低频发火烧的限制。垂直条表示年降水量和生长季降水量(其中阴影部分表示 4—9 月降水量)。使用经牛津大学出版社许可,引自:Knapp et al.(1998)。

堪萨斯高草普列那草地的 ANPP 在时间上的差异(图 7.3),比起很少过火的地点(变异系数为 10%~12%),过火频率在每年 1 次和 4 年 1 次的地点表现最大(变异系数分别是 25% 和 29%)。高草普列那草地的 ANPP 受限于三种资源之间的相互作用:土壤湿度、氮和光。火烧的发生、地形位置和啃食间接影响了 ANPP,因为它们影响了这些资源和可用来光合作用的植物组织丰富度,或者两者皆有。例如,在春天,随着光限制的减少,ANPP 增加了其后的火烧,并且在土壤湿度更大的低地,ANPP 较高。氮限制了 ANPP,特别是在经常过火的地区,火烧挥发了土壤中的氮。在不常火烧时,腐殖质的累积(见 7.3 节)导致了光的限制,从而减少了 ANPP;但是在降水量低的年份,土壤可以在枯枝落叶"草层"下保持湿度较久,而这个草层减少了表面蒸发,从而提高了 ANPP。

许多草地生态系统是非平衡系统,ANPP 由多重相互作用的资源(光、氮和水)所控制(图 7.4)。在经过了长期的火烧排除后再燃烧的地点,因为生态系统有了额外光的突然输入,ANPP 展示了一个"脉冲",即一个大的短期增加(和每年火烧的地点相比增加约 30%)。在没有火烧的时候,无机氮和矿化氮不断累积,可以在火烧后有充足光的条件下被利用(Blair 1997)。ANPP 的这种响应不能持续,且在几年之内又回到较低的水平。瞬态极大值假说(transient maxima hypothesis)解释了在非平衡系统中这种类型的生产力对限制性资源相对重要性的变化的响应(Seastedt and Knapp 1993)。在高草普列那草地,在长期未火烧的地点,光限制了 ANPP,而火烧后,氮成为最重要的限制资源;由此,这就是转换开关。

食草动物啃食掉植物冠层,使得更多的光能够穿透到达地表,造成土壤升温,提高了 ANPP;抑或在放牧强度不太大的时候,至少也允许补偿性的再生长。也许更重要的是,大型有蹄类动物的放牧啃食是有选择的、呈斑块状的,产生了 ANPP 的空间异质性水平。较高的放牧强度或者更大的放牧密度,通常会降低生产力,特别是在高产的草地。然而,放牧也能够增加 ANPP(Milchunas and Lauenroth 1993)。例如,在放牧美利奴绵羊的新西兰牧场,比起10只和

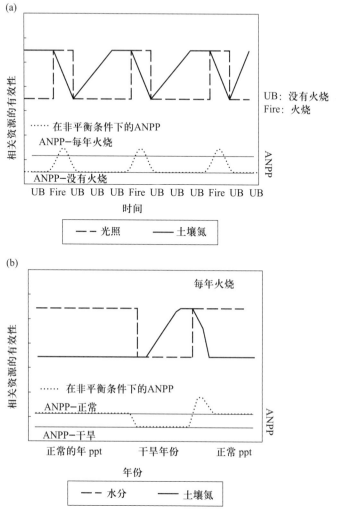

图7.4 高草草原 ANPP 受多种限制因素(光、氮和水)相互作用引起的瞬间极大响应的理想化观点为:
(a) 在每年进行火烧的控制下,土壤氮成为主要的限制因素,但是在干旱年份,可用光成为主要限制因素。在非平衡情况下进行间断性火烧,光照和氮在不同的时间尺度上交替成为限制因素。在没有火烧的情况下,氮素在土壤中不断积累,光照对 ANPP 的限制迅速减小,当无火烧时其在数年内将成为主要限制因素。当数年内不会发生火烧,相当程度上,光照和氮不再是影响生产量增加的限制因素。
(b) 水分、有效氮和干旱年份也有类似的情况。干旱年份水分成为限制因素,在相对干旱的土壤中不断发生微生物矿化作用,从而使得土壤氮不断增加。当有适当充足的降水量时,水分和有效氮含量变高,生产量也达到最大值。在两种情况同时出现时,生态系统的最大响应不是出现在每年过火、没过火或平均降水量的平衡条件下,而是在火烧或者气候的变化改变了资源的可获得性的非平衡条件下。使用得到牛津大学出版社许可,引自:Knapp et al. (1998)。

30 只,放牧强度为 20 只羊·hm^{-2} 时,球茎草芦-白车轴草的 NPP 最高(Vickery 1972)。有长期放牧进化史的草地,放牧对 NPP 的影响表现得最小;在这些草地,物种组成更可能被放牧而非生产力所影响(Milchunas and Lauenroth 1993)。食草动物生物量本身和净次级生产力都和 ANPP 正相关,这被认为是一个影响其他营养级过程的整合生态系统变量(McNaughton et al. 1989)。次级生产力随着初级生产的变化而发生时空上的变化,同时由于大型有蹄类动物的放牧而使小型生物(如蝗虫)的产量受到影响(Meyer et al. 2002)。

草地中地下部分捕获和吸收的能量是地上部分的 6 倍(Sims and Singh 1978c)。如表 7.2 中的研究结果所示,所有地点 ANPP 的 22%~80% 被转运到地下,为地下 NPP(BNPP)的水平做出贡献。在这些地点,BNPP 从混合禾草群落的 61 g·m^{-2} 到亚南极区丛生草原的 3 670 g·m^{-2}(平均为 833±201 g·m^{-2})。这些地点的平均根茎比是 1.6,反映了植物生物量的地下部分比地上部分多 2~4 倍(Rice et al. 1998;Risser et al. 1981)。其中,大部分生物量在上层土壤层(堪萨斯高草普列那草原 85% 的生物量在 40cm 以上,Rice et al. 1998)。ANPP 和湿度的关系紧密一些,与之相比,BNPP 与温度更相关。在北美草地,年均温的长期下降使得 BNPP 的增幅从 148 g·m^{-2}·年$^{-1}$ 到 641g·m^{-2}·年$^{-1}$,而这些根生物量差异的 80%~90% 是由太阳辐射和温度所造成的(Sims and Singh 1978b;Sims et al. 1978)。放牧增加了这些草地的 BNPP,增加了根茎比,特别是一些较冷的草地。根周转率(用年增量除地下生物量峰值计算:混合禾草 0.18,高草 0.30,矮草普列那草地 0.49)和可利用的入射太阳辐射呈正相关,反映了地下生态系统,特别是矮草普列那草地的地下生态系统的动态特性。除温度依赖,BNPP 的变率比其他碳流对降水量的年际差异更敏感。北美的矮草草原比高草普列那对降水量的变化反应更积极(McCulley et al. 2005)。

在北美高草普列那草地,火烧增加了 BNPP,但同时降低了植物组织的质量(Rice et al. 1998;Risser et al. 1981)。尽管全球调查结果显示放牧使根生物量增加 20%,但是放牧对 BNPP 的影响是非常易变的,在放牧对 ANPP 有负影响的地点中,有 61% 导致的是对 BNPP 的正影响(Milchunas and Lauenroth 1993)。总 NPP 转移自地下的小部分(f_{BNPP}),所占比例从最低的萨瓦纳和湿润萨瓦纳草地的 0.40 变化到最高的冷荒漠草原(steppe)的 0.86,随着年均温和降水量的增加而线性降低(Hui and Jackson 2005)。温度上每增加 1℃,f_{BNPP} 降低 0.013。尽管在这些研究地点中没有发现 f_{BNPP} 和年温度、降水量的关系,但是 f_{BNPP} 在萨瓦纳和湿润萨瓦纳类型最易变,而在冷荒漠草原中变动最低。总的来说,f_{BNPP} 的地理变异通常要比研究地点之间的差异大。这些地下生物量的分配格局表明,在各处的草地生态系统中均存在物种对环境条件的反应和适应的普遍限制。

我们对草地能量和物质循环的理解极大地促进了生态系统模拟模型的利用。这些模型包括 20 世纪 70 年代 IBP 计划的 ELM 草地模型(ELM Grassland Model)(Risser et al.1981;Risser and Parton 1982),PHOENIX 模型(PHOENIX model)(O'Connor 1983),赫尔利围栏草场模型(Hurley Pasture Model)(Thornley 1998) 和 CENTURY 模型(Parton et al.1996;Parton et al. 1988)。这些模型使得预测不同组分(如物种、生产力、降水量、温度)在生态系统过程中的相对重要性的定量评价成为可能。可以通过比较一个模型的标准运行和特定参数的值变化后运行,来评价这些参数的敏感性。模型模拟提供了评价 10 年时间尺度影响的唯一途径。其中许多模型被用来预测全球环境变化的影响,尤其是温度、降水量和升高的 CO_2 对生态系统参数的影响。

Seastedt 等(1994)用 CENTURY 模型来检验 C_3 和 C_4 禾草的不同组合如何以生产力的形式对温度和降水量的变化做出响应。C_3 和 C_4 禾草的组合对这些变化表现得特别敏感;仅由 C_3 禾草组成的群落最不敏感。因此,植被的组成也影响气候变化的结果。

用 Hurley Pasture Model(Thornley and Cannell 2000)评价升高 CO_2 对氮矿化作用的影响。在升高 CO_2 浓度下被固定的额外碳来捕获和保持额外的土壤氮。但是后者存在一个 10 年的时滞,意味着在升高的 CO_2 浓度下达到任何新的平衡都将需要一个相当长的时间(Thornley and Cannell 2000)。这些模型和它们的衍生物或者副产品需要加强对草地的养分循环动态的深入理解,且它们的调查结果会在其后合适的地方讨论。

7.1.3 生产力同多样性、可侵入性和稳定性的关系

下面提出一些和草地紧密相关的想法,是关于作为生态系统功能的生产力和多样性、可侵入性和稳定性等群落问题之间关系的(第 6 章),并在此部分讨论。
- 多样性和生产力之间是一个单峰的、拱形关系。
- 移动限制假说(shifting limitation hypothesis,SLH)提出区域物种库施加于局地植物聚居的限制。因此,在生产力中等的地点,多样性将是最高的;但是由于竞争排除重要性的增加所致的产量增加会使多样性下降。
- 动态平衡模型(dynamic equilibrium model,DEM)预测了在低到中等生产力水平生境的非平衡条件下比同等生产力水平的平衡条件下有更高的多样性。
- 生物多样性-生态系统功能(biodiversity-ecosystem function,BDEF)假说(hypothesis)预测生物多样性的损失将导致生态系统功能的损失。
- 多样性减少导致生态系统稳定性的降低。
- 可侵入性和多样性呈负相关(见第 6 章关于尺度依赖的讨论)。

通常包括草地在内,陆地生态系统的多样性和生产力之间存在单峰或拱形的关系(Waide et al. 1999)。多样性最高的草地是那些生产力水平中等的草地。Grime(1979)用之来机械地反映竞争-胁迫/干扰梯度上的关系(见 6.4.1 节)。在低生产力水平上,只有少数几个物种能够承受非生产性生境(或高干扰)的胁迫。然而,作为竞争排除的结果,只有少数几个种在高生产力水平上占据优势。施肥使产量增加,导致物种丰度在成熟草地和新恢复草地上降低(Baer et al. 2003;Gibson et al. 1993;Rajaniemi 2002;Suding et al. 2005)。在英格兰北部的 14 个地点,清晰地表现出一个拱形关系,草地样点是生产力中等但多样性最高的地点(Al-Mufti et al. 1977)。一项针对西欧和欧洲中部 281 个老的、永久性草地的调查揭示了一个相似的格局,表明以多样性和主要的土壤营养元素(氮、磷、钾)之间的关系作图代替生物量也能获得一个拱形关系(Janssens et al. 1998)。然而在草地中,多样性-生产力关系可能比第一次想得更复杂。例如,沿着生产力梯度的竞争,其重要性程度的变化到底有多大依然不清楚,且区域和局地过程之间的平衡也在争论中。

事实上，Tilman（见第 6 章）的观点是竞争强度不依赖于可获得的资源；还有观点认为在大部分额外施肥的实验中观察到仅有丰富度下降，且许多实验只是调查了生产力梯度上的不完全的一部分（Pausas and Austin 2001）。进而，物种多样性随生产力增加而下降可能是反映取样样地内小物种被自然排除的现象。因为在生产力梯度高的一边，随着资源量的增加，大物种的生物量也增加（Oksanen 1996）。

随后又提出了几个解释多样性-生产力关系的假说（Grace 1999）。其中，移动限制假说（SLH）提出由区域物种库（本身是进化和历史过程的产品）施加于局地定植的限制，由此丰富度在中等生产力水平的地点最高，但会由于竞争排除重要性的增加导致的产量增加从而使多样性下降。换句话说，沿着增加的生产力梯度，有一个从区域到局地多样性控制的移动。相似地，动态平衡模型（DEM，Huston 1979）预测了在低到中等生产力的生境中，非平衡条件（慢的种群动态和慢的竞争排除速率）允许高的多样性，相反，平衡条件下高生产力则允许高的种群增长和排除速率。在演替早期禾草（无芒雀麦、高羊茅、草地早熟禾、须芒草）占据优势的美国堪萨斯草地，沿自然生产力梯度，多种混播实验支持了 SLH 假说（Foster et al. 2004）。在该项研究中，没有观察到多样性和生产力之间的拱形关系，而是多样性随着生产力增加而降低。在存在干扰，特别是在低生产力水平下，丰富度较高。

生产力-多样性关系的一个推论是生物多样性-生态系统功能（BDEF）假说，假定生物多样性的损失（如物种、基因型等）将导致生态系统功能的丧失（如物质的数量、流和稳定性、生物量、能量）。BDEF 假说有明显的草地保护倾向。世界范围内的生物多样性降低归因于生境损失、破碎化和其他因素（见第 1 章）；然而，目前还不明确损失的程度到底是多少。在 100 项研究中，74% 的草地实验都发现了 BDEF 对生产力有正影响，其中 44% 是对分解的正影响（Srivastava and Vellend 2005）。实际上，2004 年 51% 的 BDEF 研究都是在草地上进行的，主要是北方温带草地。尽管草地的研究可能发现 BDEF 的正影响，但是草地之间的比较，更常见的情况是由于复杂的环境因子而观察不到这种影响。

生物多样性维持生态系统功能的机理分别和生态系统功能的库流类型、生态系统功能的稳定性相关（表 7.3）。揭示这些不同的机理很难，一部分是因为人为控制和对比现实和随机排除实验的困难（Allison 1999）。例如，去除实验能解释物种对功能补偿的不同能力。在瑞士的不同实验设计草地中，多样性的统计影响（均衡和取样影响，表 7.3）对生产力也有影响（Spehn et al. 2000）。在该实验中，保险效应增加了对地上资源的利用，同时豆科和非豆科植物的相互作用提高了生物量。这是分布在欧洲的七个实验地点之一，这几个地点均表现出随多样性的损失，生产力下降（Hector et al. 1999）。不同功能群在理解生产力-多样性关系上的作用非常关键。例如，在美国明尼苏达州的雪松溪谷的高多样性草地样地中，由于包括了关键的耐旱物种［两种禾草，大须芒草、黄假高粱和两种乳草属植物，叙利亚马利筋（*Asclepias syriaca*）和马利筋（*A. tuberosa*）］，所以对干旱的抵抗力最强。当其他物种的生物量降低时，这几个物种的生物量是增加的（Tilman 1996）。

表 7.3　单营养级系统中生物多样性对生态系统功能的正影响的潜在机制

机制	描述
生态系统功能库和流的类型	
生态位互补	不同物种和群落之间的生态位分化允许不同的种群和群落能更加有效利用资源，使得生态系统具有更高的生产力和营养物质
功能简易化	一个物种对另一个物种的功能的能力产生积极影响，有助于多样化种群功能的提高
抽样效应（正向选择效应）	这种效应结合概率物种排序机制的理论。当一个物种之间的竞争能力与平均生态系统功能之间呈正协方差关系，随着多样性的增加，优势种的重要性也会提高
稀释效应	每个物种或高多样性种群中的基因型的低密度性可能会降低其对特定天敌的平均抵抗性，如病原体（如，通过减少传播效率）或捕食者（如通过减少搜索的效率）从本质上讲，特定的天敌造成了物种或者基因型之间的频率相关选择
生态系统功能稳定性	
保险效应	在功能角色或者能力上多余的物种对于胁迫有不同的响应，在扰动以后允许种群功能的维护
投资效应	个别物种可能比其他物种总体上显示出较小的波动，就像一个多元化的股票投资组合比任何单一股票表现出较保守的投资策略。这种效应不允许物种之间存在任何相互作用
动态补偿效应	物种丰富度之间的负协方差可能会造成总体性能方差的降低，如总生物量

引自 Srivastava and Vellend（2005）．*Annual Review of Ecology, Evolution, and Systematics.* Vol. 36, 2005（www.annualreviews.org）。

　　物种的丧失可能是非随机的。因为比起其他物种，特定的物种和真正完全的功能群可能更易受随生境改变和管理而带来的胁迫影响。比起随机的物种损失，非随机的物种损失对生产力的降低有不同的影响。例如，欧洲许多湿润草地随着局部相当可观的物种损失，从集约转向低投入管理。当实验草地生物群落处于 2 年的高度集约化管理（施肥和收割），之后又是 2 年低集约管理（减少施肥和收割频度），有被排除倾向的物种的损失会减少生物量产量的 42%~49%，并且除了那些低排除风险的物种（它们也有最大的生物量产量），所有物种的损失都会减少 2%~35% 的产量（Schläpfer et al. 2005）。如果这些样点的物种随机损失，那么生产力的损失会比较大，分别达到 52% 和 26%~54%。在美国堪萨斯 Konza 普列那草地，ANPP 不受稀有种的非随机损失的影响，因为可以通过优势种的生产力进行补偿；但是当优势种被去除后，ANPP 会下降（Smith and Knapp 2003）。优势种是这种草地生态系统功能的主要控制者。尽管稀有种和不常见物种之间的补偿性相互作用的损失可能有助于补偿额外的物种损失，但是优势物种能够为非随机物种损失提供一个短期的缓冲。

　　生态系统功能（生产力）和多样性关系的另一个重要方面是 Elton（1958）的经典观点：多样性的降低会导致稳定性下降。草地上大量的研究试图检验这个观点，但是结果有支持的，也有反对的（见 Tilman 1996 综述）。温带草地的众多研究表明，复杂的混播方式比只有一种或者两种混播的方式稳定性更高,也更利于动物行为(Clark 2001)。多样性-稳定性关系最复杂的检验之一是在明尼苏达州,匍匐披碱草(*Elymus repens*)、大须芒草、草地早熟禾和北美小须芒草等物种占据优势的草地,沿着一个生产力梯度对植物物种多样性开展的13年的研究(Tilman 1996;Tilman and Downing 1994)。群落生物量(作为稳定性的测度)的变化显著地依赖于多样性,甚至经历了一次重大的干旱,依然支持Elton的多样性-稳定性假说。实际上,物种丰富的样点比起物种贫乏的样点,会更快地恢复到干旱前的生产力水平。多样性最高的样点仍是那些个体物种丰富度稳定性最低的,表明在抗干扰物种间补偿性竞争释放起了重要作用。由此,在多样的群落中,可以通过减少易受干扰影响的物种丰富度而增加抗干扰物种的丰富度。在低多样性群落中,少有物种可以补偿那些易受影响物种的损失,所以系统表现出低的稳定性。同一处草地上168个样点的实验确证了这些调查发现,这些样点根据不同的多年生草地物种丰富度(1、2、4、8及16个种)共5个水平设置播种实验。虽然相当多的年际气候变异改变了物种丰度和生产力,但是最多样化的样点也是最稳定的(Tilman et al. 2006b)。一个由两种多年生禾草即羊草(*Leymus chinensis*)和大针茅(*Stipa grandis*)占据优势的内蒙古草原24年的研究(Bai et al. 2004)提供了更多的支持。在这项研究中,出现了在物种和功能群中的补偿反应(一年生和两年生的丰富度最低但变化最大;多年生禾草相反),生态系统的稳定性随着组织等级(物种到功能群再到群落)的增加而增加。有证据表明不同草地生产力的稳定性差异很大。例如,青藏高原高山草甸的ANPP比起年降水量或温度的变化要小一些的南非和以色列的草地要更稳定一些(Zhou et al. 2006)

  Elton(1958)的另一个观点是可侵入性(invasibility)和多样性是负相关的,因为物种越多,利用的资源越多,从而降低了外来入侵物种(invasive species)定植的机会。尽管控制实验的结果通常表明,多样性更高的群落对入侵的抵抗力更强,但是这个假说在草地的检验结果有支持的,也有反对的(评述见Hector et al. 2001)。在加利福尼亚一年生草地的实验也支持了Elton的假说,整个种群消失的速率比预期快,因为随着多样性的降低其应变能力(对入侵的抵抗力)也下降(Zavaleta and Hulvey 2004)。用草地生物群落的一年生入侵种*Centaurea solstitianis*,也是一种加利福尼亚一年生草地物种,与美国西部的一种多年生入侵种矢车菊进行对照实验,结果表明,功能群的多样性而非物种多样性能够赋予对入侵的抵抗力(Dukes 2001)。

7.2 养分循环

7.2.1 一个通用的草地养分循环模型

  养分循环描述与总结了生态系统内生物和非生物组分之间的养分运动(第4章)(Clark and Woodmansee 1992)。除了植物,凋落物、大型和小型动物、微生物分解者、土壤和大气也是养分循环过程中的重要组成部分。草地的养分循环可以描述为依赖养分和与外界库的交换水平而开放或封闭。大部分养分循环具有一定程度的开放性,因为它们有来自外界库的养分输入或向外界输出养分。有施肥输入的管理牧场,因其高密度牲畜饲养和动物产出,这种系统的养分循环是相对开放的。输出和输入可以同时发生,所以,某个特定的养分水平可以在一段时间内保持不变。氮循环(7.2.2 节)是相对开放的,因为氮的输入来自生物固定和大气沉积,并且土壤中的硝态氮非常易溶,这导致了氮的浸出损失。相比之下,磷循环是相对封闭的,因为土壤中磷的大部分形态是相对难溶的。内部再循环水平较高的养分循环是相对封闭的。内循环(迁移)水平能很高,可以解释天然草地总氮流量的 95%~98%(Clark and Woodmansee 1992)。在一年生草地中,没有内部再循环以及从本生长季到下个生长季草的存储,这是由于一年生草本植被在生长季末期就死亡了(种子除外)。一年生草地中当年植被的养分来源于植物和土壤有机质的矿化作用(Jones and Woodmansee 1979)。C_4 草地的地上部分草本在生长季结束时全部死亡,但是地下植物器官仍然存活并且保持养分维持和再循环的功能。

在土壤、植物和动物组分中的转移和流动是理解草地生态系统中养分循环的关键(图 7.5)。这些转移包括了难溶向易溶形态的转化,以及它们与土壤中细菌的相互作用;大气的输入(干湿沉降)、化肥、粪肥、动物饲料和生物固氮;以及一些损失,如淋溶和挥发、反硝化作用(硝态氮被土壤中特定的真菌和细菌还原到大气中)、NO 和 N_2O 在矿化过程中的损失("漏管"或"管中洞"模型;见 7.2.2 节)及经由放牧者的远距离活动而导致的损失。养分的内循环包括表层迁移(如坡面漫流、风的再分配)、植物吸收与再循环及释放;动物和无脊椎动物之间的转化及枯枝落叶和微生物之间的转换。在草地的养分循环中,食草动物起着非常重要的作用。例如,反刍动物依赖来自植物的养分,然后通过粪便排泄和尿液归还养分。在生物组分和

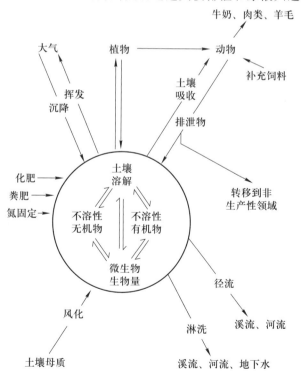

图 7.5 草地生态系统中涉及的养分循环的几种主要转换。源自 Whitehead(2000),经许可重新绘制。

地球化学循环之间存在着很重要的相互作用,它能调节局地循环和周转率。人类活动通过化石燃料的燃烧和化肥的生产,提高了养分循环速率。随着草地管理变得更加集约化,来自化肥、青贮饲料、动物饲料还有动物产品中的移动的养分输入变得更加重要。接下来讨论的焦点放在氮和磷的动态上,因为它们是草原土壤中最常受限的两种营养元素。

7.2.2 氮

氮通常是草地生态系统中最重要的土壤养分,因为氮是构成氨基酸及其衍生物的关键因素,特别是富氮酶二磷酸核酮糖羧化酶(第4章)。例如,氮是限制生产力和影响美国明尼苏达州塞达湖萨瓦纳草原的土壤(Tilman 1987)和北美高草草原(Blair et al. 1998;Risser et al. 1981)物种组成的关键因子。

氮库

气态氮(N_2)是全球最大的氮库,紧随其后的是土壤有机质库,最大的部分(通常占到氮库的95%以上)是以土壤有机质中的有机态存在的,且能够长时间地保持在土壤中(图7.6)。土壤中的活性氮库比大气中的氮稳定性低一些,其与土壤微生物的生物量和活性紧密相关。在美国高草草原,即使在现存量的高峰,生态系统中也有大于98%的氮存于土壤库中(分别为非放牧下 1 148 g·m^{-2},放牧下 1 213 g·m^{-2})(Risser and Parton 1982)。在总的土壤氮中,土壤无机氮(NO_3^- 和 NH_4^+)是一个非常小的部分(<5%),铵态氮(NH_4^+)的水平大致是硝态氮(NO_3^-)的 10 倍。在植物中,枯枝落叶的氮素水平是最高的,特别是在放牧的情况下(为 7.3 g·m^{-2},而非放牧情况下为 4.5 g·m^{-2})。嫩枝和根系的含氮量相似(大致为 2~4 g·m^{-2}),尽管根的含量高了13%~52%,甚至在放牧条件下高达35%~83%。通过对比,一年生草地的土壤有机氮含量范围从 200 g·m^{-2} 到 500 g·m^{-2},植物的地上与地下部分氮水平分别为 3.5~8.0 g·m^{-2} 和 2.0~8.0 g·m^{-2}(Jones and Woodmansee 1979)。在委内瑞拉新热带萨瓦纳草原(neotropical savannahs)也有类似现象,土壤中的氮比植物生物量中的氮含量高20~80倍,植物地上部分的活体生物量中的氮含量只占总氮量的1.5%~2%(Sarmiento 1984)。

生物固氮

自养细菌[螺菌(*Azospirillum*)、固氮菌(*Azotobacter*)、贝氏固氮菌(*Beijerinckia*)、梭状芽孢杆菌(*Clostridium*)],蓝藻细菌[念珠藻(*Nostoc*)、单歧藻(*Tolypothrix*)、眉藻(*Calothrix*)]和草地豆科植物(特别是在管理牧场中的白车轴草、红三叶和 *T. subterraneum*)的共生根瘤菌能固定大量大气中的氮(见 6.3.5 节)。在草地和温带萨瓦纳地区,固氮速率一般从 0.1 g N·m^{-2}·年$^{-1}$ 到 1.0 g N·m^{-2}·年$^{-1}$,而在热带萨瓦纳地区达到 16.3~44.0 g N·m^{-2}·年$^{-1}$(Cleveland et al. 1999)。来自新西兰牧场的报道表明,三叶草可以固定大致 18 g N·m^{-2}·年$^{-1}$(Floate 1987)。尽管天然和半天然草地的固氮量通常很少,一般小于 2.5 g N·m^{-2}·年$^{-1}$,但是草地上三叶草与共生固氮菌的固氮量一般在 20~40 g N·m^{-2}·年$^{-1}$(Whitehead 2000)。三叶草共生固氮菌固定的氮便于植物吸收,通过植物组织的分解,或随之的动物消耗以及随粪尿排出氮。牧场的生产力系统很大程度上依赖于共生固氮菌的固氮作用来维持土壤肥力,然而豆科植物只是天然草场上的一个优势组分,并且其中一些只有比较低的结瘤水平。在早期的几种群落中,固氮的豆科草比晚期的演替草地更丰富,而那些存在于成熟土壤中的豆科草可能就不固定氮了(O'Connor 1983)。牧场氮肥的施用能降低三叶草的固氮水平,提高植物组织氮的浓度,并提高土壤氮素的矿化度。土壤自养细菌的固氮量最高能够达到 1.5 g N·m^{-2}·年$^{-1}$,但是一般在 0.1~0.2 g N·m^{-2}·年$^{-1}$(Whitehead 2000)。在高草普列那草原上土壤结壳上的念珠藻的固氮量为 1 g N·m^{-2}·年$^{-1}$(Blair *et al.* 1998)。据报道,热带萨瓦纳土壤中的固氮螺菌的固氮量为 0.9~9.0 g N·m^{-2}·年$^{-1}$(Lamotte and Bourliére 1983)。大部分热带禾草的根与高密度的可固氮细菌连接在一起。例如,固氮螺菌(*Azospirillum lipoferum*)与黍属科植物大黍连接在一起,固氮量大约为 4 g N·m^{-2}(Kaiser 1983)。

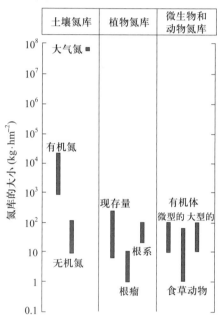

图 7.6　草地生态系统中氮库的相对大小。引自 Floate(1987),经许可重新绘制。

无机氮的输入和慢性沉积的影响

通过速效氮的直接输入可以使植物得到额外的氮素,如通过施肥或随降水沉降(1~2 g N·m^{-2})。在 12 年间,高草普列那草原随着湿沉降输入的平均无机氮量为 0.46 g N·m^{-2},大约相当于同等数量的铵态氮和硝态氮,随降水沉降量(包括干沉降)平均为 0.6 g N·m^{-2}·年$^{-1}$(Blair *et al.* 1998)。通过哈伯-博施(Haber-Bosch)过程(一种由氮和氢直接合成氨的工业方法)生产化肥产品、化石燃料的燃烧过程及通过耕作方式的生物固氮,可以固定全球大致 156 Tg N·年$^{-1}$ 的氮(Galloway *et al.* 2004;Vitousek *et al.* 1997),超过陆地自然生物固氮的估计值(107~128 Tg N·年$^{-1}$)。这极大并显著地增加了陆地生态系统的氮素输入。荷兰是世界上氮沉降速率最高的国家(4~9 g N·m^{-2}·年$^{-1}$),欧石楠丛生的荒野正在转变为物种贫乏的草地和森林(Aerts and Berendse 1988)。位于英国和丹麦的物种丰富的钙质草原(羊茅属-雀麦属)上,20 世纪 70 年代以来的氮沉降导致短芒短柄草(*Brachypodium pinnatum*)物种增加以及伴随而来的多样性减少。中酸性和酸性草地受到同样影响,氮沉降会影响物种间的竞争关系并能引起土壤酸化(Bobbink et al. 1998)。在英国的酸性剪股颖属-羊茅属草地上,观察到对于每一个2.5 kg N·hm^{-2}的长期氮沉降地块来说,物种丰度都下降:每4m^{2}样方上减少1个物种(Stevens et al. 2004)。在欧洲观察到长期氮沉降的平均水平(17 kg N·hm^{-2})使得物种丰度下降了23%。低养分的生境,如不施肥的酸性草地,对这些氮驱动的变化特别敏感,导致了向高养分供给相关物种的转移(Emmett 2007)。在一些这种类型的欧洲草地,特别是那些有长期升高的氮沉降历史的草地,通过沉积提供的额外氮素的影响尚不清楚,因为氮储存在系统中,仅有极少数通过挥发和淋溶的输出而增加了自然界的氮素水平(Phoenix et al. 2003)

氮素的流动和循环

植物通过吸收来自土壤溶液中的无机氮,以铵态氮和硝态氮的形式获得氮素,比如含有生物可利用的可溶性有机氮(dissolved organic nitrogen,DON)单体(如氨基酸、氨基糖、核糖)或经由共生固氮作用固定的 NH_4^+(Schimel and Bennett 2004)。土壤有机质(SOM)是氮素的大库,特别是在草地(见上文和第1章)。对于植物而言,氮素的有效性依赖于土壤微生物的矿化作用,土壤有机质中的有机氮所形成的铵态氮和硝化形成的硝态氮。矿化作用通过土壤有机质的聚合作用发生,释放含氮单体进入土壤溶液,可以直接被植物或微生物吸收。土壤微生物的硝化作用将铵态氮(NH_4^+)氧化成亚硝酸盐(NO_2^-),接着氧化为硝酸盐(NO_3^-)。据观察,比起温带林地或农业体系(分别为 7.34 mg N·kg^{-1} soil·d^{-1} 和 3.97 mg N·kg^{-1} soil·d^{-1}),温带草地的氮素矿化率较高(1.76 mg N·kg^{-1} soil·d^{-1})(Booth et al. 2005)。一般来说,氮矿化速率与土壤微生物量、碳及氮浓度比呈正相关。草地土壤有机质自身有更多的矿物质,比林地土壤有机质的碳氮比低。

如图7.7所示,通过未放牧的高草草原展示了氮循环模式。主要的限速步骤是系统中的氮输入及植物对土壤溶液中无机氮的利用。这个系统中植物的吸收和转移很大程度上受季节(影响温度)、火烧格局和水分有效性的影响(Blair et al. 1998)。温度和水分供给对植物生长速率和微生物活性都有相当重要的影响。在春季随着新组织的生长,氮素从根茎(组织氮的46%)和根(55%)向地上部分转移;在生长季结束时随着植物的衰老,从叶片向地下发生一个相对大的氮素迁移(例如大须芒草叶中58%的氮转移到地下)。这种内部再循环在干旱年份生产力低时达到最大(图7.3)。频繁的火烧导致高草普列那草原氮素受限,因为积累的碎屑养分被消耗,且养分挥发,导致净氮矿化作用速率降低,即使土壤的总氮水平可能没有受到影响(见7.1.2节和图7.4)。火烧过后,植物在高太阳辐射的土表和温暖的土温条件下快速生长。因此,微生物和植物对氮素的需求都增加了,虽然可能会增加地下根群,但过火的草地植物组织中氮素的浓度低于不经常过火的草地。在此系统中放牧本地的大型食草动物(即野牛)会提高氮循环的速率和有效性,能导致较高的组织氮浓度和生长季末向地下转移的延迟。国内管理牧场的放牧能以排泄物归还土壤的氮素达到 2.0 g·m^{-2}·年$^{-1}$,取决于载畜量、放牧时间、草地的组成、施肥水平和补充饲料的使用(Whitehead 2000)。在局地的富氮斑块,通过动物的粪便和尿液输入土壤的氮素可超过 50 g·m^{-2}·年$^{-1}$。据估计,新西兰牧场地下水中75%的硝态氮源自放牧动物的尿液(Quin 1982)。

植物可以从土壤或经过菌根等微生物直接以氨基酸或其他有机氮化合物的形式吸收 DOM(溶解性有机物)(Henry and Jefferies 2003;Thornton 2001)。在酸性、低生产力草地,如北

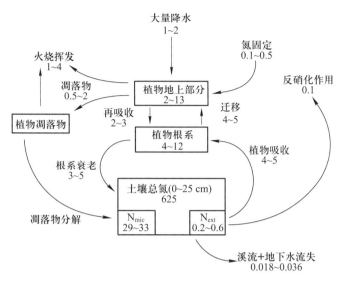

图 7.7 在未放牧的高草普列那草地上氮循环的概念模型。现存量(方框)的单位是 $g·m^{-2}$;流(箭头)的单位是 $g·m^{-2}·年^{-1}$;N_{mic} 为微生物量氮;N_{ext} 为 KCl 从铵态氮和硝态氮中提取出的氮。经牛津大学出版社许可重绘,引自 Blair et al.(1998)。

极的草丛禾草系统,氨基酸是氮的最优溶解形式。在欧洲,未改良的细弱剪股颖-羊茅草地产生的游离氨基酸数量多于经过改良的多年生黑麦草草地(分别为 11.41 $μg·g^{-1}$ 和 8.33 $μg·g^{-1}$,Bardgett et al. 2003)。改良过的草地以甘氨酸、丙氨酸等简单有机酸形式占优势;相比较而言,未改良的草地则含有较大比例的复杂氨基酸(如精氨酸、组氨酸、苯丙氨酸)。在吸收氮的无机态或有机态时,每个物种有自己具体的偏好,并且都有优先利用不同复杂结构的化合态 DOM 的偏好;这和不同施肥水平草地上的不同植物物种的竞争演替相关(Weigelt et al. 2005)。因素之一或许是出现在根际周围的微生物,能很好地平衡与适应或是更好地消耗这些氨基酸分子的重要来源。或者说,根通过线虫等小动物获取营养就可能引起根部"渗出"氨基酸,由此植物体对之的吸收可以反映出中性策略或至少是将损失降到最低。

氮流失

草地上的氮素流失常通过溶解、分离的方式,如能溶解的 NO_3^-、火烧后的挥发、排泄物通过 NH_4^+ 形式的挥发、土壤基质上的反硝化作用,还有食草动物对植物组织的采食或作为干草的移出。在无光热条件下氮素因水文迁移和挥发作用而损失的量一般来说很小。在堪萨斯高草草原上,通过水文溶解而流失的氮只有 0.02~0.04 $g\ N·m^{-2}·年^{-1}$,仅相当于一年生植物摄入量的 0.01%~6%。相对而言,英格兰山地牧场氮素经过地表和地下的损失途径每年就有 1.0~1.4 $N·m^{-2}$ 的损失(Lambert et al. 1982)。尿斑是沥取 NO_3^- 的重要来源,在为了生产肉、牛奶、羊毛或者饲料而集中管理的牧场条件下,食草动物以最大规模被圈养着,氮的损失就将因为牧草的供给率而受约束。例如,17% 的氮被植物组织所固定,氮素可以从牧场转移到层理面(bedding ground),经一项研究得到 22% 的排泄物在区域中可以存放 3% 的氮素。在加利福尼亚的一年生植物草场中,因为放牧,氮素流失正以每年 1.1 $g·m^{-2}$ 的速率增加。食草动物的排泄物以氨的形式挥发损失(volatilization losses)或直接从土壤挥发,枯枝落叶等植被的分解都加剧了氮的流失。淋溶作用同样加剧了氮素的流失。尽管尿液中90%的尿素和氨基酸可以被植被直接有效吸收,但在干热的条件下大于50%的有效成分都可挥发(Jones and Woodmansee 1979)。在某些时候总氮的20%~80%将通过挥发作用损失掉,如牧场地表泥浆(动物残渣、排泄物)中氨的挥发(Whitehead 2000)。随着温度和pH的升高及阳离子交换能力的降低,挥发损失作用的强度会相应升高。

反硝化作用(denitrification)是微生物的还原作用,是土壤细菌的NO_3^-更易挥发的形式(NO_x和N_2)。因为在自然草原中NO_3^-常处于一个低水平状态,因此除了在洪涝条件下,它是微不足道的(Clark and Woodmansee 1992)。在经营管理的草场中,在非排除的条件下反硝化作用可以引起氮素的挥发,尤其是在NO_3^-的浓聚物不断作为肥料供应或局部尿斑的情况下。

氮素从土壤中常以NO和N_2O的形式挥发,微生物和生态因子可以调节这种"渗漏管(leaky pipe, LP)"或"管中洞(hole-in-the-pipe, HIP)"散发模式(Davidson et al. 2000;Firestone and Davidson 1989)。由此可以推论,损失的NO_x和N_2O可视为渗漏管中的流体,受以下因素制约:① NH_4^+的氧化(硝化)速率或NO_3^-的还原(反硝化)速率,可被认为是氮素穿过管道的流动速率;② 由硝化或反硝化细菌产生的NO和N_2O的相对比例(即管道中可允许NO和N_2O泄漏的洞的大小)。这些速率主要由土壤水分含量和扩散率调节。在干燥的土壤条件下NO的散发占优势,而在湿性土壤和反硝化过程中N_2O的散发又占优势,主要是因为潮湿容重和扩散性的最原始调节(Davidson and Verchot 2000)。例如,在丹麦,不同年龄的禾草-三叶草牧场(黑麦草-白车轴草),在周围环境改变的情况下,N_2O散发是氮流失的主要原因,但在有效氧含量低的5月湿润天气下,N的流失量是最低的(Ambus 2005)。在巴西西部,从潮湿大陆热带森林的林间空地到养牛牧场,(臂型草属的饲料草)土壤中NO和N_2O的来源和散失量的显著改变符合LP模型(Neill et al. 2005)。N_2O的挥发量在森林空地的前3年不断增加(分别为1.7~4.3 kg N·hm^{-2}·$年^{-1}$和3.1~5.1 kg N·hm^{-2}·$年^{-1}$),但在更长时间里它将减少(为0.1~0.4 kg N·hm^{-2}·$年^{-1}$)。一年生植物森林草场的NO散发是1.41 kg N·hm^{-2}·$年^{-1}$,而牧场的NO散发量则减少到了0.23 kg N·hm^{-2}·$年^{-1}$,是硝化作用使NO从森林土壤中散发,但硝化作用不是NO从牧场土壤中散发的主要途径。反硝化作用不是N_2O从森林土壤散发的主要途径,但当NO_3^-为有效成分时,反硝化作用是牧场土壤N_2O散发的主要途径。土壤的湿度和有效氮是调节NO和N_2O散发的重要因素,但其他因素如土壤碳含量也极为重要。比较而言,在美国得克萨斯州北部的牧豆树属大草原,硝化作用是NO散发的主要途径(0.17~1.7 kg N·hm^{-2}·$年^{-1}$),约2%的年均硝化速率反映了虽然不大但显著的"管道泄漏"(Martin et al. 2003)。

7.2.3 磷

磷对草原的限制作用仅次于氮,例如石灰质的羊茅属-燕麦属草原(Morecroft et al. 1994)、在英格兰长期进行的公园草地实验(Wilson et al. 1996)、南非地区牧场(Tainton 1981b)

以及加利福尼亚一年生草地(Woodmansee and Duncan 1980)。在一些草原,只要优势植物和菌根共生体发生合作,磷就不会限制生产力(例如美国堪萨斯高草草原;见5.2.1节和Hartnett and Fay 1998)。在草地管理中,肥料(主要是过磷酸钙)和动物饲料增加了生态系统的磷量,促进了牧草增长并增加磷循环。与其他循环相比,磷循环相对封闭,年投入和损失相对较少,主要存在于土壤有机质中(图7.8)。磷循环的具体特征是:① 没有气相;② 快速释放的生物有效磷(可溶性的)可被固定存储变为不可利用,然后再缓慢释放。

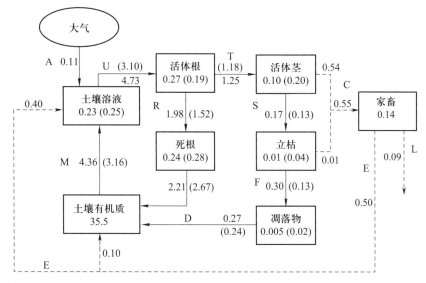

图7.8 在阿根廷洪积大草原长期放牧和禁牧7年后磷的收支。数字表示在整个冬、春季植物生产力的高峰时期平均养分含量(方框中单位:$g \cdot m^{-2}$)和日平均养分流动(箭头单位:$mg \cdot m^{-2} \cdot d^{-1}$)。转移过程中:A,大气湿沉降;U,根系吸收;T,净易位;S,根系衰老;R,根死亡;F,凋落物;C,被食草动物消费;D,分解(根系/残体);E,尿/粪便排泄;M,净矿化作用;V,挥发;L,牲畜移除。

注:分解子系统无法被计算评估。来源于Chaneton et al. (1996)。

磷的输入和循环

主要输入方式是大气沉降(湿沉降和干沉降)、来自母岩材料(尤其是磷灰石矿物)的矿物输入和肥料。不过除肥料外,这些投入往往短期内的量不大。大气沉降主要是降雨,提供 $0.02 \sim 0.15\ g \cdot m^{-2} \cdot 年^{-1}$ 灰尘、植物材料及化石燃料燃烧产生的物质(Whitehead 2000)。肥料应用在牧场,常常是过磷酸钙[$Ca(H_2PO_4)_2 + CaSO_4 \cdot 2H_2O$]或重过磷酸钙[$Ca(H_2PO_4)_2$]作为单独肥料,或与氮肥或钾肥结合,磷酸二氢铵($NH_4H_2PO_4$)或磷酸二铵[$(NH_4)_2HPO_4$],或磷矿粉[$Ca_3(PO_4)_2$/磷灰石]的复合肥料。在土壤中,磷存在无机态和有机态。植物可利用的磷主要来自土壤有机质矿化,植物、动物、微生物残体和无机物分解。

无机磷包括磷酸钙、磷酸铁或磷酸铝,这对调节土壤溶液中的磷浓度起着重要作用。磷在土壤溶液中难以迁移,土壤中的大部分磷沉淀难溶或呈闭蓄态和被化学吸附。这些磷与土壤溶液达到平衡。植物吸收土壤溶液中的磷来自土壤中无机态和有机态磷的释放。土壤中可以通过离子交换进入土壤溶液中的磷称为不稳定的无机磷(labile inorganic phosphorus)。被吸附的不稳定磷在土壤溶液中达到平衡。在磷酸盐的固定过程中,磷也可以以铁/铝的无定形氧化物或氢氧化物的形态附着在黏土矿物表面。

在土壤有机质中,有机磷比无机磷含量高,由有效磷、缓效磷和闭蓄态磷组成。有机磷形成于磷被有机物固定、被植物和微生物活动吸收及生物直接分解时(Parton et al. 1988)。据报道,草原有机磷水平包括印度禁牧热带稀树草原 11.4 g·m^{-2}(与原始森林附近 119.8 g·m^{-2}比较;Lamotte and Bourliére 1983)、阿根廷温带半湿润草原 35.5g·m^{-2}(图 7.8)和一些草地 150~350 g·m^{-2}(0.1~2.0 g·m^{-2}可用)(Jones and Woodmansee 1979)。微生物生物量对有机磷的积累和再分配很重要。微生物把枯枝落叶和死根中的有机磷矿化为植物提供足够的磷(Woodmansee and Duncan 1980)。分解者对调剂有机磷含量有重要作用,例如,在半干旱草原其吸收有机磷量被证实是植物吸收的 4~5 倍(Cole et al. 1977)。尽管有机磷和无机磷呈现季节性动态变化,但在土壤剖面一般长期稳定。

磷的吸收

在土壤表层中,植物从土壤溶液中吸收磷是以可溶性磷离子(磷酸二氢根离子和磷酸氢根离子)的形式,且磷依赖于根分布。磷的吸收依赖于真菌,这些真菌增加了可用于吸收的植物表面积,特别是在一些磷限制草地中依赖菌根的暖季禾草(参见 5.2.3 节)。一些根分泌物可以提升磷的解吸附作用或者分解,从而增加局部磷的有效性。植物中磷的浓度依赖于植物的种类、年龄及生理状态(参见 4.2.2 节)。土壤溶液中每日补充的磷来自活性无机磷库,而后者自身的补充来自活性有机磷的矿化和一些立枯和凋落物的淋溶。据报道,在高草普列那草原,活性无机磷库,作为植物活体(18%进入根中)和微生物(82%)的唯一磷源(Risser et al. 1981)。的确,土壤微生物具有相对高的磷含量水平(平均浓度的 1%~2%),所以土壤中的微生物可以增加磷的有效性。有机磷矿化作用会使有机碳磷比在磷缺乏的土壤中小于 200:1,或在磷丰富、温度变化率大的土壤中小于 100:1。研究显示,加利福尼亚一年生草地的矿化率为 1.3~1.5 g·m^{-2}(Woodmansee and Duncan 1980);美国科罗拉多州和加拿大萨斯喀彻温省的半干旱草地,矿化率为 3.0~6.4 g·m^{-2}(Cole et al. 1977)。在印度,半干旱草地吸收率为 0.49 g·m^{-2}·年$^{-1}$,干的亚湿润草地的吸收率为 4.96 g·m^{-2}·年$^{-1}$(Lamotte and Bourliére1983);阿根廷的亚湿润温带草地的吸收率(基于 150 天生长季)为 0.45~0.75 g·m^{-2}·年$^{-1}$(图 7.8),高草普列那草原为 0.54 g·m^{-2}·年$^{-1}$(Risser et al. 1981);在加利福尼亚的一年生草地磷的吸收率为 1.0~1.5 g·m^{-2}·年$^{-1}$(Woodmansee and Duncan 1980)。

磷的归还和损失

除了动物产品的输出及在较小程度上的地表径流包括过多的施肥损失外,磷循环系统是闭合的。食草动物所消耗的 10%~40% 的磷转化为身体质量或牛奶,剩余的通过排泄物归还土壤(Whitehead 2000)。动物排泄物中磷的含量主要由消耗的植物的量和所消耗植物组织中磷的浓度决定。动物粪便中有机磷的含量大约相当于所吃饲料中的 0.06/100g,除了在低浓度下的饲料中的磷分解外,大部分的磷是保留的,只有微量的磷残留在尿液中。草原生态系统中当动物产品输出,或把动物由白天草场转移到夜间睡觉的小围场(sleeping paddock)中,也会发生磷的流失。在动物产品中磷的输出量方面,高达 36% 的可溶性磷在乳品业,10% 作为羊毛和羔羊的生产,并且可以转移每库 0.7~1.1 kg 的磷到排泄物当中(Gillingham 1987)。在英国集中化管理的放养奶牛的草场损失 1.2 g P·m^{-2}·年$^{-1}$(Whitehead 2000)。在冬春季节可以放牧的洪积潘帕斯草原(一种半湿润气候温和的阿根廷草原,Chaneton 1996),家畜排泄输出的磷超过由大气沉积输入的磷 86%,导致了 0.09 mg P·m^{-2}·d^{-1} 的净亏损。放牧能因此加重磷受限草原中磷的缺失,并加速养分循环速率。在加利福尼亚州的圣华金年度草原,地表径流可能产生 0~0.05 g P·m^{-2} 的磷流失。有机磷通过植物的组织释放,而很少通过分解释放。粪肥中和植物组织中的有机磷对土壤中有机磷的储存有重要作用,一部分能够被植物迅速利用,除了埋在粪便中的甲虫或蚯蚓外,大多数分解缓慢。据报道,在印度的潮湿草地,从植物到土壤磷的归还为 0.32 g·m^{-2}·年$^{-1}$;干燥半湿润的草地是 3.03 g·m^{-2}·年$^{-1}$(Lamotte and Bourliére1983)。在高草草原 70%的磷发生淋溶或流失,从第一年死亡植物中(Risser1981)磷的流失,尤其是肥料的流失,会对下游的水生生态系统产生严重影响(Jones and Woodmansee 1979)。

植物组织在火中燃烧,烟灰中的磷归还给土壤,而除了风对灰的再分配外,土壤中的磷损失微乎其微。然而,火烧导致了 SOM 矿化率的增加,而且可变磷在长期和短期都得到增加,也增加了植物对磷的吸收(Ojima et al. 1990;Risser et al. 1981)。有效磷的波动能够刺激氮的固定。在这些系统中磷含量非常低,磷受到约束,因此低磷能够限制氮肥的可利用性(Eisele et al. 1989)。磷对氮的一定程度的影响可能只出现在有机湿地的温带区和新生的高磷土壤区,但是在一些澳大利亚的古代土壤或其他的草原区可能有重要作用(T.R. Seastedt,个人资料)。

7.3 分解作用

同其他生态系统相比,草地生态系统分解作用速率低,有机质储量高。上述两大特征的协同作用,形成了草地生态系统以及发育其下的土壤的特有性质(见 7.4 节)。

7.3.1 分解者与分解速率

分解作用是指有机物残渣降解为可供植物体吸收的矿质养分。草地中高达 90%的初级产物均进入分解子系统(Úlehlová 1992)。

分解者群落包括一些不同种类的微生物菌(微生物区系:真菌、细菌)和一些基于大小而分类的无脊椎动物(微型动物:线虫、原生动物;中型动物:跳虫、螨类、线蚓科、等翅目、双尾虫、广腰亚目、原尾虫、双翅目;大型底栖动物:蚯蚓、倍足纲、等足目、鞘翅目、软体动物门、直翅目、革翅目)。这些动物均属于异养型生物,需要汲取土壤有机质中的能量以及利用有机化合物。微生物菌群将根系分泌物释放到土壤中,土壤有机质作为食物来源,因此根部常会出现高密度菌群。不同植物物种之间的根系分泌物的化学性质也不同。细菌和真菌均在草地的分解作用中扮演重要的角色,在温带草地上其种群数量可以达到每克土壤中细菌数 $10×10^6$ 个、真菌菌丝 3 000m(Swift et al. 1979)。北美天然草地土壤中平均真菌生物量从土壤表层 10cm 处

的 $18 \sim 88\ g \cdot m^{-2}$，至 30cm 深处的 $334\ g \cdot m^{-2}$ 变化不等（Úlehlová 1992）。在北美矮草普列那草原，碎屑食物链的能量流动中,95%的能量被微生物吸收（Hunt 1977）。据估计，在矮草普列那草原中，细菌能够矿化最大数量的氮（$4.5\ g\ N \cdot m^{-2} \cdot 年^{-1}$），土壤动物（$2.9\ g\ N \cdot m^{-2} \cdot 年^{-1}$）和真菌（$0.3\ g\ N \cdot m^{-2} \cdot 年^{-1}$）次之（Hunt et al. 1987）。细菌喂养的变形虫和线虫（nematodes）承担了动物所矿化氮素的 83%，动物种群总共承担了 37% 的氮素矿化。温带草地中动物区系的种群数量分别为每平方米微型动物 500×10^6 个，中型动物 37 000 个和大型底栖动物 1 400 个（Swift et al. 1979）。

在欧亚草原区，蚯蚓的作用很突出，其超高的生物量甚至已超过食草动物。蚯蚓的活动可提高深层、非层状棕壤（brown soil）土质（见 7.4.6 节，黑钙土），尽管北美草原缺乏原生的穴居蚯蚓，但却拥有与其类似的结构。同温带草地相比，热带萨瓦纳草原的细菌密度较高，每克土壤中可达 55×10^6，但动物群系密度却低于前者（微型动物 $30\ 000 \cdot m^{-2}$，中型动物 $6\ 900 \cdot m^{-2}$，大型底栖动物 $200 \cdot m^{-2}$）（Swift et al. 1979）。热带萨瓦纳草原的大型底栖动物中，白蚁和粪甲虫占据主导地位，它们可导致土壤更新和结构化，其功能等同于温带草原地区的蚯蚓。世界范围内，草原土壤表层 10 cm 的微生物总量在 $27 \sim 940\ g \cdot m^{-2}$ 的区间内，该数值已超过农田中的含量（Úlehlová 1992）。这些土壤生物以碎屑为食，包括来自食草动物子系统、分解者子系统自身的食草和食肉动物的粪便及残体。

分解作用有两个重要的阶段：① 物理碎裂，即破碎化或由大型节肢动物将其分解为碎片；② 有机物的微生物氧化作用生成能量与营养物。后者可细分为三个阶段：易分解有机质，如根系分泌物、裂解液、蛋白质、淀粉以及霉菌、芽孢杆菌的纤维素酶的快速流失；各式微生物分解有机中间体；放线菌、其他真菌分解抗性植物成分，如木质素。

很显然，在模拟碳流途径的草地模型中，分解者子系统被视为子模型（见 7.1.2 节）。例如，在 ELM 草地生态系统模型中，分解者子模型的输入来自由初级生产者、昆虫类、哺乳类动物消费者子模型中所代表的初级、次级资源（Hunt 1977；Risser et al. 1981）。在 CENTURY 模型（Parton et al. 1996）中，分解者和土壤有机质子模型模拟了土壤中无机和有机碳、氮的动态。该子模型受控于土壤表层温度及含水量。Hurley Pasture 模型（Thornley 1998）中有一个土壤和凋落物子模型，其输入来自植物凋落物及放牧动物（羊）的排泄物，并被分解为可快速降解的代谢组分、慢性降解的纤维素成分以及抗性木质素片段。BOTSWA 萨瓦纳草原模型（BOTSWA savannah model）（Furniss et al. 1982；Morris et al. 1982）是唯一包含白蚁消费过程的模型，白蚁以凋落物为食，并被归为食草动物（消化腐殖质以及小碎片）。一项敏感性分析表明，在南非热带萨瓦纳 Burkea africana 草原中，白蚁活动是调控凋落物腐烂的最重要因素之一（Furniss et al. 1982）。

在草地中，分解者子系统中的大部分有机物输入来自根系生物量，第二大输入来自微生物废弃物。而在森林中，大量的凋落物是首要的输入。分解循环的移动代表主要的矿物质流，如在新西兰山地牧场，60%~70%的一年生植物的氮通量（$10 \sim 24\ g \cdot m^{-2}$）是通过分解者子系统，而非食草子系统（$4 \sim 16\ g \cdot m^{-2}$）完成的（Lambert et al. 1982）。

分解速率（decomposition rate）表示为衰变速率常数（k），特定碎屑成分的年重量损耗百分比为负指数衰减函数：

$$\ln\left(\frac{X_t}{X_0}\right) = -kt$$

这里，X_t 和 X_0 分别代表 t 时刻和初始时刻时各组分的总含量（Olsen 1963）。平均停留时间以 $3/k$ 来计算，该时间提供了分解 95% 成分所需的时间；或者以 $5/k$ 表示，相当于 99% 成分分解所需的时间。不同生态系统中凋落物组分周转速率 k_L（年$^{-1}$）不同，温带草地与萨瓦纳草原分别约为 1.5、3.2，该数值介于温带落叶林的 0.77 与热带森林的 6.0 之间。这些生态系统同 $3/k_L$ 的比值分别为 4、2、1、0.5（Swift et al. 1979）。寒温带针叶林以及苔原生态系统的分解作用要低于温带落叶林。通过与北美地区草地分解速率的对比发现，高草普列那草原的 k 值最高，混合禾草普列那草原则最低（表 7.4）。区域性对比发现，在年平均降水量（正相关）、年平均气温（负相关）和土壤中黏土含量百分比（负相关）共同作用下，美国大平原全部土壤有机质 k 值解释方差为 51%，年平均降水量的解释方差仅为 31%（Epstein et al. 2002a）。在大平原地带，由于该地区的水资源有限，温度对于分解速率的影响不显著。土壤基质由于关系到土壤湿度以及土层中的有机基质是否可用，因此显得格外重要。

表 7.4 北美 6 种草原生长季维生素分解的半衰期（$t_{1/2}$）及分解速率（k）

地点	$t_{1/2}$（d）	k（%/d）
高草普列那草原（俄克拉荷马州，美国）	40	1.73
矮草普列那草原（科罗拉多州，美国）	55	1.26
高草普列那草原（密苏里州，美国）	78	0.88
荒漠草原（明尼苏达州，美国）	80	0.87
混合草原（南达科他州，美国）	85	0.82
混合草原（加拿大）	250	0.28

引自：Risser et al.（1981）。

土壤中 CO_2 的流出反映了土壤微生物的呼吸，并被作为土壤微生物活性的一项测量指标。温带草地中，一年当中 CO_2 通量会随着季节以及因季节导致的土壤温度的变化而变化，6—7 月时达到最大（Swift et al. 1979）。仲夏时节，微生物的呼吸作用受限于土壤湿度，在年初、年底时，CO_2 通量却受温度限制。与此相反，在热带森林中的旱季时，因土壤湿度有限，土壤微生物的活性受阻，但在雨季时，高通量促使非木质 NPP 的高速分解。

如上对于美国大平原的描述，分解作用最主要的速率限制因子为土壤温度和湿度。例如，半干旱地区中，在土壤温度及湿度达到最适宜的时间段内，分解作用连同微生物活动会集中爆发（Dormaar 1992）。温带草地的分解作用因草丛中的土壤湿度有限而受到限制，但一旦土壤湿度达到足够高的水平，分解仍能快速进行，同时导致一些草原的土壤有机质含量明显降低。半干旱草原土壤中 SOM 含量较低，因为其高的分解速率，而不仅仅因为产量低（Dormaar 1992）。干燥土壤再次被浇灌后，微生物活动剧增，此时分解速率达到峰值。在热带萨瓦纳草原，分解速率主要受湿度限制。干季凋落物累积，一旦降雨，分解作用则加速。

在相同气候区中,分解速率同土壤中氮素、植物凋落物质量呈正相关,同植被覆盖物的数量呈负相关。美国明尼苏达州弃耕地北美小须芒草凋落物的分解速率同土壤氮素百分含量显著相关,而非额外的施肥(Pastor et al. 1987)。物种不同,通过根系分泌、根际干化产生的根际效应也会不同。根系分泌物可刺激腐烂,而根际干化可降低生活在根际表层微生物的活动。此外,由于生产力(即碳输入)、形态结构及组织化学成分不同,尤其是碳/氮比和碳/磷比以及木质素和碳水化合物的含量存在差异,不同物种的分解速率也会不同(Dijkstra et al. 2006)。外来入侵物种可以通过提供新的碎屑化学谱,来改变土壤的植物区系群落组成,从而改变系统分解情况(Vinton and Goergen 2006)。例如,美国俄克拉何马州弃耕地上,外来入侵物种高羊茅造成食腐屑群落迁移,加快了其凋落物分解速率(Mayer et al. 2005)。相比之下,*Aegilops triuncialis* 的入侵,造成起伏草地的地上凋落物分解速率变慢(Drenovsky and Batten 2006)。由外来入侵动物引发的分解者群落变化也能改变分解速率。例如,通过提高凋落物消耗/消化速率或者微生物活性,外来蚯蚓物种黄颈透钙蚓(*Pontoscolex corethrurus*)增加了波多黎各热带牧场落叶的分解速率(有蚯蚓时,$k=2.94$,无蚯蚓时,$k=1.97$;Liu and Zou 2002)。

分解速率随土壤深度增加而递减。在高草普列那草原,土壤表层 15cm 内包含有超过 60%的根系(Weaver et al. 1935)。分解速率随深度递减的现象与土壤根系生物总量、土壤温度、土壤湿度的递减有关。土壤有机物也会随着土壤深度加深而递减,但土壤有机质同根系有机物含量的比例以及土壤氮含量与根系氮含量的比例却在增加。随着土壤加深,土壤有机质与根系生物总量出现的矛盾现象,反映出分解速率的差异以及土层深处难降解有机颗粒物运输的差异。有人提出,伴随土层深入带来的土壤湿度的降低能够促进某些细菌与真菌的活动,这些菌类可促进木质素一类的抗分解复合物的生成(Gill and Burke 2002)。在土壤深处,温度和湿度降低,抗分解化合物累积,加剧了分解速率的降低。以美国科罗拉多州矮草草原新鲜根部材料分解速率常数(k 值)为参考,10 cm 处分解速率为 0.26 年$^{-1}$,$5/k$ 停留时间为 19 年;而在 100 cm 处,分解速率只有 0.14 年$^{-1}$,$5/k$ 停留时间为 36 年(Gill and Burke 2002)。同土壤 100cm 处的木质素含量不变相比,33 个月之后,10cm 处的木质素含量增加了 62%。

其他一些影响草地分解速率的局地因子包括火烧格局和地形。频繁过火的高草普列那草原趋向于氮素受限(见 7.2.2 节),并且分解速率高于一些不常过火的草地,结果导致氮素在腐烂过程中的快速释放(O'Lear et al. 1996)。进而,有报道称这种草地系统中,丘陵区浅层土壤的分解作用要快于低地深层土壤。低地区域的生长季期间,植物生长使土壤湿度降至非常低的水平,伴随着这种快速的土壤干燥,分解作用反映了季节性厌氧土壤的发展。

草地的分解速率因季节而异,体现了产量与根系生长的季节模式。新西兰奶牛牧场的地下碳分配、根系分解速率、土壤最适宜湿度以及温度条件均在春季达到最佳(Saggar and Hedley 2001)。夏季较低的分解速率可能缘自干燥的环境条件和受限的根系氮磷供给。相反,在尼日利亚萨瓦纳草原,旱季时由于寄生于真菌的白蚁的啃食,凋落物的分解速率较高(11 月到 3 月期间为 790 kg·hm^{-2})(Ohiagu and Wood 1979)。

大气氮沉降(见7.2.2节)可通过刺激植物生产来提高分解速率已经达成共识。相反,如果增加氮素输入(即降低碳氮比)提升了凋落物的质量或者改变了物种组成,那么分解速率将会得到提升。分解速率的变化取决于氮的供给量和凋落物质量(Knorr et al. 2005)。长久以来的科研并不足以说明草原地区分解速率与氮供给量变化的关系(Aerts et al. 2003)。此外,各物种间外加氮源分解速率的差异性主要源自碳输入(正相关)与根氮浓度的数量(负相关)(Dijkstra et al. 2006)。

7.3.2 凋落物

对缺乏频繁火烧的分解者子系统,植物凋落物(地表覆盖物、土壤表层的死植物残体)是一类重要的输入。草地凋落物的数量差异很大,最高在高草普列那草原可以达到 $1\ 000\ g \cdot m^{-2}$(Weaver and Rowland 1952)。凋落物可增加土壤有机质,降低土壤容重,保护土壤表层免受风水侵蚀,减少土壤表层的光照水平,增加微尺度湿度,降低空气流动及与大气的对流热交换,使得春季的土壤升温更慢。在半干旱半湿润气候区,当凋落物总生物量不超过年地上植被净初级生产力(NPP)时,凋落物的累积可达到均衡。委内瑞拉新热带的红苞茅属(*Trachypogon*)萨瓦纳草原中,在火烧过后连续5年的时间里,地上生物量持续增长,当达到大约 $1\ 200\ g \cdot m^{-2}$ 时,分解与生产相当,产生一个新的平衡(Sarmiento 1984)。在每年的火烧周期期间,生长初期阶段生产力均大于分解量,会出现一些轻微的振荡。观察表明,全年的分解速率一般在 $1.8 \sim 30\ mg \cdot g^{-1} \cdot d^{-1}$ 之间波动,相当于分解速率在 $1.3 \sim 13.6\ mg \cdot g^{-1} \cdot d^{-1}$ 之间的两种类型的密歇根次生草地(Michigan secondary grasslands)。一般来讲,40%~70%的凋落物经过两年的时间就会消失(Deshmukh 1985)。

在缺乏火烧的半湿润地区,凋落物的累积可通过遮蔽新茎的形式来延缓生长(Knapp and Seastedt 1986),遮阴可以使生长季内能量最高降低14%,产量降低26%~57%(Weaver and Rowland 1952),在春可使生长最多延迟3周。相反,在加利福尼亚普列那草原上,枯枝落叶层为种子萌发及幼苗定植提供了最适宜的环境(Heady et al. 1992)。凋落物的累积提供了燃料,由此增加了火烧的概率。在北美普列那草原上的一些物种,如一年生入侵种无芒雀麦(*Bromus* spp.),枯萎的生物量增大了可燃物量,因而增加了火烧频率。高草普列那草原的优势物种的高产量水平导致产生了大量的凋落物,提高了火烧概率;同时,竞争者被消灭,这些物种也能受益。因此,凋落物既能抑制普列那草原优势物种的生长,也能促进其最适宜环境(频繁火烧)的形成,确保其优势的持续。同时,这些观察结果的模型模拟表明,在高草普列那草原,凋落物产生了非线性动态及混沌,自诱导引发的干扰导致系统高的空间异质性和多样性水平(Bascompte and Rodríguez 2000)。

凋落物与火的相互作用控制了几个生态系统过程。瞬态极大值假说(见7.1.2节)阐释了缺乏火烧以及随之因缺火导致的凋落物增加是如何导致持续的氮矿化作用的。此时,由于增高的温度及湿度更有利于微生物活性,植物的吸收相比缺乏枯枝落叶层时变得更高。因此,无机氮会累积在土壤中直到下一次火烧前,期间只要光和氮不受限制,ANPP就会达到最大。

7.4 草原土壤

土壤是供给陆地生物生活的风化物与有机质的表层覆盖物。土壤的特性反映了气候、植被、动物区系、地形、母质层的时间跨度、人类活动,并通过上述过程形成土壤。对典型草原土壤的特征描述如下(Acton 1992):

表层:颜色呈黑色(深棕色、黑灰或深灰色),厚度为 15~30 cm,多碎状土块,含有大量基质与营养元素。

下层:颜色较暗,多为黄色、灰色或微红,多为团状,也可能出现块状、棱状或柱状,间或片状。

相比之下,荒漠土壤则缺乏深色、富含腐殖质的表层土壤;而在森林中,土壤表层为高度熟化腐殖质或中度熟化腐殖质,并伴随着一个更加灰色或微红的地表以下岩石层;高山土壤由于有机质堆积,因此表层蓬松;湿地土壤植物生产力高,分解速度缓慢,拥有较厚的有机质分解层(Acton 1992)。相对于其他陆地生态系统而言,草地土壤有机质含量高,也是由于干旱条件限制分解过程,典型优势物种生产力高而引起的。至少对于北美和许多北半球的国家来说,自冰川作用发生起,风化作用(氧化反应)减少,从而有助于增加有机质含量。

国际土壤学会(IUSS)正式采用世界土壤资源参比基础(World Reference Base for Soil Resources)(WRB),作为其 1998 年的土壤分类系统(Driessen and Deckers 2001)。WRB 代替了之前联合国教科文组织(FAO-UNESCO)的土壤分类系统。在 WRB 体系中,有 30 个土壤参照分组被合并成 10 个集合。基于共享土壤形成因素,上述集合将土壤参照分组中的矿质土合并起来。草地出现在许多上述的土壤组分中,但被发现主要存在于其中的 7 个集合中,如下所示,表 7.5 也做了概括。典型草原土壤是黑钙土,为集合 8 中的一个组分,草甸矿质土(见 7.4.6 节)。草地中没有出现的土壤,在文章中没有提到,如主要分布在火山附近的暗色土(集合 3 中)。在集合 6~9 中,土壤特征主要由气候决定,故称之为地带性土壤(zonal soils);相反,土壤特征由占优势的区域因素决定的称为隐地带性土壤(intrazonal soils),如集合 2 中的人为土,集合 3 中的红砂土。其剖面较为年轻,难以反映区域特征的土壤,如早期连续性土壤,被称为非地带性土壤(azonal soils)。

7.4.1 集合2:受人类影响的矿质土——人为土

这些土壤存在于任何环境下,且由于人类活动特征而广泛地发生变化,包括有机质添加物、生活垃圾、灌溉或耕种。上述物质包含于覆盖在原生埋藏土表层范围的土壤中。具有水耕的表土层(如水耕土,处于旧的 FAO 体系中的铁镁质人为土)都代表性地被用来种植黑麦、燕麦、大麦及马铃薯,但欧洲越来越多地将其用于种植青贮(silage)、生产玉米或者用于生产草料,产量为 9~12 kg·hm^{-2}。水耕层可以起源于传统的原始播种实践,在耕作区域使用动物草垫(稻草)作为有机泥土肥料。这一实践过程使田地表层每年增加 0.1 cm,而且已经在欧洲的某些地区实施了 1 000 年以上。水耕层的范围在某些地方大于 1 m 厚,呈黑色或褐色,在某些地方可以包括由附近增加土壤黏粒含量的欧石楠丛生荒野组成的草地。产生的土壤排水性好、pH 为 4~5、有机碳含量为 1%~5%、碳氮比为 10~20（黑色的水耕层含量高于褐色的水耕层）、磷酸盐含量高、阳离子交换能力（CEC）为 5~15 cmol·kg^{-1}。在欧洲，尤其是荷兰、比利时、德国，水耕人为土的面积约为 $0.5×10^6$ hm^2。

表 7.5 基于世界土壤资源参比基础（WRB）的参照土壤组所发生的草原

集合	环境	参照土壤组	特征	发生草原
集合 2：受人类影响的矿质土	不局限于任何特定地区	人为土（Anthrosols）	包含动物草垫的具有水耕的表土层	在欧洲农作物或草下的广泛区域
集合 3：受土壤母质影响的矿质土	形成于残沙和流沙上 形成于膨胀的黏土上	红砂土（Arenosols） 变性土（Vertisols）	黏土含量高，黏土干燥时收缩引起表面裂缝	全球范围内，特别是干旱季节的热带地区，例如，苏丹蓝色尼罗河地区
集合 4：受地形影响的矿质土	非水平地形的上升地区	粗骨土（Regosols）	深的，排水良好，骨骼的，未分化，未成熟土壤。淡色表层	在世界范围内，主要是受侵蚀的干旱地区，干燥的热带地区
集合 6：受气候影响的矿质土	湿润的（亚）热带地区	铁铝土（Ferralsols） 黏绨土（Nitisols） 低活性强酸土（Acrisols） 低活性淋溶土（Lixisols）	深的，红色，强烈的淋溶和风化土	热带稀树草原
集合 7：受气候影响的矿质土	干旱和半干旱地区	碱土（Solonetz）	积累盐性有毒物质到许多植物的碱化层，有限的水渗流和根渗透	分散在半干旱和半湿润草地的黄土上，其余为集合 8 土壤占优势地位
集合 8：受气候影响的矿质土	草原地区	黑钙土（Chernozems） 栗钙土（Kastanozems） 黑土（Phaeozems）	暗色，褐黑色，深厚肥沃的土壤，深层累积的碳酸钙	高草草原的大部分区域，羊茅草原，以及美国北部的短草草原，亚欧大陆的草原
集合 9：受气候影响的矿质土	湿润的（亚）温带地区	黏磐土（Planosols）	漂白了的，浅色的上层，黏土下层之上	季节性出现在地下水位过高的草原或乔木分布较少的地区

引自 Driessen and Deckers（2001），省略了部分集合以及次要的参照土壤组，包括集合 1 的有机土，集合 3 的暗色土，集合 4 的冲积土、潜育土，集合 5 的始成土，集合 6 的聚铁网纹土，集合 7 的盐土、石膏土、钙积土，集合 8 的灰壤、漂白红砂土、淋溶土，集合 10 的冷冻土。

7.4.2 集合3：受土壤母质影响的矿质土——红砂土和变性土

矿质土受土壤母质影响，包括沙上的红砂土和膨胀土上的变性土的草地。

红砂土（源于拉丁语 *arena*，沙子）出现在 ① 持久的残沙伴随着富含石英的岩石风化过程，上述岩石包括花岗岩、石英岩及砂岩；② 风成沙通过风力作用沉积在沙丘、海滩或河流冲刷形成的环境中；③ 冲积沙通过水力作用沉积。作为非地带性土壤，尽管红砂土通常出现于干旱环境，但其不具有典型的气候特征。砂性土分布广泛，面积约为 $900×10^6 hm^2$，其特点为：A 层为淡黄色或红褐色到深棕色，B 层为红色、黄色或褐色，大量的、有渗透能力且紧实的黏土到砂壤土，覆盖于大量的风化岩石层或硬化层。砂性土通常持水能力低，有机质含量及肥力低下（表层含量 1% 且随着深度增加减少），阳离子交换能力较弱，土壤盐基饱和度低，土壤酸性由中等到强酸性。

红砂土是澳大利亚和印度亚热带地区草地（如鬣刺属的三齿稃草属和 *Plectrachne* spp. 草地）的主要土壤类型，零散分布于非洲中部、巴西以及南美圭亚那地盾的热带大草原（包括南美稀树草原，见第 8 章）(Acton 1992)。在上述区域，土壤年龄较大，覆盖有高度风化的基质，含有丰富的铁和铝倍半氧化物，酸度很高（表层 pH<4.5），被称为铁铝红砂土。

变性土（来源于拉丁语 *vertere*，变性）是黏质土壤（黏粒含量高达 30% 以上），在热带半干旱到半湿润和地中海气候区发育，并伴随着季节性降水和几个月的干旱期。变性土在全球的分布面积约为 $335×10^6 hm^2$，主要位于低地景观中，其沉积物中的黏土含量高。典型的变性土具有膨胀层，例如，表层以下富含膨胀型黏土以及光滑和有沟槽的表面（岩石光滑面），或由上层反复膨胀、收缩所形成的楔形、平行六面体结构的聚合物(Driessen and Deckers 2001)。在干旱季节，黏土收缩，在表层向下形成裂缝，允许物质从表层进入缝隙中（如上述表层被称为自动覆盖）。在雨季，水分进入裂缝，导致黏土扩张、膨胀，从而变得有弹性和黏性。这些土壤具有深色表层，地表以下 1 m 为灰色、褐色或红色。有机质含量为 1% 或更高，pH 为 6.0~8.0。变性土生长的植被局限于草本或生长缓慢的深根乔木。这些土壤以及植物出现在所有大陆，如苏丹的青尼罗省、喀拉哈里沙漠边缘、南非、印度德干平原、澳大利亚东部的内陆平原、阿根廷潘帕斯草原、美国得克萨斯南部和沿海平原、北美北部内陆平原的冰川层。变性土对于农业利用很有限，因为在湿润与干旱期间的季节只有很短的时间可用来耕作，因此多用来放牧。

7.4.3 集合4：受地形影响的矿质土——粗骨土

本组所包含的土壤与其他土壤分类参照系不匹配。其矿质土壤发育于未固结物质，仅具有一个诊断层，如淡色表层（疏松、缺乏良好的层理、浅色稀疏、有机质含量低、干旱期大量岩屑体）。这种土壤广泛分布于除永久冻土带以外的所有气候带的侵蚀区域，全球覆盖面积约为 $260×10^6 hm^2$，其中干旱区分布有 $50×10^6 hm^2$，山区分布 $36×10^6 hm^2$，尤其在美国中西部的干旱牧区、北非、近东、澳大利亚，粗骨土与其他土壤逐渐融合。

7.4.4 集合6：受亚热带湿润气候影响的矿质土——铁铝土、黏绨土、低活性强酸土、低活性淋溶土

这些土壤位于热带草原，埋藏较深，受到强烈风化，颜色由红色到黄色；从地质学角度说，形成于古老的基底上。土壤间的差异取决于基质中的矿物、淋溶程度和性质。由于强烈的白蚁活动，土壤层次由柔软结构趋向于扩散。这类土壤广泛分布于亚热带湿润区域，虽然大部分生长着森林植被，但热带草原的许多区域被草地覆盖。正如热带草原类型的气候演替，取决于土壤水分的影响，反映在乔木的丰富程度上，因此土壤变化也是复杂的（Montgomery and Askew 1983）。例如，大部分位于多雨热带草原的土壤类型为铁铝土和低活性强酸土；反之，干旱热带草原的土壤可以包括更多的土壤种类，包括石质土（岩石上的浅层土壤）和变性土（见7.4.2节）。在热带草原与森林之间的土壤差异是否由植被影响所导致；伴随着气候条件，土壤是否是决定热带草原/森林分界线的独立因素；上述观点也存在分歧。在某些地区（如哥伦比亚和尼日利亚西部），土壤系列已经被绘制在森林/热带草原的分界线两侧；相反，在其他地方（巴西南美稀树草原），土壤质地与肥力的显著差异出现在这一分界线上（Montgomery and Askew 1983）。

铁铝土分布较深，受强烈风化，热带地区地质年龄较老的基质呈红色或黄色。由于高含量的铁（拉丁语 ferrum）和铝残留在剖面里，还有下层受到含有二氧化硅和铝硅酸盐水分的淋溶。因此，这些土壤的pH和肥力较低，同时缺乏微量元素和钙；土壤层次界线不明显，在一定程度上也是由于白蚁活动的影响。铁铝土在湿润的热带地区面积超过$750 \times 10^6 \ hm^2$，包括部分非洲热带草原、南美稀树草原、丛林及南美热带草原，尤其是巴西和委内瑞拉以及马达加斯加高地。这些土壤伴随着低活性强酸土和强风化黏磐土出现，前者位于地形较低的位置或在酸性更强的岩石（如花岗岩）上，后者在基性岩（如粗粒玄武岩）上。在较老的文献中，铁铝土也被归类为氧化土（U.S. Soil Survey Staff 1975）或砖红壤（英国）。

黏绨土埋藏较深，排水良好，是暗红色或深红色的热带土壤，层次不明显（由于强烈的白蚁活动，同铁铝土一致）。其特点为黏土状、有光泽的地下岩层，由于交替的细微膨胀和收缩，使其具有明显的棱角和光泽的表面（来自拉丁语 nitidus、有光泽）；pH为5~6，与其他热带土壤相比，黏粒含量高（>30%），阳离子交换能力强；有较深的多孔结构，具备深根和优良的排水特性。它们是热带土壤中生产力最高的，出现于风化中介物到基岩中。黏绨土面积约为$200 \times 10^6 \ hm^2$，位于热带雨林或平原至多山丘陵的热带草原，超过50%的面积在热带非洲，其余在热带亚洲、中美洲、南美及澳大利亚。在美国，黏绨土也被归为老成土和淋溶土中的高岭组（U.S. Soil Survey Staff 1975）。

低活性强酸土（出自拉丁语 acrix、sharp 或者酸性）由于氧化铁从硅酸盐中释放出来，使其呈深红褐色或明显的黄色表层，形成于温暖湿润气候的古老、酸性岩石，主要出现在森林，但也支持南美、南非的热带草原以及美国西部草地与林地混合的区域。强烈的淋溶过程导致黏土累积在B层（如黏化层以黏土含量高于覆盖层为特征）。与低活性淋溶土相比，低活性强酸土盐基饱和度低，但其更容易风化，从而限制了其农业产量。在美国，低活性强酸土被归为老成土（U.S. Soil Survey Staff 1975）。

低活性淋溶土(源于拉丁语 *lix*、灰烬或碱液)覆盖了地球表面积的 13%,大部分植被是落叶针叶林、落叶林以及常绿阔叶林,是热带和亚热带草地与热带草原的主要土壤类型。例如,在亚热带高原地区的草原、非洲南部大草原(Veld)、温带干旱矮草草原及南非的草丛,低活性淋溶土都占据优势。在南美,低活性淋溶土出现在巴西的南美草原上。低活性淋溶土发育于基质丰富的岩石上,具有相对较高的 pH 和盐基饱和度,但与铁铝土相比,风化度不高。有机质较好地混合于黑色的 A 层。在美国,铁铝土也被归为淋溶土(U.S. Soil Survey Staff 1975)。

7.4.5 集合 7:受干旱半干旱气候影响的矿质土壤——碱土

碱土(源自俄语 *sol*、盐等)含有游离的碳酸钠,呈强碱性(pH>8.5)。碱化 B 层位于土壤表层 100 cm 深度,即基质层黏粒含量高于其他层次,交换性钠的百分率高,通常比较紧实,呈圆柱或棱柱状(Driessen and Deckers 2001)。碱土的凋落物层薄且松散,大约为 2~3 cm 的黑色腐殖质层。表层 A 层小于 15 cm,呈黑色或褐色,碱化层颗粒较多。钙离子、石膏盐类能够积累在碱化层以下,钠离子和其他盐类随着深度的增加而更加集中。土壤透水性差,水分蓄积在表层,碱化层阻碍水分向下移动以及根系穿透。碱土出现在半干旱温暖的亚热带区域的草原气候区(夏季干旱,年降水量为 400~500 mm),在平坦、略微倾斜的黄土/壤土或黏土草地上,面积约为 $135×10^6$ hm^2。这些土壤通常分散在半干旱和半湿润草地,其余为亚热带和热带地区的铁铝土和变性土占优势地位,主要为黑钙土、栗钙土、黑土。例如,在北美,碱土出现在内陆平原的冰碛和湖泊沉积物中,以及阿根廷东部潘帕斯草原的黄土沉积物中。

7.4.6 集合 8:受草原气候影响的矿质土壤——黑钙土、栗钙土、黑土

这些土壤通常被描述为典型的草地土壤,尤其是黑钙土,其土层厚、颜色黑、肥沃、A 层肥沃,位于北美的北部草原和欧亚大陆草原。

黑钙土(源于俄语 *chernyi*、黑和 *zemlya*、土壤),其特点为黑色或接近黑色,A 层松软,厚 25 cm(变化范围在 8~50 cm),经常受到碳酸盐的冲洗。B 层呈棕色、柱状,15~60 cm,缺乏 $CaCO_3$,位于累积的碳酸钙的黄棕色层之上(从土壤表层 200 cm 内开始)。有机质含量中等,土壤表层含量为 3%~7%,随着深度增加而降低。表层为中性(pH 为 5.5~7.5),且随深度增加。阳离子交换能力强,蒙脱土含量高,钙离子盐基饱和度高。土壤动物区系活跃,对土壤起均化作用。典型的黑钙土发育于黄土母质,支撑着北美的北方高草草原和本地羊茅草原,罗马尼亚的北方草地以及向东的乌克兰到哈萨克斯坦和西伯利亚西部。覆盖面积 $230×10^6$ hm^2,尤其是在欧亚大陆和美国北部的中纬度草原,可归结为栗钙土位于南部的温暖区域和黑土趋于温暖、潮湿区域。这些土壤性质变化剧烈,在美国东北部和欧洲东部含钙;在草地-森林过渡带,与灰色森林土一起被过滤或退化。黑钙土具有的固有肥力较高(被某些人认为是世界上最好的土壤),排水良好,产量会受到短生长季的限制。它们被广泛地开垦为耕地(尤其是小麦、大麦、玉米种植,近期被用于大豆生产)或用于牲畜放牧。在美国,黑钙土被归为软土(U.S. Soil Survey Staff 1975)。

栗钙土(源于拉丁语齿栗叶、栗色和俄语 zemlya、土壤)为棕色或深棕色,稀疏,偏中性,有机质丰富(2%~4%)。碱性表层在棕色、柱状、不含石灰的松软层之上,其自身在石灰质的黄褐色层之上具有次生碳酸盐岩的凝固物,层次区分明显。栗钙土面积为 $465×10^6 hm^2$,分布在北美大平原位于加拿大南部到墨西哥湾的落基山东部地区、从华盛顿州南部到亚利桑那的落基山西部山间、南美的阿根廷潘帕斯草原、乌拉圭和巴拉圭、乌克兰南部、俄罗斯南部、黑钙土带的蒙古南部的欧亚矮草草原。在寒冷、潮湿边缘,温暖、干旱的沙漠土壤,栗钙土接近于黑钙土和黑土。这些土壤的高肥力会受到干旱的限制(比黑钙土的肥力小),用来耕作种植小粒谷类作物和饲料。栗钙土早期被称为"chestnut soil",在美国土壤分类的软土系统中,归于干软土和温带软土(U.S. Soil Survey Staff 1975)。

黑土(源自希腊语 phaios、暗淡的和俄语 zemlya、土壤)是湿润草原的土壤,结构上与黑钙土和栗钙土相似,但更易被淋溶,因此黑色最上层的基质不丰富,在表层土壤中缺乏次生碳酸盐岩。与黑钙土相比,松软表层较薄(30~50 cm),颜色较浅(褐色到灰色),位于黄棕色到浅灰棕色的、斑驳的、块状 B 层之上,延展至 1 m 及以上。土壤呈微酸性,pH 随土壤深度增加而增加,在储碳层 pH 达到 7 或 8。黑土出现在草原或森林,肥力高,耕作种植谷类、豆类或用作牲畜牧场,面积约 $190×10^6 hm^2$。在美国最东部的大平原和半湿润气候的苏格兰低地,面积约为 $70×10^6 hm^2$;在阿根廷亚热带潘帕斯草原、巴西南部和乌拉圭的堪泊思草原(Campos),面积约为 $50×10^6 hm^2$;中国东北部面积约为 $8×10^6 hm^2$。总体来说,黑土出现在黑钙土带的湿润一侧。在美国,黑土被归为湿软土(U.S. Soil Survey Staff 1975),在苏联黑土被归为碳磷灰石和淋溶黑钙土。

7.4.7 集合9:受湿润半湿润温带气候影响的矿质土——黏磐土

黏磐土(源自拉丁语 planus、平的)特点是漂白了的、浅色含沙的(或粗糙的)淋溶表层,反映了周期性的水分停滞,位于密集的、透水缓慢的、含黏粒较多的底土上。土壤表层 100 cm 的范围内,存在从顶层到底层的土壤质地突变。黏磐土存在于乔木分布较少、草地稀疏的亚热带或温带、半干旱和半湿润气候区域,地下水位过高的平原具有季节性特征(图 7.9)。黏磐土为贫瘠土壤,用于种植大米或饲料作物或放牧,覆盖面积 $130×10^6 hm^2$,位于拉丁美洲(巴西南部、巴拉圭及阿根廷)、非洲南部和东部(萨赫勒地区、非洲东部和南部)、美国东部、东南亚(孟加拉国、泰国)及澳大利亚。

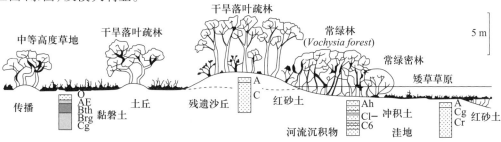

图 7.9 巴西潘塔纳尔湿地北部植被形成和土壤特征。实线显示了雨季平均洪水高度,虚线显示了旱季平均洪水高度。引自 Zeilhofer 和 Schessl(2000),并得到许可。

7.4.8　草原植被与土壤的关系

植物与土壤的连续性和土壤类型间的渐变性的发生方式与植被类型的变化是类似的,即植被型互相变化,常被描述成不同尺度斑块在景观上的镶嵌。土壤-植被连续体很大程度上与气候、地形以及改变土壤水分状态和矿物质的潜在地质情况相关联。例如,巴西潘塔纳尔湿地(Pantanal)北部的热带洪积平原植被是一类典型的超季节性(hyperseasonal)萨瓦纳草原(即,与这个区域随处可见的堪泊思季节性萨瓦纳稀树草原相比,洪水发生频率更高),图7.9和8.2.1节)。潘塔纳尔湿地北部的草地占据着排水差或者长期水淹的区域,是以 *Panicum stenodes Axonopus purpusii* 或 *Andropogon hypogynus* 和 *Axonopus leptostachyus* 为优势种的中等草地。发育在土壤分类归为雏形土、碱土、黏磐土或高活性强酸土之上(Zeilhofer and Schessl 2000)。在一年洪水期大约持续超过 5 个月的地区,矮草草原主要优势植物为 *Reimarochloa acuta*、*Panicum laxum* 和田基麻科(*Hydrolea spinosa*),生长在红砂土、雏形土、变性土、低活性强酸土和潜育土上。

第8章 世界草地

> 禾草是构成多数温带国家植被的一个重要部分,在平原和山坡上形成大片新绿,使景观绿意满盈,让眼睛可以长时间凝视而不觉疲累。
>
> ——Anne Pratt(1873)

草地覆盖了大面积的土地,占地球陆地表面的 31%~43% (41×10^6~56×10^6 km^2,第1章)。遍布除南极洲以外的各大洲,草地组成及其外貌的差异取决于区域和当地的气候、下伏的地质、土壤湿度和干扰状况(主要是放牧和火的状况)。草地这一术语既包括荒漠草原稀疏群落,也包括南美潘帕斯草原那种郁郁葱葱的"草海"。要恰当地概括这一差异是一项挑战。

虽然草地分类的任务可能是很艰难的,但一种用于世界植被类型(包括草地)的分类系统是必要的。因为该系统可以提供一个交流的框架,能够使研究人员、环保主义者和其他相关人员了解彼此在谈论什么,并且可以在一个合理的基础上做出管理和维护草地的决定。上述的植被分类方案,为我们收集有关自然世界的所有数据和信息提供了一个分类框架。一个清晰的分类系统可以使人们很容易地将植被单位概念化,类似于一个等级制的分类学命名分类方案,使我们能了解某个人在谈论的是哪一种有机体。如果我们考虑在逐个物种(species-by-species)的基础上来保护生物多样性的不足的话,那么一个适当的分类方案的重要性就显而易见了。尽管有时有必要尝试保存那些可能处在灭绝边缘的特定物种(其范围为 10×10^6~100×10^6 种)。这意味着保护大多数的物种需要一个广泛的方法,该方法能够保护物种的栖息地及其组合而不是个别的物种。

本章刻画了对世界草地的描述方法,并对其进行了分类。提出了基于世界草地与气候关系的一般概述。在这一章的最后部分,讨论了能够提供适当精度的区域草原分类的示例,以说明能涵盖当地草地异质性所需的精度。

8.1 植被描述方法

在开发和应用草地分类时,必须考虑三个重要的对比:① 自然植被与栽培植被(natural vs cultural vegetation),② 现存自然植被与潜在自然植被(existing natural vs potential natural vegetation),和③ 植物区系分类与外貌分类。

自然植被和栽培植被的对比描述了如何认识植被是自然的(显然未被人类活动改变的)还是栽培的(种植的或被人类积极维护的,如农田或人工草场)。由于大多数草地都在不同程度上受到人类的影响,这一识别可能会有困难并容易出现各种各样的差错。然而,关于世界生态系统的系列丛书提供了自然草地与人工管理的草地的单独分类来应对这种困难(Breymeyer 1987—1990;Coupland 1992a,1993a)。现存自然植被与潜在自然植被的对比是指基于目前发现的草地分类的发展与假设在当前气候和土壤条件下,没有人为干扰的草地(即潜在的顶极群落)进行对比。植被的顶极观点问题很好理解(第 6,10 章),观察到的植被变化不是顶极理论可以预期的,植被动态是不均衡的,可能会导致顶极群落演替变化的不确定性(Pickett and Cadenasso 2005)。然而,传统的放牧管理技术以潜在自然植被的分类为基础(第 10 章)。基于潜在自然植被的广泛使用分类的一个好例子是 Küchler 的方案,他以 1:3 168 000 和 1:750 000 的比例尺进行美国植被的分类和制图(Küchler,1964)。例如,Küchler(1974)在美国大平原地区堪萨斯州的潜在植被图描述了北美草原的 9 个草地植物群落。

植被可以在植物区系或外貌的基础上分类。一个区域的植物区系指的是组成一个区域的物种,而外貌描述所有物种的结构(高度、大小和生长型)。植被是植物区系和外貌的结合。植物区系使用群丛(associations)作为基本的分类单位,定义为"具有一定的植物区系组成、一致的生境条件和一致的外貌的植物群落类型"(Mueller-Dombois and Ellenberg 1974)。群丛共享诊断种被分组到较高的单位,例如群属(alliances)、目和纲。欧洲的苏黎世蒙彼利埃或布朗布兰奎学派的生境系统是植物区系分类的经典例子(Westhoff and van der Maarel 1973)。英国的植被分类是一个现在使用的植物区系分类的例子,包括在 3 个主要草地类型(即中营养草地、钙质土草地和贫钙草地)内的 33 个草地群落(Rodwell 1992)。

群系(formations)是外貌分类的基本单位,是一个由优势生长型和广泛的环境关系定义的植物群落类型(Whittaker 1973)。外貌分类包括 Walter 的世界生态系统的特征型,在最大的空间尺度上,草地、稀树草原与落叶林一同组成地带生物群区Ⅱ(湿润-干旱热带夏雨型,具有红壤或沃土),而草原和冷荒漠则在地带生物群区Ⅶ[干旱温带气候,具黑钙土至灰壤(原始土壤)](Breckle 2002)。地带生物群区(zonobiomes)是生态气候地带,一个生物群区是一个大的和气候上一致的环境。这一方案的优点是每个生物群区地带都由气候清楚地定义,并且很好地对应了土壤类型和植被。

Walter 的方案提供了一个地球潜在自然植被的分类,它不能识别区域内管理的是天然草地还是人工生产和维护的草场,它们将归属于其他的植被。例如,人工的黑麦草-三叶草草地大面积出现于欧洲原来的落叶阔叶林所在之处(地带生物群区Ⅵ)。

Walter 的 9 个地带生物群区是由气候定义的,其特点是土壤和植被的独特的生长型和结构(即各自的地带性土壤类型和植被类型)。在这个等级制方案的生物地理群落尺度上植物区系的细节变得很重要,它们对应于植物群落或群丛,例如属于地带生物群区Ⅶ的一部分的阿根廷潘帕斯草原的孔颖草属 *Bothriochloa laguroides* 草原。外貌分类方案的优点是它允许以快速、高效的方式对植物进行分类,并可以与遥感信号联系起来,易于进行地面研究,而不需要传统的专业知识。此外,对区域间有无共同物种可以较容易地进行比较。以上是对 Walter 分类的介绍,许多方法是在不同的尺度上将植物区系和外貌成分两者结合起来,在较小等级尺度上较多强调植物区系。

现代的植被分类系统是空间分级制的,其中,生态区是最大的基本单位之一。分级系统根据精度的大小而考虑不同层次的细节。较小的单位,嵌入到较大的单位中。在分级结构的上级,生态区定义为由生物和非生物因素划定的相对较大的土地和水的单位,这些因素调节其内在的群落结构与功能(Maybury 1999)。生态区提供了一个地理单元,在组织和优化保育计划的努力方面比行政单元更明显。群落是基本的管理单元,是指在一定的时空范围内共生的物种集合,并且具有彼此相互作用的潜力(Maybury 1999)。通过管理群落,我们可以保护许多物种,包括有特质的种,保护物种间一系列独特的作用关系,保持大量的生态系统功能,并提供一个在一定生态系统和景观条件下能够系统表征当前状况和未来变化的重要工具。

8.2 世界草地概述

这里描述的草地与气候有关,一般认为与天然草地发展有关的最重要因素是气候。广泛使用的柯本气候分类系统(Köppen climate classification system)(Trewartha 1943 修改)用字母描述 6 个主要的气候区域和基于温度(6 个类型)和降水(4 个类型)的 24 个亚型。柯本的系统有一定的局限性,但允许划定气候相似的大范围区域(Williams 1982),并广泛用于气候分类的基础(Stern et al. 2007)。出现在柯本系统描述的草地类别描述如下(图 8.1),具有代表性的气候图示见彩插 3。没有草地或只有很少草地的气候类型被略去(例如柯本的 E 类群——极地气候)。

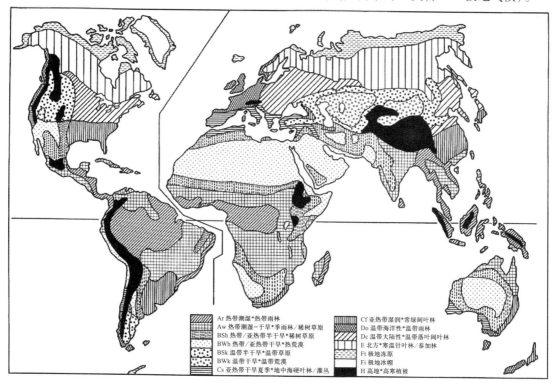

图 8.1 柯本气候区。使用得到 Bailey(1996)的许可。

值得注意的是，根据这个方案，草地一般只限于以冬季或夏季干燥为特征的气候区。草地特征气候是热带潮湿 Aw（稀树草原），干旱 BS（草原）和 BW（荒漠）气候类型，但也会出现在与 C（中纬度湿润亚热带）和 D（中纬度湿润大陆性）气候相关联的地区。草地以高山草甸出现于 H（高原、山地）气候，但不出现于 P（极地）气候。

根据柯本气候类型、Bailey 和世界自然基金会生态区、国际植被分类（the International Vegetation Classification，IVC）和中国植被生境分类系统（Chinese Vegetation Habitat Classification System）的草地分类之间的对应关系（8.4.3 节）如表 8.1 所示。不同方案之间的对应关系并不精确，但在表 8.1 中提供的通道允许做出近似的比较。

表 8.1 可选择的世界草地分类之间的通道

柯本气候群[a]		Bailey 生态区（域-分区）[b]	IVC 第二级（群系/亚纲）[c]	WWF 生态区[d]	中国植被生境分类系统[e]
A 热带湿润气候	Aw—稀树草原	湿润热带-稀树草原分区（410）	2A. 热带草地，稀树草原和灌丛	热带和亚热带草地，稀树草原和灌丛	热带灌草丛
B 干旱气候	BSh—（热）热带/亚热带半干旱荒漠和草原	干旱-热带亚热带草原和荒漠分区（310，320）	3A. 温暖半荒漠灌丛和草地	荒漠和旱生灌丛（温暖）	典型和荒漠草原
	BSk—（冷）温带半干旱草地/荒漠	干旱-温带草原和荒漠分区（330，340）	3B. 凉爽半荒漠灌丛和草地	荒漠和旱生灌丛（凉爽）	典型和荒漠草原
C 亚热带气候	Cf—湿润亚热带 Cs—亚热带干旱夏季	湿润温带-地中海分区（260） 普列那分区（250）[f]	2B. 地中海灌丛和草地	地中海森林，疏林地和灌丛	典型和荒漠草原
D 温带气候	Dca，Dcb—温带大陆性草地	普列那分区（250）[g]	2C. 温带和北方草地和灌丛	温带草地，稀树草原和灌丛	草甸草原，温带草甸，沼泽
H 高地气候	H—山地草地	热带和温带草地气候山地分区（M410，M310，M320，M330，M340，M250，M260）	4A. 热带高山植被 4B. 温带和北方高山植被	山地草地和灌丛（热带，温带和北方）	高山草甸，高山草原，高山荒漠

a. Trewartha(1943)。b. Bailey(1998)。c. Faber-Langendoen et al.(2008)。d. Olson et al.(2001)。e. 见表 8.3 和表 8.6。f. 柯本没有认定普列那分区是一个不同的气候型，Bailey 的生态区分类系统将普列那放在柯本类型中 Cf，Dca，Dcb 干燥的一边。g. 高地气候不是柯本方案的一部分，但被 Bailey(1998)纳入在相同纬度气候的低温和高海拔的变型。

8.2.1　类型 A. 热带湿润气候(稀树草原)

温暖地区的热带草地出现在冬季特征为干季的气候(因此符号为 Aw,热带冬季),有 70%的降水($1 \sim 1.5 \text{ m} \cdot \text{年}^{-1}$)集中在夏季(彩插 3a)。每个月的降水通常是至少 6 cm,但最少有一个月是少于 6 cm。在干季,这样少的降水像是荒漠。在冬天的干季经常出现火烧。在最冷的月份平均气温至少为 18 ℃,温度变化幅度为 16 ℃。土壤包括强淋溶土、铁铝土、低淋溶土和黏绨土(见 7.4.4 节)。典型的动物包括长颈鹿、羚羊、野牛、斑马、狮、野狗、一般的有蹄类和食肉动物。在热带季风气候(Am)和热带潮湿气候(Af)条件下,稀树草原出现较少,特别是在干扰后。Nix(1983)提供了一个关于热带稀树草原气候的详细叙述。

稀树草原的定义还存在争议(Bourliére and Hadley 1983;Sarmiento 1984),然而,稀树草原植被主要以高大的、通常是丛生的、粗糙的禾草占据优势(至少有 80 cm 高,在中生的高生产力区域能达到 3 m),一些灌木和较低的乔木与低矮树丛共同赋予其公园式的外观。茂密的森林沿着河道在洪泛平原上出现。树木密度向着热带雨林的边缘逐渐增加,草本的覆盖率随着裸地数量朝向荒漠增加而减少。增长格局与干、湿季节的交替密切相关。禾草在旱季时变为棕色,使其不适于食用且更易于燃烧。反复的火烧在稀树草原是一个自然因素,但也可能是人为引起的。食草动物在雨后和/或火烧后开始迁移,进而采食适口的幼株。

热带稀树草原在南半球大陆具有广阔的面积。如,非洲的 65%,澳大利亚的 60% 和南美洲的 45% 的面积都分布着热带稀树草原(Huntley and Walker 1982)。稀树草原的典型植被包括在哥伦比亚和委内瑞拉境内的奥里诺科河流域(Orinoco Valley)的拉诺斯大草原,巴西中部台地的堪泊思塞拉多大草原,南非草原,非洲的塞伦盖蒂(Serengeti)草原,南亚和东南亚(包括印度、缅甸和马来半岛的部分)的草地,以及澳大利亚的稀树草原。

在奥里诺科河漫滩的拉诺斯大草原,从安第斯山延伸到奥里诺科河的低地,覆盖了大约 $0.5 \times 10^6 \text{ km}^2$ 的面积,那里的植被组成分类取决于水分的可用性(表 8.2),反映了冬季的洪水和当地的高程,后者最高和最低点之间仅有 $1 \sim 2$ m 的差异。委内瑞拉大约 65% 的稀树草原是以箭草(*Trachypogon plumosus*,*T. vestitus*)占优势的,典型的还包括 *Axonopus canescens*、*A. anceps*、*Andropogon selloanus*、若干三芒草属的种、*Leptocoryphium lanatum*、*Paspalum carinatum*、牙买加鼠尾粟、*S. cubensis*、*Rhynchospora* 和球柱草属(*Bulbostylis*)的莎草,豆科草包括决明属(*Cassia*)、山蚂蝗属(*Desmodium*)、鸡头薯属(*Eriosema*)、乳豆属(*Galactia*)、木蓝属(*Indigofera*)、含羞草属(*Mimosa*)、菜豆属(*Phaseolus*)、笔花豆属(*Stylosanthes*)、灰毛豆属(*Tephrosia*)和丁癸草属(*Zornia*)(Pérez and Bulla 2005),以及散生的乔木,多数是 *Byrsonima crassifolia*(*manteco*)和 *Curatella americana*(*chaparro*)。委内瑞拉大约 65% 的稀树草原通常是牛和水牛占优势的,有时有野生的水豚在拉诺斯采食。这些草地处在严峻的威胁之下,有 71% 的委内瑞拉稀树草原已转变为农耕地,包括 5 000 km² 转变为加勒比松(*Pinus caribaea*)以及 30 000 km² 受到与石油工业有关干扰的影响(Pérez and Bulla 2005)。若干种非洲的禾草,包括巴拉草(*Brachiaria mutica*)、*Hyparrenia rufa*、糖蜜草(*Melinis minutiflora*)和大黍是侵略性的入侵者。

表 8.2　哥伦比亚和委内瑞拉的拉诺斯稀树草原(Llanos savannah grassland)分类

洪泛平原稀树草原
　Mesosetum 稀树草原
　Andropogon 稀树草原
潮湿的稀树草原
　Leptocoryphium lanatum 稀树草原
　Trachypogon ligularis 稀树草原
干旱稀树草原
　Trachypogon vestitus–Axonopus purpusii 稀树草原
　Paspalaum pectinatum 稀树草原
　Trachypogon vestitus 稀树草原

引自 Coupland (1992c)。

巴西南部和中部的堪泊思占据大约 $2×10^6$ km², 虽然它们是含有一些木本成分的堪泊思 (campos sujos), 部分地区是开旷的多草堪泊思 (campos limpos), 以包括钩毛草属 (*Echinolaena*)、*Elyonurus*、*Paspalum*、红苞茅属和 *Tristachya* 属的种占优势 (Coupland 1992c; Rawitscher 1948)。这里也有具有白蚁丘的堪泊思 (campos de murunduns), 有树木覆盖。随着季节性、地形和土壤肥力变化, 植被的外貌和种类组成也从干旱的、几乎无树的草地 (树木密度 <1 000 株·hm^{-2}, 干基断面积约 3 m²·hm^{-2}) 向有林的堪泊思草原 (树木密度 3 000 株·hm^{-2}, 干基断面积<30 m²·hm^{-2}) 显现出连续的变化 (Goodland and Pollard 1973; Sarmiento 1983)。这一地区的年降水量是 750~2 000 mm, 有 3~5 个月冬季干季 (Sarmiento 1983)。在马托格罗索州的潘塔纳尔的堪泊思是在与玻利维亚和巴拉圭接壤的巴西西南部的一个 140 000 km² 洪泛平原。这个季节性的洪泛区包含很多种的草本植物以及禾草, 包括 *Paspalum almum* 和皱稃雀稗, 被认为是用于牛的有价值的草料。这些地区作为牧场由牧场工人通过火烧、大砍刀和斧头砍等手段对草场进行维护, 但正被很多外来物种入侵, 包括 *Vochysia divergens* (cambará, Vochysiaceae 科), 旺盛地散布于草场中, 可形成被称为 cambarazais (Nunes da Cunha and Junk 2004) 的单一种的群聚。在巴西南部、巴拉圭南部和阿根廷东北部, 堪泊思草地出现在一个亚热带的中温气候条件下 (见 8.2.3 节)。

非洲的塞伦盖蒂草原 (见 6.1.1 节、彩插 3a 和彩插 4) 是一个被广泛研究的热带/亚热带丛生稀树草原, 是广泛的非洲稀树草原的一部分 (概述见 Menaut 1983)。坦桑尼亚的塞伦盖蒂国家公园和毗邻的肯尼亚马赛马拉野生动物保护区占据了 13 000 km² 的区域, 这是更大的区域性塞伦盖蒂生态系统 (25 000~30 000 km²) 的一部分, 该生态系统是被大型迁徙动物群的运动所确定的, 这些动物包括斑纹角马 (*Connochaetes taurinus*)、草原斑马 (*Equus burchelli*) 和非洲旋角大羚羊 (*Taurotragus oryx*) 以及汤氏瞪羚 (*Gazella thomsonii*)、非洲水牛 (*Syncerus caffer*) 和转角牛羚 (*Damaliscus korrigum*)。该地区在 2~7 个月的干旱冬季有规律的火烧防止热带森林的入侵。植被是草地和稀树草原的镶嵌, 在多数地区是以中等高度的阿拉伯黄背草草地为特征, 其种类组成变化与采食强度和土壤质地有关 (McNaughton 1983)。占优势的阿拉伯黄背草是一种丛生的多年生禾草, 遍布东半球的温暖和热带地区; 在东非它构成 16% 的草地

(Skerman and Riveros 1990)。在塞伦盖蒂地区具有>900 mm 的年降水量，*Hyparrhenia filipendula* 在稀树草原的下层占优势。非洲的稀树草原作为一个整体，其共优势(co-dominance)的树木和禾草是与资源(水分、养分)的可用性和干扰状况(火、食草动物)有关的。在年均降水(MAP)<650 mm 的地区，木本覆盖随着年均降水的增加呈线性增长，而年均降水 >650 mm 的地区，水分含量足够树木生长，草的优势度则被干扰所维持(Sankaran et al. 2005)。

维尔德(源于荷兰语的术语，意为田地)指南非和津巴布韦起伏的覆草高原，当地的术语"高维尔德"和"低维尔德"分别指 1 500 m 以上的、较冷的、高降水地区和热的、较干旱的、低于 1 500 m 的地区(Tainton and Walker 1993)。例如，中海拔高度的高维尔德稀树草原大多是蜀黍族(*Cymbopogon plurinodis*、*Diheteropogon filifolius*、黄茅和阿拉伯黄背草)以及黍族(*Brachiaria serrata*、大指草和 *Setaria flabellata*)占优势。放牧使得杂类草成分[如蜡菊属(*Helichrysum*)、千里光属(*Senecio*)]有所增加，一些优势的禾草被其他的禾草所代替[如 *Aristida congesta*、虎尾草(*Chloris virgata*)、画眉草属、*Sporobolus capensis*、*S. pyramidatis*、类黍尾稃草(*Urochloa panicoides*)]，树木密度相应增加[金合欢属(*Acacia*)、*Chrysocoma ciliata*、*Pentzia globosa*、*Stoebe vulgaris*](Tainton and Walker 1993)。

南亚和东南亚的草地，包括印度、缅甸和马来半岛的大部分热带和亚热带稀树草原是次生的，它们侵入了原始雨林和潮湿的硬叶林被清除后的撂荒耕地。例如，东南亚大约有 2×10^6 km² 由白茅草占优势的草地，位于海拔高度 300~700 m 之间。在海拔 900 m 以上的更为有限的区域内则是大类芦(*Arundo madagascariensis*)占优势 (Singh and Gupta 1993；Skerman and Riveros 1990)。这些次生的稀树草原发育在深厚的玄武岩土壤上，其散布与刀耕火种的火烧相关联。与这些稀树草原相联系的散生的树木因地而异，包括在苏门答腊北部的南亚松(*Pinus merkusii*)；在东爪哇岛、东北巴厘岛、松巴岛和帝汶岛的糖棕(*Borassus flabellifer*)、*Eucalyptus alba* 和山木麻黄(*Casuarina junghuhniana*)，别处的黄豆树(*Albizia procera*)、*Careya* spp.、*Clerodendrum serratum*、*Dillenia ovata*、扁担杆属(*Grewia*)、余甘子(*Phyllanthus emblica*)和皱枣(*Ziziphus rugosa*)。在印度散布最广泛的是 *Sehima nervosum-Dichanthium annulatum*；草地分布的地区包括广阔的半岛地区(Misra 1983)。生长的高峰出现在 6—7 月季风后的 9 月。10 月成熟后，在随后 8 个月的干季，禾草保持休眠(Singh and Gupta，1993)。在斯里兰卡，以亚香茅(*Cymbopogon nardus* var. *confertiflorus*)、白茅草、*Themeda arguens* 和光高粱(*Sorghum nitidum*)占优势的稀树草原出现在广阔的山地草地和干旱的常绿林之间的一条窄带上。

澳大利亚的热带稀树草原大约出现在南纬17°西澳大利亚北部的一条平行于大陆北缘的弧形带中，然后向南扩展通过东昆士兰到达南纬大约29°。500~1 500 mm·年$^{-1}$ 的降水主要出现在夏季 (12 月—3 月)。该地区有一大片稀树草原群落的镶嵌体，其范围从低肥力土壤上的季风高草稀树草原(其占优势的草类是阿拉伯黄背草、*Schizachyrium fragile*、高粱属和 *Chrysopogon fallax*)通过热带和亚热带的具有黄茅和麦黄茅(*H. triticeus*)的高草稀树草原(黑茅草稀树草原)，到达肥沃土壤上的三芒草属或在中度肥沃的开裂黑黏土上的 *Dichanthium sericeum*、*Bothriochloa decipiens*、臭根子草(*B. bladhii*)和虎尾草属占优势的中草稀树草原(Woodward 2003)。这些稀树草原中的乔木通常是以桉树(*Eucalyptus* spp.)或金合欢(*Acacia* spp.)占优势。疏林地发展的程度大部分对应于火烧频率，排除火烧则允许演替到以郁闭的桉树为主的森林（Gillison 1983）。

8.2.2 类型 B. 干旱气候

在气候类型 B，潜在的蒸发和蒸腾超过降水。亚型 BS 是半干旱气候或草原，覆盖地球表面的 14%；BW（W 来自德文的 *Wüste*［荒地］，荒漠）是干旱气候或荒漠。干旱的 B 气候在赤道南北纬度 20°—35°之间的广大的大陆中纬度地区，经常为山地所环抱。BS 草地地区一般包围着真正的荒漠，将它与更潮湿的地带分离。温度幅度是 24 ℃，年降水量从最干旱地区的 10 cm 至较湿润草原的 50 cm。

BS 气候有两个气候亚型，包括 BSh 和 BSk 草地（h 来自德文 *heiss*，热；k 来自 *kalt*，冷）。

① BSh：热带/亚热带半干旱荒漠草原；低海拔草原，查帕拉尔，热草地。温度至少超过 18 ℃，所有的月份>0 ℃。潜在蒸发量超过降水量，特别是每年的整个夏季和早秋降水很少（9 月降水量<1.5 cm，10 月降水量<3 cm）（彩插 3c）。土壤水分补给出现在 11 月—3 月。该气候型出现在荒漠附近，包括非洲干旱气候的南部边界，北纬 13°—15°，南非的南纬 20°附近，澳大利亚的荒漠边界，南美南部，印度的部分地区，BWh 边界（干旱热带，年均温>18 ℃），非洲西北部，沙特阿拉伯和印度西部。

② BSk：温带干旱草地；中纬度草原，寒冷草地。凉爽和干旱，温度<18 ℃，至少有一个月<0 ℃，6—8 月土壤水分不足，如果 9 月和 10 月降水低于 1.5 cm 或 3 cm（彩插 3c 和彩插 5），土壤水分在 1—3 月的降水后得到补给，或提前在 11 月（降水量>4 cm）、12 月（降水量>3 cm）降水后得到补给。该气候类型出现在美国西部大平原和加拿大中南部，以及里海向东的中国—蒙古的 BWh 边界地区。俄罗斯和中国的荒漠草原描述如下。

草原，名称来自俄语的 *stepj*，由低矮浅根的禾草构成。以宽的间距覆盖相当均匀，散生的具刺小乔木或灌木穿插在禾草之间。作为主要的草地分类的草原包括东部的欧亚草原（俄罗斯、蒙古和中国）和北美大草原（见 8.2.5 节）。

俄罗斯的草原具有寒冷和干燥的气候，具有低矮、稀疏、旱生的丛生禾草，支持放牧的承载力较低。南面的喜马拉雅山系阻挡了印度洋温暖、湿润的气流，因此，这里的降水非常少。但却没有地物阻挡北方的北冰洋寒流，因此，冬季异常寒冷并多风。在这种干旱的条件下，丛生禾草习性是一种优点，被埋藏的营养芽也可以提供保护，免于受到野生和驯养的有蹄类动物的啃食和践踏。雪和灰尘在密集的分蘖之间积累，这就促进了水分和养分的保留。地上器官展示出旱生适应性，包括狭窄、或多或少的气孔折叠叶，这些气孔处于叶的内表面。Lavrenko 和 Karamysheva（1993）认定 4 种草原类型［对应于 Bews（1929）以及 Boonman 和 Mikhalev（2005）的分类，添加了荒漠草原］从北到南，随着气候变得越来越干（降水减少、生长期延长和变暖、无霜期变长），这 4 种草原类型相继替代。

① 草甸草原（=森林草原）出现在黑海附近的半潮湿气候地区，处在北边的森林和南边的真草原之间。这个过渡的植被地带的特点是<35 cm 的形成泥炭的禾草，如瑞士羊茅（*Festuca valesiaca*）和洽草（*Koeleria gracilis*），以及真草原或典型草原特征的种，如针茅属。

② 真草原或典型草原出现在草甸草原南边和东南边 1.43×10^6 km² 的干旱和半干旱区

域。在黑海-哈萨克斯坦亚区,这些无树的平原以几种<60 cm 的针茅(Stipa)的种占优势,如 S. pulcherrima、细叶针茅(S. lessingiana)、针茅(S. capillata)和 S. zalesskii 以及 Festuca valesiaca。杂类草很普遍,其多度的差异取决于当地条件。

③ 荒漠化的丛生禾草和小半灌木-丛生禾草(半荒漠)草原横跨了哈萨克斯坦的大部分地区以及(俄罗斯境内)里海北部地区,形成了一个新月形的区域。半荒漠非常干旱,虽然仍以针茅属、刺灌木占优势,如纤细绢蒿(Artemisia pauciflora),但它们在该区域的作用变得愈加重要。

④ 荒漠小半灌木-丛生禾草草原是极干旱的(柯本气候 BSh,见前文),以一组不同的矮生针茅种,如镰芒针茅(S. caucasia)、戈壁针茅(S. gobica)和石生针茅(S. klemenzii)以及杂类草,如 Allium polyrrhizum 和大苞鸢尾(Iris bungei)为特征。

在草甸草原与荒漠草原的干燥度范围内出现的物种被称为广旱生植物,包括瑞士羊茅、针茅、克氏针茅(S. krylovii)和细叶针茅。因此草原随着干燥度从北到南的增加呈现出过渡状态,相当于北美大平原由东到西的过渡。与此相关的还有从草甸草原向半荒漠过渡期间,其物种多样性逐渐降低,从 40~50 种·m^{-2} 降到 12~15 种·m^{-2},禾草冠层高度逐渐降低,从 80~100 cm 到 15~20 cm,以及冠层覆盖度也逐渐降低,从 70%~90% 降到 10%~20%(Lavrenko and Karamysheva 1993)。俄罗斯草原是被用于牲畜放牧和收割干草的。百万英亩的草原在 20 世纪 50 年代和 60 年代被用于农业耕作,但现在很多已休耕。被遗弃的老的休耕地需要 10~15 年的时间恢复到以草原特征种占优势的草地,包括瑞士羊茅和针茅属(Boonman and Mikhalev 2005)。

中国的草地(见 8.3.3 节)范围从东北平原到西南部的青藏高原(即北纬 35°—北纬 50°),其中大约 80% 的区域被地带性草原占据,20% 被地带性草甸占据。沿西北方向,它们与蒙古和俄罗斯的草地相接。多年生、喜旱、丛生或根茎禾草占据着这些草原,特别是针茅属的种。因此,这些草地具有较低的基盖度,杂类草的丰富度也低于西部较不干旱的俄罗斯草原。

中国的植被-生境分类系统(Hu and Zhang 2005)(8.3.3 节)认定三个温带草原亚纲和两个荒漠亚纲。根据祝廷成(1993)的一个较老的但可对比的分类概述草原的特性,划分五个地带性类型示于表 8.3。与俄罗斯的草原一样,从草甸草原经过典型草原到荒漠草原,这里也存在一个多样性和生产力随着干燥度的增加而显著递减的梯度。中国草原的分布比俄罗斯草原复杂得多,草甸草原出现在东北边界的森林草原地区。真草原/典型草原位于内蒙古高原的中央,东边与草甸草原交界,南边与灌木草原交界,西边与荒漠草原交界(彩插 6 和彩插 7)。荒漠草原(desert steppe)向东北过渡到荒漠地带,向西到高山草原,向南和向东到真草原。只把灌木草原作为一个草地是有疑问的,这是因为它是由多年生的喜旱的阔叶草本和次生的喜温灌木(特别是桦木科、忍冬科、木樨科、鼠李科、蔷薇科和瑞香科的成员)等基质的灌木岛组成的(祝廷成 1993)。高山草原(alpine steppe)覆盖青藏高原面积的 29%(377 000 km^2),且以旱生、多年生、微温的针茅[紫花针茅、座花针茅(S. subsessiliflora)]和高山垫状种[垫状点地梅(Androsace tapete)、藓状雪灵芝(Arenaria musciformis)、Oxytopis microphylla]占优势(Miller 2005)。

中国的草地是重要的放牧资源,大部分的放牧出现在典型草原、半荒漠草原或荒漠地区。

绵羊是主要的食草家畜。这些草地许多(上千万公顷)都已退化,不能用于放牧,此外,人口增长、过度农业和家畜过牧等共同导致了荒漠化速率增加(National Research Council 1992)。例如,中国西藏地区的草原在1980—1990年间,草场退化面积占土地总面积的比例从18%增加到30%(Miller 2005)。

表 8.3 中国草原草地的特征

特征	草甸草原	典型草原	荒漠草原	灌木草原	高山草原
降水量(mm)	350~500	280~400	250~310	380~460	450~700
积温[a]	1 800~2 500	1 900~2 400	2 100~3 200	2 400~4 000	<500
叶覆盖度(%)	50~80	30~50	15~25	30~60	30~50
种多样度(种·m^{-2})	17~23	14~18	8~11	6~10	8~10
牧草产量(t·hm^{-2})	1.5~2.5	0.8~1.0	0.2	0.5	0.2~0.35
载畜能力(羊·hm^{-2})	2.9~2.5	1.0~1.5	0.65	0.6	0.4

a. 积温 = 日均温 > 10 ℃ 的年总值。

重要种(按重要值顺序排列)包括:

草甸草原	草原种	贝加尔针茅(Stipa baicalensis)、线叶菊(Filifolium sibiricum)、羊草
	草甸种	拂子茅(Calamagrostis epigeios)、山鬐豆(Lathyrus quinquenervius)、小黄花菜(Hemerocallis minor)
典型草原	草原种	大针茅、克氏针茅、短花针茅(Stipa breviflora)
	豆科草	小叶锦鸡儿(Caragana microphylla)、草木樨状黄芪(Astragalus melilotoides)、花苜蓿(Medicago ruthenica)
荒漠草原	草原种	镰芒针茅、戈壁针茅、克里门茨针茅
	荒漠种	红砂(Reaumuria soongorica)、沙拐枣(Calligonum mongolicum)、珍珠猪毛菜(Salsola passerine)
灌木草原	草原种	长芒草(Stipa bungeana)、白羊草(Bothriochloa ischaemum)、阿拉伯黄背草
	灌木种	黄荆(Vitex negundo)、Ziziphus sponosa
高山草原	草原种	紫花针茅(Stipa purpurea)、羊茅、高山早熟禾
	垫状植物	垫状点地梅、藓状雪灵芝、囊种草(Thylacospermum caespitosum)

引自祝廷成(1993)。

蒙古的草原覆盖国土面积的 80.7%(1 210 000 km^2),有 410 000 km^2 的干草原草地,580 000 km^2 的戈壁荒漠草原和荒漠(Suttie 2005)。这些草地占据着森林和荒漠之间的中亚及其过渡地带。与中国和俄罗斯一样,蒙古的草原以禾草为特征,主要种是针茅、羊茅和几种豆科植物,近荒漠处有灌木。在草原地带的优势植物包括冰草、冷蒿(Artemisia frigida)、寸草(Carex duriuscula)、糙隐子草(Cleistogenes squarrosa)、Elymus chinensis、阿尔泰洽草、星毛委陵菜(Potentilla acaulis)和针茅(Suttie 2005)。蒙古草原几个世纪以来已被牧民广泛放牧(见10.1节),家畜包括牛,生长在最高海拔的牦牛、马、骆驼、绵羊和山羊。靠近城市中心地区处于过度放牧状态,但在一些偏远地区,牧场通常处于良好的状态,甚至出现放牧不足的现象。

阿根廷、智利巴塔哥尼亚地区的南部草原(南纬39°—南纬55°)可归为 BSk,向北过渡为较干旱的荒漠(BWk)。草地包括无树木的半干旱禾草和灌木草原,以旱生植物为特点(Cibils and Borreli 2005)。禾草-灌丛草原群落有大约47%的覆盖度,最重要的禾草是 Achnatherum speciosum、Stipa humilis、Poa ligularis、P. lanuginose、Festuca argentina 和 F. pallescens,与几种灌木伴生,即 Adesmia campestris、Berberis heterophylla、Colleguaya integerrima、Mulinum spinosum、Senecio filaginoides、Schinus polygamus 和 Trevoa patagonica。从历史上看,仅有的大型食草动物是原驼(Lama guanicoe):类似于羊驼的类驼动物,但自19世纪后期商业性绵羊放牧已显著地将这些草地改变为不适口的木本植物(如 Senecio filaginoides 取代了适口的禾草,如 Festuca pallescens)。已提出的适应性管理(adaptive management)计划(见10.2.4节)用于可持续的绵羊生产,控制和防止荒漠化(Cibils and Borreli 2005)。

荒漠(BW)的特征植被是稀疏的灌木或小灌木覆盖。然而,降水量在150~400 mm 的半荒漠地区,常包括作为优势覆盖重要组成部分的多年生禾草(Woodward 2003)。例如,在500 000 km^2 的干旱区内的旱生丛生草地上,0.5~1 m 高的米契尔草(Astrebla)占据着优势,这种草生长在西澳大利亚北部到南昆士兰间开裂的黏土平原上(McIvor 2005;Moore 1970,1993)(彩插8)。丛生禾草与裸露的地面或低矮的一年生植物(Iseilema membranaceum、I. vaginiflorum、Dactyloctenium radufans、Brachyachne convergens)和普通的多年生禾草(通常是 Aristida latifolia 和 Eragrostis xerophila)及杂类草(黄花稔属)广泛地隔开(约分开0.6 m)。在某些地区会出现散生的灌木或乔木,还有包括金合欢(Acacia farnesiana)、A. cana、Terminalia volucris 和 T. arostrata 等草本植物。这些草原上放养着羊,是澳大利亚最具生产力的干旱牧场,但大部分地区过度放牧造成一种饲料质量不佳的 Triodia basedowii 占据了优势地位。在干旱荒漠地区广为散布的 spinifex 草地(三齿稃草属)甚至比澳大利亚的米契尔草地(Mitchell grasslands)分布更广泛(彩插9)。

在北美洲,荒漠草原出现在干旱-半干旱气候条件的地区(年均降水量在美国为230~460 mm,在墨西哥高达600 mm),并从美国亚利桑那州的中西部和东南部、新墨西哥州的南部和西得克萨斯州扩展到墨西哥中部并远下至墨西哥北部的州。确认了四个亚区(Schmutz et al. 1992):

① 高荒漠草皮禾草亚区,草皮禾草(sod-grasses)占优势,美国是格兰马草(Bouteloua gracilis)和 Hilaria belangeri,在墨西哥为格兰马草和 B. scorpioides。

② 高荒漠丛生禾草亚区,处在1 100~1 700 m 的中生的高海拔山坡、谷地和山麓,该地区的禾草高度比高荒漠草皮禾草亚区的要高,且高于包括垂穗草、黑格兰马草、B. hirsuta、加利福尼亚马唐、Elyonurus barbiculmis 和 Eragrostis intermedia 等草类的高度。

③ 奇瓦瓦荒漠草地亚区,在美国亚利桑那州东南部,新墨西哥州南部和得克萨斯州远西部,南下墨西哥东部。多灌木(Acacia constricta、Flourensia cernua、石炭酸灌木),具散生到多量的禾草,特别是黑格兰马草。

④ 索诺拉荒漠草地亚区,在美国亚利桑那州的中西部、中南部和东南部,并进入墨西哥的东索诺拉和西奇瓦瓦。该亚区被无刺的落叶灌木[古堆菊(Gutierrezia sarothrae)、Isocoma te-

nuisecta]强度入侵,现保留少数的禾草[*Aristida divaricata*、*A. hamulosa*、*A. longiseta*、雕纹孔颖草（*Bothriochloa barbinodis*）、垂穗草、*B. rothrockii*、加利福尼亚马唐]。

20世纪初,在北美的荒漠草地,仙人掌和灌木增加,原因尚不清楚,但这可能与牲畜的过度放牧、气候变化、火灾扑救、兔和啮齿类动物的影响有关(Schmutz et al.1992)。

8.2.3 类型 C. 湿润的中纬度亚热带气候（湿润中温）

温带落叶阔叶林占优势,但温带中纬度草地如南部高草普列那、潘帕斯、堪泊思草地也在这个气候类型中,内布拉斯加州南部的北美普列那位于干旱区的西侧,并延伸到较低纬度的亚热带气候区。普列那草原在这个湿润的亚热带气候中,温带草地（Cfa,大陆性暖温森林）具有炎热湿润的夏季,且多雷雨。冬天是温和的,降水在这个季节来自中纬度气旋。最冷月平均气温为-3～18℃,最热月均温大于10℃。降水为25～75 cm·年$^{-1}$,没有明显的干季（相比较,Cw是冬季干燥,Cs是夏季干燥）该气候类型出现在大陆的中部地区。如果是山地,在阴坡海拔为900～1 500 m,阳坡海拔为1 100～1 800 m。美国的东南部是Cfa气候的一个好例子,例如向西穿过整个俄克拉何马州（panhandle除外）（彩插3d）普列那草地,以及得克萨斯中部与东部（见8.2.5节）的草地均是混合普列那。温度对应于邻近的潮湿气候,形成了温带和亚热带两种普列那草原类型基础。

在南美洲,温带的半湿润草地出现于南纬28°—南纬38°,面积超过700 000 km^2,包括阿根廷中东部、乌拉圭以及拉普拉塔河（Rio de la Plata）周边且与大西洋海岸接壤的巴西南部地区（Soriano 1992）。在这一气候区内有两个亚区（Burkart 1975）:

① 湿润的潘帕斯,面积为500 000 km^2,主要占据阿根廷的布宜诺斯艾利斯省、拉潘帕省东部和科尔多瓦省南部部分地区,圣菲省以及恩特雷里奥斯省,分为几个区域性的小分区,包括起伏的潘帕斯（这样称呼是因为它平缓起伏的地形）和面积达60 000 km^{2}的广阔的洪泛潘帕斯。

② 乌拉圭的堪泊思和巴西的南里奥格兰德州（Rio Grande do Sul）（彩插10）。

整个地区实质上是一个广阔的连续平原,具有岩石露头、丘陵或方山地形,高出平原不超过500 m。原生的C$_4$丛生禾草在潘帕斯的暖季占优势,例如处在洪泛潘帕斯的丛生禾草孔颖草、*Briza subaristata*和毛花雀稗,以及在起伏的潘帕斯的孔颖草和智利针草（*Nassella neesiana*）（C$_3$）。*Paspalum quadrifarium*是一种高大的丛生禾草,它对洪泛潘帕斯的群落结构有强大的影响力,能减少外来物种入侵的机会（Chaneton et al. 2005）。C$_3$禾草于冷季在潘帕斯占优势,包括*Agrosteae*、燕麦族、羊茅族、草族和针茅族的种（Suttie et al. 2005）。洪泛潘帕斯几乎有3.5×10^{6}头牛放牧。更偏亚热带的堪泊思在潘帕斯的北边,为C$_4$禾草占优势；例如,阿根廷的美索不达米亚（Mesopotamia）地区的堪泊思包括以*Andropogon lateralis*占优势的丛生禾草普列那,以30～40 cm高的百喜草和地毯草（*Axonopus compressus*）占优势的低草草地（Pallarés et al. 2005；Soriano 1992）。在巴西南部的亚热带到温带气候区的堪泊思草地,从理论上讲有利于森林的发展。草地是公元前10 000年前残留的凉爽、干燥的环境,此后为（可能是人为的）火烧（Overbeck et al. 2005a）和放牧（Oliveira and Pillar 2004）所保持,然而对在驯化的食草动物被引入之前的这些草地的组成所知甚少。里约热内卢的拉普拉塔地区的许多草地现已被强度耕种(小麦、玉米、高粱、大豆),这种现象是在16世纪欧洲定居者引进牛和绵羊放牧之后开始的。只有在洪泛潘帕斯和乌拉圭的堪泊思保持了自然和半自然草地为优势的景观特征(Soriano 1992)(彩插10)。牛的放牧通过降低主要种的优势度导致次要种多样性的增加,特别是杂类草和外来种(Altesor et al. 2005; Facelli et al. 1989; Rodríguez et al. 2003),并使得不适口的杂草和匍匐物种传播,如百喜草和类地毯草(*Axonopus affinis*)(Altesor et al. 1998)。丛生禾草在没有啃食情况下能长到40~50 cm高,而在放牧情况下低矮草地高度可能<5 cm。查尔斯·达尔文(1845)在他的日记中记录:"欧洲蓟在布宜诺斯艾利斯周围的潘帕斯草原受干扰的地区经常发生……由于土地为一片片的或是辛辣的三叶草,或是大蓟所覆盖,这里很少有好的草场。"

美国潮湿的亚热带地区,特别是亚拉巴马州、密西西比州和得克萨斯州,在易分解泥灰岩区,也就是高生产力的普列那草原土壤岛,草地替代了森林。以"普列那黑土"闻名。这种草地以北美小须芒草占优势,散布在硬木树和松/硬木树群落之间。由于农业的发展,曾经广泛存在(在阿肯色州西南部>3 000 km²)的这类群落,现在几乎完全丧失(Peacock and Schauwecker 2003)。

8.2.4 类型 D. 湿润大陆性中纬度(温带,湿润微温)气候

该中纬度温带草地(Dfa,温和的大陆性暖温气候)包括北方高草普列那。最冷月平均温为3~18 ℃,最暖月平均温>10 ℃(至少有4个月>10 ℃)(彩插3e)。降水量为25~75 cm·年$^{-1}$。记号中的"f"表示该气候是终年潮湿的。冬季寒冷,只有140~200天的生长期。这个寒冷多雪的气候以冬季的冻土为特征,通常是支持森林的。该气候类型出现在美国东部和中西部(大西洋海岸到东经100°,)气候类型C(见8.2.3节)的北边,支持高草普列那(见8.2.5节)。相似的草地出现在中欧东部(俄罗斯东南部的多瑙河平原),中国的华北和东北。在美国东部许多这样的地方自然地覆盖着温带落叶林,但由于人类砍伐和放牧,开始作为人工管理的草场而存在(见8.2.7节)。与此相似,欧亚的温带草地出现在原是落叶阔叶林或北方针叶林的地带,被Rychnovská(1993)认为是半自然的;也就是起源于新石器时代开始的伐林之后,未加播种、当地发生的和被人工管理维持的草地(见8.2.7节)。

在南半球,这种气候类型一般是限于高海拔地区,如安第斯山脉和在非洲、澳大利亚、新西兰和新几内亚等类似的地区(Moore 1966)。相似地,Ellison(1954)在北半球美国犹他州的Wasatch高原3 000 m海拔的亚高山植被的绵羊放牧场描述了一个 *Achnatherum lettermanii* 占优势的草地。

8.2.5 北美大平原:一个特殊的个例

北美大平原(North American Great Plains)中部的草地覆盖了3.022×10⁶ km²(约占北美土地面积的12.5%)(Lauenroth et al. 1999),位于美国和加拿大南部的落基山以东和墨西哥东北部东马德雷山脉(Sierra Madre Oriental)以东的地区。大平原在三个连续的气候带(BS、C和D)中是独一无二的,因此被划分为主要包括干旱半湿润(34%)和半干旱(32%)气候

(Lauenroth et al. 1999)(彩插3,彩插5和彩插11)。此外,与复杂的欧亚草原相比而言,这些草地在地形上是简单的,前者包括很多国际边界并跨越几个主要山脉和两大荒漠地区。大平原地区被比作一个倒扣的碗或古台地,西边被相对年轻的(中新世)落基山脉镶边,东边被古老的(二叠纪)受到严重侵蚀的阿巴拉契亚山脉切断了自由的大气环流。密西西比河在这个碗的中间流出了大峡谷(Dix 1964)。

降水取决于来自太平洋和墨西哥湾的潮湿气团与从北极和山地来的寒冷空气的相互作用。年降水量范围因此从沿美国西南部和墨西哥北部的荒漠边缘的125 mm到沿美国东部和中南部的落叶林接触处的1 000 mm。草地植被延伸到密歇根湖南部的林区,当干燥气流呈东西格局,则造成"草原半岛"(Transeau 1935)。夏天是湿季,50%的降水发生在4—7月;但是,夏、秋季干旱是常见的。冬天是干燥季节,但冬季降雪是重要的,其降水量高于25 mm的天数从<10天(得克萨斯-俄克拉何马边界以南地区)到>80天(爱荷华中部边界线以北、内布拉斯加北部和沿着科罗拉多-怀俄明边界),这些雪可以保护植物免受寒冷和干燥的冬季空气的伤害,以及在春季融雪时提供土壤补水。无霜期范围从<100天至>300天。年均气温范围从北部的<2 ℃到南部的>18 ℃,平均生长季节的最热月温度是16~28 ℃。除了地理气候变化外,降水和温度还有较大的年度波动。亚热带的界线通过俄克拉何马中部和得克萨斯的突出地带,跨过了区域的东西方向。

剧烈的环境梯度导致大尺度的植被梯度跨过大平原(Diamond and Smeins 1988)(见6.1.2节)。低草区域(BS草原)西风带中以南北向延伸并融合C(内布拉斯加以南)和D气候类型的混合普列那草地草原以及在东部的高草草原。由西向东冠层高度从<20 cm增加到>200 cm。出现了一条由北到南的剧烈梯度,C_3的种在凉爽(年均温<2 ℃)、干燥(年均降水<500 mm)的北方是最重要的。而C_4的种在较温暖和潮湿的南方是最重要的。C_4的种在整个地区有利于地上部分的NPP,C_3的种主要局限于占地区三分之二的西北部。大多数C_3物种是中等高度或矮小,所以在潮湿地区对光的竞争中不及高草。温度和降水的正相关性意味着C_4物种主宰着潮湿的地区,这是因为这些领域也是温暖的,而C_4种在最凉的也是相对干燥的地方占优势(Lauenroth et al. 1999)。

大平原可分为两个区域,东部的真普列那草原和西部的混合普列那草原。一个宽广的过渡带将两个区域分开,一条南北向的线穿过内布拉斯加中部、堪萨斯和俄克拉何马,其间年降水量的变化由北部的约50 cm到南部的约75 cm。如前所述,真普列那向东部接收更多降水变得越来越潮湿,而混合普列那向着西部的落基山脉变得越来越干旱。

堪萨斯以北的真普列那以*Hesperostipa spartea*占优势,在高地群落则以北美小须芒草和草原鼠尾粟占优势(Dodd 1983)。重要的伴生种为垂穗草和阿尔泰洽草。大须芒草、黄假高粱和柳枝稷被许多人认为是真普列那的典型高草,它们在广阔的中生地区占优势,当开花时其高度达2~3 m(Weaver 1954)(彩插11)。

可识别的三个主要高地群落(Dodd 1983):

① 北美小须芒草(覆盖率55%~90%)和地区中部的伴生种:大须芒草、草原鼠尾粟、*Hesperostipa spartea*和外来的草地早熟禾。

② 堪萨斯以北的*Hesperostipa spartea*占优势(尤其是在旱生的生境中,其覆盖率为50%~

80%);伴生种包括北美小须芒草、大须芒草、阿尔泰冶草和垂穗草。

③ 草原鼠尾粟在干燥的高地占优势,具类似的伴生种。

可识别的三个主要低地群落:

① *Spartina pectinata* 在潮湿的低地占优势,具有整个很稠密的冠层,只容许少数其他的伴生种存在。

② 柳枝稷(内布拉斯加南部和东南部)和加拿大披碱草(特别是在西部和向北),它们生长于中生性较差的 *S. pectinata* 群落地区。

③ 大须芒草、黄假高粱、柳枝稷、*Hesperostipa spartea* 占优势的稠密群丛在最干燥的低地,北美小须芒草数量较少。

地形(影响土壤养分和水分)、干扰状况(尤其是火烧)和放牧(最初是北美野牛,自欧洲人定居以来则是牛)之间的相互作用导致广泛的本地变异(Collins and Steinauer 1998)。野牛被描述为一个高草普列那的关键种(Knapp et al. 1999),同时还有一些其他的动物,包括美洲獾(*Taxidea taxus*)、羚羊、土拨鼠(pocket gophers)、地松鼠和其他影响小尺度植被非均质性的小型哺乳动物(例如 Gibson 1989; Platt 1975; Reichman and Smith 1985)(见 9 章)。

混合普列那

混合(混合禾草)普列那是北美最大的草地群丛,覆盖面积 900 000 km²(Küchler 1964; Risser et al. 1981);纬度范围大约 2 800 km,从 29°N—52° N(加拿大的艾伯塔省东南部、萨斯喀彻温南部、美国的蒙大拿州西南部到得克萨斯州)(Coupland 1992b)。该名称是指大致相等混合的中草和低草(Weaver and Albertson 1956)。中禾草 *Hesperostipa comata*、蓝茎冰草、沙鼠尾粟和阿尔泰冶草以及低草垂穗草和野牛草是遍布的,虽然在其范围内的植被并不一致(Weaver and Clements 1938)。Coupland (1961) 在加拿大的混合普列那认定了 5 个群落类型:

① 中生的东部地区: *Hesperostipa curtiseta*、*Elymus lanceolatus* ssp. *lanceolatus* 占优势,有 *Hesperostipa comata* 和蓝茎冰草伴生;一起形成 75%的植物覆盖率。

② 更干旱区域:格兰马草占优势,有 *H. curtiseta* 和 *E. lanceolatus* ssp. *lanceolatus* 伴生。

③ 干旱沙质壤土: *H. comata* 和格兰马草。

④ 不透水土壤:格兰马草、蓝茎冰草和 *E. lanceolatus* ssp. *lanceolatus*。

⑤ 高保湿土壤: *E. lanceolatus* ssp. *lanceolatus* 和阿尔泰冶草。

低草普列那(低草偏途顶极、低草平原、低草草原;彩插 5)

在最西部的 280 000 km² 的混交普列那,虽然被早期的生态学者视为混交普列那的人为顶极群落部分(Weaver and Albertson 1956; Weaver and Clements 1938),但某些学者仍视其为独立的草地类型(Carpenter 1940; Lauenroth et al. 1999; Lauenroth and Milchunas 1992; Risser et al. 1981)。

低草普列那从科罗拉多-怀俄明在北纬 41°的边界向南延伸到北纬 32°,进入得克萨斯西部,并从落基山的山脚向东延至不远于西经 100°的俄克拉荷马的突出地带(Lauenroth and Milchunas 1992)。土壤干扰、过牧和旱灾导致这一地区的混交普列那植被发生了完全的变化,高禾草和中禾草丧失,仅留下低草,包括中部和北部地区的格兰马草和野牛草,以及南部和西南部的 *Hilaria belangeri* 或黑拉禾。过牧则使小乔木和灌木 *Prosopis*、*Acacia*、*Condaloa* 和 *Larrea*

入侵,伴以高覆盖度的仙人掌属(*Opuntia*),使南部的混交普列那特别是在干旱地区的低草区域的一片灌丛地被过度使用。

在美国西南部和墨西哥中北部,混交普列那让位于 207 565 km² 的荒漠草地,那是一片开旷的、稀疏的群落,以黑格兰马草和黑拉禾占优势,有 *B. rothrockii*、*Aristida divaricata* 和 *A. purpurea* 伴生(Risser et al. 1981)。

北美大平原的草地被广泛地改变,主要是由于破碎化、种植、过度放牧、外来物种入侵[例如,*Salsola tragus* 和加拿大蓟(*Cirsium arvense*)的传播]和城市化的结果(Bock and Bock 1995),只有大约 9.4%的原生普列那保持为草地(White et al. 2000)。

8.2.6 类型 H.高地气候(山地草地)

由于温度随海拔升高而降低,约 0.6 ℃·100 m^{-1};结果,高地区域气候带随海拔的垂直变化大致对应于气候带随纬度带向极地方向的转变。然而,季节只发生于低地地区附近存在的高地上。这样,在类型 A 的气候区(热带区域)会出现对应于柯本的 C、D 和 E 气候的升高降温地带,但没有季节性。否则,季节和干、湿期与它们所在的生物群区相同。因此这里没有特定的高原气候,而为其他气候类型;倒不如说,特定的高原气候是当地条件的一个变型(Trewartha 1943)。

在高海拔地区,草地可出现在树线以上,形成亚高山或高山草甸。树线的海拔高度向极地方向降低,并且在北半球的北坡比南坡低,在南半球则相反。一个高地气候的草地的例子是处于巴西东南部海岸高地(海拔 1 800~2 000 m)的高海拔堪泊思(高海拔草地)。高海拔堪泊思(*Campos de altitude*)被 Safford(1999)分类为 Cwb,所对应的是一个具有干燥的冬季、凉爽的夏季(最暖月<22 ℃)的温暖的温带气候。这个草地构成丛生禾草[蒲苇属(*Cortaderia*)、拂子茅属、须芒草属]和竹子(丘斯夸竹属)的连续矩阵,有散生的灌木[特别是香根菊属(*Baccharis*)、斑鸠菊属(*Vernonia*),多种多样的泽兰族(*Eupatorieae*)、蒂牡花属(*Tibouchina*)、*Leandra*和桃金娘科(*Myrtaceae*)的种]和低矮的常是发育受阻碍的乔木[例如鼠刺属(*Escallonia*)、美登木属(*Maytenus*)、密花树属(*Rapanea*)、*Roupala*、山矾属(*Symplocos*)、*Weinmannia*]。高海拔堪泊思的草地与该地区的其他山地植被在植物区系和外貌上是类似的;例如,在委内瑞拉、哥伦比亚和厄瓜多尔的赤道安第斯的更高和更广泛的热带 páramos 巴拉莫(Safford, 1999)。例如,在厄瓜多尔科多帕希(Cotopaxi)的巴拉莫,其年均温为寒冷的 7.8 ℃,拂子茅属、蒲苇属、羊茅属和针茅属是那里的特征属(Ramsay and Oxley 1997)(彩插 3f)。禾草丛生的生长方式和巨大的蔷薇形植物是高山草地的特征;如,安第斯的 *Espeletia*[菊科(Asteraceae)]和水丝麻(*Puya*)[凤梨科(Bromeliaceae)],东非的千里光属(*Senecio*)(菊科)和半边莲属(*Lobelia*)[桔梗科(Campanulaceae)],马来西亚的桫椤属(*Cyathea*)和其他的树蕨,以及夏威夷的剑叶菊属(*Argyroxiphium*)(菊科)。

Bews(1929)指出,热带的丛生禾草稀树草原随着海拔高度变化过渡到温带草地。在霜线以上,热带的种数下降并最终丧失。蜀黍族(须芒草属、裂稃草属)保持优势,与黍族混生[如雀稗属,马唐属(*Digitaria*)],形成小而硬的草丛。随着海拔高度增加,系统发育原始的温带属出现并成为优势;如,雀麦属、扁芒草属、羊茅属和早熟禾属。在安第斯,拂子茅属和剪股颖属是重要的。豆科草和鳞茎单子叶植物(如百合)在这些草地中也是重要的。

温带的山地草地经常是羊茅属、早熟禾属、拂子茅属和剪股颖属的种占优势的。因为绵羊放牧,草地正好延伸到树线之下;否则这个地区会是灌丛或森林。例如,在英国,山地植被最普通的形式是一种被绵羊放牧和经常的霜冻维持的低多样性的草地。普通的禾草分类单位包括一种珠芽型的羊茅($Festuca\ ovina$)、瑞士羊茅($F.\ vivipara$)、细弱剪股颖、曲芒发草和甘松茅(Pearsall 1950),与少数薹草[如毕氏薹草($Carex\ bigelowii$)],杂类草[如$Galium\ saxatile$、洋委陵菜($Potentilla\ erecta$)]和苔藓[灰藓($Hypnum\ cupressiforme$)、大绢藓($Pseudoscleropodium\ purum$)、拟垂枝藓($Rhytidiadelphus\ squarrosus$)](Rodwell 1992)。代表这些山地和亚山地生境的群落取决于下伏土壤的变化(特别是基性丰富度)和土壤湿度、雪线、海拔高度和坡向。

在中国,14.8%(580 000 km^2)的草地总面积被分类为高山草原(见 8.3.3 节),耐寒禾草和菊科植物占据优势,其中最重要的是紫花针茅($Stipa\ purpurea$)、$S.\ subsessiflora$、羊茅、固沙草、青藏薹草($Carex\ moorcroftii$)、冻原白蒿($Artemisia\ stracheyi$)和藏沙蒿($A.\ wellbyi$)。高山草甸覆盖 16.2%(630 000 km^2)的草地总面积,以抗寒的禾草和杂类草占优势,包括多种嵩草[高山嵩草($Kobresia\ pygmaea$)、矮生嵩草($K.\ humilis$)、线叶嵩草($K.\ capillifolia$)、嵩草($K.\ myosuroides$)、藏北嵩草($K.\ littledalei$)、西藏嵩草($K.\ tibetica$)]、薹草[暗褐薹草($Carex\ atrofusca$)、喜马拉雅薹草($C.\ nivalis$)、细果薹草($C.\ stenocarpa$)]、华扁穗草($Blysmus\ sinocompressus$)、高山早熟禾、珠芽蓼($Polygonum\ viviparum$)和圆穗蓼($P.\ macrophyllum$)。这两种山地草地对于家畜都是重要的,两者的绵羊承载力分别是 3.73 头·hm^{-2}·年$^{-1}$ 和 0.98 头·hm^{-2}·年$^{-1}$(相比之下,温带草原的承载力是 1.42 头·hm^{-2}·年$^{-1}$)(Hu and Zhang 2003)。

在南半球,新西兰的高海拔高山草地的组成同样是与海拔高度(树线在 1 200~1 300 m)、排水和雪覆盖有关的;4 种 0.1~1.5 m 高雪草丛($Chionochloa$ spp.)区别这些重要的禾草群落(Mark 1993)。这些群落中的其他草类包括 $Festuca\ novae-zelandiae$ 和银色早熟禾($Poa\ cita$)。同样地,在海拔高度 270~500 m 的奥克兰群岛的严酷气候条件下出现了雪地丛生草草地(Godley 1965)(彩插 12)。

8.2.7 人工管理的半自然草地

在世界的许多地区,草地的出现并不代表自然植被。这些半自然草地是在树木被清除或沼泽被排干的土地上发展起来的。当草地像这样出现在未被利用或不适于种植农作物的土地上时,它们被称为永久草地或次生草地(secondary grasslands)。这些草地经受不同程度的集约管理,与以上讨论的很少遭受或没有被故意直接改变的自然草地形成对比。此外,播种(种子)的草地和部分与作物轮作的是一种草甸 ley(旧英语 $lēah$,草甸的一个替代词)。不论半天然草地是否播种,用作收割干草的草地就是一种草甸(旧英语割草地 $mæd$,来自动词 $māwan$ 收割)。一个完全或主要用于放牧的是牧场(来自拉丁文 $pasco$,放牧)(表 1.2)。

就组成而言,半天然草地因地理位置、土壤类型、气候和管理而异,而且植物区系通常十分丰富。以欧洲为例,主要的禾草仅有大约 20 种为代表(表 8.4)。这些草地的起源是通过清除现有非草地植被,而不是通过种植或播种,大部分物种来自区域内。通常这些种在清除之前存在于其他生境的边缘,包括疏林地、森林、沼泽、高山区和沿海地区。其他,如高燕麦草可能迁移自地中海-大西洋起源(Scholz 1975)。其他的进化族类(亚种、生态型、变种)就地适应新的草地生境。例如,四倍体黄花茅生态型广泛分布于整个欧洲,被认为是二倍体玉竹与二倍体黄花茅之间出现的杂交种。

表 8.4 欧洲主要的割草场和牧场的禾草

拉丁学名	通用名
Agrostis gigantea Roth.	小糠草弯
A. stolonifera L.	匍匐剪股颖
A. capillaris L.	细弱剪股颖
Alopecurus pratensis L.	狐尾草
Anthoxanthum odoratum L.	黄花草
Arrhenatherum elatius (L.) J. &C. Presl.	高燕麦草
Cynosurus cristatus L.	洋狗尾草
Dactylis glomerata L.	鸭茅
Festuca rubra L.	红色和紫羊茅
Helictotrichon pubescens (Huds.) Bess. ex. Pilger	毛燕麦草
Holcus lanatus L.	绒毛草
Hordeum secalinum Schreb.	草地大麦
Lolium multiflorum Lam.	多花黑麦草
L. perenne L.	黑麦草
Phleum pratense L.	梯牧草
Poa pratensis L.	草地早熟禾
P. trivialis L.	普通早熟禾
Schedonorus phoenix (Scop.) Holub.	高羊茅
S. pratensis (Huds.) P. Beauv.	牛尾草
Trisetum flavescens (L.) Beauv.	三毛草

引自 Scholz(1975)。

英国的次生草地

欧洲,特别是英国的次生草地有很长的历史,可追溯数千年。这些早期的次生草地是半自然的,因植物不是播种的,但它们是人工的,并要求维护,以防止恢复为灌丛或森林。原始的森林被采伐或火灾毁灭,作为牧场发展首先是在疏林地放牧牛。在英国,考古证据支持可以追溯到新石器时代的森林清除(Sheail *et al.* 1974),继而通过罗马时代直到在《末日审判书》(完成于 1086 年)中记录的诺曼征服的时间。该记录指出英格兰土地的 1.2% 是草甸(约 1 210 km²),1/3 的英格兰土地(约 360 000 km²)是牧场,支持约 648 000 头牛、1×10^6 头奶牛和 2×10^6 只绵羊(Rackham 1986)(见图 1.3)。牧场是特别有价值的土地,不仅仅是为了饲养家畜。畜粪可收集作为农家肥。发展这种圈养家畜的做法是白天在牧场食草,晚上在农地过夜避免处理粪便的麻烦。草甸(割草场)很有价值,可以为家畜提供储藏的干草,特别是从 1 月到 4 月牲畜需要耕地,但牧场的草尚未生长。在 20 世纪后半叶,转变农业实践在半自然草地范围内造成了相当大的损失(Blackstock et al. 1999)。

在英国,这些半自然草地的植物区系组成取决于土壤肥力(pH 和营养状况)和因使用(放牧强度、割草)而改变的排水。在肥力方面,高生产力的肥沃牧场具有最高比例的多年生黑麦草和白车轴草;当肥力下降时,剪股颖属、绒毛草和紫羊茅数量增加(图 8.2)。紫羊茅在肥力最低的牧场占优势,与黄花茅和花叶根茎绒毛草一起生长在酸性土上;*Brachypodium pinnature* 和 *Zerna erecta* 生长在白垩土上。杂类草在肥沃土壤上也很丰富,包括多种菊科、车前属(*Plantago*)、毛茛属(*Ranunculus*)和在酸性土上的小酸模(*Rumex acetosella*)(Green 1990)。

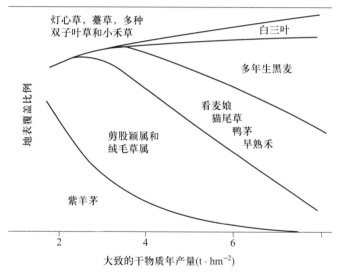

图 8.2 英国不同肥力水平的半自然草地的典型组成(以产量表示)。使用得到 Green(1990)允许。

从 16 世纪开始,人们就知道通过耕种和再播种的方式把永久性草地作为割草场,在 20 世纪 30 年代,随着科学平衡的种子混合物的引进、改良的肥料和排水方法出现,这种做法再次兴起。在 1939 年英国国会给予农民耕种草地 2 英镑/英亩(4.9 英镑/英亩,以目前价格计算相当于每公顷约 400 美元)的奖励用于耕种年限超过 7 年和面积大于 0.81 英亩的草地(Sheail et al.1974)。割草场在植物区系上远离古老的自然草地,只能在限定范围的种内选择播种,很少大于 20 年(许多是 4 年轮作)。

割草场和播种牧场(leys and seeded pastures)

栽培或播种的牧场实质上是一种补充天然植被可用作饲料的草地。牧场草种的选择取决于局地环境、自然条件(坡度、岩性等)、经济改造价格(例如排水或灌溉),以及牧场的使用目的。不同的草种适应于不同的目的,如青储、放牧或牧草。通常,播种的草种包括温带和/或热带/亚热带起源的一年生和多年生禾草以及豆科草。在欧洲,主要用于播种的草种是那些在半自然草地中普通的原生种(表 8.4)。在其他地方,许多物种是引进的,其中包括鸭茅、多年生黑麦草、多花黑麦草和高羊茅——世界上种植最普遍的禾草。例如,这些禾草和其他的冷季 C_3 禾草被引种到北美、日本及澳大利亚南部和新西兰的温带地区,以及那些它们适应的凉爽和高降水的地区(Balasko and Nelson 2003;Edwards and Tainton 1990;Ito 1990)。在热带区域采用另一套不同的暖季 C_4 禾草,例如,在南非的热带区域播种的有:狼尾草(来自中非)、雀稗属[如毛花雀稗(*Paspalum dilatatum*)、丝毛雀稗(*P. urvillei*)来自南美],非洲虎尾草(可能来自印度),加上原生种[如,弯叶画眉草(*Eragrostis curvula*)、大指草]。在北美南部,狗牙根、百喜草、毛花雀稗、象草和 *Bothriochloa saccharoides* 都是引种的禾草,它们与原生的普列那禾草(大须芒草、黄假高粱、柳枝稷)(Redfearn and Nelson 2003)一同种植。使用最广泛的温带豆科禾草是白车轴草、红三叶、苜蓿和胡枝子的变种。适应于热带和亚热带地区暖季型禾草生长条件的豆科植物包括圭亚那笔花豆、链荚豆(*Alysicarpus vaginalis*)和多年生花生(*Arachis glabrata*)(Sollenberger and Collins 2003)。

尽管有播种的物种,但是割草场的植物组成取决于禾草的年龄、土壤类型、施肥制度和管理。例如,在英格兰和威尔士,多年生黑麦草的数量具有关键的重要性,含量高,特别是在一片老的草地,它指示了肥沃的土壤和集约的使用(Green 1990)。一年生早熟禾和普通早熟禾通常是早期的短命入侵者。非播种的草种通常占 45% 的土地,在播种后覆盖 8 年,而在割草场超过 20 年,那些受欢迎的草种(即那些播种的)的覆盖率 < 20%(图 8.3)。

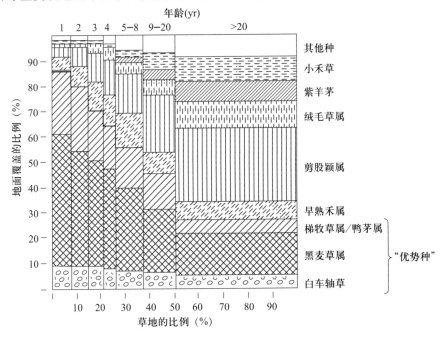

图 8.3 英格兰和威尔士播种草地按照年龄组的平均植物组成,经 Green(1990)允许复制。

主要的播种草种有大量的栽培变种(cultivars),允许土地拥有者播种对当地条件最优的和适合需要的种子混合物。一个栽培变种在育种计划完成后被释放,研究的目的在于:① 增加产量,② 良好的早季节生长,③ 采割干草后的良好再生,④ 在割草场的整个生命期间都具有高水平的生产量,⑤ 高的叶/茎比和 ⑥ 持续的种系(Moore 1966)。例如,Aberystwyth S.23 是世界最知名的和被广泛应用的多年生黑麦草栽培变种,KY 31 是高羊茅主要的栽培变种,在整个美国东部种植面积为 14×10^6 hm^2(Ball et al. 1993)。

市容草地(amenity grasslands)

具有娱乐功能或美学价值,不以农业生产为主要目的的草地被称为市容草地,被认为在其他方面有重要意义(例如 Dunn and Diesburg 2004; Fry and Huang 2004; Turgeon 1985)。当草地被集约使用和管理时则被称为草坪地区或草坪设施(Waddington et al. 1992)。相对少的对于该地区颇为重要的草地则被划为草坪。仅在英国,1977 年总的草坪面积为 4 278.5 km^2 (Shildrick 1990)。从全世界范围来看,草坪面积约占国家总土地面积的 1%~4%,这取决于该国的面积大小。草坪区的用途包括体育设施(尤其是高尔夫球场)、家庭草坪、观赏草坪、路旁、水道岸边以及公园和开放空间。低多样性地区的草种选择取决于气候(温带和热带)、土壤,最重要的是使用的强度和维护情况。受到最高强度使用和磨损的草坪区域包括体育设施(尤其是高尔夫球轻击区和发球台)、网球场、板球球场和赛狗跑道。例如,北美被分为若干草坪区,这些草坪区反映了基于冷季茅型(C_3)和暖季型草(C_4)的适宜性的南北分区,以及反映了最适应于干旱或半干旱气候与湿润气候的不同禾草的东-西草坪草的分区(Shildrick 1990)。在世界范围内,匍匐剪股颖、黑麦草、草地早熟禾和高羊茅的栽培变种是有用的冷季草坪草,而狗牙根和结缕草属是有用的暖季草坪草。草坪草都出自禾本科的三个亚科,即虎尾草亚科(草坪草的主要属是:狗牙根属、结缕草属;小属有:野牛草属、格兰马草属)、黍亚科[地毯草属(*Axonopus*)、雀稗属、狼尾草属和钝叶草属(*Stenotaphrum*)]和早熟禾亚科[主要属:剪股颖属、羊茅属、早熟禾属、黑麦草属、*Schedonorus*;小属:冰草属、雀麦属、洋狗尾草属(*Cynosurus*)、梯牧草属、碱茅属(*Puccinellia*)](Turgeon 1985)。表 8.5 列出了适用于荷兰的草坪草,并说明了各种用途的不同品种的优点。尽管这些市容草地具有人工性质,但它们仍被包含在植物社会学的草地植被分类中(例如,朝鲜的 *Digitario ciliaris – Zoysietum japonicae* 草坪,Blažková 1993)。生态原则有助于对市容草地的理解和管理(见 Rorison and Hunt 1980 的论文),这些系统的动态与结构有助于对生态概念的理解(例如,装配法则:Roxburgh and Wilson 2000; Wilson and Watkins 1994)。

8.3 区域草地分类案例

在世界范围内制定的标识草地区域性的植被,许多是基于前述的 IVC 系统(见 8.2 节)。下面介绍三个对比的区域草地分类系统。其他的包括澳大利亚的国家植被分类系统(Cofinas and Creighton 2001, http://audit.ea.gov.au/ ANRA)和南非的植被类型(Low and Robelo 1995)。

表 8.5 荷兰的草坪适宜度。高分数字表示在各方面均有良好表现

草种	抗逆性					适宜度		
	抗旱性	耐湿性	耐阴性	耐磨损性	耐冬性	运动场	草坪	路边
普通剪股颖(Agrostis canina)	5	8	7	4	9	4	9	7
细弱剪股颖	8	6	6	5	9	4	9	8
匍匐剪股颖	8	8	5	4	9	4	8	7
A. vinealis	9	4	5	3	9	3	5	8
洋狗尾草	6	6	4	6	5	4	4	5
Festuca fififormis	9	4	6	5	8	3	5	9
紫羊茅:细根状茎($2n=42$)	8	7	8	6	8	6	9	9
紫羊茅:粗根状茎($2n=56$)	7	7	8	5	9	5	7	9
Festuca rubra ssp. fallax	8	6	8	5	8	5	9	9
黑麦草(草皮)	7	6	4	9	6	9	7	6
黑麦草(牧场)	7	6	4	8	6	8	6	5
梯牧草	4	8	4	6	9	6	6	6
梯牧草(牧场)	6	8	4	7	10	7	5	5
林地早熟禾	7	4	7	3	9	1	3	4
草地早熟禾	8	7	5	8	10	8	8	7
普通早熟禾	3	9	7	5	8	4	5	6
高羊茅	8	9	6	5	7	4	3	3

引自 Shildrick(1990)。

8.3.1 美国国家植被分类系统(US National Vegetation Classification System)

美国国家植被分类系统(USNVC)(Grossman et al. 1998)是一种区域植被分类系统,已被美国联邦机构接受。在这个等级制的方案中,群系水平及以上明显是外貌型的,两个最低级别——群丛组和群丛是植物区系的。群丛组是外貌一致的植物群丛的组合,共有1个或多个优势种或诊断种,大体上相当于美国林学家协会的"覆被型"(Eyre 1980)。群丛(定义于8.1节)代表该等级制的最细小的级别(Grossman et al. 1998)(例如,方框8.1)。USNVC描述了

美国范围内包括的 5 000 多个植被群丛和 1 800 个植被群丛组。

> **方框 8.1 USNVC 群丛描述举例**
>
> V.A.5.N.a. 高草腐殖土温带草地—草本群丛组（A.1192）
>
> Big Bluestem—（Yellow Indiangrass）草本群丛组 Herbaceous Alliance
>
> *Andropogon gerardii—Panicum virgatum—Schizachyrium scoparium—（Tradescantia tharpii）*草本植被
>
> Big Bluestem—Switchgrass—Little Bluestem—（Tharp's Spiderwort）草本植被
>
> 唯一标识符：CEGL005231
>
> 基本概念
>
> 小结：该砂岩高草普列那群落见于美国大平原中东部。群落出现于堪萨斯中北部和毗邻的内布拉斯加达科他砂岩区的干旱-中生的中到陡坡和山脊顶部。壤土，从浅到中等深度。排水过度到排水良好，母质是砂岩和砂页岩风化物。虽然乔灌木可能广泛散布，但高大类禾草植物是该群落的优势植被。最丰富的种包括大须芒草、北美小须芒草和黄假高粱。垂穗草、格兰马草和 *Sporobolus compositus* 是普通的类禾草植物伴生种。灰毛紫穗槐、*Symphyotrichum ericoides*、狭叶松果菊（*Echinacea angustifolia*）、*Calylophus serrulatus*、*Psoralidium tenuiflorum*、含羞草、*Oligoneuron rigidum* 和 *Tradescantia tharpii* 是该群落的典型杂草类。*Clematis fremontii*、长果月见草（*Oenothera macrocarpa*）和 *Talinum calycinum* 是该地区的特殊种。
>
> 环境：该群落见于中到陡坡和山脊顶部，干旱-中生，壤土，从浅到中等深度，排水过度到排水良好，形成于砂岩和砂页岩风化物。母质主要是达科塔砂岩。达科塔砂岩高草普列那独特。
>
> 植被：高大类禾草植物是该群落的优势植被，乔灌木可能广泛散布。最丰富的种包括大须芒草、北美小须芒草和黄假高粱。垂穗草、格兰马草和 *Sporobolus compositus* 是普通的类禾草植物伴生种。灰毛紫穗槐、*Symphyotrichum ericoides*、狭叶松果菊（*Echinacea angustifolia*）、*Calylophus serrulatus*、*Psoralidium tenuiflorum*、含羞草、*Oligoneuron rigidum* 和 *Tradescantia tharpii* 是该群落的典型杂草类。*Clematis fremontii*、长果月见草（*Oenothera macrocarpa*）和 *Talinum calycinum* 是该地区的特殊种。
>
> 基本分布范围：该砂岩高草普列那群落见于美国大平原中东部，在堪萨斯中北部和毗邻的内布拉斯加的达科塔砂岩区的干旱-中生的中到陡坡和山脊顶部（NatureServe 2007a，b）。

在 USNVC 中，草地被分类在草本植被形成和草生长形式亚类中。木本层的存在用以确定亚纲内的分组。在 USNVC 中的每个组再被分为自然/半自然的或栽培的亚组，然后进一步根据优势生活型和水文划分为群系。在 1997 年描述的 4 149 个群丛中，882 个（21%，多于其他任何单位）在多年生类禾草类亚纲，11 个（<1%）在一年生类禾草类和杂类草亚纲。仅在大平原的 20 个群系中就有 105 个群丛组代表多年生类禾草类亚纲的草地（NatureServe 2007a， b）。大须芒草-柳枝稷-北美小须芒草-*Tradescantia tharpii* 群丛组作为多年生类禾草类亚纲在方框 8.1 中的一个例子。在大平原之外还有更多的草地被认定，例如，星毛栎（*Quercus stellata*）、*Quercus marilandica* /北美小须芒草和一个北美小须芒草禾草占优势的南伊利诺伊砂岩林中空地上的有木本的草本群丛组（V.A.6.N.q）（Faber-Langendoen 2001）。

补充的美国陆地生态系统分类提供了"中尺度"单元，它为分析植被格局、动植物使用的栖息地以及跨多个司法管辖区间进行系统级别的比较提供了基础（NatureServe 2003）。陆地生态系统比植被分类的范围更广泛，并被定义为植物群落类型（群丛）的组合，该群组倾向于在景观中同时出现类似的生态过程、基质和/或环境梯度。美国陆地生态系统分类也提供了系统定义的 USNVC 组合的群丛组和群丛。在 599 个生态系统类型中，草地被包括在 166 个类型（28%）中，它们主要是草本的、稀树草原或灌丛草原。拉丁美洲和加勒比的平行生态系统分类认定了 694 个类型，其中 198 个（28%）主要是草本的、稀树草原和/或草地（Josse *et al.* 2003）。

8.3.2　EUNIS：欧洲的自然信息系统

EUNIS（http://eunis.eea.eu.int/index.jsp）是一个标准化的生境分类，具有 1 200 个按等级制排列的自然生态单位（指生境）。该分类将环境因素与主要的植被综合，连接了较传统的植物社会学派的欧洲植被调查（Rodwell *et al.* 2002）的 928 个群丛组单位。在该系统的每个级别上，资料表提供了生境特征的完整描述，以及来自旧分类方案的同义词列表和与栖息地类型的关系。

EUNIS 被欧盟成员国用作设计保护区的基础（Leone and Lovreglio 2004）。

在 EUNIS 中，草地原则上被认定于生境 E 之中（草地和以杂类草、苔藓或地衣占优势的土地），作为该分类第一级的 8 个生境之一。在草地生境中有 7 个类别被认定于第二级：

E1 干旱草地

E2 中生草地

E3 季节性潮湿和潮湿草地

E4 高山和亚高山草地

E5 疏林地边缘、采伐迹地和高杂类草

E6 内陆盐生草原

E7 稀疏木本草地

在第二级的各类别之间的区别是基于树木的存在与否、气候地带、盐度和土壤湿度（图 8.4）。类似的标准允许在第二级草地内区别更细小尺度的级别。例如，7 个类型的中生草地的差别是基于管理的状况，而 12 个类型的干旱草地的区别则基于土壤特征和生物地理区域。一些草地生境也被认定于生境 B（海岸生境）：B1.4 海岸固定沙丘草地，包括 B1.45 大西洋沙丘［*Mesobromion*］草地和 B1.49 地中海沙丘旱生草地，B1.84 沙丘松弛草地和石楠灌丛，以及 B2.41 欧洲-西伯利亚砾石岸草地。和第二级草地的差别一样，海岸生境的草地与其他生境的区别基于的是外貌特征。

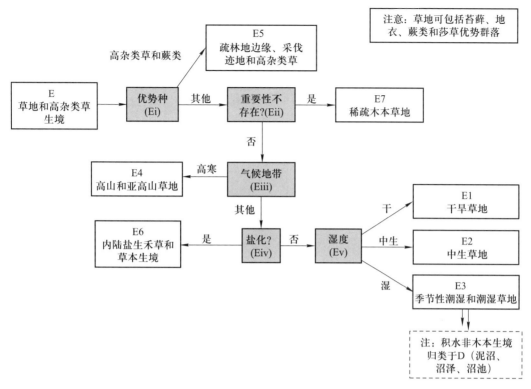

图 8.4 根据 EUNIS 生境分类第二级草地和高杂类草生境(http://eunis.eea.eu.int)。细节见正文。

8.3.3 中国草地分类

中国的草地面积占世界草地的 7.5%（$> 3.92×10^6$ km²），在澳大利亚和俄罗斯之后，居第三位（第 1 章）。可利用草地面积为 $3.30×10^6$ km²，占国家土地面积的 34.5%（Hu and Zhang 2005）。由于草地利用的长期历史，对于发展草地分类系统投入了很大的努力。植被-生境分类系统（Vegetation-habitat Classification System, VCS）或中国草地分类系统是这样的系统之一。

植被-生境分类系统

VCS 是一个非数值的系统，植丛被放到哪个植被类别是基于调查者的主观判断。该系统在 1980—1990 年用于中国国家草地资源调查。VCS 认定了 4 个等级或类别（表 8.6）：

第一级：9 个草地纲，基于温度和植被特征。最大的纲是温带草原草地纲（占草地面积的 18%），分为 3 个亚纲。

第二级：18 个亚纲，从草地纲分出，是基于气候和植被特征的认定。最大的亚纲是在温带荒漠纲中的温带典型荒漠亚纲，$> 450\ 000$ km²。分类为温带典型草原和高寒典型草原的草地覆盖面积均 $> 410\ 000$ km²。

第三级：根据禾草的形态群分为群的亚纲，例如高草本群、中草本群。群的区分基于牧草植物利用的特征。

第四级：该分类的基本单位是按照优势种命名的 276 个类型。

表 8.6 中国植被-生境分类系统中的草地纲

草地纲（亚纲数）	面积（km²）	%	生活型	优势种举例
温带草原(3)	745 375	18.98	旱生和丛生禾草与灌木	羊草、针茅属、羊茅、蒿属（Artemisia）
温带荒漠(2)	557 342	14.19	超旱生灌木和半灌木	白茎绢蒿（Seriphidium terrae-albae）、准噶尔沙蒿（Artemisia songarica）、珍珠猪毛菜、驼绒藜（Ceratoides latens）
暖温带灌草丛(2)	182 730	4.65	中等高度禾草和一些杂类草	白羊草、阿拉伯黄背草、白茅草
热带灌草丛(3)	326 516	8.31	热季禾草	五节芒（Miscanthus floridulus）、白茅草、黄茅
温带草甸(2)	419 004	10.68	多年生温带和中等潮湿中生禾草	芨芨草（Achnatherum splendens）、毛秆野古草（Arundinella hirta）、拂子茅、无芒雀麦、草地早熟禾、荻（Miscanthus sacchariflorus）
高山草甸(1)	637 205	16.22	抗寒杂类草	嵩草属、薹草属、高山早熟禾、珠芽蓼（Polygonum viviparum）
高山草原(3)	580 549	14.77	抗寒禾草和莎草	Stipa purpurea、青藏薹草、冻原白蒿
高山荒漠(1)	75 278	1.92	抗寒和抗旱植物	唐古红景天（Rhodiola algida var. tangutica）、高山绢蒿（Seriphidium rhodanthum）、垫状驼绒藜（Ceratoides compacta）
沼泽(1)	28 738	0.73	莎草和禾草	薹草属、荆三棱（Scirpus yagara）、Phragmites communis、水麦冬（Triglochin palustre）
其他（未分级）	375 588	9.55		
合计	3 928 326	100.00		

引自 Hu and Zhang(2005)。

Wei 和 Chen(2001)应用 VCS 结合遥感技术对中国西藏东北部的草地载畜能力进行分类和评价。他们的研究认定了 4 个草地纲(灌丛草甸、高寒草甸、高寒草原和荒漠草原),以下分为 10 个群和 32 个型。与载畜能力评价一起,就可以确定过度放牧和草地退化的面积。Guo 等(2003)在位于中国西北的甘肃省认定了 14 个 VCS 草地型。对每种类型随后进行了生态、社会和生产价值评价,可支持发展保护管理计划。

第 9 章 干　　扰

> 在没有被较大的四足反刍动物占领的禾草平原，看来很有必要用火来处理掉多余的植被，以便在新的一年能够有效地利用。
> ——Charales Darwin 从 Bahia Blanca 到 Buenos Aires 旅行，
> 巴西，1832 年（Darwin，1845）

> 在 1935 年 4 月 14 日这一天，
> 有史以来最严重的沙尘暴袭击了我们，布满了整个天空。
> 你可以看到沙尘暴来袭，死一般的黑色，
> 经过我们伟大的祖国，留下了一条可怕的轨迹。
>
> 从俄克拉何马到亚利桑那，
> 达科他和内布拉斯加到里奥格兰德，
> 降落并穿过我们的城市，像一个黑色的滚落帷幕，
> 我们认为这是对我们的判决，我们认为这是我们的厄运。
> 选自《大沙尘暴（沙尘暴灾害）》
> Woody Guthrie 创作的关于沙尘暴的歌谣专辑
> （RCA/Victor，1940）

干扰定义为"任何在时间上相对离散的扰乱生态系统、群落、种群结构和改变资源、基底的可利用性或者物理环境的事件"（White and Pickett 1985），它是全球范围草地生态系统构成整体的一种重要的自然现象。干扰的重要性在于它在多种时间和空间尺度上改变了草地的基本性质。干扰重置了次生演替（见 6.2.2 节）。总之，用来描述草原干扰的各种类型和频率叫作干扰机制。每种干扰的空间分布、频度和强度、可预测性、影响的面积或范围、与其他干扰之间的相互影响都是不同的。因此，表征和理解干扰是理解草原的关键。

干扰根据它是否缘于外部群落的影响可以分为外源性干扰和内源性干扰。外源性干扰的例子包括洪水、干旱和火灾的影响。内源性干扰包括优势种的衰老和死亡，也可能是疾病原因。然而，内源性因素和外源性因素的划分是（扰动）这种连续事件的一个终结点，很难找出这两种因素之间的显著不同。举例来说，一个群落由于过度放牧而改变，如果将食草动物当作生态系统的一个自然组成部分，那么这就属于内源干扰，而当草料增多到超过某个阈值，食草动物迁徙或是移到这个群落中，那么就应该属于外源干扰。自然干扰规律的一些方面最好被

看作是一个包含了在时间和空间上相对离散的干扰事件的连续统一体。

干扰根据起源也可以分为生物干扰和非生物干扰,前者如食草动物以及疾病,后者如火灾和干旱。在这一章中,将就干扰对草原的影响进行阐述。重点是草原对火、食草动物和干旱的响应。其他可能作用于草原的干扰包括污染(如重金属,第 5 章)和非本土的外来物种的入侵(第 1 章)。对干扰的应用,特别是将火和放牧作为一种管理工具,将在第 10 章讨论。

9.1 干扰的概念

在理解草原的干扰时,有三个特殊问题。第一,现今的大多数草原中有很少区域的干扰规律和历史情况相接近。大部分以往的草原要么经过人为过度使用,破碎,不符合历史上生物干扰的原因(如当地的食草动物),要么就是被下面所述的生物入侵导致情况转变(第 1 章)。第二,准确定义什么构成干扰有一个语义学的问题。一方面,例如火灾的发生,在很多方面显然是改变了草原生态系统(见 9.2 节)并且符合前面对干扰的定义。然而另一方面,鉴于火是维持草原类型防止它们转变为林地的必需因素,有人认为缺少火灾比起火灾本身更应被视作干扰(Evans et al. 1989)。但是很少有研究者同意这一观点。第三,确认一个因素是不是干扰的原因,取决于观测者及所考虑变量的时间和空间尺度(Allen and Starr 1982)。同样,以火为例,在林分水平上,如果物种都能重新繁衍的话,一场火在生物多样性方面几乎不能引起什么变化,尽管在生物量上能引起明显的变化,但是依然不能被当作干扰。在林分范围内,火可能被视为干扰,因为由可燃物载量(fuel load)变化引起的火焰温度的不均一(Gibson et al. 1990b)可能会对物种重新繁衍带来不同影响,影响到当地的 α 多样性(比如说在特定区域)。同样地,放牧造成的影响取决于尺度并因所跨空间尺度而不同。在阿根廷东部的南美无树温带大草原,放牧驯养的食草动物(牛)促进了外来植物的入侵并增加了群落的丰富程度,而在景观尺度,放牧降低了组成和功能的异质性(Chaneton et al. 2002)。

要理解干扰的含义,必须要区分它的起因和影响(van Andel et al. 1987)。在草原生态系统的干扰应被看作是一个起因,或是一种机制,它能够在一定程度上给生态系统带来影响或改变。因此,举一个最简单的例子,火被看作导致植物材料(燃料)燃烧的一种干扰。火导致的影响(见 9.2 节),包括减少地上生物量,本地物种消亡,改变物种组成,降低土壤反照率,提高土壤温度和蒸发量,通过灰烬使养分释放。此外,干扰,尽管它本身在时间上是一个完全离散的事件,却能够引起生态系统不同营养级在很长一段时期内响应干扰所产生的影响。因此,在火灾中,养分的蒸发量带来土壤营养状况的改变,可能影响到养分吸收动态和资源可用性,它通过改变植物的生长速率最终影响植被之间的相互作用(例如:竞争和生长之间的平衡),从而改变了群落中物种的健康程度和相对丰度。

格局和尺度问题对理解干扰很重要。群落可以被看作是不同层次的斑块栖息地在不同尺度表现出来的干扰。这种林隙动态模型(a gap-phase dynamic model)源于 Watt(1947)的思想(见第 6 章),近期又被 Allen 和 Starr(1982)以及 Pickett 和 White(1985)所发展。尽管草原可能被基质组成物种所控制,如北美高草草原的大须芒草(*Andropogon gerardii*)、黄假高粱

(*Sorghastrum nutans*)和北美小须芒草(*Schizachyrium scoparium*)等,大尺度和小尺度的干扰事件都会导致不同演替阶段的斑块破碎发生在一个或是更多的干扰之后(图9.1)。大规模的干扰包括火、干旱和放牧,小规模的干扰包括草原土拨鼠的聚集和野牛的打滚。干扰的影响及相互作用维持了草原。干扰导致的一系列影响,作用于草原并产生了时间和空间不同分辨率尺度上景观斑块类型之间的拼接。例如,在景观尺度,卫星影像可以用于解决由植被物候的季节性差异和诸如放牧或火灾等土地管理的影响而导致的异质性问题(彩插13)。

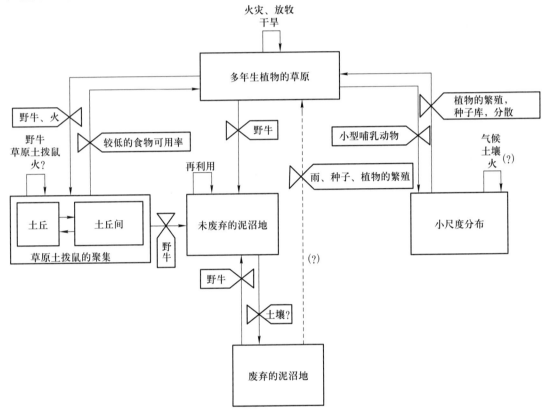

图9.1 北美高草草原斑块动态以及斑块间的相互作用原理模型,着重强调了动物的作用,特别是野牛的作用。箱状图框表示在景观尺度上可识别的斑块;不对称的领结状图框内标注的是产生斑块的因子;箭头指示斑块内和斑块间相互作用的方向。该图使用得到Collins和Glenn的许可(1988)。

异质性干扰模型(disturbance heterogeneity model,DHM)认为只要干扰相对群落(如动物的洞穴)而言是小的,它就可以在斑块之间增加群落的异质性(Kolasa and Rollo 1991)。因此,干扰是产生和维持群落空间异质性的一种机制,即从群落一个点到另一个点的相异度的平均值。通过观察牧场(McNaughton 1984)和沼泽地里(Polley and Collins 1984)的大型食草动物(如北美野牛)和小型哺乳动物(如囊地鼠或獾)(Dibson 1989)发现,这种现象在草原生态系统是显而易见的。相比之下,大尺度、频繁的外部干扰如火灾表现为减少多样性和异质性,因为在一些最频发的着火地点表现出这样的特征,而在北美高草草原的干扰低发区则表现出

(多样性和异质性)增长趋势(Collins 1992)。通过在局地和区域两种尺度对比火灾和放牧的影响,结果发现,在局地水平,0.01 hm² 是最匀质的;在区域水平,22 500 hm² 是最混杂的(Glenn et al.1992)。放牧或者是放牧和火灾发生的位置是区域尺度上非匀质性最高的地方,而没有干扰发生的地方则是局地尺度上非匀质程度最高的地方。

中度干扰假说(intermediate disturbance hypothesis,IDH)最初提出是用于解释海洋生态系统中在干扰发生的情况下物种之间的共存机制(Connell 1978)。这一假说假设物种多样性在干扰的中等强度和中等时间频度下达到最大化。在较低强度的干扰下,有强竞争力的物种占优势地位,而另一方面,几乎没有物种可以忍受很高强度的干扰。中度干扰假说成立,前提是假设竞争是构建群落的一个主要因素(见 6.3.1 节),因为它在 Grime、Tilman 的群落结构模型中(见 6.4 节)同样也是作为一个主要因素,而且区域的物种库假定要比能在中度干扰假说中共存的物种数量大(Collins and Glenn 1977)。这种和 IDH 一致的模式可在一些草原(Leis et al. 2005;Martinsen et al. 1990;Vujnovic et al. 2002)以及其他栖息地(Shea et al. 2004)案例中发现。然而,干扰的频度和强度是相互独立的,甚至是没有关联的。例如,在北美高草草原,每年发生火灾的地方比较少发生火灾的地方的物种丰富程度要低,然而,如果上次火灾发生在中等时间频度下,则群落的丰富度达到最大(Collins et al. 1995)。

IDH 模型的重要性是可以用于推断变化过程。在本文中,干扰的影响作为草原生态系统中物种灭绝的起因事件,应该同干扰的响应分开,在响应中,干扰之后的恢复是物种迁移和灭绝之间的平衡点(Collins and Glenn 1997)。考虑到干扰的空间范围,IDH 是一种斑块间的机制,就一个区域(如一块特定的草地),它考虑到了不同年龄阶段和不同干扰频度(Wilson 1994)。在一个大的尺度上,IDH 可应用于对比不同干扰体系下的草原。当干扰类似地影响所有营养级或是影响单一营养级时,IDH 也能应用于草原不同营养级中(Wooton 1998),尽管针对这一问题的研究还不多。

认识到不同类型干扰之间的相互作用的性质是很重要的(Collins and Glenn 1988)。草原的干扰很少独立发生,一种干扰类型的净效应是依赖于干扰体系中一个或多个组成部分的相互作用。以火为例,火很少在可燃物数量比较低的草原里引发或蔓延,这是过度放牧和干旱导致的。相比之下,在景观尺度上,燃烧过的地区,常年繁茂生长的植物吸引食草动物,因而增加当地的放牧强度成了一种干扰。因此,火在景观尺度上影响牲畜的分布有一种"磁铁效应"(Archbold et al. 2005)。北美混合草原是一个融合了多种自然干扰(放牧、火、土拨鼠、野牛的打滚)并使得生物多样性最大化的区域,干扰之间相互影响的重要性在此得到了详细的研究(Collins and Barber 1985)。类似地,东非的塞伦盖蒂草原,放牧是影响草原的主要因素,但是它的影响与其他环境因素之间的相互作用,包括土壤、火以及热带草原区树木冠层之间的重叠,共同影响了 α 多样性(McNaughton 1983)(见 6.1.1 节)。

9.2 火

9.2.1 草原火的发生

在世界范围的草原内,火是干扰体系的一个重要组成部分,并且被广泛用作一种管理工具(见10.1.3节)。的确,世界范围内大部分的火发生在 C_4 草原生态系统中(Bond et al. 2005)。草原引起火又维持火,尽管两者之间的平衡机制尚不清楚而且经常被公开争论。在旱季,可燃物可以充分燃烧以帮助火势蔓延,并且地形有利于风助长火势并蔓延到景观尺度(Axelrod 1985)。例如,木本植物容易在频繁性火未发生时候入侵北美高草草原,并且涉及火在提高这个系统的稳定性中所起的重要和关键作用,特别是在湿润的东部地区(Kucera 1992)。大草原的气候,包括频繁的干旱,使得火在景观尺度上闪电般地蔓延。经过很多季节,大量立枯死亡的物质积累(第7章),提供了可燃性的燃料。然而,除了火在历史性的塑造草原中所起的清洁作用以外,它还被看作区域生态复杂性的一部分,包括气候的主要影响和其他次要因素的影响,如放牧(Borchert 1950;Weaver 1954)。在世界范围内,火广泛作用于禾草演替而导致的草原范围的延伸(第2章)。

天然草原的大火主要源于闪电,尽管火山爆发从山顶上沿斜坡滚落下来的巨石也有可能点燃它们。草原中分散的零星的树木提供了雷击点,在炎热干燥的季节,为火的引燃和蔓延提供了有利条件。例如,雷击引发的火发生次数在混合草种草原为 6 次·年$^{-1}$·10 000 km^{-2},而在北美北部的松树热带大草原为 92 次·年$^{-1}$·10 000 km^{-2},每次燃烧面积为 0.004~1 158 hm^2(Higgins 1984)。对南非植被的研究表明,受雷击频率最高的植被类型(例如"酸性"和"混合"高原,热带稀树草原)是那些最有抗性和最需要频繁火的植被,与其他植被类型相比,揭示了植物种群对多年发展历史上频发的闪电引起火的进化适应(Manry and Knight 1986)。在美国怀俄明州的 Thunder 盆地国家草原区,闪电引发的火在 7 月是非常频繁的,这一时期尽管在过度放牧的草原区可燃物载量很低,但是干旱依然能够帮助引燃和火势蔓延(Komarek 1964)。因此,尽管已经明确了人类引起火的重要性,但是也不能过度强调天然草地火的重要性。草原生态系统进化了 6~8 Ma,大气 CO_2 的减少,为 C_4 光合作用途径的植物提供了有利的演替条件(第4章)。草原的气候、植物休眠期、干季、周期性的干旱,都是引发火和维持火蔓延的条件。在现代人类出现的很早之前,自然火就在草原扩展并取代森林的过程中起着重要的作用(Keeley and Rundel 2005)。

从历史上看,火也源于人类活动。早在 30 000~40 000 年前,原始人就不再使用从自然火中借来并保存下来的火种来点火,而是学会了生火并有意识地去用火。明确的证据表明,火的广泛利用改变了景观和植被群落,这体现在多方面的人类活动,包括收获粮食(谷物、坚果、水果);驱逐、放牧和找到猎物;减少危险种群数量;增加土壤肥力;开垦农田;寻找道路;更容易看到掠夺者和敌人的袭击;作为防御性和进攻性武器来对付敌人(Pyne 2001)。Gleason

(1922,p.80)指出:"印度人每年都会在秋季里点燃草原大火,驱使猎物从空旷的草原进入到森林里,因为在森林里人类更容易接近动物"。人类、火和景观在很大程度上是相互依存的。例如,在澳大利亚,本地土著居民引发的景观尺度的火(被称为"firestick farming"),促进了有营养的草种的生长,从而吸引袋鼠,人类反过来再捕食它们(Murphy and Bowman 2007)。很多人为的点火失控造成大面积区域的燃烧,这类火帮助维持整个景观中处在火后不同演替阶段的草原的状况。相反,在固定式的农业社会发展之后中断了点火这一方式,欧洲农业的发展导致了草原面积的减少。例如,在美国中断了本土居民主动引火式的火灾之后25年(1829—1854年),威斯康星州的草原面积减少了60%(Chavannes 1941)。类似地,灌木丛取代草原的现象在全球范围内都有发生(Pyne 2001)。

  火在草原的重要性因纬度和气候而不同。很多草原是火依赖型的,需要维持火出现的频度和周期性。火依赖型草原的例子有南非大草原、澳大利亚和北美大草原。事实上,模型模拟表明,在无火的世界中,南非和澳大利亚的大面积潮湿的 C_4 植物草原可能恢复为郁闭森林(Bond et al. 2005)。一般情况下,由于干旱和气温低引起的生产力水平低的草原比起湿润的地区对火的依赖性相对较小(Kicera 1981)。例如,火可能在维持半干旱低草草原和塞伦盖蒂大草原或是美国西部大草原中所起的作用是很小的(见第8章)。在南非,年降水量大于650 mm 的草原,属于火依赖型草原,在没有火的情况下容易被木本植物入侵(Bond et al. 2003)。在其他草原有周期性的火烧,但是其他生态因素可能更加重要。例如,在新世界(非洲)热带地区萨瓦纳草原,发生在低养分和水分的波动状况下,土壤因素被一些研究者认为是首要的因素。然而,即使在这些草原,火显然是诸多重要生态因素中的一个,即使不是草原生态群落构成的因素至少是维持稳定的因素。值得注意的是,研究人员对火的作用的观点的变化是与研究区条件(如是否为火依赖型草原)相关联的①。博物学家如 von Humboldt 和 Shimpfer 认为新世界(非洲)热带地区萨瓦纳草原的气候形成于19世纪早期。到20世纪中期,许多研究者认为热带稀树草原的形成,起因于人类活动,在他们放弃了轮垦农业这种方式之后(轮垦农业中把火当作了一种清理土地的管理方式)。在20世纪50—60年代,之前列出的关于土壤的观点占主导地位。最近,更多元化的观点被提出,将土壤的、气候的、古气候的和文化的因素考虑在内(Scott 1977),认识到了火的重要性,甚至包括了在湿润季节的闪电引发的火(Ramos-Neto and Pivello 2000)。同样,在最大尺度,北美大平原的草地也是受气候控制的(Bochert 1950),但是火控制木本植物入侵和对植被影响都发生在更小的尺度上(Weaver 1954)。

  无论原因是什么,自然火在草原上发生的频率是不确定的。估算是根据早先的探险者和居民的数量,有足够多树的草原上留下的火的痕迹,以及湖泊沉积物或土壤中的碳得出的。在北美大草原这很可能是每5~10年焚烧一次的结果,而在 Rolling 平原和得克萨斯州 Edwards 高原,研究表明,自然火发生的可能频率为每20~30年发生一次(Wright and Bailey 1982)。

---

 ① 火对不同草原的作用不同,有利也有弊,所以研究者的观点也会发生变化。比如同样是典型草原,针茅占据优势和羊草占据优势,火的作用截然相反。——译者注

9.2.2 草原火的自然特性

草原火的强度,从低的、缓慢的背火燃烧(slow-burning back fire)到蔓延速度为 3~4 km·h^{-1},火焰高度大于 3m 的大火。最初,它们需要风,这使得它们蔓延的速度为风速的平方(Daubenmire 1968)。然而,火产生的风作为热空气上升对流把空气(其实为氧气)卷入火焰。如果盛行风风速较小(< 5 km·h^{-1}),可燃物数量较少,这样的条件可以控制火的燃烧(Cheney and Sullivan 1997)。相邻着火点的合并可产生火旋风或旋风,对流可以发展成雷电交加的暴风雨,产生闪电、雷鸣、降雨(Vogl 1974)。

草原火烧消耗地上植物的生物量并使局部温度升高。地上生物量的消耗量和火的强度(火前周边能量输出量)取决于三个主要因素:① 天气情况,包括空气温度、湿度和风速;② 地形因素,包括坡度和坡向;③ 可燃物的种类、数量、配置,配置包括可燃物的数量、它的化学组成、干燥度和通风条件(Daubenmire 1968)。火的强度代表火周边直线部分释放热量的速率和可燃物消耗量的产出,热量的产出和蔓延速度。燃料热量的产出取决于火燃烧的方式,但也随燃料类型变化。例如,某种澳大利亚草种水分含量在 10% 的时候,燃烧产热分别为:球茎草芦(*Phalaris tuberosa*)13 700~13 900 kJ·kg^{-1},*Themeda australis* 14 500~14 900 kJ·kg^{-1},鹧鸪草(*Eriachne* spp.)15 200~18 500 kJ·kg^{-1},高粱(*Sorghum intrans*)16 900~17 600 kJ·kg^{-1}(Cheney and Sullivan 1997)。在燃烧轻质可燃物的时候,快速蔓延的野火强度从约 10 kW·m^{-1} 发展到高达 60 000 kW·m^{-1}。

低湿度干燥的可燃物有利于火的发生和快速蔓延。随着相对湿度的增加,为了维持和推进火势就需要更高的风速。模型预测草原火灾的蔓延,将风速作为一个主要变量(Cheney et al. 1998)。地形因素也很重要,因为草原火的移动在上坡时候要比平地更快,下坡时候要比平地慢。坡向通过影响微气候进而影响火的走势和强度。例如,在北半球,一般寒冷一点的地方北阳坡接受阳光的直接照射要比南阴坡少(南半球则正好相反)。可燃烧的生物量越多,火就越热。然而,火的温度取决于当时的条件。北美高草草原火灾的温度,顺风火灾的温度要高于逆风火灾,发生于几年没有被烧过的植被的火灾温度要高于经常发生火灾并且可燃物载量较低的,地势低的地方火灾温度要高于地势高的(图 9.2)。澳大利亚的阿拉伯黄背草(*Themeda triandra*)草原,火灾持续的时间长度随着火的表面温度的增加而变短,每年都发生的火灾要比 4~7 年为时间间隔的火灾燃烧时间短(当表面温度>100 ℃ 时,燃烧时间分别为<1 min 和在 2~3 min 之间),因为可燃物载量的不同(距离上一次火灾,有更多的可燃物和更长的时间)(Morgan 2004)。植被的空间异质性和由此引起的可燃物载量的不同,会导致火的类型和火的温度的差异。动物干扰(见 9.3 节)可以在局部范围内改变可燃物载量进而影响火势。

草原火的温度范围是从 95℃ 到 720℃(DeBano et al. 1998),尽管在泰国记录有 3 m 高的草原和矮小的竹林中发生的火最高温度可达 900 ℃(Stott 1986)。据报道在澳大利亚快速蔓延(6.4 m·s^{-1})的草原火的能量释放达到 20 000 kW·m^{-2}(Noble 1991)。着火时温度升高会影响种子发芽、植物营养器官的再生长、土壤微生物和土壤养分流失(Hobbs et al. 1984)。一般情况下,草原火燃烧温度要低于森林火灾(DeBano et al. 1998),如果土壤温度随深度增加,

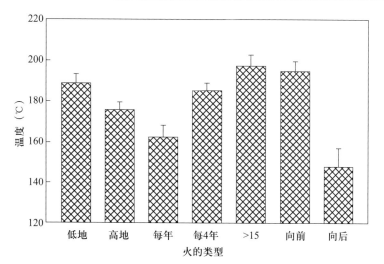

图9.2 对比Konza大草原上高草草原区大火的表面温度,KS(平均值±方差)根据火的历史记录(每年,火间隔为1年;每4年,4年为间隔;>15,表示至少15年没有发生过火),根据火的类型(向前,火势蔓延方向与风向相同;向后,火势蔓延方向与风向相反)。该图再版得到Gibson等(1990b)的许可。

这个梯度也是十分陡的,因为只有表层很少的几厘米土壤被加热了(图9.3)。对土壤的加热持续几分钟时间,地下的植物组织能够保存完好。对单棵植物来讲,火的温度只影响了植物的外在形态。厄瓜多尔的高山稀树草原火灾使得拂子茅(*Calamagrostis* spp.)上层叶片的气温超过500 ℃,而在茂密叶片基部的温度却不到65 ℃(Ramsay and Oxley 1996)。

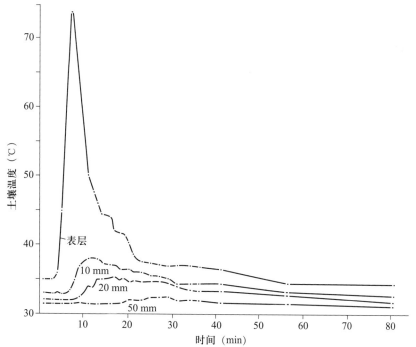

图9.3 巴西稀树大草原(Campo Cerrado)火灾期间的土壤表层以及距离表层10、20和50 mm深处各层的温度。该图引自Springer Science和Business Media(Coutinho 1982)。

9.2.3 火对草原的影响

有一些权威的评论,总结了大量文献中火对草原的影响(Collins and Wallace 1990; Daubenmire 1968; Kucera 1981; Risser et al. 1981; Smith 和 Owensby 1972; Vogl 1974; Wright and Bailey 1982)。这个概要的总结是在研究观测和其他一些值得关注的研究基础上得出的。对于火的所有影响的描述中,有时也会有相反影响的报告,特别是在火的时间或季节性方面(Biondini et al. 1989; Hover and Bragg 1981; Howe 1995)。

除了提高土壤温度和消耗绿色植物的生物量及枯落物,草原火灾可以增加直射到土壤表层的阳光直到植被生长到以前的程度。一层深色的灰烬覆盖在土壤表面降低了反照率(反射率)。与未燃烧过的地区相比,燃烧过的地区的反照率较低,从而增加了对太阳辐射的吸收,因此在美国密苏里州高草草原,春季燃烧过的区域相比较未燃烧地区的土壤温度升高了 2.2~9.7 ℃(Kucera and Ehrenreich 1962)。火后裸露的土壤更易增加风和水的侵蚀,特别是在干旱地区。燃烧过的地区比未燃烧地区土壤水分低,因为早前温暖的土壤上缺少了之前覆盖的枯枝落叶层,其后由于高生产力植物的较高的蒸腾速率,营养物质通过挥发流失(特别是氮和硫)或者像灰分一样被吹走。相反地,矿化作用和氮的固定速率在燃烧之后草原地区的土壤中增加(见 7.2 节),并导致土壤 pH 以及钙、镁、钾的含量升高。实验表明植被对火的响应是各种复杂的相互作用的结果,与表面光照、土壤温度和氮素含量之间的作用尤为重要(Hulbert 1988)。

对植被的影响

植物对火烧破坏的响应与植被的物候阶段和燃烧的季节关系密切。多年生植物在已经生长并且储备物已经从储藏器官移位后,对火烧特别敏感,例如,在北美高草草原上,冷季草如早熟禾(Poa pratensis)草坪在春天燃烧后,在这个季节不会再生长,而暖季草则会受到保护,因为在那时它们还没开始生长,火的刺激将促进它们的后续生长。相反地,夏季火可能会减缓大型的晚开花的 C_4 植物的生长,而早开花的一类则会茂盛地生长(Howe 1995),Biondini 等(1989)的研究显示在北美北部的混合型草原上,夏季火对杂草的破坏性会比秋季火或春季火更大,秋季火的出现刺激了非禾本科草本植物的生长,这导致了 α 多样性和局地异质性的增加。

火对火后生长的植被的影响包括增加它们的气体交换率、产量(可加倍)、分蘖和繁殖。生长的刺激最可能由于覆盖物的迁移、日照的增加(逐渐减少日照的限制)和土壤的升温,而不是火直接造成的土壤的变化。火后在烧过的地方,由于土壤温度的升高,植被会提前 1~3 周成熟、开花和结果,在季节结束后叶子仍然保持绿色,并且这种早熟的现象会持续到下一个季节。无论是在地面以上还是地面以下,火烧后的第 1 年产量增加特别明显,之后逐年降低(图 7.3 和图 7.4)。而在干旱的或没有树木的草原环境下,如果个别草类植物遭到破坏,火烧后的产量会降低,特别是在干旱的年份。在北美短草草原上,野牛草(Buchloe dactyloides)、格兰马草(B. gracilis)和蓝茎冰草(Pascopyrum smithii)往往会用 3 年时间才能从一场火灾中完全恢复过来(Launchbaugh 1964)。当然,在某些情况下,火灾对产量的影响也会因地点不同而产生差异,例如,在英国的酸沼草(*Molinia cearulea*)草原,火烧后产量或是增加或是减少或是不变,这主要取决于当地的气候条件和放牧强度(Todd *et al.* 2000)。

草原上植被在火烧后恢复的能力部分取决于它们的生长模式和全年生芽的地点,许多草原类群是地面芽植物或是地下芽植物,它们的芽通常在土壤表面或是表面以下(Raunkiaer 1934)。对于草类,当叶的分生组织位于地面以下或受到叶鞘紧紧保护时,它们会免于遭到火灾的侵害。

火灾后一些草原物种的开花和结果量会增加,但这也会因不同的物种和不同的季节和地点而产生较大变化(Glenn-Lewin *et al.* 1990)。火灾后,地下的芽库的再生能力占据主导地位,且比播种方式的再生方式更重要。例如,火烧后的高草草原的芽库密度比没有火烧的更高(Benson *et al.* 2004)。一些草本植物的种子可以避免遭到热的损伤而在火后生存下来,并且可能因获得了火烧过程中产生的衍生物(热冲击、烟、硝酸根离子)而发芽(Williams *et al.* 2003),尽管这种情况并不总是发生(Overbeck *et al.* 2005b)。

木本物种特别容易燃烧,一些物种由于高度易燃萜类化合物的存在而被彻底烧死(见4.3.2节),从而不能再发芽;另一些木本植物则能快速发芽,简单的火对它们来说并不是有害的,例如在北美大平原上的榆属(*Ulmus*)、栎属(*Quercus*)、杨属(*Populus*)和荒漠草原上的金灌木属(*Chrysothamnus*)、牧豆树属(*Prosopis*)、单花木属(*Purshia*)和四胞菊属(*Tetradymia*)。在一些木本物种上部茎芽上的潜在嫩芽也会在火后恢复过来,例如在澳大利亚热带稀树草原和西北太平洋地区的桉属(*Eucalyptus*)、番樱桃属(*Eugenia*)、白千层属(*Melaleuca*)、红胶木属(*Tristania*)和 *Xanthostemon* (Gillison 1983)。然而,火灾通常会减缓潮湿草原木本物种的入侵。火的缺失或自然火管理的抑制会导致种子源丰富地区木本植物的快速增长。可以看到,在火灾得到抑制后世界范围内的草原和稀树草原上的木本物种覆盖率快速增长。例如,北美高草大草原在32年内没有经历火灾后木本植物增长了34%,包括榆属(*Ulmus*)、刺柏属(*Juniperus*)、栎属(*Quercus*)、盐肤木属(*Rhus*)和雪莓属(*Symphoricarpus*)(Bragg and Hulbert 1976)。由于火灾的抑制,从潮湿草原转变成的灌木丛覆盖了美国中西部的大片地区(图9.4)(Briggs *et al.* 2005)。在这点上,这些草原已经转变到了一个新的热带草原般的状态,这种状态下的适度火灾频率促进了灌木丛的生长。历史上,可能是这样的,草原-森林群落交错区和草原景观范围的波动是对区域气候变化的响应,特别是干旱气候,这种干旱气候为火灾的产生提供了原料支持(Anderson and Brown 1986)。

火灾后,由于不同植物对火烧有着不同的敏感度并且随着竞争环境的改变,被烧草原的植物群落和没有被烧的草原或很少被烧的草原的植物群落出现很大的区别。火对草原的最明显影响是火后木本植物的消灭或减少。在不同的燃烧方式下草本植物会有不同的表现,通常随着火灾频率的增加,草原(非草本植物)会更加丰富而草本植物则会减少;随着火的频繁发生,草原会更加丰富,例如在北美高草草原上的大须芒草(*Andropogon gerardii*)和非洲草原上的阿拉伯黄背草(*Themeda triandra*)。一些非草本植物会对火的频率增加做出积极的响应,例如在高草草原上的低灌木灰毛紫穗槐(*Amorpha canescens*)(Gibson and Hulbert 1987)。一年生植物对火特别敏感,而且它们的丰富程度跟火的周期有着密切的关系(Gibson 1988b)。一些一年生植物会被认为是"凤凰涅槃"植物,因为发芽和繁殖可能会被限制在开放的土壤和火后全日

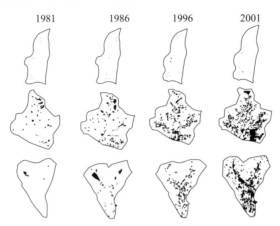

图 9.4 20 年间,在 Konza 草原生物站的北美高草草原的三个分水岭上遭受到三种不同频率火烧的木本植物的变化:每年遭受火烧的,每 4 年遭受一次火烧的,每 20 年遭受一次火烧的。引自 Briggs 等(2005),使用得到美国生物科学研究所许可。

照的环境中。

物种的多样性通常会在火烧后由于敏感植物的灭绝而减少,这种多样性会随着火烧频率的增加而进一步降低(Collins et al. 1995)。在北美高草草原上,频繁发生的火烧会降低植物群落的异质性,如随着优势种覆盖率的增加及植物丰富度和多样性的减少,草原的斑块会减少(Collins et al. 1992)。火频率减少的草原上,只有当木本物种的入侵和建立又一次降低了物种的多样性和异质性的时候,群落异质性才会增加。火后植被群落动态的发展取决于次级物种的生存和重建能力。在未烧或轻度被烧区域的生存机会和在空隙的随机定植对决定植物群落的最终结果具有重要作用(Ramsay and Oxley 1996)。在新西兰高草丛(*Chionochloa rigida*)草原上,火后群落结构与 Peet(1992)的"gradient-in-time"和"competitive-sorting"模式关系密切。因此,火后早期随机建立的物种在小生境中遭受竞争排序,这作为群落发展过程贯穿整个时期。结果,形成了种间正关联和负关联,并在火烧以后的时间内成为普遍的现象。相比之下,在巴西南部的亚热带草原上,火烧后的年份里物种丰富度和周转率都增加了(Overbeck et al. 2005a)。在亚热带草原上,或许优势物种的盖度会下降,从而允许次优物种迅速定居,因此在先前的优势物种再次大量发生前,2~3 年内物种的丰富度有增加的现象。

9.2.4 入侵的外来物种和草地火体系

大量的外来入侵物种(见 1.3 节)已经改变了燃料负荷,也改变了草地生态系统的燃烧过程、强度、严重性、季节性、频率等(Brooks et al. 2004;D'Antonio and Vitousek 1992)。外来物种入侵草地会建立一个正反馈,形成一个能使自身永久存在的草-火循环(D'Antonio and Vitousek 1992)。当一种外来草本植物入侵草地增加很好的燃料后,草-火循环就会产生,反过来又会增加火的频率、面积和强度,导致本土物种包括乔木、灌木数量下降,因而助长了外来物种进一步的入侵。由外来物种入侵而导致的火体系发生变化会显著影响草地群落及生态系统结构。例如,在美国西部 40×10^6 hm² 以多年生草本及灌木为优势的区域内,旱雀麦(*Bromus tectorum*)每年都会爆发。由于其填充了灌木的间隙,旱雀麦增加了燃料的连续性,并且增加了那些本土灌丛干草原不能覆盖的区域上火发生的频率与强度。这些被改变了的特性对系统中其他物种是一个威胁,尤其是艾草榛鸡(*Centrocercus uropasianus*)、黑尾长耳大野兔(*Lepus californicus*)等消费者,以及它们的捕食者金雕(*Aquila chrysaetos*)和普利那草原隼(*Falco mexicanus*)。另一个外来草本 *Taeniatherum caput-medusae*(带芒草属的一种)随后入侵旱雀麦(*B. tectorum*)的领域,并且也是高度易燃的,促进了火的发生(Mutch and Philpot 1970)。非洲须芒草(*Andropogon gayanus*)最初作为一种牧草在 1931 年被引入澳大利亚,但现在已经扩散到整个澳大利亚萨瓦纳干草原。从燃料负载来看,拥有入侵物种须芒草的萨瓦纳草原是正常的 7 倍,在强度上是 8 倍之多(Rossiter *et al.* 2003)。香泽兰(*Chromolaena odorata*)是一种入侵南非萨瓦纳草原的亚洲藤本植物(见表 1.8),它导致系统中垂直结构上燃料的连续性。在澳大利亚的 Kakadu 国家公园中,外来入侵草多穗狼尾草(*Pennisetum polystachyon*)替代了本土物种 *Sorghum intrans*(高粱属的一种)。多穗狼尾草比本土物种产生更多的枯落物,火势更强,从而改变了火体系(D'Antonio and Vitousek 1992)。乔木物种入侵草地后使火更加严重,火由地面烧到了树冠。相反,亚洲树种乌桕(*Sapium sebiferum*)拥有可高度分解的落叶层,它的出现会降低燃料负载,对火产生阻碍,否则将会使得木本植物处于北美沿海大草原之外(Barrilleaux and Grace 2000)。

9.3 食草作用

食草动物是以植物为食的有机体。这一章里,它们被划分为大、小食草脊椎动物和无脊椎动物。食草动物对草地地上和地下过程都有干扰,消耗掉超过 50% 的 ANPP 和超过 20% 的 BNPP(Detling 1988)。无脊椎动物和小的哺乳动物消耗掉 10%~15% 的 ANPP,大型哺乳动物消耗掉的更多。许多草地中,这些食草动物改变了来自于区域物种库的地方物种的定植与灭绝平衡,改变了竞争排斥动态,提高了生物多样性(Olff and Ritchie 1998)。地方物种通过增加繁殖体的输入从而提高定植,这些繁殖体的输入是通过有蹄类动物的散步而实现的,种子往往能附着在它们的皮毛、羽毛中,或者出现在它们的粪便中。草地中诸如挖掘或践踏等干扰导致的断层也可提高定植。食草动物导致地方物种的灭绝,这可以由尿和粪便的堆积、强烈的放牧、严重的挖掘、践踏等土壤干扰以及车轮的碾压而致(Olff and Ritchie 1998)。各种类型的人类干扰产生并被监测,林窗和土壤干扰的重要性通过实验研究的方法受到调查。这些研究肯定了地方定植和灭绝动态的重要性,以及强调大尺度干扰诸如火干扰等直接的相互作用(Bullock *et al.* 1995;Rogers and Hartnett 2001a,2001b;Umbanhowar 1995)。例如,在北美的高草大草原上,在受干扰的土壤上模拟口袋沙龟属植物时,发现植被再生是重新定植的机制,而来自种子库的定植仅起很小的作用(Rogers and Hartnett 2001a)。禾草的定植在过火以后的草原中高于没有过火的草原(Rogers and Hartnett 2001b)。这些研究以及其他研究显示,食草作用对草地的影响在不同的环境中以及沿环境梯度的变化会发生变化(表 9.1)。

表 9.1　不同草地环境中食草动物对植物多样性影响假说

降水	土壤	主要限制性资源[a]	食草动物特性[b]	植物多样性影响				净效应
				完全灭绝[c]		完全定居[d]		
				大食草动物	小食草动物	大食草动物	小食草动物	
干	贫瘠	水/养分	稀少,体型小	--	-	-	+	0/-
干	肥沃	水	数量多,丰度高[e]	--	--	+	+	-
湿	贫瘠	养分/光	中等数量,体型大	++	-	+	+	++
湿	肥沃	光	数量多,丰度高[e]	+	-	+	+	+/-

a. 为没被吃掉的植物提供资源的能力。
b. 食草动物稀少、中等数量、丰富,食草动物群落为小或大食草动物占优或两者均占优(多样化的)。
c. 关键:+,因灭绝率下降而多样性增加;-,因灭绝率高而多样性下降。
d. 关键:+,因地方定植增加而多样性增加;-,因地方定植下降而多样性下降。
e. 依赖于大食草动物的出现而有利于更小食草动物的变化的食草动物集群;否则食草动物是稀少的。
引自 Olff and Ritchie(1998)。

9.3.1　大型脊椎食草动物(large vertebrate herbivores)

所有的自然草地在一定程度上都受到一种或多种大型脊椎动物放牧的影响。历史上,这些大型食草者是本土动物,被认为是与当地草地形成了协同进化的关系(第 2 章),它们有助于草地生态系统结构和组成的维持。5 000 多年以来,大多数草地,尤其是受管理的牧场,就是这种情况,当前,或者是被家畜放牧替代(见 10.1.2 节)。在北美的本土食草者包括美洲野牛(Bos bison)、麋鹿、野马(从西班牙引进)、鹿以及一系列其他已存在的大型食草动物等。东非草地和萨瓦纳的食草动物群系是地球上最丰富及最壮观的,迁徙性食草动物包括斑纹角马(Connochaetes taurinus)、非洲旋角大羚羊(Taurotragus oryx)、瞪羚(Gazella granti)和汤氏瞪羚(G.thompsoni)、狷羚大羚羊(Alceluphus buselaphus)以及草原斑马(Equus burchelli),非迁移的食草动物包括非洲水牛(Syncerus caffer)、转角牛羚(Damaliscus korrigum)、非洲象(Loxodonta africana)、黑犀牛(Diceros bicornis)、灌丛野猪(Potamochoerus porcus)、麂羚(Cephalophus spp.)和灰小羚羊(Sylvicarpa grimmia)、水羚(Kobus spp.)、薮羚(Tragelaphus scriptus)以及河马(Hippopotamus amphibius)(见 6.1.1 节和 8.2.1 节对塞伦盖蒂平原的描述)(Cumming 1982;Herlocker et al. 1993)。在中国典型草原上,大型本土食草动物包括蒙原羚(Procapra gutturosa)和鹅喉羚(Gazella subgutturosa);蒙古野马(Equus przewalksi)和双峰骆驼(Camelus bactrianus)也是曾经广泛分布的物种,而目前濒临灭绝(Ting-Cheng 1993)。南美萨瓦纳草原大型食草动物主要是有蹄类动物,包括 3 种貘(*Tapirus* spp.), 3 种野猪[草原西貒(*Catagonus wagneri*)、环颈西貒(*Dicotyles tajacu*)、西貒野猪(*Tayassu peccari*)], 4 种骆驼[如驼羊(*Lama* spp.)、骆马(*Vicugna vicugna*)],和 11 种鹿[如南美泽鹿(*Blastocerus dichotomus*)、南美山鹿(*Hippocamelus* spp.)、短角鹿(*Mazama* spp.)、普度鹿(*Pudu* spp.)、白尾鹿(*Odocoileus virginianus*)、草原鹿(*Ozotoceros bezoarticus*)](Ojasti 1983)。南美大草原上草原鹿(*O. bezoarticus celer*)是主要的大型本土食草动物,制约着湿性开放的草原,但是现在濒临灭绝,能起到制约作用的野生生物越来越少了(Soriano 1992)。在澳大利亚和新西兰,本土哺乳类食草动物缺乏,但是引入的诸如红鹿(*Cervus elaphus*)、岩羚羊(*Rupicapra rupicapra*)、塔尔羊(*Hemitragus jemlahicus*)等食草动物广泛分布于新西兰的山区地带(Mark 1993)。在澳大利亚,有袋哺乳动物(家族袋鼠科)占优势,体型上从小的鼠袋鼠(澳大利亚产小袋鼠)、麝袋鼠(*Hypsiprymnodon moschatus*)(约 454 g)到红袋鼠(*Macropus rufus*)(> 82 kg),包括了超过 50%的物种范围,尽管引入的食草动物包括野马(*Equus caballus*)、骆驼(*Camelus dromedarius*)、山羊(*Capra hircus*)和数十种鹿也拥有大的种群(Frith 1970)。大约 10 000 年前的更新世后期,在澳大利亚大型非有袋类哺乳动物灭绝,可能是过度猎捕导致的(Johnson and Prideaux 2004)。大型食草动物种群像东非塞伦盖蒂野生动物区系一样,是多元化的,例如下面提到的三类印度草原的有蹄类动物(Singh and Gupta 1993):

- 冲积草地:豚鹿(*Axis porcinus*)、野生水牛(*Bubalus bubalis*)、沼泽鹿(*Cervus duvauceli*)、印度犀牛(*Rhinocerus unicornis*);
- 酸性草地:黑雄鹿(*Antilope cervicapra*)、野驴(*Equus hemonius*)、印度葛氏瞪羚(*Gazella gazelle*);
- 高海拔草地:野生山羊(*Capra ibex*)、西藏野驴(*Equus hemonius kiang*)、塔尔羊(*Hemitragus jemlahicus*)、喜马拉雅斑羚(*Naemorhedus goral*)、盘羊(*Ovis ammon*)、东方盘羊(*Ovis orientalis*)、藏原羚(*Procapra picticaudata*)、岩羊(*Pseudois nayaur*)。

与本土野生食草动物群落相比较,家畜食草动物群落相对单一,多样性低,通常由一个具有商业利益的物种以及别的任何本土动物组成,这些本土动物在土地管理不受太多干扰的情况下可以存在。例如,在北美大草原,尽管牛是大型商用食草动物,但麋鹿及鹿通常也能共存。在世界范围的草地生态系统中,家畜主要是牛和羊以及马、美洲驼、骆驼和山羊。无论是家畜还是本土的野生动物,这些脊椎动物的生物量均与年降水量以及地上植被生物量呈正相关关系(Dyer *et al.* 1982)。

放牧对草地的影响

作为一种干扰方式,大型食草动物放牧会改变草地群落组成及结构。虽然在区域尺度上,气候决定草地群落的组成及结构,但放牧在景观尺度上的影响是重要的。食草动物有选择地吃掉植物体和植物器官(凋落物),主要是叶片和茎秆,改变冠层结构,踩踏植物以及紧实或破坏土壤,通过排泄使得营养物质集中斑块状分布(图 9.5)。通过吃掉植物的活体部分以及影响生长率和健康状况,食草动物改变了植物物种的平衡。在一些放牧体系中主要物种发生转变,这些结果可能是由于非忍耐性物种的局地灭绝而另一些新物种在草地上发芽定植导致的。

在美国南方混合大草原上关于物种特性的实验表明,在放牧压力下中间演替系列物种被后期演替系列物种替代是由于激烈的竞争,与前期物种比较,后期物种更具食草忍耐性的特征(Anderson and Briske 1995)。某些食草动物对牧草的选择性很高。例如,北美野牛和绵羊,而其他一些动物如山羊则是更为广食性的。例如,在非洲萨瓦纳草原干旱年份中,高强度的放牧下,可食性较差的一年生植物 *Aristida bipartita* 增加,而可食的多年生植物黄茅(*Heteropogon contortus*)和阿拉伯黄背草(*Themeda triandra*)却大量死亡了(O'Connor 1994)。

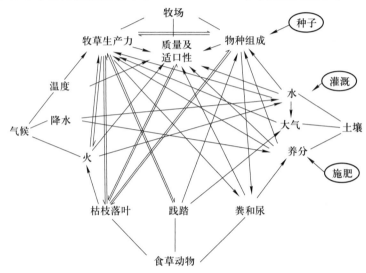

图 9.5　食草动物和放牧草地交互作用原理图。土壤和气候因素被包括在内,以说明动植物之间的一些交互作用是如何被非生物环境调节及影响的。其他干扰诸如火对交互作用的影响也在图中显示。引自 Snaydon(1981)。

放牧在时空尺度上存在异质性,即使在单独的牧场上,也存在重度利用和禁牧区。放牧草地是局部的,植被分布呈斑块状,这些斑块是动物通过对某些地段集中取食建立并维持的。这些区域冠层高度下降,通过刺激分蘖形成匍匐的、密集的冠层(McNaughton 1984)。受到持续放牧的影响,放牧草地的排泄物更多,氮肥的施肥效率高,植物通常拥有比周围环境更低的平均叶龄、高度的可消化性、粗蛋白以及钠含量高的特征(见 4.2 节)。放牧草地出现在经常有食草动物的地方。它们最初是在非洲塞伦盖蒂草原上被描述的,以及作为对非洲野牛的回应而在北美被描述(见下面),以及对西非萨瓦纳草原上的非洲水羚(*Kobus kob*)、河马(*Hippopotamus amphibius*)等相应的描述(Verweij et al. 2006)。在尼泊尔的台拉河草原上,有蹄类动物维持的放牧草地被描述成短禾草/非禾本草本植物群落,它们拥有比周围白茅草(*Imperata cylindrica*)更有优势的草原更高的多样性(Karki et al. 2000)。通过提供高质量的牧草,放牧草地对食草动物的营养贡献巨大(Verweij et al. 2006)。

植物群落的特征与放牧体系有关(见第 10 章)。例如在乌干达的西部裂谷地带,按照离永久水源的距离,草地特征明显不同,在那里,河马夜间会出来采食牧草(Lock 1972)。小尺度上,由于物种对不同放牧强度的响应产生并维持了群落内部的空间异质性。食草动物导致小尺度上的干扰,诸如有蹄类动物的引入、爪刨、打滚、排泄等方式导致的斑块(Bakker et al.

1983)。

通过对世界范围的放牧影响的比较研究,发现受放牧影响而导致的物种组成发生变化首先是 ANPP(自身水分的反应,见第 7 章)功能的变化,其次是一个地方放牧进化史,再次是消费水平(Milchunas and Lauenroth 1993)。随 ANPP 的增加(例如在更为潮湿的气候下),以及更长更为强烈的放牧历史下,物种组成变化加剧。优势物种和放牧之间的关系对诸如地方环境的变异比放牧本身更为敏感。随放牧压力的增加,丛生禾草最有可能减少,而多年生植物比一年生植物更容易减少。在优势物种组成和丰富度上,放牧和不放牧有明显的不同,这样的特征在草地上比在灌木地和林地上更为显著。放牧能使草地变为灌木地。

在有长期放牧进化历史的草地上,放牧和不放牧草地在 ANPP 上的差异很小,当 ANPP 高时,放牧导致生产力最大程度的下降,其次是当消费高时或当长时间处理时。放牧能导致 ANPP 增加(食草动物优化假说,下文)。物种组成变化对放牧的响应是迅速的,ANPP 立即发生变化,土壤养分库缓慢发生变化。在放牧下物种组成变化和 ANPP 之间具有松散的关联,但是物种组成变化和根生物量、土壤碳、土壤氮等之间的变化没有关联。

Milchunas-Sala-Lauenroth(MSL)模型中总结了放牧效应(Milchunas et al. 1988),这一模型涉及了沿一个湿润和进化历史梯度,草地植物多样性对放牧强度的响应(图 9.6)。MSL 模型存在于中度干扰假说的情况下(见 9.1 节),参照 4 个极端湿润梯度和放牧进化历史梯度。Milchunas 等(1988)给出的例子说明这 4 个极端条件,包括科罗拉多短禾草大草原(长期放牧历史,半干旱)、东非塞伦盖蒂(长期历史,亚湿润)、阿根廷巴塔哥尼亚干草原(短期历史,半干旱)和阿根廷泛滥洪水大草原(短期历史,亚湿润)。MSL 模型表明与放牧相关的物种组成和多样性变化在半干旱草地相对较小,无论是长期还是短期放牧进化历史(同时见 Cingolani et al. 2003);而在亚湿润地区相对较大,无论是长期的还是短期的放牧进化历史。在亚湿润地区拥有长期放牧进化历史的草地上,多样性-干扰关系呈现单峰曲线,这反映出植物对放牧的忍耐性和冠层优势种过去的选择。在没有放牧的情况下,植株高的物种占优势,抑制了多样性;在适度放牧下,出现一些拥有短禾草的斑块(这些短禾草多在重度放牧的斑块中)以及无放牧情况下的高草斑块,因此导致更高的多样性;在重度放牧情况下,冠层优势种非常少,多样性下降。亚湿润环境中充足的土壤湿度为高草提供充裕的生长条件,这些高草是群落组成的重要成分;反之,在更加干旱的条件下,群落优势种以矮草为主,因此限制了斑块的出现,而这些斑块正是在适中的湿度以及放牧条件下提高生物多样性的重要因素。

野外实验已经支持这样的认识,在高生产力条件下,大型食草动物增加多样性(Bakker et al. 2006)。从机制上看,在生产性的草地上,由于低的光限制性,新物种的定植导致了多样性的增加。在另外一些封闭的草地上,放牧导致缺口的出现,从而促进了非优势种的定植(Noy-Meir et al. 1989)。在大型食草脊椎动物放牧下得到的多样性和生产力单峰曲线关系,似乎不适用于小型食草脊椎动物的放牧效应中(Bakker et al. 2006)。

MSL 模型没有充分认识到拥有不同多样性价值的稳定植被可能会交替出现,当放牧超过阈限值,这种可能性会出现。相反地,用于阈值管理(见 10.2.2)的状态-过渡或状态-阈限(S-T)模型(Laycock 1991;Westoby et al. 1989),提出了不可逆的转变和交替平衡。MSL 模型的扩展包含了不可逆的多重交替植被状态的存在,这些植被状态的存在是对拥有短期放牧进化历

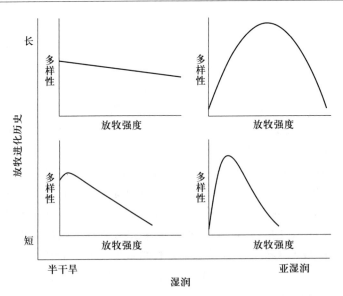

图 9.6 沿湿润梯度和放牧进化历史梯度草地群落的植物多样性与放牧强度的关联。引自 Milchunas et al. (1988)。

史草地放牧的响应(Cingolani et al. 2005)。在有短期放牧进化历史的草地上,植物无论是在良好的环境下产生高的生产力,还是在资源匮乏条件下维持低生产力,都是放牧的资源。在这些系统中,放牧的引入能引起易受放牧影响的当地物种的灭绝,导致当地多样性下降。强度放牧,尤其是在低生产力系统,能导致其他生态系统的变化,如受到侵蚀后的表土暴露。综合这些变化,会激发植被组成的不可逆变化,即使停止放牧也难恢复到原初状态。例如,加利福尼亚的地中海草地上重度放牧导致从多年生到一年生草本植物的不可逆转变,本土物种(例如 *Nassella pulchra*)被入侵物种[例如毛雀麦(*Bromus mollis*),*Taeniatherum caput-medusae*]替代 (George et al. 1992)。

食草动物优化假说(Dyer et al. 1982)预测中度水平的放牧对 ANPP 或植物健康有积极的作用(图 9.7)。这一假说受到争议(Belsky et al. 1993;Crawley 1987;Detling 1988;McNaughton 1979),在这种情形下,食草动物通过不断放牧可增加它们自身的产量(见前面放牧草地的讨论)。

然而,Milchunas 和 Lauenroth(1993)等通过对进化历史长、生产力低的草地研究获得的数据支持了食草动物优化假说。在这些情况下,它假设放牧会去除及打破遮蔽,影响新生长的覆盖层。这一假说也受到其他方面的支持,诸如当限制性养分元素在碎屑循环中大量流失,或当食草动物行为将外部生态系统(例如抵消损失)的限制性养分带入时(de Mazancourt et al. 1998)。对鹅的食草性的研究也支持这一假说,紫羊茅(*Festuca rubra*)的生物量和分蘖生产指示出放牧草地的承载力比无放牧区域高(Graaf et al. 2005)。

美洲野牛

直到欧洲殖民时期,美洲野牛(*Bos bison*)都是整个北美大平原的优势物种。其他食草动

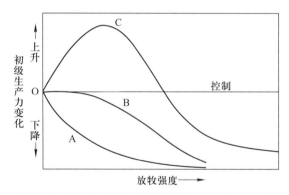

图 9.7 预测初级生产力如何受放牧的影响。随放牧强度的增加,初级生产力可能下降(曲线 A),曲线 B 是在重度放牧引起下降之前的轻度放牧下,相对不受影响,曲线 C 是在一定的放牧强度优化水平下,生产力显示最大化水平(例如,食草动物或放牧优化假说)。引自 Springer Science 和 Business Media (Detling 1988)。

物密度低,对系统的影响也小,如加拿大马鹿(*Cervus canadensis*)、野马(*Equus caballus*)(由西班牙引入)、叉角羚(*Antilocapra americana*)和白尾鹿(*Odocoileus virginianus*)等。在欧洲殖民以前,美洲野牛的数量估计达到 $30×10^6 \sim 60×10^6$ 头。从 1830 年到 1880 年,美洲野牛在大平原上被大量屠杀,种群下降到数千个体。美洲野牛被屠杀是殖民者为了获取野牛的皮毛、舌头或牛角,甚至仅仅是从火车窗口射杀的游戏,以及企图以此征服崇尚野牛历史文明的美洲原住民。现在,美洲野牛的数量回升到大约 150 000 头,在受保护的大草原和大农场中,重新拥有数量可观的畜群。其对大草原的影响与数量不成比例,美洲野牛被认为是一个关键的物种(Knapp *et al.* 1999)。Knapp 等(1999,及其里面的参考文献)概括报道了它们的影响,在堪萨斯州的大草原开展的研究在下面加以叙述。

美洲野牛优先采食青草,并避开非禾本草本植物和木本物种(<食谱的 10%)。没有被采食的非禾本草本植物的叶被野牛所采食的草本植物包围,例如,豚草(*Ambrosia psilostachya*)和 *Vernonia baldwinii*(斑鸠菊属的一种)两种非禾本草本植物不被野牛采食(Fahnestock and Knapp 1994)。这种觅食模式增加了当地物种的多样性,因为非禾本草本植物可以在野牛采食的草地上存在,即使是在频繁的火的影响下。美洲野牛的采食模式有两种:① 20~50 m^2 明显放牧斑块,② 大于 400 m^2 的牧草地。美洲野牛会在整个生长季光临这些区域,导致这些斑块和植物个体的重复落叶。在放牧和无放牧的斑块之间存在明显的边界。放牧草地显示出放牧后光合速率的增加,这是由于在放牧斑块中光照水平的增加以及土壤水分压力的下降。受到放牧影响的组织会从根系获得更多的氮素含量。野牛对植物烧焦的部位更加偏爱,尤其是在夏末潮湿的低地区域。当放牧斑块以非禾本草本植物为优势时,野牛就会迁移到以草本植物为优势的斑块上。因此,随时间的变化,放牧斑块会在景观尺度上发生位移。

野牛的非采食活动,例如,粪便排泄堆积、践踏和打滚,都会增加草地空间异质性。排泄斑块导致局地土壤氮素的增高,随着植物在这些地段的生长,组织内氮素增高。野牛也会受到这些斑块的吸引,因为这些饲草更具营养;结果这里由于采食导致草的覆盖度下降(Day and Detling 1990)。打滚是野牛挖刨地面及在暴露土壤上滚动的行为,这一行为造成直径 3~5 m、深度 10~30 cm 的土壤下陷,野牛会反复回到这些地段。这些裸露的斑块土壤被压实,保持了水分(尽管它们在夏季干旱期非常干),拥有独特的比周围更高的植物多样性。这些打滚的地段也可能被杂草入侵,包括大量一年生植物,而大多数地段被多年生植物入侵。打滚的地段不容易被烧焦,因为燃烧负载通常较低。在大草原上发现的这些斑块已经超过 100 年没有被放牧了(Gibson 1989)。野牛尸体(成年野牛体重超过 800 kg)给局地斑块带来了很高的甚至是有毒的营养水平,导致 4~6 m^2 裸露区域的出现,这些区域最终又被早期演替的物种所入侵。

美洲野牛不能等同于牲畜。尽管二者均是普通的食草动物,但它们在觅食模式上存在明显的不同。野牛主要吃草本植物,而牲畜主要吃非禾本草本植物和一些食草物种。野牛吃草的时间比牲畜少,而花更多的时间在非采食活动中,诸如打滚(这些牲畜没有)和哞叫。野牛经常出现在开放的草地上,而牲畜更喜欢多树的区域。在冬季,野牛可以利用它的大头颅作为铲雪工具,通过从一边到另一边转动头颅,将覆盖在草上的积雪清除。牲畜却不能这样做。

总体上看,野牛影响着高草原的生态,并且这样的影响与它们的数量不成比例。它们影响各种尺度的生态系统,并且与别的干扰,尤其是火等产生协同作用,增加草地多样性(Collins *et al.* 1998a)。

9.3.2 小型脊椎食草动物

草地中存在大量的小型食草哺乳动物,包括啮齿类和兔类动物,它们影响草地的组成及结构。重要的啮齿类动物主要包括老鼠、田鼠、尖鼠、囊地鼠以及土拨鼠。兔形目(Lagomorpha)主要包括野兔、家兔(Leporidea 科)和鼠兔(鼠兔科系)。大量的食肉动物诸如鼬科成员、獾亚科成员(欧亚獾)、Mellivornae(蜜獾)、美洲獾亚科(美国獾)等通过它们的挖洞、挖根等活动影响草地。澳大利亚草地动物群系包括广泛多样的啮齿类动物(家鼠科)和小型有袋类哺乳动物,诸如食草的袋熊[塔斯马尼亚袋熊(*Vombatus ursinus*)、毛鼻袋熊(*Lasiorhinus latifrons*),以及澳洲毛鼻袋熊(*L. kreffti*)],它们主要吃单子叶植物(Green 2005;Wells 1989)。猎兔和野兔已经从欧洲引入到世界上许多地方,包括澳大利亚,在这里它们对本土动物群系和草原植被有很多的影响。小型食草动物对草地的影响如下(De Vos 1969):

- 在土壤方面,打洞使地表土壤疏松,使地表呈蜂窝状并形成网状通道。这使土壤暴露于空气中,改变了持水能力,混合了土壤腐殖质。暴露的土壤使得侵蚀加速。排泄物增加了土壤肥力。
- 堆积土壤是囊地鼠、地松鼠和草原土拨鼠的特征。平整的土壤表面被破坏,下层土壤被翻出并堆积于土壤表面上。堆积经常出现在洞口,这会影响这些地段的小气候以及风蚀模式。堆积物比周围环境土壤干燥,形成很多突起的地形,并形成斑块状的景观特征。
- 对植被直接的影响包括去除饲草,选择性觅食,去除种子(尤其是对哺乳动物产生不利影响),切断根系(例如囊地鼠),传播并再分配种子。这些行为能加速外来物种或灌木的入侵。

正如其他的干扰一样,小型食草动物彼此之间以及与它们所处的环境之间的相互作用增加了草地异质性。例如,几个重要的草地物种彼此相互影响。在美国南达科他州,北美野牛被吸引到有营养的草地上，引起黑尾土拨鼠（*Cynomys ludovicianus*）的入侵；在墨西哥北部的沙化草地上，土拨鼠和更格卢鼠、旗尾更格卢鼠（*Dipodomys spectabilis*）共存，它们既独自影响同时也共同影响了当地的生物多样性（Davidson and Lightfoot 2006）。

草原上小型食草动物的食物和活动变化很大。一些专门食草的动物尤其集中在植物群落上，专门取食植物地上（例如猎兔）或地下部分（例如囊地鼠）。对草原的物理干扰来源于挖掘和巢穴活动。下面将举例详细说明。

地下啮齿类动物

在美国北部干旱半干旱地区的囊地鼠[囊鼠科（Geomyidae）]和其他地下啮齿类动物，例如在非洲和亚洲的鼹鼠[滨鼠科（Bathyergidae）、鼢鼠科（Spalacidae）]，南美洲的栉鼠[栉鼠科（Ctenomyidae）]形成广泛的地下洞穴系统，在这些系统中，它们建立饲料园以取食根系。过量的土壤被存储在废弃的地下通道以及通道入口的外部，使得植物窒息。地下食草动物被认为是"生态系统的工程师"，因为它们通过广泛的方式改变了其他有机体获取资源的有效性，并改变、维持或创造了栖息地（Huntly and Reichman 1994；Jones *et al.* 1997；Reichman and Seabloom 2002）。这些通道占了地表面积的 7.5%，而形成的土墩则额外覆盖了 5%~8% 的面积。

植物根被采食后导致物种个体机能下降；超过 30% 的地下初级生产力被消耗，这接近地上大型食草动物的能量流动量。囊地鼠选择性地取食，对直根系植物比较偏爱，尤其是富含氮素的豆科植物。土墩在草地群落上形成一些断层，为种子的萌发与定植提供了机会，并且降低了对生长在边缘的植物的竞争。遍布于地洞和土墩的草地生物量通常低于周围草原上的生物量，而在边缘地带生物量增加（Reichman *et al.* 1993）。在高草原，多年生禾草是优势物种，它们侵入囊地鼠的土墩，这些土墩被非禾本草本植物占据。在这些系统中，囊地鼠形成的土墩对当地物种丰富度和生产力的影响是暂时的（<3年）（Rogers *et al.* 2001）。与之相比较，在加利福尼亚蜿蜒的一年生草原上的植被，很大程度上要依赖于每年土墩形成的时间，这是一些短命植物的特征（Hobbs and Mooney 1985）。通常，在这些系统中草地优势种很少能入侵定植于这些囊地鼠土墩，因为其内部封闭的植被限制了种子的散布。然而，那些拥有长长的花茎的植物最容易扩散到这些土墩上。

在南北美洲和非洲，mima-mounds 的形成已经与地下食草动物相关联。mima-mounds 是拥有明显植物区系及更高生产力的抬高的地形区域，其土壤比周围土墩内部具有更高的养分含量、有机质和保水能力（Huntly and Reichman 1994）。例如，在肯尼亚热带萨瓦纳草原上，mima-mounds 是由东非鼹鼠（*Tachyoryctes splendens*）造成的，其地表草本植被覆盖率低，而裸露地表、非禾本草本植物、灌木等多于无土墩区域（Cox and Gakahu 1985）。与以阿拉伯黄背草（*Themeda triandra*）为优势的萨瓦纳草原相比，土墩上的优势种主要是狗牙根（*Cynodon dactylon*）。

美洲獾（*Taxidea taxus*）

这些动物建立地下窝穴，在挖掘的过程中，在通往地下窝穴的有植被的入口处堆积了大量的土壤。当美洲獾四处搜寻地松鼠（*Spermophilus tridecemlineatus*）时也挖掘堆积土墩。这些局地干扰增加了拥有獾的高草原的空间异质性。土墩上的植被包括一系列的机会种，包括多种靠风传播的二年生植物，它们的生活史特征位于 r-策略和 k-策略之间（见 6.4.1 节），以适应獾导致的土墩环境条件(开放的空间与高土壤湿度)(Platt 1975)。在这些大草原系统中,机会种系列依靠一个相反的关系得以维持,即出现它们从土墩迁移出去以及与土墩原物种之间形成资源竞争这两种情况的互逆关系(Platt and Weis 1985)。大草原上的一些优势种也会入侵獾的土墩,包括大须芒草(*Andropogon geraadii*),在生长季节后期它们比机会种拥有更大的生长率。

旗尾更格卢鼠

在矮草的沙化典型草原群落交错区,这一动物挖掘堆积土墩,导致土墩上比邻接无土墩区域拥有更低的植被覆盖度和更高的多样性。这些覆盖在地下通道系统上的土墩(高1 m,直径1.5~4.5 m)土壤干燥,氮含量高,以非禾本草本植物、灌木和肉质植物等为主,而其他草地是以草本植物如格兰马草(*Bouteloua gracilis*)或黑格兰马草(*B. eriopoda*)等为优势(Fields et al. 1999)。

几种黑尾土拨鼠(*Cynomys* spp.)

一些研究者认为土拨鼠是一个北美草原上关键的物种(见上面对野牛的描述),因为它们对草原具有多尺度的影响(Davidson and Lightfoot 2006;Kotliar 2000;Natasha et al. 1999)。它们是大型食草啮齿类动物(成年个体体重大约为1 kg),历史上曾占据了40×10^6 hm^2的北美大草原区域,也就是超过了自然矮草及混合草原的20%的面积。由于栖息地损失、西部的瘟疫,以及它们的存在导致家畜体重增长的下降,由此人类制定了消灭它们的计划等各种因素,土拨鼠种群数量已经下降到不足历史水平的2%(Derner et al. 2006)。土拨鼠的消灭伴随着乔灌木的侵入,导致草地/萨瓦纳栖息地的损失(Weltzin et al. 1997)。随时间的变化,入侵个体的数量波动很大,在每公顷10~55个动物的密度、坡度小于7%的平缓的深层土壤中,个体数量从10到100个波动变化。在入侵地内,每公顷分布着50~300个洞穴,每个洞穴有两个入口,深1~3 m,长15 m,直径10~13 cm。每个洞穴挖掘形成200~225 kg的土壤,大量的土壤堆积在洞口,形成直径1~2 m的土墩。在它们的入侵地,土壤受到土拨鼠连续强烈的挖掘,植被受到啃食。在美国的南达科他州风洞国家公园,研究显示(Whicker and Detling 1988)土拨鼠全年都会在地面上采食,使得覆盖在地表的冠层维持在5~10 cm的高度,而附近未被入侵的区域内冠层覆盖可以达到20~30 cm的高度。由于世代取食的结果,导致在分布有土拨鼠的地方植物出现明显矮化的生态特征。土拨鼠的采食改变了形成各种群落类型斑块的物种间的竞争平衡,这些群落分布在入侵地中,以矮草物种和一年生非禾本科草本植物为典型种。当地的物种多样性受到这些行为的影响而发生改变,在受到适度影响的地段上拥有最高的多样性(中度干扰假说:见9.1节)(Archer et al. 1987;Coppock et al. 1983)。在土拨鼠入侵的区域,60%~80%的ANPP被消费或浪费,比大型食草动物高5%~30%的消费率。植物生物量仅为临近的生长在无入侵地区植被的1/3~2/3,而立枯生物量却高出2~4倍。因为有大量的幼叶以及氮从根系的转移,在入侵区域的植物茎中氮的含量更高。地上落叶也降低了地下生物量,导致根系生产力下降超过40%。在土拨鼠入侵的地方,野牛、麋鹿和叉角羚更喜欢采食草本植物,尤其是嫩草区域。

草原田鼠(*Microtus ochrogaster*)

在高草原地区,草原田鼠显示出每3~5年种群循环爆发的特征,它们的爆发受到植被的影响,并且与前一季节ANPP呈正相关关系(Kaufman et al. 1998)。田鼠在地面上形成大约

5 cm宽并且枯落物和土壤被压实的跑道。长在这些行踪地带的草叶受到田鼠的修整,在这些路径上新鲜的叶片消失了。这些路径从洞穴处呈扇形发出,12~25 cm 的直径,并位于土壤表层以下 30 cm 处(Reichman 1987)。这些洞穴上面出现与邻近区域不同的植被组成。例如,在美国堪萨斯州高草原地区,具有田鼠洞穴的地段与邻近的对照区域相比较,红荔(*Physalis pumila*)出现的频度很高,*Symphyotrichum ericoides*(卷舌菊属的一种)和矮芦莉草(*Ruellia humilis*)出现的频度则很低,并且二型花属(如 *Dichanthelium oligosanthes*)覆盖度较低(Gibson 1989)。在美国的犹他州和内华达州的蒿属植物占优势的草原上,长尾野鼠(*Microtus longicaudus*)围绕着灌丛,且当种群密度足够大时,可以提高家畜的活动范围(Frischknecht and Baker 1972)。

小型食草哺乳动物的影响

虽然在小尺度上小型食草哺乳动物诸如野鼠对植物个体的影响容易被观察到(如上面的例子以及 Gibson 1989),但对植物群落组成和结构的净效应是不清楚的。在成熟高草原上的一个为期 4 年的实验显示,草原田鼠(*Microtus ochrogaster*)的影响几乎不显著,只是 C_4 植物丰富了,而一些一年生非禾本科草本植物受小型哺乳动物的影响减少了(Gibson et al. 1990a)。与之形成对比的是,在新生草原,我们已经观测到小型哺乳动物对草地植被的显著影响。例如,做了 3 年实验的大草原上,由于 *Microtus pennsylvanicus* 的食草作用,降低了豆荚植物和禾本植物的密度,增加了不可口物种的密度,如非禾本科草本植物紫松果菊(*Echinacea purpurea*)和黑心金光菊(*Rudbeckia hirta*),这样导致物种丰富度总体上降低了 19%。新生草聚集的草原群落中的植被构成反映了不可口物种在竞争中的特点,解释了"曾有的食草动物之幽灵"传说(Howe et al. 2002)。然而,各种效应都是短暂的,4 年后,在美国威斯康星州的北美大草原,物种由多样化趋向于相同的高杆植物,野鼠从繁殖到随之消亡(Howe and Lane 2004)。野鼠被驱逐 54 个月以后,在新生的高羊茅(*Schedonorus phoenix*)草原上,被苇状羊茅内生真菌(*Neotyphodium coenophialum*)感染的羊茅植株个体的频率增加了。受内生植物影响的高羊茅生长旺盛,导致大量非禾本科草本植物的生物量减少(Clay et al. 2005)。在荒芜的灌木地,当食草动物更格卢鼠(*Dipodomys* spp.)被驱逐出境,优势种从非禾本科草本植物转变成禾本植物,从而促进了灌木地向草地转化。具体来说,多年生植物雷曼氏画眉草(*Eragrostis lehmanniana*)的密度增加 20 倍,一年生植物三芒草(*Aristida adscensionis*)的密度增加 3 倍(Brown and Heske 1990)。大体上,这里所讨论的由哺乳动物引起的食草作用,通过选择性觅食消除或减少了大量可口性物种,使非优势种免除了竞争,从而可能影响了物种演替进程,最终结果是,影响了群落命运。但是,对于稳定的草原生态系统,食草动物的影响是微不足道的。

9.3.3 无脊椎食草动物

1988 年 Detling 提到的圣经中的瘟疫,蚱蜢局部爆发,无脊椎动物除去了地上部分 5%~15%的净初级生产力,而 6%~40%的地下部分净初级生产力受到线虫类动物的影响。总之,蚱蜢和白蚁被认为是在世界范围内的草原和无树大草原上起主导作用的无脊椎食草动物,它们的影响在此会详细叙述。然而,尽管无脊椎动物对草原产量影响非常显著,但是该种群对草原组成和结构的影响机理还是不甚清楚,特别是地下无脊椎食草动物和食碎屑动物(以死亡有机物质为生的消费者) 在此充当的角色 (Andersen and Lonsdale 1990; Whiles and Charlton 2006)。比较不同种无脊椎动物的影响, 或者比较它们对草本植物占优势的不同类型生态系统的影响, 包括草地生态系统, 不同研究综合比较分析得出了不明确的结果 (Coupe and Cahill 2003; Schadler et al. 2003)。例如, 在物种贫乏的英国酸性草地 [优势种为紫羊茅 (*Festuca rubra*)、白车轴草 (*Trifolium repens*) 和细弱剪股颖 (*Agrostis capillaris*)], 无脊椎和软体食草动物影响了许多植物物种, 但远不如田鼠的食草作用或者单子叶植物的种间竞争造成的影响 (del-Val and Crawley 2005)。

食草作用和无脊椎动物带来的扰动不同于脊椎动物。无脊椎动物的损害在类型和空间分布上表现为多种多样:可以是长期的、大范围扩散到植物组织;也可以在特定的局部爆发 (Kotanen and Rosenthal 2000)。无脊椎动物也可传播疾病, 如大麦黄侏儒病毒通过麦蚜虫的唾液在禾本科植物中传播 (Grafton et al. 1982; Gray et al. 1991)。然而, 大量聚集的无脊椎动物对植物会损害巨大, 这点与脊椎动物相似。禾本科植物具有的形态学和生理学特征, 使其对昆虫食草动物具有特有的忍耐性 (Tscharntke and Greiler 1995)。禾本科植物细胞内的高硅含量使得细胞坚韧从而难以咀嚼 (见4.4节)。然而, 相比对非禾本科草本植物的保护, 抗-食草作用的次生化合物不能很好地保护禾本科植物, 只有受到内生真菌影响的禾本科植物产生了生物碱后才能阻止麦蚜虫的啃噬 (见4.3节)。我们假设, 在草地群落早期形成了禾本科植物和昆虫的协同进化, 并伴随哺乳动物的啃噬 (见第2章)。

在北美高草大草原, 几种节肢食草动物具有代表性, 包括具颚食叶动物 (直翅目、鳞翅目以及一些鞘翅类), 半翅目食树液动物和寄居在植物组织液内 (如生产胆汁的地方) 的昆虫。这些节肢食草动物确实不能控制初级生产力, 但能直接和间接地影响草地生态系统的结构、过程和功能 (图9.8)。许多节肢动物群有着细微的影响, 如蚱蜢是主要的食叶动物, 除了爆发期外 (见下文), 对植物种群中最多样化的非禾本科植物的影响非常显著 (Whiles and Charlton 2006)。蚱蜢的食性在时空上非常不同, 它可以吃掉地上净初级生产力的1%~5%。某些蚱蜢是普食性的, 可以食用大范围的禾本科植物和非禾本草本植物, 而其他单食性或狭食性动物, 只食用有限的或单一的植物物种。

无脊椎动物的对植物的损害更多维持在植物个体水平, 其影响植物的生长速率、植物形态以及繁殖力。许多无脊椎动物具有专一性, 因而限制了其分布于单一物种上, 导致了其基于宿主分布的多样化空间分布。例如, 在北美大草原, 食籽虫小乳草臭虫 (*Lygaeus kalmii*) (半翅类:长蝽科) 成熟后只出现在乳草属植物翠绿马利筋 (*Asclepias viridis*) 种子的前端部分。因此来自 *L. kalmii* 食草动物受限于乳草属植物, 并依赖于该宿主繁殖后代的分布 (Evans 1983)。相似地, 瘿蜂 (*Antistrophus silphii*) 产卵于北美高草大草原上的多年生非禾本科草本植物串叶松香草 (*Silphium integrifolium*) 的分生组织顶端, 导致其茎结构呈异常球面形生长 (瘤/赘生物的直径 1~4 cm)。瘤结构致使植物内部营养物质分配变化, 减少或阻止嫩芽生长和叶子生殖, 并延迟和减少植物繁殖 (Fay and Hartnett 1991)。

地下食草动物和食碎屑者影响了植物根系动态和根际周围营养物质循环。某些地下食草动物如体态大的蝉在成熟期会重新分配原料。

无脊椎动物的大爆发解释了这些有机体作为草地干扰机制的一部分所起到的明显作用。

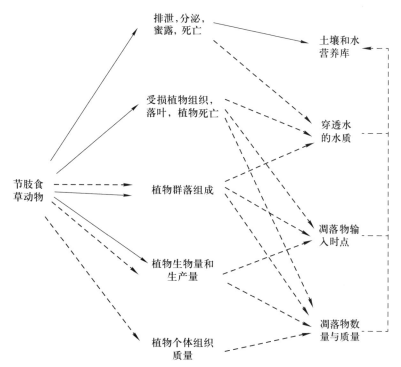

图9.8 节肢食草动物通过直接(实箭头)和间接(虚剪头)路径影响草地。使用得到 Whiles 和 Charlton (2006)的许可。见《昆虫学年鉴》第51卷。

在大部分草地上,蚱蜢是最具有摧毁性的无脊椎动物。在美国西部,21%~23%的可用草料被蚱蜢所食用,植物叶子的损失超过了叶子的生产(Tscharntke and Greiler 1995)。在某些区域,密集的蚱蜢群会对植物产生损害[如从亚洲的西南部到非洲的沙漠蝗(*Schistocerca gregaria*),又如南非的红翅蝗(*Nomadacris septemfasciata*)]。在其他区域,一些物种随着年份的变化和区域的变化,会集中爆发(如12种以上蚱蜢聚集在美国西部)(Watts et al. 1982)。关于其他无脊椎动物在草地爆发的报道包括几种草地虫(*Labops* spp.)、盲蝽科草上的几种臭虫(*Irbisia* spp.和 *Leptopterna* spp.)、毛虫(*Hemileuca olivia*)、几种黏虫(*Spodoptera* spp.)、草地结网毛虫或几种草地螟(*Crambus* spp.)、摩门蟋蟀(*Anabrus simplex*)、几种蛴螬金龟子(*Phyllophaga* spp.)、白蚁(等翅目)和蚂蚁(Tscharntke and Greiler 1995)。这样的爆发会减少禾本植物生物量,允许非禾本科草本植物竞争释放。作为干扰,在时空上显著不同,昆虫爆发在群落结构上可能担当重要的角色,这是因为若是它们真的发生会带来严重灾害(Carson and Root 2000)。

白蚁

在非洲、澳大利亚和南美的许多热带无树大草原,白蚁堆是一道非常显眼的风景。白蚁是群居昆虫,在树内外、地上地下筑了许多大的巢穴。白蚁堆的地上巢穴很大,至少5m高,最低密度达5个·hm^{-2}[非洲的大白蚁(*Macrotermes* spp.)、澳大利亚的象白蚁(*Nasutitermes triodiae*)];或者高度低于5m,但密度达每公顷几百个[非洲的草象白蚁属(*Trinervitermes*)、澳大利亚的冢白蚁属(*Tumulitermes*)](Andersen and Lonsdale 1990)。白蚁密度范围为

$1\,000 \sim 10\,000$ 个·m^{-2}，总生物量为 $5 \sim 50\ g \cdot m^{-2}$。大多数白蚁是食碎屑动物，主要以枯枝败叶为食；另外一些白蚁以活的植物或者真菌为食。建筑蚁冢和蚂蚁的其他活动都是对地面水平线上的土壤原料进行重新分布(Josens 1983)。这些活动带来的结果是，白蚁从本质上影响了土壤和植被的异质性。活的蚁冢通常与植被无关，只是在草地上开辟一个开阔的小块土地而已；遗弃后的蚁冢通常为植被所占领。在广阔的无树草原，树木和灌木仅仅生存于被遗弃的蚁冢之处(De Vos 1969)。在坦桑尼亚的塞伦盖蒂国家公园，白蚁的活动改变了土壤的碱性，生长矮草的土壤转变成能生长中等高度草的土壤；有证据表明，遗弃的蚁冢上生长了御谷(*Pennisetum mezianum*)和阿拉伯黄背草(*Themeda triandra*)(Belsky 1983,1988)。蚁冢下的土壤比周围未受扰动生长矮草的土壤更具有均一性。该土壤具有高渗水性特点，且含高浓度的 K^+、Mg^{2+}、Ca^{2+} 和低浓度的 Na^+。建筑蚁冢的白蚁是否存在以及地表 Na^+ 浓度解释了草地结构异质性模式 55% 的变异性原因。在澳大利亚东北部，白蚁窝的伴随产物是一种带有绿色光晕的墨绿色植物，而且禾本科植物会立刻出现在蚁冢周围(Spain 和 McIvor 1988)。蚁冢周边的植被最初是籽实小的一年生植物[如升马唐(*Digitaria ciliaris*)]和双子叶植物[如刺金午时花(*Sida spinosa*)]，继而多年生植物[特别是黄茅(*Heteropogon contortus*)]和远离蚁冢的 *Fimbristylis* spp.也出现了。"光环"效应由蚁冢周边养分含量高的土壤引起，或是，生长在蚁冢周边的植物根系延伸到蚁冢下方从而深入其根基。越接近蚁冢的植物越有营养，从而更易受家畜的喜爱。

蚂蚁

蚂蚁(蚁科膜翅目)，是另一类丰富的群居昆虫，其巢穴与白蚁相似，同样显著影响草地土壤和植被。草地上杂食性蚂蚁每季度能消费净生产力的 3%(Folgarait 1998)。存在大量蚁丘的草地系统被称为"蚁篷"(Kovář et al. 2001)，这是由于该干扰对陆地景观的重要性。蚁丘的高度和直径为几十厘米，并且有规律地以一定间隔分布于广大的区域面积上。一些蚁丘每年都会变大，在英国，蚁丘大小被用来评估草地自上次耕作后到现在的日期(King 1981)。由于蚂蚁的筑巢行为、蚂蚁排泄物的化学富集、昆虫成分的储蓄以及氨化细菌的刺激，蚁丘比周围未受扰动的土壤具有更高或更低的营养、更低的容重、更松散的特征(Dostál et al. 2005)。孢子群伴随蚁丘而存在，由于其沉积作用，很快变得极其丰富，从而有利于植物的定植。蚁丘的植被与草地周边植被截然不同，它们经常由一年生植物占主导地位，随着蚁丘年龄的增长而被废弃，继而被多年生植物代替(King 1977a,1977b;Wali and Kannowski 1975)。例如，在美国科罗拉多州山区草地的蚁丘由早熟禾本科主导，群落中有多花雀麦(*Bromus polyanthus*)和千叶蓍(*Achillea millefolium*)(Culver and Beattie 1983)。蚂蚁遍布的植物(如 *Claytonia lanceolata*、*Delphinium nelsoni*、*Mertensia fusiformis* 和 *Viola nuttallii*)具有油质体，该类植物在蚁丘周围的草地斑块上很普遍。油质体是含油丰富的肉质组织，依附于植物种子上，是吸引蚂蚁的食物源。这些植物种子由工蚁搬运到蚁丘，在除去油质体后被完整地抛弃。在斯洛伐克的山区草地，部分一年生和多年生植物[如细弱剪股颖(*Agrostis capillaris*)、西洋石竹(*Dianthus deltoides*)、耳蕨属的 *Polystichum commune* agg.、宽叶百里香(*Thymus pulegioides*)和水苦叶(*Veronica officinalis*)]偏爱于生长在蚁丘上(Kovář et al. 2001)。美国堪萨斯州高草大草原，多年生植物北美小须芒草(*Schizachyrium scoparium*)多出现于蚁丘上而不是周围的草地(Gibson 1989)。

9.4 干旱

区域降水模式决定了草地大规模分布和特征(第 8 章)。每年降水的量和变异性与草地生产力有很强的相关性(第 7 章,图 7.4,Nippert et al. 2006),尽管降水-生产力相关性强度在各类草地中不一样,如北美和南非之间的草地(Knapp et al. 2006)。作为干旱系统(第 1 章),草地特征为经常性干旱,如著名的关于 20 世纪 30 年代美国大平原干旱的报道(见下文)。尽管干旱被认为是相当正常的对草地的干扰,但持续的极端干旱对草原生态系统有着巨大的深远影响。表 9.2 归纳了干旱对草地群落的影响。

表 9.2　干旱对草地群落的影响

自然环境和本地资源的变化
种群大小降低和大多数物种地缘边界缩小
一部分本地物种竞争性释放及其种群激增
杂草和其他逃亡物种(fugitive species)入侵
物候事件[①]的改变,特别是开花的时间以及花期缩短
某些物种生产力和生殖力发生改变
种群人口统计学和遗传学结构的变化
群落物种组成变化及其物种多样性减少
某些物种的种群间的竞争更频繁且可能面对更强的竞争

该表再版得到 Bazzaz 和 Parrish(1982)的许可,版权归俄克拉何马大学出版社所有。

20 世纪 30 年代初期,北美干旱对中西部普列那草原影响巨大。这次沙尘暴干旱始于 1931 年,1934 年变得最严重。然而,30 年代的干旱不是历史记录上最严重的一次,1600 年前的许多次干旱才历时长且范围广。古气候记录表明,30 年代这样的重大干旱在美国大平原每隔 50 年发生一次,而更加严重、历时更长的干旱每 500 年发生一次(Woodhouse and Overpeck 1998)。美国大平原的干旱归因于大气环流模式阻断了流经此地的来自墨西哥湾夏季的潮湿热带气流。大规模的大气环流模式由墨西哥湾海洋表面气温驱动以及大西洋和太平洋的状况决定,包括与厄尔尼诺现象相似的南方涛动(Woodhouse and Overpeck 1998)。20 世纪 30 年代的干旱,众所周知,是由于不适当的农业行为产生了大范围土壤侵蚀引起的沙尘暴所导致的(主要是长达 75 年的过度放牧,并且在 1925 年到 1930 年期间在贫瘠的普列那草原上开垦了超过 2 100 万公顷的土地)。30 年代干旱席卷了美国大平原的大部分地区,伴随着集中于中西部的南部平原的沙尘暴,主要分布在得克萨斯州、新墨西哥州、科罗拉多州、俄克拉何马州和堪萨斯州的大部分地区。沙尘暴由大量空降沙尘构成,土壤表层被强风卷入大气且横扫大陆。

---

① 此处原著中 phonological events 应为 phenological events(物候事件)。——译者注

在得克萨斯州的阿马里洛市，1933—1939 年的 1—4 月，每月平均发生 9 次沙尘暴，每次持续时间平均为 10 小时，能见度降至零，地面沉淀的吹积物达 7 m 高（Lockeretz 1978）。1935 年的报纸头版头条报道"一天的时间南部平原移到东部"（Floyd 1983）。沙尘暴和干旱导致经济停滞不前，农业经济社会衰退，许多农场主被迫举家离开家园（Howarth 1984）。这个时代被牢牢记住，并写入小说，如 1939 年 John Stienbeck 的《愤怒的葡萄》和民间音乐歌手 Woody Guthrie 于 1940 年发行的唱片《尘暴民谣》（*Dust Bowl Ballads*）。

Weaver 报道了 20 世纪 30 年代干旱的生态效应，在内布拉斯加州的林肯市进行了广泛研究（Weaver 1954；Weaver and Albertson 1936），并解释了干旱生态效应，表 9.2 中概括了这些效应。1931—1933 年发生了干旱，尤以 1934 年干旱为重。这一年以少雪的暖冬开始，接着是伴随着强风并充满尘埃的干旱春天。严重干旱发生于 5 月，受 6—7 月的日平均气温超过 38 ℃的热浪影响，8 月中旬干旱加重。土壤水分首先从土壤上层损失，水分渗透率降低以及流失物大量增加。结果，水分严重亏损，叶子长度仅为 12~18 cm，不如通常的 23~36 cm 长。大多数受胁迫植物的根系深度增加，至少向四周分叉增多。浅根植物在干旱期先受损，特别是生长在山顶和干燥山坡的植物。生长于低洼之地的植物直到 8 月才受到干旱影响。

干旱导致植物大范围损失，在某些西南地区受损植物达 95%，这使得地面裸露，土壤贫瘠。在某些区域当地植物的嵌合体有可能存活下来。然而，所有当地物种受损，尤其是那些浅根物种，如北美小须芒草（*Schizachryium scoparium*）、阿尔泰洽草（*Koeleria macrantha*）、*Hesperostipa spartea* 和草地早熟禾（*Poa pratensis*）。大须芒草（*Andropogon gerardii*）有着很深的根系，受损最少，但仍然不能在显眼的区域生长。矮小草本植物和非禾本草本植物从地面上消失，例如蝶须属的 *Antennaria neglecta*、草地早熟禾、二型花属的 *Dichanthelium oligosanthes* var. *scribnerianum*、*D. wilcoxianum*、蓝眼草（*Sisyrinchium campestre*）和堇菜（*Viola* spp.）。随着许多优势种的死亡，竞争性释放允许某些限于生长在稀薄土壤、路边、黏磐土和未受扰动之地的禾本科植物在普列那草原上传播。由于蓝茎冰草（*Pascopyrum smithii*）在早春生长时已经展开根茎，所以在干旱期它占领了许多地方，特别是大须芒草或北美小须芒草死亡的区域。一年生草本植物紫鼠茅（*Vulpia octoflora*）在某些区域成为当地优势种。非禾本草本植物 *Symphyotrichum ericoides* 在大多数区域变得非常重要，除了受扰动的区域外。一年生植物 *Erigeron strigosus* 也传播较广，它们播种非常密，每平方分米有 20~30 株植物。一些杂草，如生殖大量籽实的密花独行菜（*Lepidium densiflorum*）、东部区域的小蓬草（*Conyza canadensis*）、西部的变雀麦（*Bromus commutatus*）和东方的旱雀麦（*B. tectorum*），它们都有所增加且在不同区域成为优势种。干旱条件下生存胁迫改变了许多植物的物候现象，如花期变早变短，而另外一些深根的非禾本科草本植物开花较多，如月见草属（*Oenothera*）、补骨脂属（*Psoralea*）、蔷薇属（*Rosa*）。

干旱一直持续到 1941 年，这时候雨水和湿润空气才返回。总之，北美小须芒草受损最严重，在某些区域损失了 95%。到 1941 年，该物种在普列那草原上的产量排在第六位，主要是由于 1934 年的大面积摧毁，而后被其他物种 *Hesperostipa spartea*、草原鼠尾粟、格兰马草和蓝茎冰草取代。尽管大须芒草的产量减少，但是由于它的根系深，因而没有完全损失，在 1938 年适当的降雨之后，它又重新生机勃勃地生长。普列那草原的面积较之前减少了 1/3~1/2，草地上低层的禾本植物和非禾本草本植物消失了。典型植物群丛整体上毁灭了，而多数杂草群丛出现了;在堪萨斯州中心、内布拉斯加州东部和达科他州东南部跨越 160 km 的地域上,真正草地(优势种大须芒草-北美小须芒草)被混合普列那草原(优势种蓝茎冰草-格兰马草-野牛草)替代长达 7 年之久(1934—1941 年)。

干旱后,植被恢复过程是逐渐的,一年生草本植物和杂草逐渐被多年生草本植物取代。当雨季来临,幼苗更新率很高,如格兰马草(*Bouteloua gracilis*)的幼苗生长稠密。草本植物的根茎从长期干旱引起的深度休眠状态中苏醒,长出嫩芽,尽管它们的根系早已死亡。干旱后 3~4 年裸地上重新有了物种。低洼地植物群落比高地群落恢复得更快更好。干旱前,草地上有三类重要群落,其中两类北美小须芒草群落为顶极群落类型。干旱以后,主要有 8 类群落,包括 3 种新生类型群落:蓝茎冰草群落、格兰马草群落和混合普列那群落。干旱前的两类北美小须芒草群落转变成干旱后的三种类型:残余的大须芒草-北美小须芒草群落、大须芒草群落和混合禾草群落。群落产量排列次序也发生改变(表 9.3)。这个效应长期持续,即使干旱结束后 12 年,混合普列那群落仍然存在于这片区域。

表 9.3 20 世纪 30 年代干旱期过后高地草原的主要群落

群落	排名
混合普列那(N)	1
蓝茎冰草(N)	2
Hesperostipa spartea(M)	3
残余大须芒草-北美小须芒草(M)	4
格兰马草(N)	5
大须芒草(M)	6
混合禾草(M)	7
草原鼠尾粟(M)	8

M,旧的或改善类型;N,新生发展类型;数据来自 Weaver(1954)。

如上所述,我们综述了美国中西部 20 世纪 30 年代干旱期的详细研究结果(见 Coupland 1958;Robertson 1939;Tomanek and Hulett 1970),以及全球范围内其他区域对干旱的相似记录(Milton and Dean 2004;Walker *et al.* 1987),这些都有助于我们理解草地对气候变异性的灵敏度。在干旱时期,草地表现为非平衡系统,这是正常的(Illius and O'Connor 1999)。目前,研究关注的是潜在气候改变的效应,包括在全球环境变化背景下的降水年际间变异性(Fay *et al.* 2000,2003)。在未来全球变化的假设条件下,降水的瞬时变异性可能意味着降水决定草地的结构和功能,尽管这些效应目前还鲜为人知(Collin *et al.* 1998b)。在许多半干旱草地,降水具有偶然性,过去的降水历史决定了草地交替过程中的一两个稳定阶段。降水模式变化,如降水量的增减和频率的快慢变化,以似乎不可更改的方式,可能足以刺激了生态系统结构与功能的轨迹改变(Knapp *et al.* 2002;Potts *et al.* 2006)。气候变化,尤其是在降水量较低且变率较大的时期(比如干旱期),会与草原上其他两种主要的胁迫因子,即火灾和放牧,产生相互作用,从而决定了草地在所有等级水平上的生态系统特征,包括从个体生物到群落构成,继而到生态系统功能(参见 7.1 节中的瞬态极大值假说的讨论)。全球不同草地对降水模式的响应不同,但是比较研究表明,降水有效性在决定草地结构和功能上起主导作用,尽管有时仍存在不同的趋异进化史的声音(Knapp *et al.* 2006)。

第10章 管理和重建

重建,是一种严峻的考验,因为每次进行生态系统重建时,我们无法确定,根据所拥有的知识,我们是否能够正确地重建生态系统功能?

——Bradshaw(1987)

本章讲述生态系统的应用,并且讨论了为满足人类需求的草地管理和草地保护的方式方法。第10.1节集中讨论了草场利用的传统方式和管理手段,如放牧、火烧、施肥、利用除草剂和杀虫剂。第10.2节讲述了牧区评价在草地可持续利用和草地管理规划方面的重要性。被毁草地或者退化草地必须重建,10.3节描述的重点是天然或半天然草地的管理和重建。舒适的草坪和人工草地,如高尔夫场地和其他体育设施、公园、路边,主要通过修剪、除杂草、灌溉和应用除草剂等措施实施管理,这类草地不在本书讨论范围之内,其他书籍有所涉及(Aldous 1999;Brown 2005;Rorison 和 Hunt 1980)。

10.1 管理技术和目标

依赖于合理的利用,草地管理服务于以下几个目标之一,如喂养家畜和野生动物的饲料生产,生物燃料生产和自然区的保护。草地管理和保护对象要么针对整体,要么针对特定的植物功能类型(如生草丛,Díaz et al. 2002);或者针对特殊物种:如提升稀有物种或高饲用价值物种的价值,减少不良物种或入侵物种。许多天然区域由于自然干扰中断或者不再存在而需要管理来干涉(第1章和第9章)。

10.1.1 牧民和公共放牧

畜牧就是在被人类干涉而未开垦的天然牧场上饲养牲畜(Salzman 2004)。尽管牧场上的草本植物和灌木不为人种植或者管护,但这些草场仍然是人类干涉的结果(如毁林),并可能由火烧或者放牧行为来维持。

草地和其他生态系统,包括稀树大草原、灌木地和林地被牧民所利用,且首次被依靠狩猎和采集而生活的人所利用。这些人完全依靠他们周围的自然资源来满足需求。大约11 000年前,人群中的一支分离出来,确立了田园生存体系,这支人群开始饲养家畜和种植植物(Grice and Hodgkinson 2002)。游牧或畜牧系统是人类当时维持生活和以家畜文化为中心的生存方式,通过此种方式,他们每日或者每个季度在草原上游牧,以此寻找新鲜的草场和水源。今天这样的游牧制度仍然存在,只是越来越受到商业化的畜牧活动威胁,包括如下活动:私有化和被迫移居,传统农业,生境破碎,以及随着年轻人为寻求工作而向城市转移导致的人口剧减。例如,伊朗卡什加部落的传统牧民赶着一群山羊和绵羊,从设拉子市附近的夏季高地牧场出发,到了距离南部480 km的波斯湾附近的低地冬季牧场游牧。在当今时代,许多游牧人通过增加市场参与来应对不利的社会经济和环境条件(如荒漠化),维持他们的生活方式。例如,西非富拉尼人是传统的游动牧民,他们放牧牛羊。在塞内加尔北部的费尔格地区,自20世纪50年代以来,富拉尼人已是半定居状态。在70年代的一系列严重干旱期,他们从事过多种经营活动,如在地上凿洞钻孔打井。目前富拉尼人活动还包括小规模耕作和商业化放牧,牧群构成由主要的牛群转变为含有更多小型反刍动物如绵羊之类的牧群(Adriansen 2006)。可以说,尽管富拉尼人大多居住于灌丛生态系统中,但小村庄往往围绕水井而发展,这导致了农业从内部开始发展。使用井水需要交纳费用,在以前公共费尔格地区被划分成许多资源管理单元,又称游牧单元。

　　商业化牧民在近代就开始了利用草原。这些牧民仍然依靠家畜产品,但相比于那些自给自足的牧民,他们对所占据牧场之外的商品和服务具有更强烈的依赖。商业牧民更侧重于牲畜的买卖,如被屠宰后生产的肉产品和皮革产品,而当地牧民的生存更依赖于活着的牲畜产品,如奶、毛发、血、粪便和牧畜幼崽。在非洲的牧民区,这两类牧民饲养着不止一种类型的牲口,既有大型牲口如牛和骆驼,也有小型牲口如绵羊、山羊和驴(Salzman 2004)。

　　尽管畜牧是传统的生产方式,但作为特殊的生产体系,土地管理应该适应贫瘠和干旱的环境。甚至在今天,畜牧生活同样重要,它作为一个消费系统,维持了世界上1亿~2亿人口的生活。在发展中国家,由于很高的草地覆盖率,它成为经济结构中的重要一部分,占非洲农业国内生产总值的35%(Scoones 1996)。在塞内加尔,畜牧占农业生产总值的78%,苏丹占80%,尼日尔占84%(Hatfield and Davies 2006)。通过比较,来自于畜牧系统的每公顷生产力,如现金、能源和蛋白质都等同于或者超过来自大农场的(Scoones 1996)。畜牧生活是社会文化经济生活中不可分割的重要组成部分,世界各地的牧民都在充分并有效地利用这些少量的草地。

　　自给自足的牧民和早期商业牧民共同利用着草场,他们通过将使用权控制在一个开放的范围来进行牧场管理,自由放养的牲畜是几个不同所有者的公有财产。公共草场并非为个体所有,很有可能导致"公地悲剧(tragedy of the commons)"(Hardin 1968),在这种情况下,当地每个牲畜所有者在草地上放养超过平均数量的牲畜,从而导致过度放牧,可用草料减少,草场退化。在这种情景下,一旦公共草场的承载能力已经达到,增加牲畜能使个别牧民受益,假使增加更多的牲畜就会导致产量下降,但是损失会涉及所有牧民。尽管个别牧民增加牲口,超过草地承载能力,从而获得收益,但是牲口并不是所有牧民共同享有。例如,南非东开普省的公用草场,持续以很高的载畜量(<2 hm^2/只牲口)放养牲口;而邻近集中管理的商业化农场,依据短期、高强度、多营地原则,放牧区域的载畜量大约为12 hm^2/只牲口(Fabricius et al. 2004)。两种草场相比,公共草场植被覆盖低,退化严重。在纳米比亚的半干旱地区,公共草场较之商业化草场,灌木严重入侵,多年生植物多样性减少。且后者载畜量低,用栅栏围住,为私人所拥有。然而,在干旱区域,这两种放牧方式对环境影响的差异较小,而非生命因素对环境质量的影响更大(Ward et al. 2000)。在南非草原的公共草场,相比商业化牧场,不宜放牧的短期、多年生的植物占有更高比例(O'Connor et al. 2003)。相比之下,南非热带稀树草原高地上的公共放牧

草地,类禾本植物丰度高,较之轻度放牧草地保护区总的物种丰度也更高,这说明了公共草场的放牧效应不比草地保护区的自由放牧差,也许更好(O'Connor 2005)。因而,就这种情形而言,并不是"公地悲剧"。

在非洲的许多地区,"公地悲剧"理论用来作为草场国有化的合法依据,这导致传统的游牧草场被侵占。结果使当地牧民所习惯的传统的土地使用制度被破坏,产生了许多环境、经济、制度和社会问题(Lane and Moorehead 1996;Reid et al. 2005)。我们主张政府部门、发展机构以及其他社会团体在游牧社会中扮演合适的角色来巩固传统制度,如提供信息和法律支持、公共利益服务(医疗和教育)、合适的宏观经济体系、弱势群体保护和最低限度的技术支持——允许当地产生技术革新(Swift 1996)。

10.1.2 放牧

在特定的环境和植物群落,满足放牧和家畜生产的草地管理需要保持一定的放牧率以维持牲畜量。草地管理者在维护草地生态系统时,寻求的是太阳能向市场化动物产品的最大转化。放牧的益处是不能食用的草料可以转换为人类可以食用的产品,如肉、血或牛奶。在放牧系统中,草地管理者遇到的困难是太阳能转化为初级生产力的能量通常只有1%,其中地上部分每年的初级生产力不到20%为食草动物所利用,而能被动物摄取的食物只有10%转化成动物所有(Briske and Heitschmidt 1991)。草本植物与食草动物协同进化(见2.4节),然而,过度放牧导致植物损失,植物并不能恢复到原来的叶面积、分生组织和能量储备。半干旱和干旱草地特别容易受过度放牧的影响,会导致生产力丧失、土地退化和沙漠化。过度放牧的管理措施如过量畜牧和不适宜季节性放牧,限制了单位面积的牧业生产,其原因是高营养值的植物受限于能够转化为初级生产力的太阳能量(Briske and Heitschmidt 1991)。轻度放牧管理措施限制了单位面积上的畜牧量,其原因是牲畜对营养价值高的物种利用不足。因此,产生了"生态学困境",即过度放牧导致生境退化,而轻度放牧产生更多的未利用的初级生产力。"放牧优化假说"(见9.3.1节)建议,最适宜的中度放牧水平能使初级生产力和畜牧量最大化。任何可利用草料的数量和质量的变化若能促进牧业产量,则被认为是"草地改良"(Heitschmidt and Taylor 1991)。

牧场管理协会于1998年定义了以下术语(Society for Range Management 1998):

牲畜单位(animal unit,AU):一头450 kg的母牛,或是一头6个月大的牛犊,或是相当于消费12 kg烘干重的草料。其他类型的动物与此标准相关,如一头公牛等于1.25 AU,一匹马等于1.2 AU,一头羊等于0.2 AU。

月畜单位(animal unit month,AUM):一头牲畜持续标准喂养30天所需草料的烘干重。

载畜密度(stocking density,SD):在任何地点时间上,牲畜数量与具体放牧的草地面积之间的关系,例如,10公顷草地上放牧15头牛的载畜密度为1.5 AU·hm^{-2}。草原载畜量也可以用单位面积草原上可供一头牲畜放牧的天数或在一定时间内放养一头牲畜所需要的草原面积来表示。它是衡量草原生产力的一项指标。通常用每公顷或每百亩草原上可以平均放牧的牲畜单位数(牛单位或羊单位)表示。

载畜率(stocking rate,SR):指在一个特定的时间段动物数量和放牧管理单元之间的关系。

SR 可以表示为动物数量/放牧面积(如 SD),用 AUM 每单位面积表达。

在此基础上,随着对牧场承载力和植物对放牧和环境(见 10.2 节)的季节耐受性认识的提高,可获得最优的载畜量和放牧季节。因为被干扰的斑块状的营养牧草增加,动物个体的重量随着载畜量的增加而下降。同样地,随着载畜量下降,动物体重增加。临界载畜量是指动物个体开始表现出下降的载畜量。草地种类和生境的季节、年度以及空间变化意味着草原承载力和环境存在很大的差异,使得准确的载畜量评价非常复杂。

放牧系统被认为是定义放牧期和非放牧期的专业化的放牧管理(Society for Range Management 1998)。非放牧期这里指牧场或管理单位推迟放牧。放牧系统至少有六个基本类型(Heitschmidt and Taylor 1991;Tainton 1981b):

- 连续(长季节和休眠季节)放牧
- 延迟轮牧(deferred rotation,DR)
- 休牧轮牧(rest rotation,RR)
- 高强度-低频率(high intensity-low frequency,HILF)
- 短期持续(short duration,SD)
- 零放牧

在连续(长季节)放牧中,在该季节开始时允许牲畜进入已经准备好放牧的牧场,并且直到牧场生长季结束。牲畜个体有时会迁移和替换,使得放牧的密度不断变化。真正持续性的放牧不论是否在生长季内都不会让土地上的牲畜迁移,而季节性的放牧仅仅出现在生长季。放牧休眠季节是持续性放牧的一种状态,在草本植物开始休眠且仅在休眠期放牧。

休牧、高强度-低频率和短期持续都是轮牧的形式。这些放牧体系包括一个延迟期(也被一些学者定义为停止或减少),在这个时期内,动物有时被驱离这个牧场使植被可以在当前或下一个生长季得以重建(图 10.1)。放牧期改变或交替的目的是通过改善草料生产的数量和质量,加强畜牧业生产。轮牧体系比持续性和长季节放牧对放牧频率和强度的控制更强。零放牧是割草和青饲动物不能直接进入部分草场放牧的一个系统。

在轮牧体系中,放牧强度可以人为控制以达到高效利用(HUG)或高产量(HPG)。在高效利用的放牧策略下,放牧密度要足够高以确保所有的植物在放牧期间都适度地集中落叶,在高产量策略下要求放养密度足够低从而使那些高营养(首选)的植物落叶并且因此处于轻度到中度的强度(Heitschmidt and Taylor 1991)。在干旱地区,高产量放牧是首选,以便使处于干旱条件下的草地得以重建(Tainton 1981b)。相比之下,在偶尔夏季干旱的湿润肥沃地区,受火灾/放牧影响的草原,高效利用放牧更适合,可以确保连续放牧期的草地重建。

各种食草动物对不同类型的牧草显示出不同的喜好。一般地,牛和野牛更喜欢禾草(野牛尤其喜欢),羊喜欢禾草和杂类草,山羊喜欢嫩叶和禾草,这些不同的饮食偏好反映了不同植物之间牧草质量的变化(见 4.2 节)和这些动物饲养的方式。大体积或粗饲料食草动物(包括牛、野牛、南非水牛)通过卷舌夹草,在入口之前,用一个头部的短暂抽搐动作打碎夹紧的草料(Huston and Pinchak 1991)。相比之下,对所食植物进行集中挑选的动物包括鹿和犬羚,它们有柔软的口鼻、灵活的舌头和柔韧、常分开的嘴唇,使它们可以精心挑选植物或那些具有高蛋白和可溶性、低细胞壁成分的植物部分(如单叶、叶尖、果实、种子)。中度饲养的动物如山

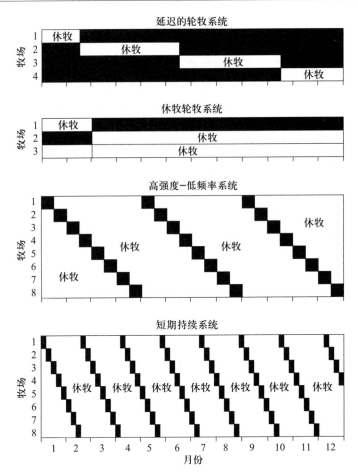

图 10.1　揭示放牧-休牧的牲畜生产的 4 种放牧系统的概念模型。使用得到 Heitschmidt 和 Taylor(1991)的许可。

羊和一小部分本地绵羊的饲料成分的经常改变使得它们有一个多变的饮食特点。不同动物使用不同牧场组成部分能力的差异使得混合放牧系统广泛地应用在世界各地。

上面描述的结构化的牧场管理系统代表的是美国、澳大利亚、新西兰和南非草原的传统管理方式(Stoddart et al. 1975;Tainton 1981b)。这种系统目前正受到被越来越多人使用的非均衡模型的挑战(见 10.2 节)。这些体系也在非洲和亚洲的公有草原管理中被有限利用。

10.1.3　火

火是大多数草原的自然现象(见第 9 章),因此,所有的本地物种在火烧后都具有一定的存活能力——只是一些更好而已。计划火烧形式也是一种草原管理的有力工具(Vogl 1979)。具体的目标对有效使用计划火烧而言十分必要。这些目标依赖于草原类型、状况和管理目标,通常包括以下几类:

- 控制木本植物和有害杂草
- 刺激牧草/草料的生长和繁殖(包括种子生产)
- 土壤暴晒和苗床准备
- 去除累积的非食用牧草
- 减少或消除野火灾害
- 栖息地保护
- 维持生态多样性

举个例子,通过定期焚烧澳大利亚中部塔纳米沙漠的植被可以更好地保护哈莫克(澳大利亚产各种有刺之草)草原(优势种包括三齿稃草属和 Plectrachne spp.,见彩插 9)西部的小袋鼠(*Lagorchestes hirsutus* 蓬毛兔袋鼠),且有利于镶嵌植被结构的形成(Hodgkinson et al. 1984;Orr and Holmes 1984)。近来发现,另一个计划火烧草原的好处是可以控制相当一部分的物种入侵,如美国加州草原的黄矢车菊(*Centaurea solstitialis* L.)(DiTomaso et al. 1999)。一些入侵物种可以通过火烧得到有效控制,而另一些则会适应火烧[如琉球野蔷薇(*Rosa bracteata*)],一些还能够加强火的强度和频率(如旱雀麦)(Brooks and Pyke 2001;Grace et al. 2001b)。因此,应当注意一些火烧计划可以增强外来物种的入侵,并且防火带也能够作为疏散通道(Keeley 2006)。

计划火烧被世界各地干旱和半干旱草原地区的当地居民广泛应用(如澳大利亚哈莫克草原和稀树草原,美国大平原)。在南非,早期的葡萄牙探险家称这个国家为"燃烧之地"(Tainton 1981a),因为这个国家中部地区经常遭遇烟雾笼罩。在美国北部大草原,欧洲殖民者以及一种对火烧的普遍反感中断了当时的火烧制度,使得木本植物入侵,低营养草料生长。19 世纪时,欧洲殖民者开始利用这些草原饲养牛和羊,他们中大部分都认为火会破坏草原,应该尽可能抑制它。然而,在一些地区火被用来去除或降低木本植物的竞争并且增加草本牧草。直到 20 世纪 60 年代,火被广泛认识到是一个有用的管理工具(Wright and Bailey 1982)。在一些地区每年或每几年进行一次火烧已经被广泛纳入管理制度(Anderson 2006)。在欧洲传统的山地草原和粗糙草原管理中同样经常包括每年焚烧聚集的垃圾和覆盖物,特别是沼泽和灌丛地区以及那些未放牧和正在放牧的地方(Duffey et al. 1974)。当这些区域被定期火烧,它们被表述为已经"燃烧"。南非草原为了管理而使用的计划火烧由于不同的植物类型对火有不同的反应而引起争议,虽然在凡波斯地区,处于演替顶极的草原和稀树草原(灌木丛)需要频繁的火烧,但在台地高原地区并不适用,计划火烧在这些区域并不普遍(Tainton 1981c)。计划火烧在其他草原也很少见,如澳大利亚的米契尔草(*Astrebla*)草原(彩插 8),在这些草原上通过火烧,达不到预期的减少牧草产量和控制木本再生的目的(Orr and Holmes 1984)。

火烧的时机非常重要,它决定哪些植物将会受到火烧的影响。物种可能在一个季节容易被火烧,但在另一个季节它却适应了火烧。在英格兰的科茨沃尔德和德比郡皮克区对粗糙草原的计划火烧通常会在物种生长前的 2 月初或者 3 月初进行,因为此时凋落物干燥容易着火(Duffey et al. 1974)。同样地,美国北部托尔格拉斯草原通常在经过冷季型物种的第一次生长,暖季型草种开始发芽之前的早春(迟于 3 月,早于 5 月)进行计划火烧。在这些草原,如果早熟禾(一种冷季型草)不能从一场春火中恢复,并且许多杂草还没有开始长出地面或能够发芽,暖季型草种在燃烧后所形成的开阔并无多余凋落物的条件和温暖的土壤环境的刺激下开始出现并生长(第9章 Gibson and Hulbert 1987;Gibson et al. 1993)。夏天太阳暴晒可能增加生物多样性并控制木本植物和冷季型物种的入侵。为数不多的已有研究认为在这个季节的计划火烧应该作为火烧管理制度的一部分(Anderson 2005)。由于寒冷的温度,衰老的植物具有较高的易燃性,因此晚秋的燃火在北美草原很难被控制,而且还可能损坏野生动物的冬季食物和住所(Pauly 2005)。不过,对于植物繁殖和动物筑巢来说,秋季火烧比春季火烧使其面临的风险更小。在美国伊利诺伊州,当地居民更多地采用秋季火烧(Roger Anderson 个人资料)。

实施计划火烧

火烧计划的实施要求有细致的筹备、详细的组织和计划、合适的装备和人员,以及消防部门的许可证(图10.2)。在许多地区,必须提前提交火烧计划。例如,总部设在美国的大自然保护协会规定,火烧频率>101 000 hm² · 年⁻¹就需要提交现场火烧管理计划并阐述需要的生态和技术信息来证明火烧规划合理,每一次火烧的实施计划也应该提前规划(Seamon 2007)。火烧计划应该包括火烧区域的详细描述(植被和燃料特征)、管理目的和目标、燃料和气候应对措施、火和烟的客观走势、人员装备清单、地图、燃烧后的活动和应急预案。

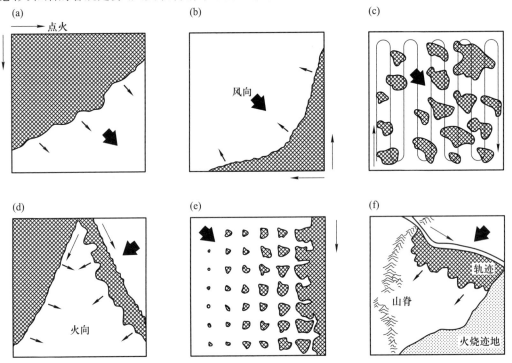

图10.2 火烧点燃和控制的方法:(a) 顺风火;(b) 逆风火;(c) 现场地面点火;(d) 把火引到一起;(e) 网格点火;(f) 自然点火镶嵌燃烧。该图复制得到 Hodgkinson et al.(1984)的许可。© CSIRO 1984。

10.1.4 肥料

在半自然状态和人为管理的牧场,肥料的使用现象较为普遍,肥料可以用来提高高产和适口草种的产量,并且可以降低不适宜物种(杂草)的丰度。这种改善草原生产和组成的方式称为农业集约化。在无机肥料产生之前,传统的方法是使用农家肥、鱼鸟粪、钾肥或石灰(控制土壤酸度)。事实上,建立于1856年并长期运行的英国草地实验公园(PGE)(见6.2.2节)评价了典型草甸对传统的施肥和打草的反应。草地实验公园的植物和产量对施肥和石灰的反应非常快速且明显(Silvertown 1980a;Silvertown et al. 2006)。40年后,草地实验公园样地的植物根据生活史分组特征来看,达到了一个植物学的平衡:以草为主的氮肥使用地块(约90%,尤其是紫羊茅、细弱剪股颖和狐尾草),样块内最丰富的豆类[30%,百脉根(Lotus corniculatus)]吸收钾、磷而非氮,未施肥的样块有草、豆类和其他物种[特别是 Leontodon hispididus、长叶车前草和 Poterium sanguisorba(地榆属的一种)]。

大多数的肥料用来改变或增加土壤中的氮、磷、钾。氮是草原上最常见的具有限制作用的营养元素,并且是大多数肥料最重要的组成成分。在一些草地上磷同样具有限制性作用(见7.2.3节),即使是没有限制作用的钾也会容易流失。由于放牧对植被的影响,草原生态系统的这三种营养素也会流失。植物对施肥的反应依赖于气候条件、土壤肥力和结构、温度和湿度,草地植物种类的组成以及管理(如牧草是被收割还是放牧)。以农业施用量为例,2000年北爱尔兰的放牧草原,由牛、羊、耕作系统组成的养殖农场的最大肥料使用量分别达到 109 ± 3.1 kg N·hm^{-2},9.0 ± 0.3 kg P·hm^{-2},21 ± 0.7 kg P·hm^{-2}(Coulter et al. 2002)。

通常,肥料中氮元素具有不同的化学形式及百分比,无水氨(82%),尿素(46%),NH_4NO_3(33.5%),$(NH_4)_2SO_4$(21%),溶解态硝酸盐(28%~32%)(Barker and Collins 2003)。氨氮肥增加土壤酸度并且可以使用石灰调节pH(见前面讨论的草地实验公园的实验)。草地豆类的出现增加了土壤中的氮,这是由于其固氮能力高达 44 g N·m^{-2}·年$^{-1}$(见7.2.2节)从而肥沃草地。在温带草原,当氮肥施用量从每 4.5~23 kg 干草施加 1 kg 氮元素增加到每公顷施加 375~452 kg 氮元素时,草原草产量通常会大幅增加。过多的氮肥使用引起苗间变窄和竞争加剧使产量减少。草原产量对氮肥施用的反应的一般形式是逆二次方的关系(Morrison 1987)。氮肥可以保持草料生产连续性并且可以延长牧场的放牧时间(Humphreys 1997)。肥料的施用一般会使草占主导地位并且降低物种多样性(Titlyanova et al. 1990)。例如,温带草原施用 40~650 kg·hm^{-2} 的氮肥将导致一些草的比例增加1倍(如在波兰草地的高燕麦草从17%增加到35%)。

磷是草原土壤第二重要的限制性营养元素(见7.2.3节)。提供所需要的磷肥依赖于下伏基岩,即使土壤有充足的磷,但在经过放牧、打草、青贮饲料等方式的移除后磷也会不足。磷肥主要有两种:水溶性的过磷酸钙[通常是磷酸二氢钙 $Ca(H_2PO_4)_2$]或者是较少的、不溶于水的磷酸盐岩[氟磷灰石 $Ca_{10}(PO_4)_6F_2$ 或者羟基磷灰石 $Ca_{10}(PO_4)_6(OH)_2$]。不同剂型的商业磷肥 P_2O_5 的含量如下:过磷酸钙(20%),重过磷酸钙(45%),磷矿(53%)。其他资源包括磷酸二铵(53% P_2O_5,21% N),磷酸一铵(48% P_2O_5,11% N)和磷酸硫铵(20% P_2O_5,16% N)。增加磷肥通常是为了增加土壤中磷元素的含量从而提高产量。例如,在南非的牧场,提高黏土或沙质土中磷的含量到 1 μg·g^{-1},分别需要 5.0 和 6.5 kg·hm^{-2} 的过磷酸钙(de V.Booysen 1981)。被收割或移除的草原牧场通常对磷肥的施用最为敏感,如在弱酸性和中性土中施用磷肥可以保持可溶性(Whitehead 1966)。

钾通常存在于草碱（最初来自煤炭炉灰渣）中，也就是碳酸钾（K_2CO_3），有时以氯化钾（KCl，$60\%K_2O$）或氧化钾（K_2O）的形式存在。由于钾在植物组织中的浓度比较高（见第 4 章），草原的钾经过放牧、打草、青贮饲料制作或浸出后损失会比其他阳离子高一些。钾的用量在草原的集中管理中可以超过 400 $kg\ K\cdot hm^{-2}\cdot 年^{-1}$（Whitehead 1966）；但是，大部分的施放的钾要么被植物直接吸收，要么通过淋溶损失掉。例如，在南非的草场，为了获得充足的产量，需要 2 $kg\cdot hm^{-2}$ 的钾肥来增加土壤钾的含量，使其到 1$\mu g\cdot g^{-1}$（de V. Booysen 1981）。

必要时，施肥时要包含其他营养元素，例如，为了降低土壤的酸性，可以添加含钙的石灰石和白云质灰岩，以及含镁的肥料（如硫酸镁或镁钾肥）。

10.1.5 刈割和打草

在世界上的许多草原，刈割是一种常见的管理措施，尤其是在欧洲的草甸草原收割干草，当然在许多缺少放牧和火烧的草地上它是唯一可行的管理方式。刈割通常用来促进牧草的生长，减少杂草的生长，将木本植物挡在外边，维持草地在可接受的高度，并且提供干草。放牧不能替代刈割，因为刈割是无选择性的，只要高于刈割刀片或镰刀的一切草都将被切断。在打草或制作青贮饲料时，如果剪下的草从草原搬走，刈割可能导致重要营养的流失。

在西欧，草地刈割是传统的草地管理的方式，书面记录可追溯到公园前 679 年，英格兰的肯特国（Kent）国王 Hlothere 对房地产和草地的授权。在此之前，罗马人可能已经在草场上用上了镰刀。很多地名体现了草场的重要性，特别是那些源自或包括古英语 *mæd*（来源于动词 *māwan*）到 mow 的地名，例如，兰尼米德（Runnymede）（Rackham 1986）。

打草包括在草甸 5~10cm 处切割并且在平整和堆叠前将农作物耙成捆。另外，被切割的草料被分散到整个草地，这个过程叫作翻晒。目标是最小的干物质损失和减少干草中的蛋白质消化率，保持水分足够低，避免微生物的生长和制热（Collins and Owens 2003）。

青贮饲料被切割保存，有时会持续几个月或几年，在厌氧条件下它促进糖发酵形成有机酸。例如干草，切割的青贮饲料堆在野地并且在收获前枯萎。

就像干扰的影响（见第 9 章），刈割通过改变植物的竞争性环境影响草地植物的组成（图 10.3）。如上所述，刈割对草本植物特别有利，对木本植物起抑制作用。频繁刈割，重复去叶，产生一个低的高透光的冠层，促使匍匐生长的杂草类生长和蔓延。在每年的刈割和干草切割之前，物种能够完成开花和种子的扩散是同样有利的。因此，干草草甸具有高的植物多样性和保护价值。例如，英国的山地草甸是半自然草地（黄花茅-*Geranium sylvaticurn* 植物类型），物种丰富，拥有稀有和罕见的物种，如濒危植物羽衣草属的 *Alchemilla monticola*、*A. subcrenata*、*A.wichurae* 和全叶还阳参（*Crepis mollis*）。传统上，这些干草草甸的管理通过添加石灰和农家肥来弥补每年 7 月中旬的刈割和干草的转移（Jefferson 2005）。在早春牧羊，在夏季后期同时放牧羊和牛。最近，这些草原受到了威胁并且物种减少，随后，通过施用无机肥和除草剂、排水、翻耕改善农业，为了青贮饲料生产而补种低生物多样性的牧草。

尽管不是草原自然扰动机制的一部分，刈割已经成为控制木本植物入侵自然草原的重要管理措施。例如，在北美草原，伴随搬迁的刈割是常用的草原管理措施。在这个系统中，春季

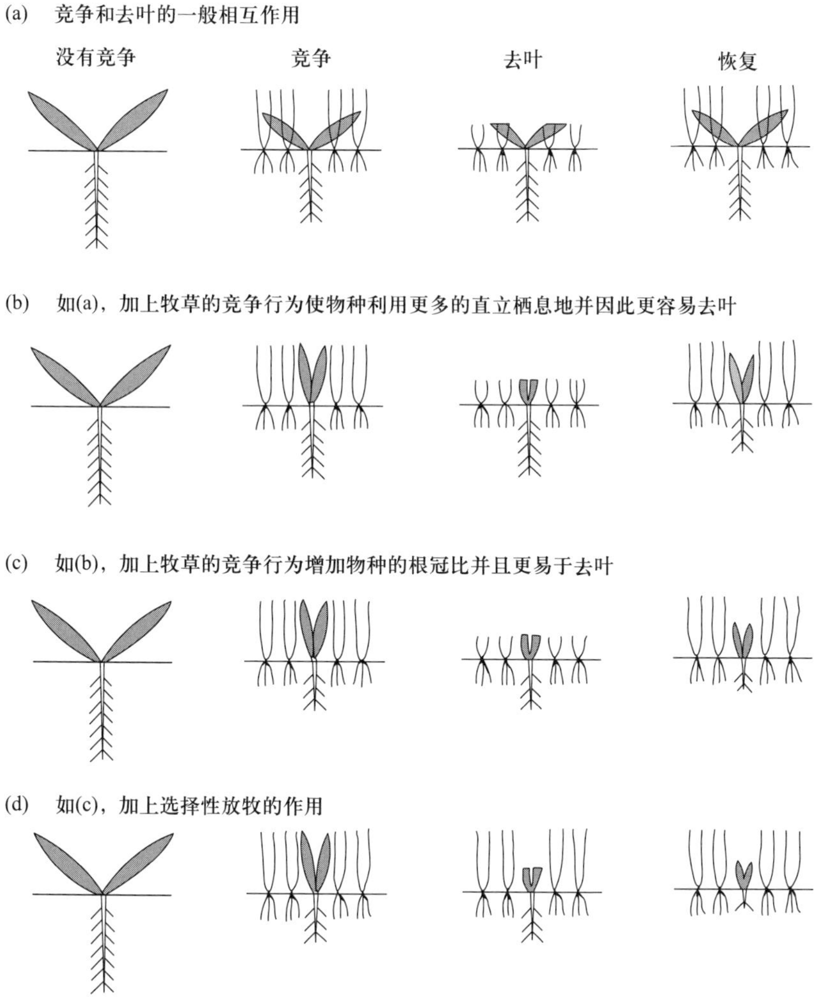

(a) 竞争和去叶的一般相互作用

没有竞争　　　　竞争　　　　去叶　　　　恢复

(b) 如(a)，加上牧草的竞争行为使物种利用更多的直立栖息地并因此更容易去叶

(c) 如(b)，加上牧草的竞争行为增加物种的根冠比并且更易于去叶

(d) 如(c)，加上选择性放牧的作用

图 10.3　图解在一个牧场,刈割去叶和选择性放牧对竞争关系的影响。该图重绘制得到 Norman(1960)的许可。

刈割增加 C_4 草类的丰度,同时夏天刈割增加 C_3 草类的物种丰度(Hover and Bragg 1981)。外来物种丰度的增加经常出现在刈割后的草地,如在美国堪萨斯州的 Konza 草原,外来草种无芒雀麦和臭根子草在刈割后增加(Gibson et al. 1993);同样可见澳大利亚 Lunt(1991)做的一个比较案例。相反,在一些草原上,刈割可以用来控制入侵物种。例如,在超过5年的时间,由于刈割和生物量的转移,加利福尼亚州的沿海草原草类的建群种由外来的一年生草类变为外来和本地混合草种(Maron and Jefferies 1991)。同样,在美国西俄勒冈州的 *Danthonia californica-Festuca roemeri* 自然草原,每年的刈割被认为是减少外来多年生草类(如高燕麦草)的有效管理对策(Wilson and Clark 2001)。

　　刈割能影响濒危物种的丰度和性能。例如,草甸乳草(*Asclepias meadii*)的营养分株密度较高,但它的繁殖低于以前每年刈割的草原(Bowles et al. 1998)。刈割通常作为保持开放的草原生境的管理对策,从而有利于保持稀有草原物种必要的生境。在这种情况下,刈割应该在那些相关物种已经繁殖和散播种子后进行(Eisto et al. 2000)。

10.1.6 除草剂

除草剂可以用来控制外来物种或其他不在期望中的物种的入侵,尽管它只是作为一个管理工具,但为了避免削弱植物的保护价值,不得不小心使用(Solecki 2005)。例如,在托尔格拉斯草原上,除草剂阿特拉津和2,4-D已经常常被用来保持禾草的主导地位,减少非禾本草和冷季型草,尤其是一年生草类,并有选择性地控制早熟禾和无芒雀麦的丰度(Engle et al.1993;Gillen et al.1987, Mitchell et al. 1996)。毒莠定、克草立特以及克草立特和2,4-D的混合剂被发现能有效地控制位于美国蒙大拿州阿尔泰羊茅(*Festuca altaica*)-爱荷达羊茅(*F.idahoensis*)-拟鹅观草(*Pseudoroegneria spicata*)草原的外来物种斑点矢车菊(*Centaurea maculosa*)(Rice et al. 1997),在除草剂施用中,只会产生极少的短暂的对草原生物多样性的负面影响,而且除草剂可以高效地应用于目标植物。除草剂的有效性取决于应用率、施用的季节和时间,与焚烧和施肥的管理措施也有关系。一些除草剂具有相对选择性(如2,4-D针对宽叶植物),另一些没有选择性,会杀死大部分植物(如草甘膦)。一些除草剂,例如,阿特拉津仍然会在土壤中活跃一段时间,而其他的如草甘膦会迅速在土壤中失活,不会形成一个长期的问题。近来,从农业、种植业到自然栖息地,都可以观察到匍匐剪股颖的耐除草剂生物型的基因流通过花粉和种子传播,并且越来越受到关注(Zapiola et al. 2008)。

10.2 牧区评价

作为开发管理决策的基础,确定当前的草地状态是非常重要的。这种必要性在1900年的美国农场评价所需要载畜量时被认识到。在1910年,James Jardine 在植物盖度估计的基础上,发展了估计可利用饲料的早期调查方法(National Research Council 1994)。Jardine 的方法以及同时期出现的类似的方法,促进了勘测调查(Humphrey 1947)。在本节中,过去常常使用的评价草原的方法(10.2.1节)被描述成包括非均衡概念的现代牧场评价的观点(10.2.2节),以及评价草原健康的方法(10.2.3节)。

尽管探索简单通用的牧区评价的方法可能有吸引力,但牧场是复杂和多样的,并且在生物组分和非生物组分之间是复杂的和高度动态相关的。最终,当认知到影响草地的生态、文化、经济和政策因子时,牧区评价应该考虑管理目标,且依赖于可靠的措施变化(Friedel et al. 2000)。

10.2.1 牧区条件的概念

E. J. Dyksterhuis(1949)正式确定,牧区条件分析(也被称为牧区生态条件)就是将植被的当前状态和一个可被感知的,具有历史依据的(自然潜在)顶极群落,以及该地点植物对草食动物的反应联系在一起(Society for Range Management 1998)。牧区条件分析建立在 Clements 的演替理论假设上,该假设认为植物演替是有序的,可预测的植物组成单向移动到一个理论端点即顶极群落的过程(Clements 1936)。牧场状况的理论允许土地管理者修正载畜量和制定牧场管理计划。这种方法的假设包括以下:植被条件是动物产量的一个很好的预测器,增加的放牧压力会使该地点倒退到一个早期的、较低质量的演替阶段,那些接近演替顶极的地点是最高产和最适宜放牧的。

在 20 世纪 40—80 年代,作为美国草地状况的首选评价方法,牧区条件分析被美国农业部(USDA)自然资源保护局[NRCS;1994 年以前曾用名:土壤保护局(SCS)]广泛采用(Joyce 1993;Pendleton 1989)。与历史顶极植物群落比较,计算样点的相似性指数仍然是当前自然资源保护局在非联邦牧场资源保护的基础政策和程序的一部分(Grazing Lands Technology Institute 2003),尽管状态-转换动力学的使用(见 10.2.2 节)是描述草场生态位置的一部分内容(Stringham et al. 2003)。其他联邦机构使用的是不同的牧区条件评价方法(见 West 2003 的评述)。从 20 世纪 50 年代开始,基于估计的该地点土壤表层和饲草料条件,土地管理局(BLM)用戴明两阶段法将所有地点归入五类牧区条件等级(Wagner 1989)。1977 年土地管理局用包括了更多的抽样、区域分层、数据文件和数据计算方法的土壤-植被调查法(SVIM)修订了土壤保护局(SCS)的牧区条件评价方法。然而,这种方法是不长久的,因为调查花费高且程序有缺陷(West 2003)。1982 年土地管理局采用样点目录程序,该程序的生态状况评定是基于样点植物群落的百分比组成,并且将考虑相关土壤和气候数据的样点上的潜在植被作为对照。当前土地管理局的做法是确定草场健康(见 10.2.3 节)而不是牧区条件(Pellant et al. 2005)。美国林务局根据牧区的饲草料条件评价当前的群落和潜在的自然群落的偏离来指定生态状况级别(Moir 1989)。正如下文所述,牧区条件是草场的具体评价,不一定与草场健康相关。

牧区条件计算

该物种的数量表现为在顶极植被中占的百分比,常常根据四个牧区条件等级来描述牧场条件,四个类型代表了从假设的历史顶极群落到次生演替阶段或回归(优秀:75%~100%,良好:50%~75%,一般:25%~50%,较差:0%~25%)。在一个牧场状况分类的基础上可以计算放牧的强度(Stoddart et al. 1975)。要确定牧区条件分级,植物种类的丰度利用目视估计或直接测量饲料量或生物量('t Mannetje and Jones 2000)来确定,牧场管理学会根据个体物种对放牧的反应特点定义物种是增加者、减少者还是入侵者(Society for Range Management 1998)。

- **增加者**:对于一个给定的植物群落,那些在数量上增加的物种是具体的非生物/生物的影响或者管理实践的结果。

- **减少者**:对于一个给定的植物群落,那些在数量上减少的物种是具体的非生物/生物的影响或者管理实践的结果。

- **入侵者**:在一个特别的草场样点,未干扰部分原生植被的植物种类的缺失,以及在干扰和持续重度放牧下的物种入侵或减少。

通过计算一个相似性指数作为当前的顶极物种总数来确定一个点的牧区条件(表 10.1,图 10.4)。这样做,每个物种观察到的比例与预期的不受干扰条件下的演替顶极比例进行比较。例如,如果一个减少者被期望贡献演替顶极组成的80%并且10%是被观测到的,那所有观测到的数量(10%)被保留为该物种在计算某个位置的牧场状况指数时的贡献。对于增加者,只有预期的演替顶极的组成在计算牧区条件时是被保留的。例如,一个特定的期望贡献是5%但10%是可被观测到的,仅仅期望的5%是保留的。入侵种并不被期望出现在演替顶极条件下,因而不被保留。一个在堪萨斯的完整山地黏土草原的牧场状况工作表见图10.5。

表10.1 计算美国得克萨斯州圣安吉洛草原的覆盖组成的牧区条件,计算的相似性指数=30,合理地给定一个牧区条件(见图10.4、图10.5和正文内容)

物种或群	对顶极组成的贡献[a]	观测到的覆盖(%)	计算保留的演替顶极部分
垂穗草(D)	80	10	10
紫三芒草(*Aristida purpurea*)(I)	5	10	5
Bouteloua rigidiseta(I)	5	5	5
杂草类增加者	10	5	5
木本增加者	5	20	5
Erioneuron pilosurn(入侵种)	0	15	0
一年生(入侵种)	0	35	0
总计		100	相似性指数=30

a. 未干扰条件下的最大允许的组成;D. 减少者;I. 增加者。使用得到 Dyksterhuis(1949) 许可。

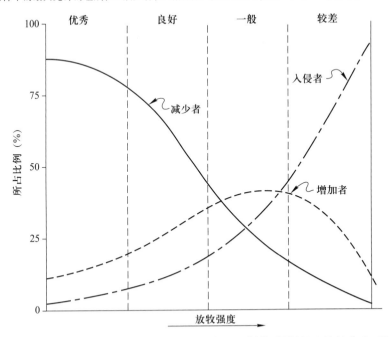

图10.4 不同放牧条件下植被减少者、增加者、入侵者的比例关系图(经允许转自 Stoddart,1975)。

“牧场趋势”是牧场条件或状态改变的方向(Friedel *et al.* 2000),经常使用永久评价点,利用监测程序通过比较整个时间段的条件变化进行测量。判断牧场趋势的目标是经常检测在不同放牧制度下的植被变化 。

USDA–SCS KS–ECS–11 3/83

WORKSHEET FOR DETERMINING RANGE CONDITION
AND
EVALUATING FORAGE PREFERENCES AND USE

Range Site *Cloy upland* Location *No. 1 of 4*

Pasture No. ______ Name *DC POl of EC/ARG*

Date *6/1/87* Conservationist *J.F.C*

A. Species Potential & Presetn	B. % in Climax	C. Present Composition 1bs.	C. Present Composition %	D. % Climax Present	E. 1/ Interpretation – Plant Pregerence or Use By: Kind of Animal			
XXXXXXXXXXXXXXXXXXXX	XXXXXX	XXXXXX	XXXXXX	XXXXXX				
Andropogon gerardii	40		65	40				
Schizachyrium scoparium	25		T	T				
Sorghastrum nutans	30 { 15		2	2				
Panicum virgatum	15		5	5				
Sporobolus asper	5		12	5				
Panicum scribnerianum			1					
Bouteloua dactyloides			1					
Pascopyrum smithii	5 {		2	} 5				
Koeleria macranta			T					
Carex sp.			1					
Trifolium repens			1					
Ambrosia psilostachya			1					
Tragopogon dubius			T					
Symphyotrichum ericoides			1					
Achillea millefolium var. occidentalis			T					
Dalea multiflora			T					
Artemesia ludoviciana			T					
Asclepias sp.			T					
Dalea purpurea			T					
Psoralidium tenuiflorum			2					
Erigeron strigosus			T					
Oenothera speciosa			T					
Vernonia baldwinii			T					
Amorpha canescens	T		T					
TOTAL				57				

F. Range Trend 0
Up Static Down
\+ 0 –

G. Canopy % 99

H. Est. Initial Stocking Rate ______

Range Condition

Range Condition is the % of Present Plants that are Climax – Excellent 76–100; Good 51–75; Fair 26–50; Poor 0–25.

1/ Interpretations:
- * – Key Grazing Plant
- H – High Grazing Preference
- M – Medium Grazing Preference
- L – Low or No Grazing Preference
- C – Used for Cover
- F – Used for Food
- N – Used for Nesting

I. TOTAL ESTIMATED YIELD IN CLIMAX ______

图 10.5 已完成的美国农业部工作表,表明了堪萨斯高草草原黏土类山地牧场的草原状况。

10.2.2 状态-转换模型

在生态思维中纳入非平衡观点表现为理解的转变(Blumler 1996；Brisker et al. 2003)。在过去,包括植物群落概念的普遍的生态观点,对演替顶极群落而言,演替是一种广泛存在的、线性的进程,是自然平衡的存在,是没有干扰的与被人类干扰的自然的对比,并认为人类对自然的影响是线性的和下降的。基于Clementsian平衡观点牧场状况的概念在以下几方面存在争议:① 建立演替顶极植被不明确,② 未知的连续性或者衰退阶段的发现,③ 延长的亚演替顶极阶段的出现和不同群落相似演替阶段的区分,④ 草原状况的变化和气候直接相关,和管理措施相关性不大,⑤ 我们意识到气候植被因素在某些区域并不是最有效的条件,⑥ 在森林草原区,草本顶极植被可能是最不希望出现的,⑦ 某些受严重干扰区域可能不支持顶极植被,⑧ 一些外来物种,实际上可能是希望的牧草品种,⑨ 土壤条件在该评级体系中并没有考虑,⑩ 物种组成没有实际预测动物的行为,⑪ 监测植被变化比较困难而且费时。

现代观点不同于牧区条件的概念,现代的观点认为自然界是一个非平衡的体系,且受到普遍的不规则干扰(第6章和第9章)。演替是一定时间范围内,种群内的个体通过改变生物和非生物条件而实现种群内的物种转移。显而易见,草原状况(如土壤保护服务工作)和生态状况的评定方法(土地管理和森林服务工作)没有以现代生态学理论(Risser 1989)为基础。从生态观点的变化结果看,虽然这些方法在评价牧场健康程度中受到了青睐(见10.2.3节),但随着区域转换模型和生态阈值的基本理论被广泛接受(National Research Council 1994),草原状况评定方法已经被淘汰。

状态-转换模型(state-and-transition model)由Westoby等(1989)提出,其主要观点是:在牧场中,植被变化不是随着放牧强度的变化而呈现单一的线性变化。更确切地说,该模型是一个动态的受多元因素影响的植被变化的生态过程。包括干旱、有利的降水、火灾、土壤侵蚀以及放牧等因素。因此,一个特定地点的多个稳定的状态可能对操作过程产生响应(图10.6)。一个"状态"是土壤和植被组成之间,可认识的、稳定的、有弹性的复杂交互系统,尽管在时间和空间上该系统是变化的(Stringham et al. 2003；Westoby et al. 1989)。在很多牧场植被类型中存在多个稳定的"状态",它们不会因为放牧形式差异或不放牧而发生相应的变化(Laycock 1991)。"阈值"是在一定空间和时间范围内一个点的多个稳定群落之间的边界,可分为格局、过程和退化三种阈值。这些阈值可根据不同生态系统强调的重点分成"保护"和"重建"两类(Bestelmeyer 2006)。格局阈值反映了牧场分布类型的变化,如草地或裸地的变化;过程阈值强调牧场变化过程的速率,主要指可驱动样式变化的因子,如侵蚀或扩散的速度;退化阈值确定一个物种的栖息地何时不适合该物种的生存。

负反馈可增强生态系统的稳定性,增强其应对干扰的重建能力(Briske et al. 2005,2006)。正反馈则使生态系统的重建能力下降,使生态系统从稳定状态退化为不稳定状态(Briske et al. 2006)。从负反馈到正反馈转化时,则出现了阈值(图10.7)。状态之间的"转换"轨迹是短暂或者持续的(Stringham et al. 2003)。在达到必要条件之后,在某些区域超过阈值可以过渡到另一个状态。"球杯图"用来阐述"转换"之间的动态变化,圆球表示系统或者植物群落,杯子

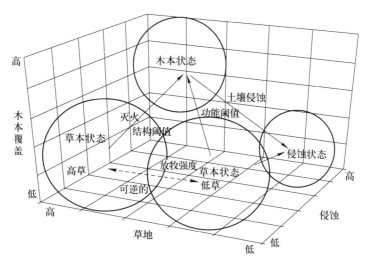

图 10.6 由多个不同物种类型的稳定状态构成的概念模型,该模型用以说明不同物种类型从一个稳定状态转换到另外一个稳定状态,以及不同区域的转换方向(箭头所示),该转换过程可能发生在每一个独立的位置。三维模型说明了场地随时间变化的转换状态。草原状况概念模型用简单的放牧强度转换表示。不可逆转换过程用实线箭头表示,可逆转换用虚线箭头表示。经允许转自 Briske et al. (2005)。

代表稳定的状态。需要大量的干扰才能使系统移出杯子外,或者使用超过阈值的方法使一个稳定的状态转换到另一个状态(George et al. 1992)。

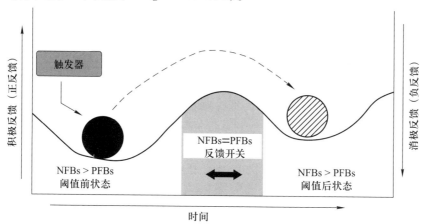

图 10.7 示意图的阴影部分表示反馈机制转换时的阈值。负反馈用 NFB 表示,正反馈用 PFB 表示,实心球表示阈值状态之前的区域,斜线球表示阈值状态之后的区域,中间的倒扣的杯状阴影表示正负反馈阈值开关。反馈开关决定起始阈值的不连续程度,触发器代表开始阈值反馈进展。经允许转自 Briske et al. (2006)。

认识"状态和阈值"模型的选择过程,对评价牧场和解释连续可逆和不连续不可逆的植被动态变化是极为必要的。管理者或许管理一个期望或不明确需要的群落,但这个群落不会作为一个对比的标准。期望的群落会在参考状态发现,随着动态变化的群落其组分变化会在参考状态内部发现(Stringham et al. 2003)。

由黄矢车菊(*Centaurea solstitialis*)和外来杂草入侵的加州草原,每年的草场变化提供了状态-转换模型应用的实例。这些入侵草原代表了稳定状态下的区域,该类区域在被黄星蓟入侵以前,均以本地物种为主要优势种,且入侵前较外来物种入侵后有较高的生物多样性(Kyser and DiTomaso 2002)。在一个生物多样性丰富黄星蓟种群数量较少的区域,通过采用火烧、应用除草剂或者重新种植建立并维护一个独一无二的稳定状态,均未取得成功。在这些草原,土地管理者需要认清目前的状况,通过超过物种"阈值",将以黄星蓟群落为主的稳定牧场过渡到更多样化的天然草场。

10.2.3 牧场健康

牧场健康程度是用土壤、植被、水体、空气综合进行描述的,这些要素都是保持草地生态系统的生态过程稳定和持续发展的必要条件。牧场健康评价以三个相关的属性为基础:土壤-站点的稳定性、水文功能、生物完整性(Pellant *et al.* 2005)。对牧场的评价是基于参考条件下对各个属性分离的认知程度而进行的。

评价牧场健康计划取得了积极的进展,自2001年召开可持续的牧场圆桌会议(Sustainable Rangeland Roundtable,SSR)以来,来自世界各地超过75个组织的代表,一直致力于建立一种可被广泛接受的调查、监测、报告牧场群落状况的标准(http://sustainablerangelands.warnercnr.colostate.edu/)。SSR确定了5个分类标准下的64个核心指标(下面列出的是64个指标中的几个指标):

- 牧场土壤和水资源的保护和维持
——示例指标:牧场中风蚀和水蚀土壤的面积与牧场总面积的百分比。
- 牧场中植物和动物资源的保护和维持
——示例指标:植物群落在牧场中所占的面积。
- 牧场生产能力的保持。
——示例指标:牧场的地上植物量。
- 现在和将来牧场社会、经济指标的维持和增加。
——示例指标:牲畜从牧场中所获取的草料价值。
- 为保护和管理牧场可持续发展所建立的法律、体制和经济框架。
——示例指标:测量和监测。政府机关、事业机构、民间组织为监测牧场条件变化所投入的资源的多少。

SSR目前正在发展新的方法来测量和计算指标的全部范围。然而,尽管未来提出合适的评价标准不会太难,但是在许多情况下,那些可能被采用的新旧评价方法需要的数据还没有收集到。Heinz研究中心尝试使用14个指标来估测美国牧场和灌木林的生长状况,但研究发现只有部分或全部数据的6个指标可以利用。例如:牧场和灌木林的面积、土地利用情况、水流的数量和干旱时间、濒危物种、鸟类外来种和本地种数量的变化、肉牛产量等(Heinz Centre 2002,2005年上传)。

目前有两种方法可用来评价牧场的健康程度,一种是美国正在使用的牧场健康指标解读(interpreting indicators of rangeland health,IIRH)技术,一种是澳大利亚使用的景观功能分析(landscape function analysis,LFA)方法。在这两个国家,将两种方法与监测程序相结合用来评价牧场的发展趋势。监测程序包括在不同时间和空间范围内,定期反复收集的植被、土壤和其他生态数据,收集范围也从单个植物物种尺度数据(例如:播种)到大洲尺度的卫星数据(例如:NOAA 和 Landsat 卫星影像)(Friedel et al. 2000)。

  IIRH 技术利用 17 个指标评价 3 个生态系统属性(土壤和区域的稳定性、水文功能、生物完整性)进而评价一个区域。区域指标与参考表格中的描述指标进行观察和比较(图 10.8)。

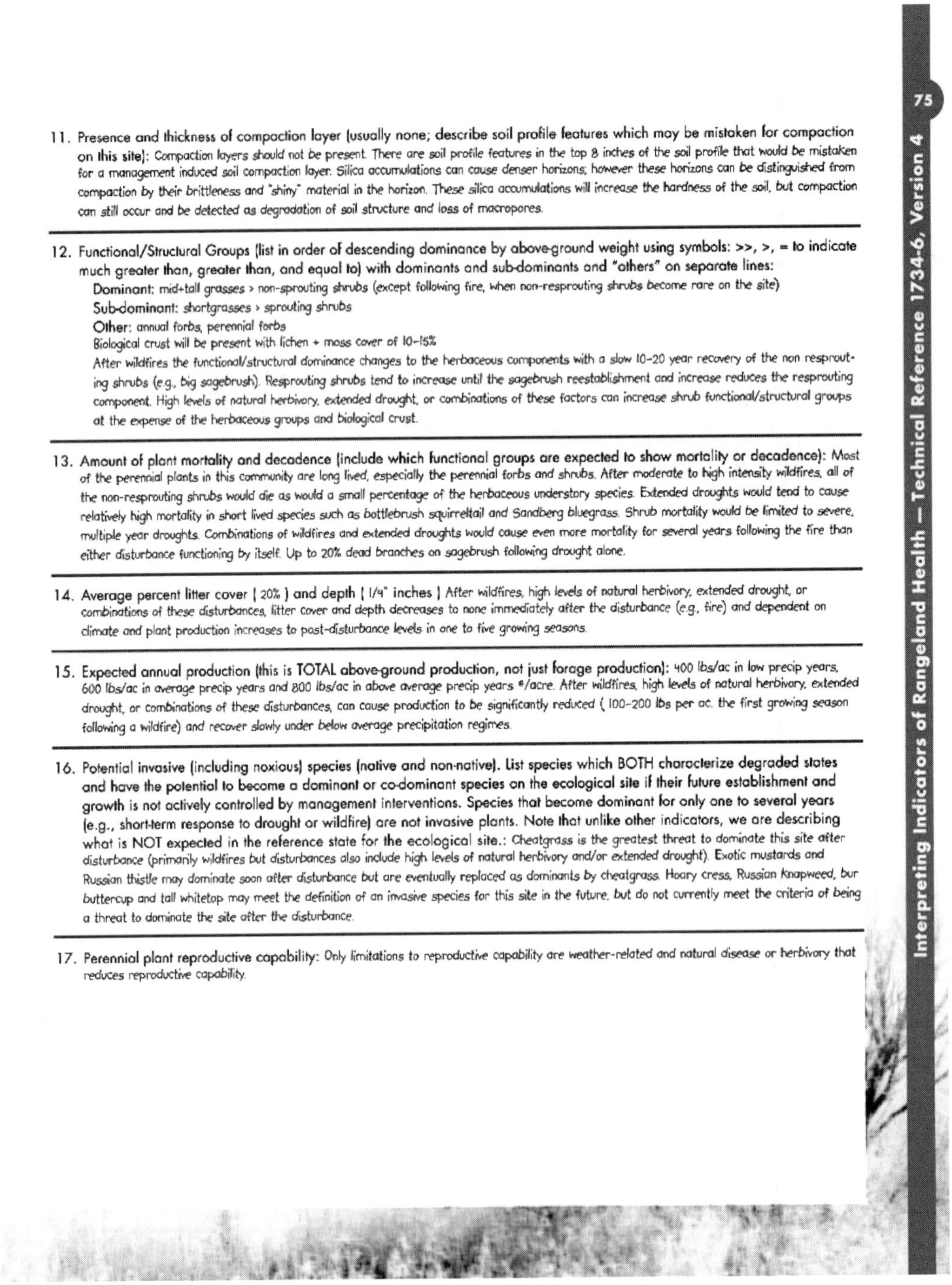

11. Presence and thickness of compaction layer (usually none; describe soil profile features which may be mistaken for compaction on this site): Compaction layers should not be present. There are soil profile features in the top 8 inches of the soil profile that would be mistaken for a management induced soil compaction layer. Silica accumulations can cause denser horizons; however these horizons can be distinguished from compaction by their brittleness and "shiny" material in the horizon. These silica accumulations will increase the hardness of the soil, but compaction can still occur and be detected as degradation of soil structure and loss of macropores.

12. Functional/Structural Groups (list in order of descending dominance by above-ground weight using symbols: >>, >, = to indicate much greater than, greater than, and equal to) with dominants and sub-dominants and "others" on separate lines:
    Dominant: mid+tall grasses > non-sprouting shrubs (except following fire, when non-resprouting shrubs become rare on the site)
    Sub-dominant: shortgrasses > sprouting shrubs
    Other: annual forbs, perennial forbs
    Biological crust will be present with lichen + moss cover of 10-15%
    After wildfires the functional/structural dominance changes to the herbaceous components with a slow 10-20 year recovery of the non resprouting shrubs (e.g., big sagebrush). Resprouting shrubs tend to increase until the sagebrush reestablishment and increase reduces the resprouting component. High levels of natural herbivory, extended drought, or combinations of these factors can increase shrub functional/structural groups at the expense of the herbaceous groups and biological crust.

13. Amount of plant mortality and decadence (include which functional groups are expected to show mortality or decadence): Most of the perennial plants in this community are long lived, especially the perennial forbs and shrubs. After moderate to high intensity wildfires, all of the non-resprouting shrubs would die as would a small percentage of the herbaceous understory species. Extended droughts would tend to cause relatively high mortality in short lived species such as bottlebrush squirreltail and Sandberg bluegrass. Shrub mortality would be limited to severe, multiple year droughts. Combinations of wildfires and extended droughts would cause even more mortality for several years following the fire than either disturbance functioning by itself. Up to 20% dead branches on sagebrush following drought alone.

14. Average percent litter cover (20%) and depth (1/4" inches) After wildfires, high levels of natural herbivory, extended drought, or combinations of these disturbances, litter cover and depth decreases to none immediately after the disturbance (e.g., fire) and dependent on climate and plant production increases to post-disturbance levels in one to five growing seasons.

15. Expected annual production (this is TOTAL above-ground production, not just forage production): 400 lbs/ac in low precip years, 600 lbs/ac in average precip years and 800 lbs/ac in above average precip years #/acre. After wildfires, high levels of natural herbivory, extended drought, or combinations of these disturbances, can cause production to be significantly reduced (100-200 lbs per ac. the first growing season following a wildfire) and recover slowly under below average precipitation regimes.

16. Potential invasive (including noxious) species (native and non-native). List species which BOTH characterize degraded states and have the potential to become a dominant or co-dominant species on the ecological site if their future establishment and growth is not actively controlled by management interventions. Species that become dominant for only one to several years (e.g., short-term response to drought or wildfire) are not invasive plants. Note that unlike other indicators, we are describing what is NOT expected in the reference state for the ecological site.: Cheatgrass is the greatest threat to dominate this site after disturbance (primarily wildfires but disturbances also include high levels of natural herbivory and/or extended drought). Exotic mustards and Russian thistle may dominate soon after disturbance but are eventually replaced as dominants by cheatgrass. Hoary cress, Russian knapweed, bur buttercup and tall whitetop may meet the definition of an invasive species for this site in the future, but do not currently meet the criteria of being a threat to dominate the site after the disturbance.

17. Perennial plant reproductive capability: Only limitations to reproductive capability are weather-related and natural disease or herbivory that reduces reproductive capability.

图 10.8　牧场健康指标解读（IIRH）参考表格。经允许转自 Pellant et al.(2005)。

Evaluation Sheet (Example) (Front)

Aerial Photo: _____

Management Unit: _Allotment 1, pasture 1_ State: _NM_   Office: _Las Cruces_   Range/Ecol. Site Code: _042XB999NM_
(Allotment or pasture)
Ecological Site Name: _Limy_   Soil Map Unit/Component Name: _Nickel gravelly fine sandy loam_

Observers: _Joe Smith, Jose Garcia, and Thaddeus Jones_   Date: _June 10, 2002_

Location (description): _Limy site two miles north of windmill in S.E. pasture_

T. _11 S._ R. _23 W_   or _____ N. Lat.   Or UTM E _____ m   Position by GPS? Y / N _No_
                                                                UTM Zone ___, Datum ___
Sec. _12_, _NE 1/4_   _____ W. Long.   N _____ m   Photos taken? Y / N _Yes_

Size of evaluation area: _Evaluation area is approximately 3 ac. and represents entire ecological site in this pasture_

Composition (Indicators 10 and 12) based on: __ Annual Production, _X_ Cover Produced During Current Year or __ Biomass

Soil/site verification:
Range/Ecol. Site Descr., Soil Surv., and/or Ecol. Ref. Area: Evaluation Area:
Surface texture _grfsl, grlfs, gl_   Surface texture _gfsl_
Depth: very shallow __, shallow __, moderate __, deep _X_   Depth: very shallow __, shallow __, moderate __, deep _X_
Type and depth of diagnostic horizons: Type and depth of diagnostic horizons:
1. _Calcic horizon w/in 20"_   3. _____   1. _Calcic horizon at 15"_   3. _____
2. _____   4. _____   2. _____   4. _____
Surf. Efferv.: none __, v. slight __, slight __, strong _X_, violent __   Surf. Efferv.: none __, v. slight __, slight __, strong _X_, violent __

Parent material _Alluvium_   Slope _0-5_ % Elevation _4100_ ft.   Topographic position _toeslope_   Aspect _south_

Average annual precipitation _8-12_ inches   Seasonal distribution _Summer thunderstorms dominate_

Recent weather (last 2 years) (1) drought ____, (2) normal _X_, or (3) wet ____.

Wildlife use, livestock use (intensity and season of allotted use), and recent disturbances:
Wildlife use is dominated by pronghorn antelope in the winter. Livestock use was extremely heavy yearlong during 1900-1930. Last 50 years, livestock use has been cow/calf moderate yearlong use

Off-site influences on evaluation area:
None

Criteria used to select this particular evaluation area as REPRESENTATIVE [specific info. and factors considered; degree of "representativeness"]
Area is located near a pasture key area. It is located in the center of the ecological site and represents the typical amount of livestock, wildlife and recreational uses on this area. This ecological site dominates this pasture. The area is 3/4 of a mile from the closest water source

Other remarks (continue on back if necessary)

Reference: (1) Reference Sheet: _Limy SD—42B_   ; Author: _J. Christensen_   ; Creation Date: _03/23/2002_
or (2) Other (e.g., name and date of ecological site description; locations of ecological reference area(s)) _Limy Ecological Site_
042XB999NM, June 2001

(a)

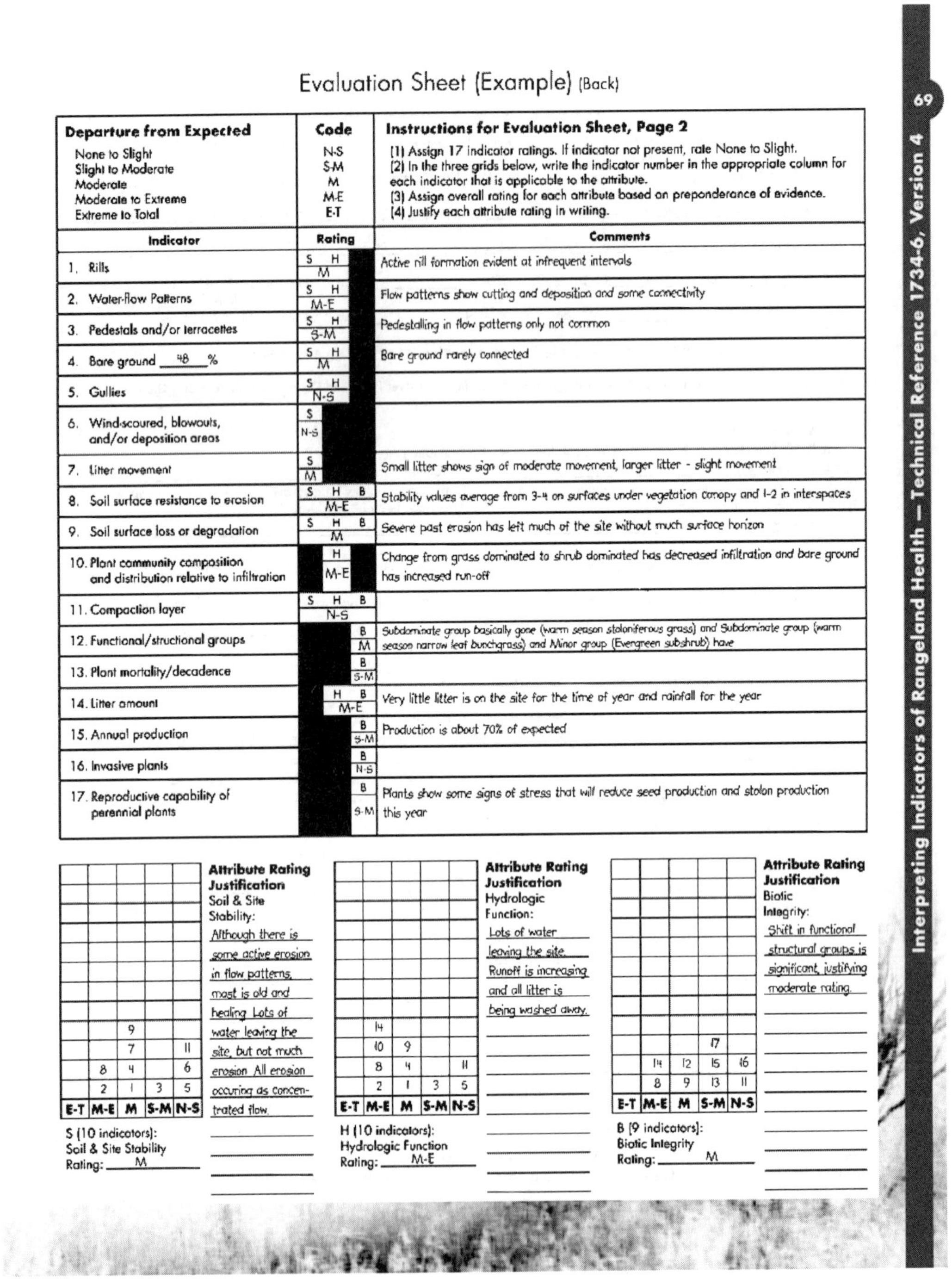

Evaluation Sheet (Example) (Back)

Departure from Expected	Code
None to Slight	N-S
Slight to Moderate	S-M
Moderate	M
Moderate to Extreme	M-E
Extreme to Total	E-T

Instructions for Evaluation Sheet, Page 2

(1) Assign 17 indicator ratings. If indicator not present, rate None to Slight.
(2) In the three grids below, write the indicator number in the appropriate column for each indicator that is applicable to the attribute.
(3) Assign overall rating for each attribute based on preponderance of evidence.
(4) Justify each attribute rating in writing.

Indicator	Rating	Comments
1. Rills	S H / M	Active rill formation evident at infrequent intervals
2. Water-flow Patterns	S H / M-E	Flow patterns show cutting and deposition and some connectivity
3. Pedestals and/or terracettes	S H / S-M	Pedestalling in flow patterns only not common
4. Bare ground 48 %	S H / M	Bare ground rarely connected
5. Gullies	S H / N-S	
6. Wind-scoured, blowouts, and/or deposition areas	S / N-S	
7. Litter movement	S / M	Small litter shows sign of moderate movement, larger litter - slight movement
8. Soil surface resistance to erosion	S H B / M-E	Stability values average from 3-4 on surfaces under vegetation canopy and 1-2 in interspaces
9. Soil surface loss or degradation	S H B / M	Severe past erosion has left much of the site without much surface horizon
10. Plant community composition and distribution relative to infiltration	H / M-E	Change from grass dominated to shrub dominated has decreased infiltration and bare ground has increased run-off
11. Compaction layer	S H B / N-S	
12. Functional/structional groups	B / M	Subdominate group basically gone (warm season stoloniferous grass) and Subdominate group (warm season narrow leaf bunchgrass) and Minor group (Evergreen subshrub) have
13. Plant mortality/decadence	B / S-M	
14. Litter amount	H B / M-E	Very little litter is on the site for the time of year and rainfall for the year
15. Annual production	B / S-M	Production is about 70% of expected
16. Invasive plants	B / N-S	
17. Reproductive capability of perennial plants	B / S-M	Plants show some signs of stress that will reduce seed production and stolon production this year

E-T	M-E	M	S-M	N-S
		9		
		7		11
	8	4		6
	2	1	3	5

Attribute Rating Justification
Soil & Site Stability: Although there is some active erosion in flow patterns, most is old and healing. Lots of water leaving the site, but not much erosion. All erosion occuring as concentrated flow.

S (10 indicators):
Soil & Site Stability
Rating: M

E-T	M-E	M	S-M	N-S
	14			
	10	9		
	8	4		11
	2	1	3	5

Attribute Rating Justification
Hydrologic Function: Lots of water leaving the site. Runoff is increasing and all litter is being washed away.

H (10 indicators):
Hydrologic Function
Rating: M-E

E-T	M-E	M	S-M	N-S
			17	
	14	12	15	16
	8	9	13	11

Attribute Rating Justification
Biotic Integrity: Shift in functional structural groups is significant, justifying moderate rating.

B (9 indicators):
Biotic Integrity
Rating: M

(b)

图 10.9 牧场健康指标(IIRH)的解释。(a)(表格正面)为估计表,(b)(表格背面的)斜体文字是计算内容的说明。经允许转自 Pellant *et al.*(2005)。

如果区域指标与表格中的表述相符,那么将对该指标与该区域期望指标的轻微偏差程度进行评价。超出偏差的估计使用一个修改的具体点描述或用指标评价矩阵中的通用集合。该评级列入评价表中(图10.9)。参考表表明了该地区在自然干扰下接近最佳水平的功能容量,如土壤-区域稳定性、水文功能、生物完整性。这可能包括传统上认为的最佳状态,而且也应包含带有可逆途径的参考区域中的群落。参考表格中的17个指标即是用来描述参考区域的状态。我们使用一个指标总和来显示牧场健康各指标的频率分布特征,并允许针对每个区域每个属性进行全面分级(图10.9,表10.2)。IIRH方法不是用来监测和确定发展趋势或制定放牧和管理方案;而是一个实时评价,可以提供资源问题的预警并确定牧场是否具有超出阈值的潜力。它不应该仅用于区域或国家牧场健康的评价。IIRH方法是大量监测程序的一部分(Herrick et al. 2005a,2005b),该方法在蒙古和墨西哥也有应用。相似的方法也在加拿大逐渐发展起来(David Pyke,个人资料)。

表10.2 (a)完成的指标总结,IIRH评价总结表的第3部分,利用图10.9中的信息表达每个牧场健康属性的分布频率。(b)通过评价者判断的属性总结,分析研究区每一个属性的总体等级。楷体字部分表明评价者的评论,是属性总结

(a)

牧场健康属性	重度	中度到重度	中度	轻度到中度	轻度以下	总和
S—土壤-区域稳定性 (指标1~6,8,9,11)		√√√√	√√√√		√	9
W—水文功能 (指标1~5,7~11,14)		√	√√√√√	√√√√	√	11
B—生物完整性 (植被8~9,11~17)	√√√	√√	√√√		√	9

(b)属性总结——在前面的指标总结表格中的3个属性,它们都和指标等级分布相关,通过分析"优势证据",检查最佳类别。

属性	重度	中度到重度	中度	轻度到中度	轻度以下
土壤-区域稳定性	□	□	☒	□	□
基本原理:间隙都表现出明显的侵蚀					
水文功能	□	□	☒	□	□
基本原理:水流在地表流动,同时该区域有较低的下渗					
生物完整性	□	☒	□	□	□
基本原理:仅有入侵植物指标分级,较中度等级更高					

经允许转自 Pyke et al.(2002)。

景观功能分析(LFA)方法(Tongway and Hindley 2004,http://www.cse.csiro.au/research/efa/index.htm)作为评价牧场健康程度的方法发展起来,在19世纪70年代,随着澳大利亚采用不同方法评价牧场健康程度,牧场健康程度评价方法正式出现(Wilson 1989)。一般来说,牧场条件仅以一个单独的参数作为基础,即灌木密度。

LFA方法由三个模块组成:概念框架、现场方法、解释框架。概念框架是基础,牧场功能依靠诱发-迁移-储备-脉冲(trigger-transfer-reserve-pulse,TTRP)框架,代表生态系统过程序列和反馈回路(图10.10)。监测站点的现场方法,在面向整个景观中的资源流动方向使用样线法,通常是下坡方向。土壤和植被数据通常沿着斑块的样带方向收集,资源趋向于累积,并且斑块之间的资源趋向于传输和运移。解释框架包括了结合土壤表面的数据以获取稳定、渗透、养分循环指数。该指数值是通过生成一个和胁迫、干扰功能状态相关的响应面来进行解释(图10.11)。不仅在整个草场研究区,而且在"典型"研究区,需要发展一种代表系统"稳定性"或"脆弱性"的曲线斜率的响应面。

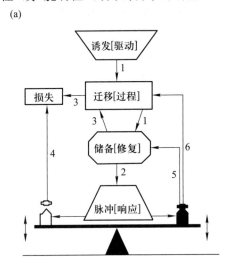

参考	有关的过程
1	— 入渗 — 封存/捕获 — 沉积 — 袭夺捕获
2	— 植物发芽,生长 — 摄取过程 — 营养物矿化
3	— 流域径流 — 面蚀 — 细沟水蚀 — 风蚀
4	— 草本分布 — 收割 — 火烧 — 深沟排水
5	— 种子库补给 — 有机物循环/分解过程 — 土壤微生物作用
6	— 物理隔离/吸收过程

图10.10 基于景观功能分析系统,采用代表生态系统过程和反馈回路先后顺序的诱发-迁移-储备-脉冲(TTRP)框架监测牧场功能:(a) TTRP框架;(b)不同地区正在进行的一些生态系统过程。经Tongway和Hindley(2004)同意修改重绘。

LFA是澳大利亚合作牧场信息系统(Australian Collaborative Rangeland Information System,ACRIS)的一部分,形成了英联邦和新南威尔士、昆士兰、北领地、西澳大利亚、南澳大利亚之间的伙伴关系。ACRIS使用了西澳大利亚牧场监测系统(Western Australian Rangeland Monitoring System,WARMS)的监测结果,该系统是澳大利亚农业和食品部的一个试点项目,确定如何获得现有的数据并以一种有用的形式在整个澳大利亚进行报道(Watson 2006)。WARMS包含1 600个永久观测点(从本年度到下一个年度),在这些观测点中,多年生植被和景观功能的属性都被作为牧场变化的指标进行测量和使用。在西澳大利亚干旱草原,对WARMS观测点进行的景观功能分析结果表明,在功能完整的干旱草原地区牧草长势良好。相反,通过航测调查

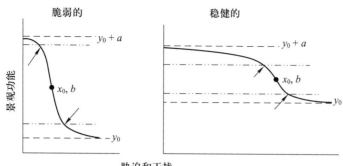

图 10.11 景观功能分析:基于胁迫-干扰体系的稳健景观和脆弱景观的响应曲线斜率变化。箭头代表临界阈值。$b=$上下渐近线之间的斜率,是稳健/脆弱的指标。上渐近线表示在气候和原有物质条件下研究区的生物化学潜力的上限,下渐近线表示现有土地利用条件下的功能下限。经 Tongway 和 Hindley(2004)同意修改重绘。

可以发现,在景观破碎的地区土地退化和荒漠化现象严重。上述两种评价方法所得结果的差异,反映了不同空间尺度方法关注点不一样,在 WARMS 观测点的设置上应避开已退化土地的分布区域。

10.2.4 适应性管理

传统管理是采用如 10.1 节中所述的一种或多种方法,试图将草地从一个状态改变到另一个状态(例如从灌丛到草地)或保持在一种理想状态。相比之下,适应性管理(adaptive management,AM)作为一种动态的、实践中最佳的决策过程,是经过不同管理实验后得出的结论(Holling 1978;Morghan *et al.* 2006;Schreiber *et al.* 2004)。适应性管理的目标是获取集研究、设计、管理和监测技术于一体的系统知识,有时被称为"边干边学",它将管理行为视为系统的检验假设实验,允许包含新信息的管理策略的变化,增进对发展的理解。适应性管理的若干关键前提,包括吸收决策制定者参与,将风险和不确定性纳入动态管理策略(即适应学习思想),执行多个"最优预案"的管理策略而不是加强单一管理制度,监督综合材料管理和严格结果评价等(Lunt and Morgan 1999)。例如,在澳大利亚南部,为重建退化营草属黄背草(*Themeda triandra*)地实施了适应性管理实验(Lunt 2003),包括在实施保护区管理或特定物种管理的地块,监测比较理想的指示物种的存活和生长状况等。适应性管理计划的目的是,通过 5 年的实施和监测,比较两种管理模式的结果,在此基础上指导未来的管理。

适应性管理正越来越多地被用于管理(见 10.1 节)和重建(见 10.3 节)草地和牧场。例如,适应性管理已被用来寻找最佳的管理解决方案,以确保肯尼亚北部山羊畜群稳定的生产力(Hary 2004)。由于原始游牧民群体变得越来越习惯于定居,人们已寻求替代畜群流动式散养的方式,来适应牧草季节性生产的状况。在 4 年时间里,适应性管理构建了 6 套不同的交配系统方案,来确定最佳的繁殖季节,从而最大限度地提高牧区山羊畜群的生物生产力。

在澳大利亚的半干旱牧区,针对不断增加的草原灌丛密度,适应性管理模型已被开发出来用于对其进行定量评价(Noble and Walker 2006)。其中,包括研究人员、土地所有者、管理人员等对木质杂草入侵、控制选项、产权属性、管理约束等的描述都是该模型的输入项。为保持与适应性管理的原则一致,本项研究的目标之一就是衡量特定管理策略的结果,并且在必要时及时和有效地调整它们以适应未来管理。

10.3 重建

正如第 1 章所讨论的,全球草地在面积、生境质量、生物多样性等方面正在遭受灾难性损失。为了保护和增强草地提供的产出和服务,重要的是重建所失去的生境,使得被破坏或退化的草地得到修复和重建。本节讨论的目标和主题是草地的生态重建问题。

10.3.1 重建的定义

生态重建是帮助一个已经退化、遭损坏或破坏的生态系统重建的过程(SER 2004)。就生态重建的社会意义而言,重建是一个有意识的活动,通过启动或加速生态系统的恢复以增强其健康程度、完整性和可持续发展能力。

任何重建都需要目标。期待的种群、期待的群落和植被类型、期待的生态系统功能参数,这些都可以作为生态重建的目标(参考 10.2.2 节)。上述目标必须反映生态系统从种群到群落、再到生态系统的层次结构,在重建过程中目标的确定越早越好,最好是在重建开始以前就能明确。为了评价目标实现的进程,需要随时进行动态监测,其中有些目标较其他目标而言能够轻而易举地快速实现。"方法",都是为了推进实现目标而采取的管理活动,例如,建立放牧单元,使土壤贫瘠(如果以前富饶),降低农业耕作强度,或者重建自然过程(Bakker et al. 2000)。理想情况下,目标是在已有参考点的基础上进行设置的,例如,相邻的高质量草地残迹。然而,在许多情况下,参照系都无法使用,残迹可能会与原生生境有所不同,或者目标条件可能不完全清楚。例如,在美国伊利诺伊州的 Nachusa 草地,仅存的牧场是紧邻重建草场的、用于放牧的山地,与正处在重建过程中的、耕作后的低地具有完全不同的基质(Taft et al. 2006)。目标群落的结构和组成是有争议的,如什么是最适预干扰条件。北美大草地的重建过程可以一直追溯到 19 世纪 30 年代的前欧洲殖民时期。然而,美国土著很显然也对其环境的构成有影响,往往是通过故意或意外的火烧,导致很难建立一个合适的、没有争议的重建目标。在这种情况下,如果使用由 Stringham 等(2003)所定义的"状态-过渡"概念,参考系则应至少包括遭火烧和未遭火烧两个群落。此外,欧洲殖民时代之前的北美大草地环境的定量数据仍很缺乏,甚至最早的记录往往也不完整,包括那些最初不管干扰与否都适于初级农业开发的地区,因而在幸存的其他草地(例如,岩性土壤中的未耕犁区域,如上面提到的 Nachusa 草原)中也不具有代表性(Allison 2004)。

重建已经被描述为生态学的严峻考验(Bradshaw 1987)。大部分生态学概念对于恢复生态学的实践具有重要意义,在此基础上需要开展很多研究,而重建生态学的研究结果又不断地来验证生态学(表10.3),由表10.3可以看出,重建也为植物群落集聚的多约束问题等基本生态学概念提供了一个独特的验证机会。例如,在北美大草地的重建物种实验表明,6~7个生长季节后物种多样性与最初种子选择的多样性具有较强的正相关关系(Piper and Pimm 2002)。此外,上述补种实验还表明,优势种从本质上看是生态系统偶然决定的,并且很大程度上得益于最初的物种类型。相关研究表明,优势种,例如柳枝黍在托尔格拉斯草地重建的过程中,可以掩盖一个大范围环境的异质性,并决定总体群落的组成(Baer et al. 2005)。上述的研究成果有利于我们接下来理解与演替有关的生物多样性和群落集聚等问题。

表 10.3 重建实践者普遍认可的生态学概念。其中一些已深深嵌入重建生态学家(以及农学家)的专业基础中,另外一些正在融入重建实践的过程中

1	竞争:(植物)物种为资源而竞争,竞争随个体间距离减小而加剧,资源数量越匮乏竞争越激烈
2	生态位:物种具有的在生理和生态方面的生长限制,对所选择物种及其所在群落而言均要适应当地环境条件
3	演替:在大部分生态系统中,群落倾向于从自然和人类干扰中通过排除干扰而自然地进行修复。重建一般由辅助和加速该过程组成。在某些案例中,在下一个演替开始之前,重建活动可能需要修复一些基本损害(土壤)
4	定居限制:对于许多种群个体而言,在生命早期其生长发育就开始受到限制。在这一时期如果给予足够的帮助(如灌溉、不受竞争影响和食草动物侵害等),植物个体的成活率将大大提高
5	促进作用:某些植物种群促进自然再生,如喜阴植物与灌丛等
6	共栖:在植物再生过程中菌根、种子扩散及传粉媒介等起着明显甚至决定性的作用
7	食草-捕食:种子采食者和食草动物通常限制了天然植物种群的再生
8	干扰:在不同的时空尺度,干扰不可避免地都是生物群落的必要组成部分。对干扰体系的修复具有重要意义
9	弧形列岛:大面积、连续的自然保护区能够维持更多种群并促进集群化,包括入侵物种在内
10	生态系统功能:在一定时空尺度上,物质流和能量流是生态系统功能和稳定性的基本组成部分
11	生态型:在不同时空尺度,种群对当地环境条件的适应。与环境相匹配的生态型能够增加重建的成功率
12	遗传多样性:相比于基因单一种群,遗传多样性丰富的种群具有更好的进化潜力和远景。

经 Young et al.(2005)许可复制。

10.3.2 从最小干预到大尺度重建

退化草地重建或草地农业改良需要有选择地去除一些不合时宜的物种(通常是木本),使得生物多样性重建和植物学组成目标能够得以实现。例如,美国伊利诺伊州南部的贫瘠之地辛普森,植物学家发现当地草地植物开始沿林区道路两旁旺盛生长后,在20世纪80年代中期开始进入重建。有意思的是,植物学家注意到,从19世纪30年代开始,在以前的政府测量员

的报告中,用术语"贫瘠"来形容该地区,但却没有关于地面草本层的信息。在 1938 年初的航空影像上,还可以看到茂盛生长的"老狼木"(wolf trees)(Stritch 1990)。人工去除和故意火烧木本物种的行为导致草本物种的快速重建和发展壮大,据统计,在已重建的 50 个草本物种中,绝大部分都在残余木本林冠下层生长良好(Mohlenbrock 1993)。

在草地稀少的地区还存在其他重建方法,但前提是原生系统(如原始耕地)并没有消失殆尽。例如,美国麦德文国家高禾草地保护区(Midewin National Tallgrass Prairie)建立于 1996 年,面积达 7 695 hm^2,位于芝加哥西南 72 km,毗邻一个已关闭的美国陆军弹药库和军火厂。该保护区仍有少数残存的山地草地(<总面积的 3%),已完成大尺度重建的工作规划,包括为受干扰地区再播种建立原种基地以满足繁殖需求(Midewin National Tallgrass Prairie 2002)。如此巨大的重建(考虑到工作量和空间跨度),不仅包括草地生态系统的生物重建,也包括参与和接受一个农业开发景观到更接近自然草地景观的变化,虽然该草地景观所提供的产出和服务(见第 1 章)可能无法完全满足当地土地所有者和其他公众(Davenport et al. 2007, Stewart et al. 2004)。虽然草地景观再次在麦德文保护区占据主导地位可能还要数十年的时间,但作为仅存的少数地区之一,它在关于草地物种的种群生态学方面已经取得了重要发现,例如,受胁迫的阿格里尼草属 *Agalinis auriculata* 的生殖生物学等(Mulvaney et al. 2004)。

在遭受巨大干扰的地区,草地重建计划需要从整体上进行综合考虑,协调尽可能少的人为砍伐、火烧树木和大面积的草地重建之间的关系。例如,荷兰的钙质草地重建就很有必要,主要分布在土壤肥沃地区、退耕地区以及弃耕地地区(Willems 2001)。同样,对于法国物种丰富的草地而言,其进行重建也需要采用多种方法,主要依赖于个别地区的退化程度,包括弃耕地区、农业生产集中地区、严重退化地区和工程在建地区(如水坝)等(Muller 1998)。虽然不同类型的区域遭受的挑战不同,需要采取不同的方法,但对所有的草地重建而言,如下几个阶段却是要共同经历的(Willems 2001):

- 预重建阶段:收集土地利用历史数据,确定重建目标。
- 初步重建阶段:停止或撤销原有不利于保护的土地利用策略,允许从种子库(如果存在)中提取所需物种进行萌发,或引入重建区开展繁殖和种植,在严重退化的场地开展适宜的生态工程。
- 巩固阶段:构建适宜管理策略,并在人工草地区域付诸实施。
- 长期保护对策发展:要确保重建区不受到负面的外部干扰,确保濒危植物种群不受遗传侵蚀的影响。

10.3.3 重建问题和决策

草地重建涵盖了从改造已有退化区到在草地物种完全丧失地区开展重建等广义内容。重建过程涉及管理策略的变化,有几个重要的问题和决策需要考虑。主要包括(Kline and Howell 1987; Packard and Mutel 2005):

- 场地准备
- 选择一个适当的种子组合

- 选择适当的种子种源,使用当地的生态型
- 为种植繁育籽苗(如有必要)
- 适时引进所需物种(例如先种植禾草、后引入杂类草是否最优?)
- 种植模式(例如设立杂类草集中斑块)
- 优化管理策略(例如何时火烧或火烧频率)

场地准备是极为重要的,因为其条件尤其是土壤,可以影响并决定重建方案的最终结果。根据重建地历史情况的不同,木本或外来植物的去除可能有必要通过机械、除草剂或火烧等方式。如果重建要从种子或幼苗阶段开始进行,耙地或耕作也是必不可少的。

原始耕地或改良草地上土壤养分的减少对于土地生产力退化、多样性增加的影响是显而易见的(Bakker and Diggelen 2006;Hutchings and Stewart 2002),可以通过生物去除(割剪或晒干)、碳增加(见第 7 章)、火烧(见 10.1.3 节)、表土剥离或者耕作来促进土壤淋溶作用。放牧可以使草地呈斑块状、增加异质性(见 9.3 节),并提供定植机会,在夜间远离动物活动影响的条件下还可以帮助降低土壤肥力。然而,在长期耕作中土壤有机质已大量流失的地区,土壤养分水平下降也许不会对本地物种造成影响,在这些情况下施肥则成为必要了(Wilson 2002)。

菌根在草地上普遍存在且极为重要(见 5.2.3 节),其在农耕地区则相对较少。增加菌根种菌有利于重建,特别是在土壤干扰严重的地区(Huxman et al. 1998;Smith et al. 1998)。

本地生态型植物的利用极为重要,因为人们越来越清楚地意识到,本地生态型的选择(见 5.3.1 节)会影响该物种与群落中其他物种的竞争力(Gustafson et al. 2005)。采用主要草地类型中具有高竞争力的栽培植物,很有可能降低在重建过程中其他物种的多样性。长期以来,本地生态型应该适地而用已成为一条经验法则(Schramm 1970,1992),但长期以来支持上述法则的经验数据都很匮乏。化学分子方法则为确定基于不同种源竞争力差异的遗传基础提供了条件(Falke et al. 2001;Gustafson et al. 2002;Lesica and Allendorf 1999)。

大部分草地重建的过程与基层志愿组织的工作是分不开的,包括志愿者个人、地方土地管理者、建筑师以及那些盼望重建已失去生态系统的业主们。例如,在过去 50 多年里,美国的草地重建行动就已经对数千公顷的草地进行了重建,上述工作往往致力于重建目标草地的植物多样性。虽然,生物多样性的价值对于这些人工草地而言是明确的,但由于受修复知识的形成、经验研究到成功方法的缺乏、人类文明难以融入重建景观等因素的影响,这一做法一直广受质疑和批评。草地重建已经被描述为一门艺术而非一门科学(Schramm 1992),甚至被比喻为"生态园林"(Allison 2004)。为纠正这种片面的批评,国际生态恢复协会(Society for Ecological Restoration International)于 1987 年成立,随后出版了两本专业性、评议性的期刊:最先出版的是 *Restoration and Management Notes*,在 1987 年改版为 *Ecological Restoration*;而 *Restoration Eco-logy* 则出版较晚(1993 年),它作为一本同行评议的出版物,更侧重于与重建相关的科学研究问题。*Restoration and Management Notes* 的本意是建立一个思想交流的论坛,现在它已经发展为一个更为科学的、同行评议的期刊。目前,在 *Restoration Ecology* 上发表的文章数量急剧增加,其中大部分是有关草地的,在 2004 年所有生态学文章的贡献中占 4%(Young et al. 2005)。

虽然许多、尽管不是绝大部分草地修复反映的是个人或小团体的努力,也有相当多的政府

支持计划,为土地所有者重建生境和草地提供奖励(见第1部分重建政策和基础设施的论文,Perrow and Davy 2002)。例如,美国自然保护计划(Conservation Reserve Program, CRP)和草地自然保护区计划(Grassland Reserve Program, GRP),以及欧洲农业环境计划(European Agri-Environment Schemes)。这些和其他类似的计划都提供切实可行的激励措施,用以增加草地覆盖度,并鼓励种植本地物种和重建本地草地物种的完整功能。

作为自发和自愿行为,美国自然保护计划(CRP)和草地自然保护区计划(GRP)在1985年和2002年由美国农业部和国家科学研究委员会分别通过联邦立法后开始执行。通过一种有益于环境、资金高效利用的方式,美国自然保护计划对符合条件的农民和农场主提供技术和财政援助,以解决土壤、水和自然资源相关的问题(如土壤侵蚀、水质和野生动物生境等)。美国自然保护计划的目标是减少土壤侵蚀和转变易受侵蚀的土地,通过包括种植本地草种在内的提高多年生植被覆盖的方法来实现。在长达10~15年的合同期内,农民每年可以收取租金,而通过本地多年生草种的永久覆盖,能够共同分担其中50%的费用。到2006财政年度结束时,总共14 570 018 hm^2 草地被纳入美国自然保护计划的现行合约中,与此同时在大平原地区被转化为多年生草地的面积也达到最大值。

草地自然保护区计划是一个自愿性的保护计划,特别是保护、维持和重建草地,包括牧场和灌木地等,并禁止这些土地转化为农田,同时保持它们作为放牧的土地。该计划对放牧方式予以严格限定。只要被纳入该计划中,并将土地转换为包括原生草在内的植被覆盖,土地所有者就能凭借其土地每年都收取一定租金。目前草地可登记为:① 永久地役权,② 30年的地役权,或③ 签订10年、15年或20年租赁协议,报酬取决于资产的市场价值和规划利用的类型。土地所有者可以选择是否参与成本共享的重建协议,在从未耕作的土地上能获得高达90%的成本补偿,而在种植过的土地上则为75%的补偿。2004年,114 663 hm^2 土地被纳入草地自然保护区计划,包括31 654 hm^2 的天然草场。计划参与者必须通过实施和维护保护计划,改良草地管理,增强土壤渗透,减少水土流失,增加碳汇并减少水径流。未来开发和种植用途的在册土地的使用必须加以限制,虽然土地所有者仍有权选择日常放牧行为的方式(如割草、产草、收种等)。从本质上讲,草地自然保护区计划是一种激励计划,促使私人土地所有者更好地管理其土地。

无论是自然保护计划还是草地自然保护区计划,其直接目标都不是草地重建本身,因为重建本地的生物多样性并不是上述计划的唯一目标。然而,根据这些计划下草地修复的特点,可以提供一种衡量方法,来辨别是哪一种生态系统特性能够让原耕作地区通过种植多年生牧草而得到重建。在美国内布拉斯加州草地开展的长期自然保护计划研究中,通过种植原生草种,12年来几个主要生态系统功能(初级生产力、原生草场盖度、地下生物量、不稳定碳库)已重建到与天然草场相当的水平(Baere et al. 2002)。其他功能(如土壤结构、土壤总碳、微生物量等)则朝着天然草场的稳态标准不断迫近,虽然在12年后还不能达到上述水平。土壤全氮的重建过程表明,随时间变化很少或根本无法重建,在某种程度上是由于在所种植物种库中缺乏豆科植物所致。因此,在自然保护计划的修复过程中,土壤碳库重建快于原生休耕农田,其重建受 C_4 植物主导,另外有无杂类草也会与原生草地形成鲜明对比。

与此类似,在平均长达15年的时间内,位于堪萨斯州自然保护计划下的弃耕草地,虽然都栽种了与内布拉斯加州研究中完全相同的天然暖季型草种,同时引入一些原生杂草(槐决明、墨水树、合欢草和达利紫草),但却更接近于冷季干草地(无芒雀麦或长花刺葵)而非原生暖季型草地。需要特别注意的是,自然保护计划范围内的草地有较低的土壤有机质和氮含量、较高的土壤pH和容重,土壤黏性也比天然草地大(Murphy et al. 2006)。上述研究表明,自然保护计划和草地自然保护区计划对于美国大草地重建极为重要,有助于重建原生草地的部分生态系统功能。然而,由于在混合栽种过程中的杂类草缺乏多样性,使得人工草地在多样性水平方面与原生草地的差距较大。

在欧洲,作为一项国家(或地方)计划,农业环境计划(Agri-Environment Schemes, AES)资助农民以不破坏敏感环境的方式进行耕作,这也构成了欧盟共同农业政策的一部分,当然在具体目标方面欧盟各成员国之间还存在差异。加入农业环境计划的农民可以接受资助用于改变管理行为来提升环境效益,包括减少肥料和农药的使用量,增强生物多样性保护,重建景观,保护农业人口等。自1994年以来,欧盟已累计投入243亿欧元用于农业环境计划(Kleijn and Sutherland 2003)。

虽然对农业环境计划的评价和监测还存在一些问题,其执行成效也还有争议(Whittingham 2007),但草地多样性能够通过这些计划得到改善是不容置疑的。虽然不是每一个草地重建计划都如此,但大多数农业环境计划所属的土地都是化肥使用较多和种子多样性较低的牧场。例如,瑞士农业环境计划的目标是增加干草甸大草地的生物多样性,通过规定杜绝使用肥料、只针对问题杂草通过申请使用除草剂、每年仅能割草1次等措施来实现。瑞士农业环境计划在执行6年后,实现了增加植物多样性的效果(Kleijn et al. 2006)。在英国,6 m宽的草地边缘带保证了野生动物的栖息地、生态廊道和缓冲区。农业环境计划针对上述边缘带制定了一些准则:自然重建或者禾草/杂草混合播种,每年仅能割草1次,除控制问题杂草外禁用除草剂等。结果显示,英国边缘带农业环境计划执行3年半后,植被覆盖和多样性都得到了明显的提高。

英国环境管理计划(Environmental Stewardship Scheme)(http://www.defra.gov.uk/erdp/schemes/es/)是在2005年由农业环境计划资助设立的,致力于保护边缘区周边的草地缓冲带以及保持和重建物种丰富的半天然草地。如果在目标区,如现有环境特征亟待改善的地区,生物多样性效益得到实现,土地经营者将获得奖励。该计划最低将为加入的土地所有者提供30英镑/hm^2的资助,资助额度随协议不同而有所增加。例如,针对混种一定面积杂草的较高管理水平,资助标准将提高到280英镑/hm^2。在退耕还草地区,环境管理计划还为加入者制订了一些积极的经济激励措施(Bullock et al. 2007),来提高产草量和农民收入。

10.3.4 案例研究——柯蒂斯草地

美国威斯康星州麦迪逊的柯蒂斯草地是世界上最早开展重建的草地(彩插14)。作为面积达486 hm^2的威斯康星大学植物园的一部分,它在1934年由奥尔多·利奥波德捐献出来,用于威斯康星州的自然生境重建(Blewett and Cottam 1984)。大部分以前的庄稼地和过度放牧的林地已经重建成森林。此外,还有38 hm^2被重建成草地,其中就包括奥尔多·利奥波德建议的、在1836—1920年长期被用于耕作的24 hm² 土地。在1932—1933年归威斯康星大学管理期间，原生橡树草地地区基本上都被早熟禾属牧草所占据（草地早熟禾和加拿大早熟禾）。毗邻重建地区还保存了一块面积为1.2 hm² 的原生湿润草地，可为草地重建提供对比。在柯蒂斯草地之后，面积更小、仅为14 hm² 的亨利格林草地也开始进行草地重建（1945—1952年）。

最早在1935年，诺曼·法瑟特就在柯蒂斯草地局部地区开展了小型的草地重建实验。1937年，希欧多尔·斯佩里受聘开始指导和监督全区的修复工作。为此，联邦政府劳工计划——民间资源保护组织还提供了大量的劳动力。通过移植草皮、干草以及从现存草地进行移种等手段，42个物种在该地区得到了大面积种植。移植的草皮直径为10或20 cm，散布于早熟禾属牧草中。然而，尽管在选择时希望仅获得所需的单一物种，但每个草皮都不可避免地带有其他物种并很快开始生长。在1982年引入的198种植物中，55%是原生物种（Sperry 1994）。

1940年，约翰·柯蒂斯加入威斯康星大学植物园主管植物研究，与此同时奥尔多·利奥波德负责动物研究。当时，人们对于草地重建几乎一无所知。经过早期的反复实验，柯蒂斯认识到，种子发芽过程中需要低温层，而采用草皮移植方法在植物园进行大面积草地重建的成本则过于昂贵。柯蒂斯及其学生们在草地重建上的其他研究方法还包括定制火烧去除早熟禾属草地竞争，翻耙和火烧整理大须芒和北美小须芒草草地，火烧提高花卉生产效益，通过剪枝、火烧、竞争等提高幼苗栽种和成活效率等（Howell and Stearns 1993）。

柯蒂斯特别感兴趣的是火烧的作用。1950年，在他的指导下第一次开展了大面积基于火烧的草地重建工作。这次和其后的实验结果表明，对于草地重建而言，火烧是一种有效的管理工具，有利于以很低成本清除冷季型草种和其他杂草（Anderson 1973；Curtis and Partch 1948）。此后，在供职于植物园的植物学家大卫·阿奇堡尔德的主持下，1957年又开始了一次重要的种植计划，共涉及156个植物种。在柯蒂斯1961年去世后，1962年成立了植物园之友组织，在成立大会上将该草地命名为柯蒂斯草地。

自1946年以来，在柯蒂斯草地（Curtis Prairie）的调查已积累了13 001 m² 的样方数据，形成了沿永久基线分布的、边长为15.2 m的样方群。1946年和1956年仅对种植的植物类型进行了调查，但在随后的调查中，所有植物种类的信息都得到了记录。柯蒂斯草地有300多种本地草种和几十种外来杂草，比威斯康星州其他任何地区都要丰富。基于1961年调查数据的分析表明，人工草地的组成反映了当地土壤水分条件的变化（从非常干燥到十分潮湿），虽然人工草地变得与天然草地相似，但它仍比天然草地的杂草种类要多，而天然草地的重要性也在不断下降（Cottam and Wilson, 1966）。优势草种（大须芒草、北美小须芒草、黄假高粱）和杂类草[如一枝黄花属（*Solidago*）、*Ratibida pinnata*、*Eryngium yuccifolium*]的比例有所增加，而包括欧防风（*Pastinaca sativa*）和草地早熟禾等种类则减少（Anderson 1973）。

最近的研究表明，经过65年的重建，柯蒂斯草地在生态系统功能上已经与邻近草地相接近，尤其是单位面积的物种丰度、ANPP、叶面积指数峰值、总地下生物量等参数。然而，与天然草地相比，年均土壤呼吸量和净生态系统生产力（NEP）在人工草地的数值更高，而土壤表面含碳量则更低。NEP数值的剧烈变化导致无法确定柯蒂斯草地是应被视为碳汇还是碳源

(Kucharik *et al.* 2006)。

最古老的草地重建给予我们什么启示？很显然，对于重建我们仍然有很多东西需要去学习，也期待实现"从意料之外到期望之中"(Cottam 1987)。单一物种的生活史能决定群落演替的类型，虽然草地物种的引入并不困难，但去除不良杂草则是一个很大的问题。时间是成功的重要因素，良好的管理能帮助解决杂草问题，并且加速草地的丰饶进程。

参 考 文 献

Aarssen LW and Turkington R (1985a). Biotic specialization between neighbouring genotypes in *Lolium perenne* and *Trifolium repens* from a permanent pasture. *Journal of Ecology*, 73, 605–614.

Aarssen LW and Turkington R (1985b). Within-species diversity in natural populations of *Holcus lanatus*, *Lolium perenne* and *Trifolium repens* from four differentage pastures. *Journal of Ecology*, 73, 869–886.

Abdul-Wahab A and Rice E (1967). Plant inhibition by Johnson grass and its possible significance in old-field succession. *Bulletin of the Torrey Botanical Club*, 94, 486–497.

Abrams MD (1988). Effects of burning regime on buried seed banks and canopy coverage in a Kansas tallgrass prairie. *Southwestern Naturalist*, 33, 65–70.

Acton DF (1992). Grassland soils. In RT Coupland, ed. *Ecosystems of the world: natural grasslands: introduction and western hemisphere*, Vol. 8A, pp. 25–54. Elsevier, Amsterdam.

Adams DE, Perkins WE, and Estes JR (1981). Pollination systems in *Paspalum dilatatum* Poir. (Poaceae): an example of insect pollination in a temperate grass. *American Journal of Botany*, 68, 389–394.

Adler PB (2004). Neutral models fail to reproduce observed species-area and species-time relationships in Kansas grassland. *Ecology*, 85, 1265–1272.

Adriansen HK (2006). Continuity and change in pastoral livelihoods of Senegalese Fulani. *Agriculture and Human Values*, 23, 215–229.

Aerts R and Berendse F (1988). The effect of increased nutrient availability on vegetation dynamics in wet heathlands. *Vegetatio*, 76, 63–69.

Aerts R, de Caluwe H, and Beltman B (2003). Plant community mediated vs. nutritional controls on litter decomposition rates in grasslands. *Ecology*, 84, 3198–3208.

Agarie S, Agata W, Uchida H, Kubota F, and Kaufman PB (1996). Function of silica bodies in the epidermal system of rice (*Oryza sativa* L): Testing the window hypothesis. *Journal of Experimental Botany*, 47, 655–660.

Aguiar MR and Sala OE (1994). Competition, facilitation, seed distribution and the origin of patches in a Patagonian steppe. *Oikos*, 70, 26–34.

Aguiar MR, Sorianao A, and Sala OE (1992). Competition and facilitation in the recruitment of seedlings in Patagonian steppe. *Functional Ecology*, 6, 66–70.

Albertson FW (1937). Ecology of mixed prairie in west central Kansas. *Ecological Monographs*, 7, 481–547.

Albertson FW and Tomanek GW (1965). Vegetation changes during a 30-year period in grassland communities near Hays, Kansas. *Ecology*, 46, 714–720.

Aldous DE, ed. (1999). *International turf management handbook*. CRC Press, Boca Raton, FL.

Al-Hiyaly SA, McNeilly T, and Bradshaw, AD (1988). The effects of zinc contamination from electricity pylons— evolution in a replicated situation. *New Phytologist*, 110, 571–580.

Allen TFH and Starr TB (1982). *Hierarchy perspectives for ecological complexity*. University of Chicago Press, Chicago.

Allen TFH and Wyleto EP (1983). A hierarchical model for the complexity of plant communities. *Journal of Theoretical Biology*, 101, 529–540.

Allison GW (1999). The implications of experimental design for biodiversity manipulations. *American Naturalist*, 153, 26–45.

Allison SK (2004). What *do* we mean when we talk about ecological restoration? *Ecological Restoration*, 22, 281–286.

Al-Mufti MM, Sydes CL, Furness SB, Grime JP, and Band SR (1977). A quantitative analysis of shoot phenology and dominance in herbaceous vegetation. *Journal of Ecology*, 65, 759–791.

Altesor A, Di Landro E, May H, and Ezucurra E (1998). Long-term species change in a Uruguayan grassland. *Journal of Vegetation Science*, 9, 173–180.

Altesor A, Oesterheld M, Leoni E, Lezama F, and Rodríguez C (2005). Effect of grazing on community structure and productivity of a Uruguayan grassland. *Plant Ecology*, 179, 83-91.

Altesor A, Piñeiro G, Lezama F, Jackson RB, Sarasola M, and Paruelo JM (2006). Ecosystem changes associated with grazing in subhumid South American grasslands. *Journal of Vegetation Science*, 17, 323-332.

Amboseli Baboon Research Project (2001). Day in the life of a baboon. http://www.princeton.edu/~baboon/ day_in_life.html. Accessed 17 March 2008.

Ambus P (2005). Relationship between gross nitrogen cycling and nitrous oxide emission in grass-clover pasture. *Nutrient Cycling in Agroecosystems*, 72, 189-199.

Amthor JS (1995). Terrestrial higher-plant response to increasing atmospheric CO_2 in relation to the global carbon cycle. *Global Change Biology*, 1, 243-274.

Anand M and Orloci L (1997). Chaotic dynamics in a multispecies community. *Environmental and Ecological Statistics*, 4, 337-344.

Anders W (1999). The effect of systemic rusts and smuts on clonal plants in natural systems. *Plant Ecology*, 141, 93-97.

Andersen AN and Lonsdale WM (1990). Herbivory by insects in Australian tropical savannas: a review. *Journal of Biogeography*, 17, 433-444.

Anderson RC (1973). The use of fire as a management tool on the Curtis Prairie. *Proceedings of the 12th Annual Tall Timbers Fire Ecology Conference* (1972), 23-35.

Anderson RC (1991). *Illinois prairies: a historical perspective*. Illinois Natural History Survey Bulletin, Springfield, IL.

Anderson RC (2005). Summer fires. In S Packard and CF Mutel, eds. *The tallgrass restoration handbook*, pp. 245-249. Island Press, Washington, DC.

Anderson RC (2006). Evolution and origin of the Central Grassland of North America: climate, fire, and mammalian grazers. *Journal of the Torrey Botanical Society*, 133, 626-647.

Anderson RC and Brown LE (1986). Stability and instability in plant communities following fire. *American Journal of Botany*, 73, 364-368.

Anderson RC and Schelfhout S (1980). Phenological patterns among tallgrass prairie plants and their implications for pollinator competition. *American Midland Naturalist*, 104, 253-263.

Anderson RC, Hetrick BAD, and Wilson GWT (1994). Mycorrhizal dependence of *Andropogon gerardii* and *Schizachyrium scoparium* in two prairie soils. *American Midland Naturalist*, 132, 366-376.

Anderson TM, Metzger KL, and McNaughton SJ (2007). Multi-scale analysis of plant species richness in Serengeti grasslands. *Journal of Biogeography*, 34, 313-323.

Anderson VJ and Briske DD (1995). Herbivore-induced species replacement in grasslands: is it driven by herbivory tolerance or avoidance? *Ecological Applications*, 5, 1014-1024.

Anker PJ (2000). Holism and ecological racism: the history of South African human ecology. Online abstracts, Available http://depts.washington.edu/hssexec/annual/abstractsp1.html. Accessed 17 January 2008. In History of Science Society Annual Meeting, Vancouver.

Antonovics JA, Bradshaw AD, and Turner RG (1971). Heavy metal tolerance in plants. *Advances in Ecological Research*, 7, 1-85.

Anttila CK, Daehler CC, Rank NE, and Strong DR (1998). Greater male fitness of a rare invader (*Spartina alterniflora*, Poaceae) threatens a common native (*Spartina foliosa*) with hybridization. *American Journal of Botany*, 85, 1597-1601.

Apel P (1994). Evolution of the C_4 photosynthetic pathway: a physiologists' point of view. *Photosynthetica*, 30, 495-502.

Archbold S, Bond WJ, Stock WD, and Fairbanks DHK (2005). Shaping the landscape: fire-grazer interactions in an African savanna. *Ecological Applications*, 15, 96-109.

Archer S (1984). The distribution of photosynthetic pathway types on a mixed-grass prairie hillside. *American Midland Naturalist*, 111, 138-142.

Archer S, Garrett MG, and Detling JK (1987). Rates of vegetation change associated with prairie dog (*Cynomys ludovicianus*) grazing in North American mixed-grass prairie. *Vegetatio*, 72, 159-166.

Ash HJ, Gemmell RP, and Bradshaw AD (1994). The introduction of native plant species on industrial waste heaps: a test of immigration and other factors affecting primary succession. *Journal of Applied Ecology*, 31, 74-84.

Australian National Botanic Gardens (1998). Aboriginal plant use in south-eastern Australia. Common Reed, *Phragmites australis*. http://www.anbg.gov.au/aborig.s.e.aust/phragmites-australis.html. Accessed 10 January 2008.

Avdulov NP (1931). Karyo-systematische untersuchungen der familie Gramineen. *Bulletin of Applied Botany Plant Breeding Supplement*, 44, 1-

428.

Axelrod DI (1985). Rise of the grassland biome, central North America. *Botanical Review*, 51, 163–201.

Baer SG, Kitchen J, Blair JM, and Rice CW (2002). Changes in ecosystem structure and function along a chronosequence of restored grasslands. *Ecological Applications*, 12, 1688–1701.

Baer SG, Blair JM, Collins SL, and Knapp AK (2003). Soil resources regulate productivity and diversity in newly established tallgrass prairie. *Ecology*, 84, 724–735.

Baer SG, Collins SL, Blair JM, Knapp AK, and Fiedler AK (2005). Soil heterogeneity effects on Tallgrass prairie community heterogeneity: an application of ecological theory to restoration ecology. *Restoration Ecology*, 13, 413–424.

Bai Y, Han X, Wu J, Chen Z, and Linghao L (2004). Ecosystem stability and compensatory effects in the Inner Mongolian grassland. *Nature*, 431, 181–184.

Bailey C, Scholes M (1997). Rhizosheath occurrence in South African grasses. *South African Journal of Botany*, 63, 484–490.

Bailey RG (1996). *Ecosystem geography*. Springer-Verlag, New York.

Bailey RG (1998). *Ecoregions: the ecosystem geography of the oceans and climates*. Springer-Verlag, New York.

Baker AJM (1987). Metal tolerance. *New Phytologist*, 106, 93–111.

Bakker ES, Ritchie ME, Olff H, Milchunas DG, and Knops JMH (2006). Herbivore impact on grassland plant diversity depends on habitat productivity and herbivore size. *Ecology Letters*, 9, 780–788.

Bakker JP and van Diggelen R (2006). Restoration of dry grasslands and heathlands. In J Van Andel and J Aronson, eds. *Restoration ecology: the new frontier*, pp. 95–110. Blackwell, Oxford.

Bakker JP, de Leeuw J, and van Wieren SE (1983). Micro-patterns in grassland vegetation created and sustained by sheep grazing. *Vegetatio*, 55, 153–163.

Bakker JP, Grootjans AP, Hermy M, and Poschlod P (2000). How to define targets for ecological restoration? *Applied Vegetation Science*, 3, 3–7.

Balasko JA and Nelson CJ (2003). Grasses for northern areas. In RF Barnes, CJ Nelson, M Collins and KJ Moore, eds. *Forages: an introduction to grassland agriculture*, Vol. 1, pp. 125–148. Iowa State Unviversity Press, Ames, IA.

Baldini JI and Baldini VLD (2005). History on the biological nitrogen fixation research in graminaceous plants: special emphasis on the Brazilian experience. *Anais da Academia Brasileira de Ciências*, 77, 549–579.

Ball DM, Pedersen JF, and Lacefield GD (1993). The tall-fescue endophyte. *American Scientist*, 81, 370–371.

Balsberg P and Anna M (1995). Growth, radicle and root hair development of *Deschampsia flexuosa* (L.) Trin. seedlings in relation to soil acidity. *Plant and Soil*, 175, 125–132.

Barbehenn RV, Chen Z, Karowe DN, and Spickards A (2004). C_3 grasses have higher nutritional quality than C_4 grasses under ambient and elevated atmospheric CO_2. *Global Change Biology*, 10, 1565–1575.

Bardgett RD, Streeter TC, and Bol R (2003). Soil microbes compete effectively with plants for organic nitrogen inputs to temperate grasslands. *Ecology*, 84, 1277–1287.

Bardgett RD, Smith RS, Shiel RS, Peacock S, Simkin JM, Quirk H, and Hobbs PJ (2006). Parasitic plants indirectly regulate below-ground properties in grassland ecosystems. *Nature*, 439, 969–972.

Barker DJ and Collins M (2003). Forage fertilization and nutrient management. In RF Barnes, CJ Nelson, M Collins and KJ Moore, eds. *Forages: an introduction to grassland agriculture*, Vol. 1, pp. 263–293. Iowa State University Press, Ames, IA.

Barkworth ME, Capels KM, Long S, and Piep MB, eds. (2003). *Flora of North America north of Mexico: Volume 25 Magnoliophyta: Commelinidae (in part): Poaceae, part 2*. Vol. 25. Oxford University Press, New York.

Barkworth ME, Capels KM, Long S, Anderton LK, and Piep MB, eds. (2007). *Flora of North America north of Mexico: Volume 24 Magnoliophyta: Commelinidae (in part): Poaceae, part 1*. Vol. 24. Oxford University Press, New York.

Barnes JI (2001). Economic returns and allocation of resources in the wildlife sector of Botswana. *South African Journal of Wildlife Research*, 31, 141–153.

Barnes JI, Schier C, and van Rooy G (1999). Tourists' willingness to pay for wildlife viewing and wildlife conservation in Namibia. *South African Journal of Wildlife Research*, 29, 101–11.

Barnes PW, Tieszen LT, and Ode DJ (1983). Distribution, production, and diversity of C3-and C4-

dominated communities in a mixed prairie. *Canadian Journal of Botany*, 61, 741-751.

Barnes RF and Nelson CJ (2003). Forages and grasslands in a changing world. In RF Barnes, CJ Nelson, M Collins and KJ Moore, eds. *Forages: an introduction to grassland agriculture*, Vol. 1, pp. 3-24. Iowa State University Press, Ames, IA.

Barnes RF, Nelson CJ, Collins M, and Moore KJ, eds. (2003). *Forages: an introduction to grassland agriculture*. Vol. 1. Iowa State University Press, Ames, IA.

Barrilleaux TC and Grace JB (2000). Growth and invasive potential of *Sapium sebiferum* (Euphorbiaceae) within the coastal prairie region: the effects of soil and moisture regime. *American Journal of Botany*, 87, 1099-1106.

Bascompte J and Rodríguez MA (2000). Self-disturbance as a source of spatiotemporal heterogeneity: the case of tallgrass prairie. *Journal of Theoretical Biology*, 204, 153-164.

Baskin CC and Baskin JM (1998). Ecology of seed dormancy and germination in grasses. In GP Cheplick, ed. *Population biology of grasses*, pp. 30-83. Cambridge University Press, Cambridge.

Bassman JH (2004). Ecosystem consequences of enhanced solar ultraviolet radiation: secondary plant metabolites as mediators of multiple trophic interactions in terrestrial plant communities. *Photochemistry and Photobiology*, 79, 382-398.

Baxter DR and Fales SL (1994). Plant environment and quality. In GC Fahey, ed. *Forage quality, evaluation, and utilization*, pp. 155-199. American Society of Agronomy, Inc., Crop Science Society of America, Inc., Soil Science Society of America, Inc., Madison, WI.

Bazzaz FA and Parrish JAD (1982). Organization of grassland communities. In JR Estes, RJ Tyrl and JN Brunken, eds. *Grasses and grassland communities: systematics and ecology*, pp. 233-254. University of Oklahoma Press, Norman, OK.

Becker DA and Crockett JJ (1976). Nitrogen fixation in some prairie legumes. *American Midland Naturalist*, 96, 133-143.

Beetle AA (1980). Vivipary, proliferation, and phyllody in grasses. *Journal of Range Management*, 33, 256-261.

Begon M, Townsend CR, and Harper JL (2006). *Ecology: from individuals to ecosystems*, 4th edition. Blackwell, Oxford.

Bekker RM, Verweij GL, Smith REN, Reine R, Bakker JP, and Schneider S (1997). Soil seed banks in European grasslands: does land use affect regeneration perspectives? *Journal of Applied Ecology*, 34, 1293-1310.

Bell DT and Muller CH (1973). Dominance of California annual grasslands by *Brassica nigra*. *American Midland Naturalist*, 90, 277-299.

Bell TJ and Quinn JA (1985). Relative importance of chasmogamously and cleistogamously derived seeds of *Dichanthelium clandestinum* (L.) Gould. *Botanical Gazette*, 146, 252-258.

Belsky AJ (1983). Small-scale pattern in grassland communities in the Serengeti National Park. *Vegetatio*, 55, 141-151.

Belsky AJ (1988). Regional influences on small-scale vegetational heterogeneity within grasslands in the Serengeti National Park, Tanzania. *Vegetatio*, 74, 3-10.

Belsky AJ, Carson WP, Jensen CL, and Fox GA (1993). Overcompensation by plants: herbivore optimization or red herring? *Evolutionary Ecology*, 7, 109-121.

Benson EJ, Hartnett DC, and Mann KH (2004). Belowground bud banks and meristem limitation in tallgrass prairie plant populations. *American Journal of Botany*, 91, 416-421.

Bentham G (1878). *Flora Australiensis*, 7, 449-670.

Bentham G (1881). Notes on Gramineae. *Journal of the Linnean Society. Botany*, 19, 14-134.

Bentham G and Hooker JD (1883). *Genera Plantarum*, vol. 3(2). Lovell Reeve, London.

Bentivenga SP and Hetrick BAD (1991). Relationship between mycorrhizal activity, burning, and plant productivity in tallgrass prairie. *Canadian Journal of Botany*, 69, 2597-2602.

Bertness MD and Callaway R (1994). Positive interactions in communities. *Trends in Ecology and Evolution*, 9, 191-193.

Bestelmeyer BT (2006). Threshold concepts and their use in rangeland management and restoration: the good, the bad, and the insidious. *Restoration Ecology*, 14, 325-329.

Bever JD (1994). Feedback between plants and their soil communities in an old field community. *Ecology*, 75, 1965-1977.

Bews JW (1918). *The grasses and grasslands of South Africa*. P. Davis & Sons, Pietermaritzburg.

Bews JW (1927). Studies in the ecological evolution of the angiosperms. *New Phytologist*, 26, 1-21, 65-84, 129-148, 209-248, 273-294.

Bews JW (1929). *The world's grasses: their differentiation, distribution, economics and ecology*.

1979 reissue. Russel & Russel, New York.

Biddiscome EF (1987). The productivity of Mediterranean and semi-arid grasslands. In RW Snaydon, ed. *Ecosystems of the world: managed grasslands: analytical studies*, Vol. 17B, pp. 19-27. Elsevier, Amsterdam.

Bierzychudek P and Eckhart V (1988). Spatial segregation of the sexes of dioecious plants. *American Naturalist*, 132, 34-43.

Biondini ME, Steuter AA, and Grygiel CE (1989). Seasonal fire effects on the diversity patterns, spatial distribution and community structure of forbs in the Northern Mixed Prairie, USA. *Vegetatio*, 85, 21-31.

Bisigato AJ and Bertiller MB (2004). Seedling recruitment of perennial grasses in degraded areas of the Patagonian Monte. *Journal of Range Management*, 57, 191-196.

Blackstock TH, Rimes CA, Stevens DP, Jefferson RG, Robertson HJ, Mackintosh J, and Hopkins JJ (1999). The extent of semi-natural grassland communities in lowland England and Wales: a review of conservation surveys 1978-96. *Grass and Forage Science*, 54, 1-18.

Blair JM (1997). Fire, N availability, and plant response in grasslands: a test of the transient maxima hypothesis. *Ecology*, 78, 2359-2368.

Blair JM, Seastedt TR, Rice CW, and Ramundo RA (1998). Terrestrial nutrient cycling in tallgrass prairie. In AK Knapp, JM Briggs, DC Hartnett and SL Collins, eds. *Grassland dynamics*, pp. 222-243. Oxford University Press, New York.

Blake AK (1935). Viability and germination of seeds and early life history of prairie plants. *Ecological Monographs*, 5, 405-460.

Blank RR and Young JA (1992). Influence of matric potential and substrate characteristics on germination of Nezpar Indian ricegrass. *Journal of Range Management*, 45, 205-209.

Blažková D (1993). Phytosociological study of grassland vegetation in North Korea. *Folia Geobotanica et Phytotaxonomica*, 28, 247-260.

Blewett TJ and Cottam G (1984). History of the University of Wisconsin Arboretum prairies. *Transactions of the Wisconsin Academy of Science, Arts, and Letters*, 72, 130-144.

Blumler MA (1996). Ecology, evolutionary theory and agricultural origins. In DR Harris, ed. *The origins and spread of agriculture and pastoralism in Eurasia*, pp. 25-50. Smithsonian Institution Press, Washington, DC.

Bobbink R, Hornung M, and Roelofs JGM (1998). The effects of air-borne nitrogen pollutants on species diversity in natural and semi-natural European vegetation. *Journal of Ecology*, 86, 717-738.

Bochert JR (1950). The climate of the central North American grassland. *Annals of the Association of American Geographers*, 40, 1-39.

Bock JH and Bock CE (1995). The challenges of grassland conservation. In A Joern and KH Keeler, eds. *The changing prairie: North American grasslands*, pp. 199-222. Oxford University Press, New York.

Boe A, Bortnem R, and Kephart KD (2000). Quantitative description of the phytomers of big bluestem. *Crop Science*, 40, 737-741.

Böhm W (1979). *Methods of studying root systems*. Springer-Verlag, Berlin.

Bond WJ, Midgley GF, and Woodward FI (2003). What controls South African vegetation—climate or fire? *South African Journal of Botany*, 69, 79-91.

Bond WJ, Woodward FI, and Midgley GF (2005). The global distribution of ecosystems in a world without fire. *New Phytologist*, 165, 525-538.

Bone E and Farres A (2001). Trends and rates of microevolution in plants. *Genetica*, 112-113, 165-182.

Boonman JG and Mikhalev SS (2005). The Russian steppe. In JM Suttie, SG Reynolds and C Batello, eds. *Grasslands of the world*, pp. 381-416. Food and Agriculture Organization of the United Nations, Rome.

Booth MS, Stark JM, and Rastetter E (2005). Controls on nitrogen cycling in terrestrial ecosystems: a synthetic analysis of literature data. *Ecological Monographs*, 75, 139-157.

Booth WE (1941). Revetation of abandoned fields in Kansas and Oklahoma. *American Journal of Botany*, 28, 415-422.

Borchert JR (1950). The climate of the central North American grassland. *Annals of the Association of American Geographers*, 40, 1-39.

Bossuyt B and Hermy M (2003). The potential of soil seedbanks in the ecological restoration of grassland and heathland communities. *Belgium Journal of Botany*, 136, 23-34.

Bouchereau A, Guenot P, and Lather F (2000). Analysis of amines in plant materials. *Journal of Chromotography B—Analytical Technologies in the Biomedical and Life Sciences*, 747, 49-67.

Bourliére F and Hadley M (1983). Present-day savannas: an overview. In F Bourliére, ed. *Ecosystems of the world* 13: *Tropical savannas*, pp. 1-17. Elsevier, Amsterdam.

Bowles ML, McBride JL, and Betz RF (1998). Management and restoration ecology of the federal threatened Mead's milkweed, *Asclepias meadii* (Asclepiadaceae). *Annals of the Missouri Botanical Garden*, 85, 110-125.

Bradshaw AD (1952). Populations of *Agrostis tenuis* resistant to lead and zinc poisoning. *Nature*, 169, 1098.

Bradshaw AD (1987). Restoration: an acid test for ecology. In WR Jordan III, ME Gilpin and JD Aber, eds. *Restoration ecology: a synthetic approach to ecological research*, pp. 23-30. Cambridge University Press, Cambridge.

Bragg TB and Hulbert LC (1976). Woody plant invasion of unburned Kansas bluestem prairie. *Journal of Range Management*, 29, 19-24.

Bransby DI (1981). Forage Quality. In NM Tainton, ed. *Veld and pasture management in South Africa*, pp. 175-214. Shuter & Shooter, Pietermaritzburg.

Branson FA (1956). Quantitative effects of clipping treatments on five range grasses. *Journal of Range Management*, 9, 86-88.

Breckle S-W (2002). *Walter's vegetation of the earth*, 4th edn. Springer-Verlag, Berlin.

Bredenkamp GJ, Spada F, and Kazmierczak E (2002). On the origin of northern and southern hemisphere grasslands. *Plant Ecology*, 163, 209-229.

Breymeyer AI (1987-1990). *Managed grasslands: A. regional studies*. Elsevier, Amsterdam.

Briggs D and Walters SM (1984). *Plant variation and evolution*. 2nd edn. Cambridge University Press, Cambridge.

Briggs JM, Nellis MD, Turner CL, Henebry GM, and Su H (1998). A landscape perspective of patterns and processes in tallgrass prairie. In AK Knapp, JM Briggs, DC Hartnett and SL Collins, eds. *Grassland dynamics*, pp. 265-279. Oxford University Press, New York.

Briggs JM, Knapp AK, Blair JM, Heisler JL, Hoch GA, Lett MS, and McCarron JK (2005). An ecosystem in transition: causes and consequences of the conversion of mesic grassland to shrubland. *BioScience*, 55, 243-254.

Briske DD and Anderson VJ (1992). Competitive ability of the bunchgrass *Schizachyrium scoparium* as affected by grazing history and defoliation. *Vegetatio*, 103, 41-49.

Briske DD and Derner JD (1998). Clonal biology of ceaspitose grasses. In GP Cheplick, ed. *Population biology of grasses*, pp. 106-135. Cambridge University Press, Cambridge.

Briske DD and Heitschmidt RK (1991). An ecological perspective. In RK Heitschmidt and JW Stuth, eds. *Grazing management: an ecological perspective*, pp. Chapter 1. Timber Press, Portland, OR.

Briske DD, Fuhlendorf SD, and Smeins FE (2003). Vegetation dynamics on rangelands: a critique of the current paradigms. *Journal of Applied Ecology*, 40, 601-614.

Briske DD, Fuhlendorf SD, and Smeins FE (2005). State-and-transition models, thresholds, and rangeland health: a synthesis of ecological concepts and perspectives. *Rangeland Ecology and Management*, 58, 1-10.

Briske DD, Fuhlendorf SD, and Smeins FE (2006). A unified framework for assessment and application of ecological thresholds. *Rangeland Ecology and Management*, 59, 225-236.

Brooker RW, Maestre FT, Callaway RM et al. (2008). Facilitation in plant communities: the past, the present, and the future. *Journal of Ecology*, 96, 18-34.

Brooks ML and Pyke DA (2001). Invasive plants and fire in the deserts of North America. In *Proceedings of the Invasive Species Workshop: the role of fire in the control and spread of invasive species*. Fire Conference 2000: the First National Congress on Fire Ecology, Prevention, and Management. Miscellaneous Publication No. 11 (eds KEM Galley and TP Wilson), pp. 1-14. Tall Timbers Research Station, Tallahassee, FL.

Brooks ML, D'Antonio CM, Richardson DM et al. (2004). Effects of invasive alien plants on fire regimes. *BioScience*, 54, 677-688.

Brown JH (1984). On the relationship between abundance and distribution of species. *American Naturalist*, 124, 255-279.

Brown JH and Heske EJ (1990). Control of a desert-grassland transition by a keystone rodent guild. *Science*, 250, 1705-1707.

Brown R (1810). *Prodromus florae Novae Hollandiae et insulae Van-Diemen*, vol 1. J. Johnson, London.

Brown S (2005). *Sports turf and amenity grassland management*. Crowood Press, Marlborough, Wilts.

Brown SA (1981). Courmarins. In EE Conn, ed. *The biochemistry of plants: a comprehensive treaty*,

Vol. 7 *Secondary plant products*, pp. 269-300. Academic Press, New York.

Brown WV (1958). Leaf anatomy in grass systematics. *Botanical Gazette*, 119, 170-178.

Brown WV (1974). Another cytological difference among the Kranz subfamilies of the Gramineae. *Bulletin of the Torrey Botanical Club*, 101, 120-124.

Brown WV (1975). Variations in anatomy, associations, and origins of Kranz tissue. *American Journal of Botany*, 62, 395-402.

Brown WV and Emery WHP (1958). Apomixis in the Gramineae: Panicoideae. *American Journal of Botany*, 45, 253-263.

Brundrett M (1991). Mycorrhizas in natural ecosystems. *Advances in Ecological Research*, 21, 171-311.

Brunken JN and Estes JR (1975). Cytological and morphological variation in *Panicum virgatum* L. *Southwestern Naturalist*, 19, 379-385.

Bruno JFS, Stachowicz JJ, and Bertness, MD (2003). Inclusion of facilitation into ecological theory. *Trends in Ecology and Evolution*, 18, 119-125.

Bruun HH (2000). Patterns of species richness in dry grassland patches in an agricultural landscape. *Ecography*, 23, 641-650.

Buckner RC and Bush LP (1979). *Tall fescue*. American Society of Agronomy, Madison, WI.

Buffington LC and Herbel CH (1965). Vegetational changes on a semidesert grassland range. *Ecological Monographs*, 35, 139-164.

Bullock JM, Clear Hill B, Silvertown J, and Sutton M (1995). Gap colonization as a source of grassland community change: effects of gap size and grazing on the rate and mode of colonization by different species. *Oikos*, 72, 273-282.

Bullock JM, Pywell RF, and Walker KJ (2007). Long-term enhancement of agricultural production by restoration of biodiversity. *Journal of Applied Ecology*, 44, 6-12.

Burdon JJ, Thrall PH, and Ericson AL (2006). The current and future dynamics of disease in plant communities. *Annual Review of Phytopathology*, 44, 19-39.

Burkart A (1975). Evolution of grasses and grasslands in South America. *Taxon*, 24, 53-66.

Burke IC, Lauenroth WK, and Coffin DP (1995). Soil organic matter recovery in semiarid grasslands: implications for the conservation reserve program. *Ecological Applications*, 5, 793-801.

Butler JL and Briske DD (1988). Population structure and tiller demography of the bunchgrass *Schizachyrium scoparium* in response to herbivory. *Oikos*, 51, 306-312.

Buxton DR, Russell JR, and Wedin WF (1987). Structural neutral sugars in legume and grass stems in relation to digestibility. *Crop Science*, 27, 1279-1285.

Cable DR (1971). Growth and development of arizona cottontop (*Trichachne californica* [Benth.] Chase). *Botanical Gazette*, 132, 119-145.

Cai H, Hudson EA, Mann P et al. (2004). Growth-inhibitory and cell cycle-arresting properties of the rice bran constituent tricin in human-derived breast cancer cells in vitro and in nude mice *in vivo*. *British Journal of Cancer*, 91, 1364-1371.

Callaway RM and Ascheoug ET (2000). Invasive plants versus their new and old neighbors: a mechanism for exotic invasion. *Science*, 290, 521-523.

Callaway RM and Walker, L.R. (1997). Competition and facilitation: a synthetic approach to interactions in plant communities. *Ecology*, 78, 1958-1965.

Campbell BD and Stafford Smith DM (2000). A synthesis of recent global change research on pasture and rangeland production: reduced uncertainties and their management implications. *Agriculture, Ecosystems & Environment*, 82, 39.

Campbell CS and Kellogg EA (1986). Sister group relationships of the Poaceae. In TR Soderstrom, KW Hilu, CS Campbell and ME Barkworth, eds. *Grass systematics and evolution*, pp. 217-224. Smithsonian Institution Press, Washington, DC.

Campbell CS, Quinn JA, Cheplick GP, and Bell TJ (1983). Cleistogamy in grasses. *Annual Review of Ecology and Systematics*, 14, 411-441.

Canales J, Trevisan MC, Silva JF, and Caswell H (1994). A demographic study of an annual grass (*Andropogon brevifolius* Schwarz) in burnt and unburnt savanna. *Acta Oecologia*, 15, 261-273.

Carey PD, Fitter AH, and Watkinson AR (1992). A field study using the fungicide benomyl to investigate the effect of mycorrhizal fungi on plant fitness. *Oecologia*, 90, 550-555.

Carpenter JR (1940). The grassland biome. *Ecological Monographs*, 10, 619-684.

Carson WP and Root RB (2000). Herbivory and plant species coexistence: community regulation by an out-breaking phytophagous insect. *Ecological Monographs*, 70-99, 73.

Casler MD (2005). Ecotypic variation among switchgrass populations from the northern USA. *Crop*

Science, 45, 388-398.

Cerling TE, Wang Y, and Quade J (1993). Expansion of C_4 ecosystems as an indicator of global ecological change in the late Miocene. *Nature*, 361, 344-345.

Cerling TE, Harris JM, MacFadden BJ et al. (1997). Global vegetation change through the Miocene/Pliocene boundary. *Nature*, 389, 153-159.

Cerling TE, Ehleringer JR, and Harris JM (1998). Carbon dioxide starvation, the development of C_4 ecosystems, and mammalian evolution. *Philosophical Transactions of the Royal Society*, London, Series B, 353, 159-171.

Cerling TE, Harris JM, and Leakey MG (1999). Browsing and grazing in elephants: the isotope record of modern and fossil proboscideans. *Oecologia*, 120, 364-374.

Chaffey NJ (1994). Structure and function of the membraneous grass ligule: a comparative study. *Botanical Journal of the Linnean Society*, 116, 53-69.

Chaffey N (2000). Physiological anatomy and function of the membranous grass ligule. *New Phytologist*, 146, 5-21.

Chaneton EJ, Lemcoff, JH, and Lavado RS (1996). Nitrogen and phosphorus cycling in grazed and ungrazed plots in a temperate subhumid grassland in Argentina. *Journal of Applied Ecology*, 33, 291-302.

Chaneton EJ, Perelman SB, Omacini M, and León JC (2002). Grazing, environmental heterogeneity, and alien plant invasions in temperate Pampa grasslands. *Biological Invasions*, 4, 7-24.

Chaneton EJ, Perelman SB, and Leon RJC (2005). Floristic heterogeneity of Flooding Pampa grasslands: a multi-scale analysis. *Plant Biosystems*, 139, 245-254.

Chapman GP (1996). *The biology of grasses*. CAB International, Wallingford, Oxon.

Chapman GP and Peat WE (1992). *Introduction to the grasses*. CAB International, Wallingford, Oxon.

Chase A (1908). Notes on cleistogamy in grasses. *Botanical Gazette*, 45, 135-6.

Chase A (1918). Axillary cleistogenes in some American grasses. *American Journal of Botany*, 5, 254-258.

Chatterton NJ, Harrison PA, Bennett JH, and Asay KH (1989). Carbohydrate partitioning in 185 accessions of Gramineae grown under warm and cool temperatures. *Journal of Plant Physiology*, 134, 169-179.

Chavannes E (1941). Written records of forest succession. *Scientific Monthly*, 53, 76-80.

Cheney NP, Gould JS, and Catchpole WR (1998). Prediction of fire spread in grasslands. *International Journal of Wildland Fire*, 8, 1-13.

Cheney P and Sullivan A (1997). *Grassfires: fuel, weather and fire behaviour*. CSIRO, Collingwood, Australia.

Cheng D-L, Wang G-X, Chen B-M, and Wei X-P (2006). Positive interactions: crucial organizers in a plant community. *Journal of Integrative Plant Biology*, 48, 128-136.

Cheplick GP (1997). Effects of endophytic fungi on the phenotypic plasticity of *Lolium perenne* (Poaceae). *American Journal of Botany*, 84, 34-40.

Cheplick GP, ed. (1998a). *Population biology of grasses*. Cambridge University Press, Cambridge.

Cheplick GP (1998b). Seed dispersal and seedling establishment in grass populations. In GP Cheplick, ed. *Population biology of grasses*, pp. 84-105. Cambridge University Press, Cambridge.

Cheplick GP and Cho R (2003). Interactive effects of fungal endophyte infection and host genotype on growth and storage in *Lolium perenne*. *New Phytologist*, 158, 183-191.

Cheplick GP and Grandstaff K (1997). Effects of sand burial on purple sandgrass (*Triplasis purpurea*): the significance of seed heteromorphism. *Plant Ecology*, 133, 79-89.

Cheplick GP and Quinn JA (1983). The shift in aerial/subterranean fruit ratio in *Amphicarpum purshii*: causes and significance. *Oecologia*, 57, 374-379.

Cheplick GP and Quinn JA (1986). Self-fertilization in *Amphicarpum purshii*: its influence on fitness and variation of progeny from aerial panicles. *American Midland Naturalist*, 116, 394-402.

Cheplick GP and Quinn JA (1987). The role of seed depth, litter, and fire in the seedling establishment of amphicarpic peanutgrass (*Ampicarpum purshii*). *Oecologia*, 73, 459-464.

Cheplick GP, Perera A, and Koulouris K (2000). Effect of drought on the growth of *Lolium perenne* genotypes with and without fungal endophytes. *Functional Ecology*, 14, 657-667.

Cherney JH, Cherney DJR, and Bruulsema TW (1998). Potassium management. In JH Cherney and DJR Cherney, eds. *Grass for dairy cattle*, pp. 137-160. CABI International, Wallingford, Oxon.

Chiy PC and Phillips CJC (1999). Sodium fertilizer application to pasture. 8. Turnover and defoliation of leaf tissue. *Grass & Forage Science*, 54, 297-311.

Cibils AF and Borreli PR (2005). Grasslands of Patgonia. In JM Suttie, SG Reynolds and C Batello, eds. *Grasslands of the world*, pp. 121-170. Food and Agriculture Organization of the United Nations, Rome.

Ciepiela AP and Sempruch C (2010). Effect of L-3,4-dihydroxyphenylalanine, ornithine and gamma-aminobutyric acid on winter wheat resistance to grain aphid. *Journal of Applied Entomology*, 123, 285-288.

Cingolani AM, Cabido MR, Renison D, and Solís Neffa V (2003). Combined effect of environment and grazing on vegetation structure in Argentine granite grasslands. *Journal of Vegetation Science*, 14, 223-232.

Cingolani AM, Noy-Meir I, and Diaz S (2005). Grazing effects on rangeland diversity: a synthesis of contemporary models. *Ecological Applications*, 15, 757-773.

Clark DL and Wilson MV (2003). Post-dispersal seed fates of four prairie species. *American Journal of Botany*, 90, 730-735.

Clark EA (2001). Diversity and stability in humid temperate pastures. In PG Tow and A Lazenby, eds. *Competition and succession in pastures*, pp. 103-118. CAB Publishing, Wallingford, Oxon.

Clark FE and Woodmansee RG (1992). Nutrient cycling. In RT Coupland, ed. *Ecosystems of the world: natural grasslands: introduction and western hemisphere*, Vol. 8A, pp. 137-146. Elsevier, Amsterdam.

Clark LG and Fisher JB (1986). Vegetative morphology of grasses: shoots and roots. In TR Soderstrom, KW Hilu, CS Campbell and ME Barkworth, eds. *Grass systematics and evolution*, pp. 37-45. Smithsonian Institution Press, Washington, DC.

Clark LG, Zhang W, and Wendel JF (1995). A phylogeny of the grass family (Poaceae) based on *ndhf* sequence data. *Systematic Botany*, 20, 436-460.

Clark LG, Kobayashi M, Mathews S, Spangler RE, and Kellogg EA (2000). The Puelioideae, a new subfamily of Poaceae. *Systematic Botany*, 25, 181-187.

Clarke S and French K (2005). Germination response to heat and smoke of 22 Poaceae species from grassy woodlands. *Australian Journal of Botany*, 53, 445-454.

Clay K (1987). Effects of fungal endophytes on the seed and seedling biology of *Lolium perenne* and *Festuca arundinacea*. *Oecologia*, 73, 358-362.

Clay K (1990a). Comparative demography of three graminoids infected by systemic, clavicipitaceous fungi. *Ecology*, 71, 558-570.

Clay K (1990b). Fungal endophytes of grasses. *Annual Review of Ecology and Systematics*, 21, 275-297.

Clay K (1994). The potential role of endophytes in ecosystems. In CW Bacon and JF White, eds. *Biotechnology of endophytic fungi of grasses*, pp. 73-86. CRC Press, Boca Raton, FL.

Clay K (1997). Fungal endophytes, herbivores, and the structure of grassland communities. In A Gange, C. and VK Brown, eds. *Multitrophic interactions in terrestrial systems*, pp. 151-170. Blackwell Science, Oxford.

Clay K and Holah J (1999). Fungal endophyte symbiosis and plant diversity in successional fields. *Science*, 285, 1742-1744.

Clay K and Schardl C (2002). Evolutionary origins and ecological consequences of endophyte symbiosis with grasses. *American Naturalist*, 160, supplement, S99-S127.

Clay K, Cheplick GP, and Marks S (1989). Impact of the fungus *Balansia henningsiana* on *Panicum agrostoides*: frequency of infection, plant growth and reproduction, and resistance to pests. *Oecologia*, 80, 374-380.

Clay K, Marks S, and Cheplick GP (1993). Effects of insect herbivory and fungal endophyte infection on competitive interactions among grasses. *Ecology*, 74, 1767-1777.

Clay K, Holah J, and Rudgers JA (2005). Herbivores cause a rapid increase in heredity symbiosis and alter plant community composition. *Proceedings of the National Academy of Science*, USA, 102, 12465-12470.

Clayton WD and Renvoize SA (1986). *Genera Graminum: grasses of the world*. HMSO, London.

Clayton WD and Renvoize SA (1992). A system of classification for the grasses. In GP Chapman, ed. *Grass evolution and domestication*, pp. 338-353. Cambridge University Press, Cambridge.

Clements FE (1936). Nature and structure of the climax. *Journal of Ecology*, 24, 252-284.

Clements FE, Weaver JE, and Hanson HC (1929). *Plant competition: an analysis of community functions*. Carnegie Institution, Washington DC.

Cleveland CC, Townsend AR, Schimel DS, Fisher H, Howarth RW, Hedin LO, Perakis SS, Latty

EF, Von Fischer JC, Elseroad A, and Wasson MF (1999). Global patterns of terrestrial biological nitrogen (N_2) fixation in natural ecosystems. *Global Biogeochemical Cycles*, 13, 623–646.

Clifford HT (1986). Spikelet and flora morphology. In TR Soderstrom, KW Hilu, CS Campbell and ME Barkworth, eds. *Grass systematics and evolution*, pp. 21–30. Smithsonian Institution Press, Washington, DC.

Cochrane V and Press MC (1997). Geographical distribution and aspects of the ecology of the hemiparasitic angiosperm *Striga asiatica* (L.) Kuntze: a herbarium study. *Journal of Tropical Ecology*, 13, 371–380.

Cofinas M and Creighton C, eds. (2001). *Australian native vegetation assessment*. National Land and Water Resources Audit, Land & Water Australia, Canberra.

Cole CV, Innis GS, and Stewart JWB (1977). Simulation of phosphorus cycling in semiarid grasslands. *Ecology*, 58, 1–15.

Collins M and Fritz JO (2003). Forage quality. In RF Barnes, CJ Nelson, M Collins and KJ Moore, eds. *Forages: an introduction to grassland agriculture*, Vol. 1, pp. 363–390. Iowa State University Press, Ames, IA.

Collins M and Owens VN (2003). Preservation of forage as hay and silage. In RF Barnes, CJ Nelson, M Collins and KJ Moore, eds. *Forages: an introduction to grassland agriculture*, Vol. 1, pp. 443–472. Iowa State University Press, Ames, IA.

Collins SL (1990). Patterns of community structure during succession in tallgrass prairie. *Bulletin of the Torrey Botanical Club*, 117, 397–408.

Collins SL (1992). Fire frequency and community heterogeneity in tallgrass prairie vegetation. *Ecology*, 73, 2001–2006.

Collins SL and Adams DE (1983). Succession in grasslands: thirty-two years of change in a central Oklahoma tallgrass prairie. *Vegetatio*, 51, 181–190.

Collins SL and Barber SC (1985). Effects of disturbance on diversity in mixed-grass prairie. *Vegetatio*, 64, 87–94.

Collins SL and Glenn SM (1988). Disturbance and community structure in North American prairies. In HJ During, MJA Werger and JH Willems, eds. *Diversity and pattern in plant communities*, pp. 131–143. SPB Academic, The Hague.

Collins SL and Glenn SM (1990). A hierarchical analysis of species abundance patterns in grassland vegetation. *American Naturalist*, 176, 233–237.

Collins SL and Glenn SM (1991). Importance of spatial and temporal dynamics in species regional abundance and distribution. *Ecology*, 72, 654–664.

Collins SL and Glenn SM (1997). Intermediate disturbance and its relationship to within- and between patch dynamics. *New Zealand Journal of Ecology*, 21, 103–110.

Collins SL and Steinauer EM (1998). Disturbance, diversity, and species interactions in tallgrass prairie. In AK Knapp, JM Briggs, DC Hartnett and SL Collins, eds. *Grassland dynamics: long-term ecological research in tallgrass prairie*, pp. 140–156. Oxford University Press, New York.

Collins SL and Wallace LL, eds. (1990). *Fire in North American tallgrass prairies*, pp. 175. University of Oklahoma Press, Norman, OK.

Collins SL, Bradford JA, and Sims PL (1987). Succession and fluctuation in *Artemisia* dominated grassland. *Vegetatio*, 73, 89–99.

Collins SL, Glenn SM, and Gibson DJ (1995). Experimental analysis of intermediate disturbance and initial floristic composition: decoupling cause and effect. *Ecology*, 76, 486–492.

Collins SL, Knapp AK, Briggs JM, Blair JM, and Steinauer EM (1998a). Modulation of diversity by grazing and mowing in native tallgrass prairie. *Science*, 280, 745–747.

Collins SL, Knapp AK, Hartnett DC, and Briggs JM (1998b). The dynamic tallgrass prairie: synthesis and research opportunities. In AK Knapp, JM Briggs, DC Hartnett and SL Collins, eds. *Grassland dynamics: long-term ecological research in tallgrass prairie*, pp. 301–315. Oxford University Press, New York.

Connell JH (1978). Diversity in tropical rainforests and coral reefs. *Science*, 199, 1302–1310.

Conner HE (1986). Reproductive biology in grasses. In TR Soderstrom, KW Hilu, CS Campbell and ME Barkworth, eds. *Grass systematics and evolution*, pp. 117–132. Smithsonian Institution Press, Washington, DC.

Connor HE (1956). Interspecific hybrids in New Zealand *Agropyron*. *Evolution*, 10, 415–420.

Connor HE, Anton AM, and Astegiano ME (2000). Dioecism in grasses in Argentina. In SWL Jacobs and J Everett, eds. *Grasses: systematics and evolution*, pp. 287–293. CSIRO, Collingwood, Australia.

Coppock DL, Detling JK, Ellis JE, and Dyer MI (1983). Plant-herbivore interactions in a North

American mixed-grass prairie. *Oecologia*, 56, 1–9.

Cornet B (2002). Upper Cretaceous facies, fossil plants, amber, insects and dinosaur bones, Sayreville, New Jersey. Available http://www.sunstarsolutions.com/sunstar/Sayreville/Kfacies.htm. Accessed 17 March 2008.

Costanza R and Farber S (2002). Introduction to the special issue on the dynamics and value of ecosystem services: integrating economic and ecological perspectives. *Ecological Economics*, 41, 367–373.

Costanza R, d'Arge R, de Groot R *et al.* (1997). The value of the world's ecosystem services and natural capital. *Nature*, 387, 253–260.

Cottam G (1987). Community dynamics on an artificial prairie. In WR Jordan III, ME Gilpin and JD Aber, eds. *Restoration ecology: a synthetic approach to ecological research*, pp. 257–270. Cambridge University Press, Cambridge.

Cottam G and Wilson HC (1966). Community dynamics on an artificial prairie. *Ecology*, 47, 88–96.

Couch HB (1973). *Diseases of turfgrasses*. 2nd edn. Robert E. Krieger, Huntington, NY.

Coughenour MB (1985). Graminoid responses to grazing by large herbivores: adaptations, exaptations, and interacting processes. *Annals of the Missouri Botanical Garden*, 72, 852–863.

Coulter BS, Murphy WE, Culleton N, Finnerty E, and Connolly L (2002). *A survey of fertilizer use in 2000 for grassland and arable crops*. Teagasc, Johnstown Castle Research Centre, Wexford.

Counce PA, Keisling TC, and Mitchell AJ (2000). A uniform, objective, and adaptive system for expressing rice development. *Crop Science*, 40, 436–443.

Coupe MD and Cahill J, J.F. (2003). Effects of insects on primary production in temperate herbaceous communities: a meta-analysis. *Ecological Entomology*, 28, 511–521.

Coupland RT (1958). The effects of fluctuations in weather upon the grasslands of the Great Plains. *Botanical Review*, 24, 271–317.

Coupland RT (1961). A reconsideration of grassland classification in the Northern Great Plains of North America. *Journal of Ecology*, 49, 135–167.

Coupland RT, ed. (1992a). Ecosystems of the world: natural grasslands: introduction and western hemisphere. Vol. 8A. Elsevier, Amsterdam.

Coupland RT (1992b). Mixed prairie. In RT Coupland, ed. *Ecosystems of the world: natural grasslands: introduction and western hemisphere*, Vol. 8A, pp. 151–182. Elsevier, Amsterdam.

Coupland RT (1992c). Overview of South American grasslands. In RT Coupland, ed. *Ecosystems of the world: natural grasslands: introduction and western hemisphere*, Vol. 8A, pp. 363–366. Elsevier, Amsterdam.

Coupland RT, ed. (1993a). *Ecosystems of the world: natural grasslands: eastern hemisphere and résumé*. Elsevier, Amsterdam.

Coupland RT (1993b). Review. In RT Coupland, ed. *Ecosystems of the world: eastern hemisphere and résumé*, Vol. 8B, pp. 471–482. Elsevier, Amsterdam.

Coutinho LM (1982). Ecological effects of fire in Brazilian cerrado. In BJ Huntley and BH Walker, eds. *Ecology of tropical savannas*, pp. 272–291. Springer-Verlag, Berlin.

Cowles HC (1899). The ecological relations of the vegetation on the sand dunes of Lake Michigan. *Botanical Gazette*, 27, 95–177, 167–202, 281–308, 361–391.

Cowling RM and Holmes PM (1992). Endemism and speciation in a lowland flora from the Cape Floristic Region. *Biological Journal of the Linnaean Society*, 47, 367–383.

Cox GW and Gakahu CG (1985). Mima mound mictrotopography and vegetation pattern in Kenyan savannas. *Journal of Tropical Ecology*, 1, 23–36.

Cox RM and Hutchinson TC (1979). Metal co-tolerances in the grass *Deschampsia cespitosa*. *Nature*, 279, 231–233.

Craine JM (2005). Reconciling plant strategy theories of Grime and Tilman. *Journal of Ecology*, 93, 1041–1052.

Craine JM and Reich PB (2001). Elevated CO_2 and nitrogen supply alter leaf longevity of grassland species. *New Phytologist*, 150, 397–403.

Crawley MJ (1987). Benevolent herbivores? *Trends in Ecology & Evolution*, 2, 167–168.

Crepet WL and Feldman GD (1991). The earliest remains of grasses in the fossil record. *American Journal of Botany*, 78, 1010–1014.

Crider FJ (1955). *Root-growth stoppage*. Report No. 1102, United States Department of Agriculture, Washington, DC.

Cronquist A (1981). *An integrated system of classification of flowering plants*. Columbia University Press, New York.

Culver DC and Beattie AJ (1983). Effects of ant mounds on soil chemistry and vegetation patterns in a Colarado montane meadow. *Ecology*, 64, 485–492.

Cumming DHM (1982). The influence of large herbivores on savanna structure in Africa. In BJ Huntley and BH Walker, eds. *Ecology of Tropical Savannas*, pp. 217–245. Springer-Verlag, Berlin.

Curtis JT and Partch ML (1948). Effect of fire on the competition between blue grass and certain prairie plants. *American Midland Naturalist*, 39, 437–443.

Czapik R (2000). Apomixis in monocotyledons. In SWL Jacobs and J Everett, eds. *Grasses: systematics and evolution*, pp. 316–321. CSIRO, Collingwood, Australia.

D'Angela E, Facelli JM, and Jacobo E (1988). The role of the permanent soil seed bank in early stages of a post-agricultural succession in the Inland Pampa, Argentina. *Plant Ecology*, 74, 39–45.

D'Antonio CM and Vitousek PM (1992). Biological invasions by exotic grasses, the grass/fire cycle, and global change. *Annual Review of Ecology and Systematics*, 23, 63–87.

Dahlgren RMT, Clifford HT, and Yeo PF (1985). *The families of monocotyledons*. Springer-Verlag, Berlin.

Darwin CR (1845). *Journal of researches into the natural history and geology of the countries visited during the voyage of H.M.S. 'Beagle' round the world*. Ward, Lock & Co., London.

Darwin CR (1877). *The different forms of flowers on plants of the same species*. D. Appleton & Company, New York.

Daubenmire R (1968). Ecology of fire in grasslands. *Advances in Ecological Research*, 5, 209–266.

Davenport MA, Leahy JE, Anderson DH, and Jakes PJ (2007). Building trust in natural resource management within local communities: a case study of the Midewin National Tallgrass Prairie. *Environmental Management*, 39, 353–368.

Davidson AD and Lightfoot DC (2006). Keystone rodent interactions: prairie dogs and kangaroo rats structure the biotic composition of a desertified grassland. *Ecography*, 29, 755–765.

Davidson EA and Verchot LV (2000). Testing the holein-the-pipe model of nitric and nitrous oxide emissions from soils using the TRAGNET databse. *Global Biogeochemical Cycles*, 14, 1035–1043.

Davidson EA, Keller M, Erickson HE, Verchot LV, and Veldkamp E (2000). Testing a conceptual model of soil emissions of nitrous and nitric oxides. *BioScience*, 50, 667–680.

Davidson IA and Robson MJ (1986). Effect of temperature and nitrogen supply on the growth of perennial ryegrass and white clover. 2. A comparison of monocultures and mixed swards. *Annals of Botany*, 57, 709–719.

Davies A (2001). Competition between grasses and legumes in established pastures. In PG Tow and A Lazenby, eds. *Competition and succession in pastures*, pp. 63–83. CAB Publishing, Wallingford, Oxon.

Davies DM, Graves JD, Elias CO, and Williams PJ (1997). The impact of *Rhinanthus* spp. on sward productivity and composition: implications for the restoration of species-rich grasslands. *Biological Conservation*, 82, 98–93.

Davis AS, Dixon PM, and Liebman M (2004). Using matrix models to determine cropping system effects on annual weed demography. *Ecological Applications*, 14, 655–668.

Davis JI and Soreng RJ (2007). A preliminary phylogenetic analysis of the grass subfamily Pooideae (Poaceae), with attention to structural features of the plastic and nuclear genomes, including an intron loss in GBSSI. *Aliso*, 23, 335–348.

Davis MA, Thompson K, and Grime JP (2005). Invasibility: the local mechanism driving community assembly and species diversity. *Ecography*, 28, 696–704.

Day TA and Detling JK (1990). Grassland patch dynamics and herbivore grazing preference following urine deposition. *Ecology*, 71, 180–188.

de Kroon H and Visser EJW, eds. (2003). *Root ecology*. Springer-Verlag, Berlin.

de Kroon H, Plaisier A, van Groenendael JM, and Caswell H (1986). Elasticity as a measure of the relative contribution of demographic parameters to population growth rate. *Ecology*, 67, 1427–1431.

de Mazancourt C, Loreau M, and Abbadie L (1998). Grazing optimization and nutrient cycling: when do herbivores enhance plant production? *Ecology*, 79, 2242–2252.

de V. Booysen P (1981). Fertilization of sown pastures. In NM Tainton, ed. *Veld and pasture management in South Africa*, pp. 122–151. Shuter & Shooter, Pietermaritzburg.

De Vos A (1969). Ecological conditions affecting the production of wild herbivorous mammals on grasslands. *Advances in Ecological Research*, 6, 139–183.

De Wet JMJ (1986). Hybridization and polyploidy in the Poaceae. In TR Soderstrom, KW Hilu, CS Campbell and ME Barkworth, eds. *Grass systematics and evolution*, pp. 188–194. Smithsonian Instide Wit CT (1960). On competition. *Verslagen Can Landouskundige Onderzoekingen*, 66, 1-82.

de Wit MP, Crookes DJ, and Van Wilgen BW (2001). Conflicts of interest in environmental management: estimating the costs and benefits of a tree invasion. *Biological Invasions*, 3, 167-178.

DeBano LF, Neary DG, and Ffolliott PF (1998). *Fire's effects on ecosystems*. John Wiley & Sons, New York.

Defossé GE, Robberecht R, and Bertillier MB (1997a). Effects of topography, soil moisture, wind and grazing on *Festuca* seedlings in a Patagonian grassland. *Journal of Vegetation Science*, 8, 677-684.

Defossé GE, Robberecht R, and Bertillier MB (1997b). Seedling dynamics of F *estuca* spp in a grassland of Patagonia, Argentina, as affected by competition, microsites, and grazing. *Journal of Range Management*, 50, 73-79.

del-Val E and Crawley MJ (2005). What limits herb biomass in grasslands: competition or herbivory? *Oecologia*, 142, 202-211.

Deregibus VA, Sánchez RA, Casal JJ, and Trlica MJ (1985). Tillering responses to enrichment of red light beneath the canopy in a humid natural grassland. *Journal of Applied Ecology*, 22, 199-206.

Derner JD, Detling JK, and Antolin MF (2006). Are livestock weight gains affected by black-tailed prairie dogs? *Frontiers in Ecology and the Environment*, 4, 459-464.

Deshmukh I (1985). Decomposition of grasses in Nairobi National Park, Kenya. *Oecologia*, 67, 147-149.

Detling JK (1988). Grassland and savannas: regulation of energy flow and nutrient cycling by herbivores. In LR Pomeroy and JJ Alberts, eds. *Concepts of ecosystem ecology*, pp. 131-148. Springer-Verlag, New York.

Dewey DR (1969). Synthetic hybrids of *Agropyron caespitosum* × *Agropyron spicatum*, *Agropyron caninum*, and *Agropyron yezoense*. *Botanical Gazette*, 130, 110-116.

Dewey DR (1972). Genome analysis of South American *Elymus patagonicus* and its hybrids with two North American and two Asian *Agropyron* species. *Botanical Gazette*, 133, 436-443.

Dewey DR (1975). The origin of *Agropyron smithii*. *American Journal of Botany*, 62, 524-530.

Diamond DD and Smeins FE (1988). Gradient analysis of remnant True and Upper Coastal prairie grasslands of North America. *Canadian Journal of Botany*, 66, 2152-2161.

Díaz S, Briske DD, and McIntyre S (2002). Range management and plant functional types. In AC Grice and KC Hodgkinson, eds. *Global rangelands: progress and prospects*, pp. 81-100. CABI Publishing, Wallingford, Oxon.

Dickinson CE and Dodd JL (1976). Phenological pattern in the shortgrass prairie. *American Midland Naturalist*, 96, 367-378.

Dijkstra FA, Hobbie SE, and Reich PB (2006). Soil processes affected by sixteen grassland species grown under different environmental conditions. *Soil Science Society of America Journal*, 70, 770-777.

DiTomaso JM, Kyser GB, and Hastings MS (1999). Prescribed burning for control of yellow starthistle (*Centaurea solstitialis*) and enhanced native plant diversity. *Weed Science*, 47, 233-242.

Dix RL (1964). A history of biotic and climatic changes within the North American grassland. In DJ Crisp, ed. *Grazing in terrestrial and marine environments*, pp. 71-90. Blackwell Scientific, Oxford.

Dodd JD (1983). Grassland associations in North America. In FW Gould and MR Shaw, eds. *Grass systematics*. 2nd edn. pp. 343-357. Texas A&M Press, College Station, TX.

Donald CM (1970). Temperate pasture species. In RM Moore, ed. *Australian grasslands*, pp. 303-320. Australian National University Press, Canberra.

Dormaar JF (1992). Decomposition as a process in natural grasslands. In RT Coupland, ed. *Ecosystems of the world: natural grasslands: introduction and western hemisphere*, Vol. 8A, pp. 121-136. Elsevier, Amsterdam.

Dostál P, Březnová M, Kozlíčková V, Herben T, and Kovář P (2005). Ant-induced soil modification and its effect on plant below-ground biomass. *Pedobiologia*, 49, 127-137.

Drenovsky RE and Batten KM (2006). Invasion by *Aegilops triuncialis* (barb goatgrass) slows carbon and nutrient cycling in a serpentine grassland. *Biological Invasions*, 9, 107-166.

Driessen P and Deckers J, eds. (2001). *Lecture notes on the major soils of the world*, pp 307. Food and Agriculture Organization of the United Nations, Rome.

Duffey E, Morris MG, Sheail J, Ward LK, Wells DA, and Wells TCA (1974). *Grassland ecology and wildlife management*. Chapman & Hall, London.

Dukes JS (2001). Biodiversity and invasibility in grassland microcosms. *Oecologia*, 126, 563.

Dunn J and Diesburg K (2004). *Turf management in the transition zone*. John Wiley & Sons, Hoboken, NJ.

Dunnett NP, Willis AJ, Hunt R, and Grime JP (1998). A 38-year study of relations between weather and vegetation dynamics in road verges near Bibury, Gloucestershire. *Journal of Ecology*, 86, 610–623.

Dvorák J, Luo M-C, and Yang Z-L (1998). Genetic evidence on the origin of *Triticum aestivum* L. In AB Damania, J Valkoun, G Willcox and CO Qualset, eds. *The origins of agriculture and crop domestication*, Ch 10. International Center for Agricultural Research in the Dry Areas, Aleppo, Syria.

Dyer AR and Rice KJ (1997). Intraspecific and diffuse competition: the response of *Nassella pulchra* in a California grassland. *Ecological Applications*, 7, 484–492.

Dyer MI, Detling JK, Coleman DC, and Hilbert DW (1982). The role of herbivores in grasslands. In JR Estes, RJ Tyrl and JN Brunken, eds. *Grasses and grassland communities: systematics and ecology*, pp. 255–295. University of Oklahoma Press, Norman, OK.

Dyksterhuis EJ (1949). Condition and management of rangeland based on quantitative ecology. *Journal of Range Management*, 2, 105–115.

Easton HS, Mackey AD, and Lee J (1997). Genetic variation for macro- and micro-nutrient concentration in perennial ryegrass (*Lolium perenne* L.). *Australian Journal of Agricultural Research*, 48, 657–666.

Edwards GR and Crawley MJ (1999). Herbivores, seed banks and seedling recruitment in mesic grassland. *Journal of Ecology*, 87, 423–435.

Edwards PJ and Tainton NM (1990). Managed grasslands in South Africa. In AI Breymeyer, ed. *Managed grasslands: regional studies: ecosystems of the world* 17A, pp. 99–128. Elsevier, Amsterdam.

Ehleringer JR and Monson RK (1993). Evolutionary and ecological aspects of photosynthetic pathway variation. *Annual Reviews of Ecology and Systematics*, 24, 411–439.

Ehrenfeld JG (1990). Dynamics and processes of barrier island vegetation. *Reviews in Aquatic Science*, 2, 437–480.

Einhellig FA and Souza IF (1992). Phytotoxicity of sorgo-leone found in grain-sorghum root exudates. *Journal of Chemical Ecology*, 18, 1–11.

Eisele KA, Schimel DS, Kapustka LA, and Parton WJ (1989). Effects of available P-ratio and N-P-ratio on non-symbiotic dinitrogen fixation in tallgrass prairie soils. *Oecologia*, 79, 471–474.

Eissenstat DM and Caldwell MM (1988). Competitive ability is linked to rates of water extraction. *Oecologia*, 75, 1–7.

Eisto A-K, Kuitunen M, Lammi A, Saari V, Suhonen J, Syrjasuo S, and Tikka PM (2000). Population persistence and offspring fitness in the rare bellflower *Campanula cervicaria* in relation to population size and habitat quality. *Conservation Biology*, 14, 1413–1421.

Ellison L (1954). Subalpine vegetation of the Wasatch Plateau, Utah. *Ecological Monographs*, 24, 89–184.

Ellstrand NC (2001). When transgenes wander, should we worry? *Plant Physiology*, 125, 1543–1545.

Ellstrand NC, Prentice HC, and Hancock JF (1999). Gene flow and introgression from domesticated plants into their wild relatives. *Annual Review of Ecology and Systematics*, 30, 539–563.

Elmqvist T and Cox PA (1996). The evolution of vivipary in flowering plants. *Oikos*, 77, 3–9.

Elton CS (1958). *The ecology of invasion by plant and animals*. Methuen, London.

Emmett BA (2007). Nitrogen saturation of terrestrial ecosystems: some recent findings and their implications for our conceptual framework. *Water, Air, & Soil Pollution: Focus*, 7, 99–109.

Engle DM, Stritzke JF, Bidwell TG, and Claypool PL (1993). Late-summer fire and follow-up herbicide treatments in tallgrass prairie. *Journal of Range Management*, 46, 542–547.

Engler A (1892). *Syllabus der voelesungen über specielle und medicinisch-pharmaceutisch botanik*. Gebrüder Borntrager, Berlin.

Eppley SM (2001). Gender-specific selection during early life history stages in the dioecious grass *Distichlis spicata*. *Ecology*, 82, 2022–2031.

Epstein HE (1994). The anomaly of silica in plant biology. *Proceedings of the National Academy of Science, USA*, 91, 11–17.

Epstein HE (1999). Silicon. *Annual Review of Plant Physiology and Plant Molecular Biology*, 50, 641–664.

Epstein HE, Burke IC, and Lauenroth WK (2002a). Regional patterns of decomposition and primary production rates in the U.S. Great Plains. *Ecology*,

83, 320-327.

Epstein HE, Gill RA, Paruelo JM, Lauenroth WK, Jia GJ, and Burke IC (2002b). The relative abundance of three plant functional types in temperate grasslands and shrublands of North and South America: effects of projected climate change. *Journal of Biogeography*, 29, 875-888.

Escribano-Bailón M, Santos-Buelga C, and Rivas-Gonzalo JC (2004). Anthocyanins in cereals. *Journal of Chromotography A*, 1054, 129-141.

Evans EW (1983). The influence of neighboring hosts on colonization of prairie milkweeds by a seed-feeding bug. *Ecology*, 64, 648-653.

Evans EW, Briggs JM, Finck EJ, Gibson DJ, James SW, Kaufman DW, and Seastedt TR (1989). Is fire a disturbance in grasslands? In TB Bragg and J Stubbendieck, eds. *Proceedings of the eleventh North American prairie conference. prairie pioneers: ecology, history and culture*, pp. 159-161. University of Nebraska, Lincoln, NE.

Evans LT (1964). Reproduction. In C Barnard, ed. *Grasses and grasslands*, pp. 126-153. Macmillan & Co, London. Evans MW (1946). *The grasses: their growth and development*. Ohio Agricultural Experiment Station, Wooster, OH.

Eyre FH (1980). *Forest cover types of the United States and Canada*. Society of American Foresters, Washington, DC.

Faber-Langendoen D, ed. (2001). *Plant communities of the Midwest: classification in an ecological context*. Association for Biodiversity Information, Arlington, VA.

Faber-Langendoen D, Tart D, Gray A et al. (2008 (in prep)). *Guidelines for an integrated physiognomic—floristic approach to vegetation classification*. Hierarchy Revisions Working Group, Federal Geographic Data Committee, Vegetation Subcommittee, Washington, DC.

Fabricius C, Palmer AR, and Burger M (2004). Landscape diversity in a conservation area and commercial and communal rangeland in xeric succulent thicket, South Africa. *Landscape Ecology*, 17, 531-537.

Facelli JM, Leon RJC, and Deregibus VA (1989). Community structure in grazed and ungrazed grassland sites in the Flooding Pampa, Argentina. *American Midland Naturalist*, 121, 125-133.

Faeth SH and Sullivan TJ (2003). Mutualistic asexual endophytes in a native grass are usually parasitic. *American Naturalist*, 161, 310-325.

Faeth SH, Helander ML, and Saikkonen KT (2004). Asexual *Neotyphodium* endophytes in a native grass reduce competitive abilities. *Ecology Letters*, 7, 304-313.

Fahnestock JT and Knapp AK (1994). Plant responses to selective grazing by bison: interactions between light, herbivory and water stress. *Vegetatio*, 115, 123-131.

Falk DA, Krapp EE, and Guerrant EO (2001). *An introduction to restoration genetics*. Available http://www.ser.org/pdf/SER_restoration_genetics.pdf Accessed 14 January 2008. Society for Ecological Restoration.

Farber S, Costanza R, Childers DL et al. (2006). Linking ecology and economics for ecosystem management. *BioScience*, 56, 121-133.

Fargione J, Brown CS, and Tilman D (2003). Community assembly and invasion: an experimental test of neutral versus niche processes. *Proceedings of the National Academy of Sciences, USA*, 100, 8916-8920.

Fay PA and Hartnett DC (1991). Constraints on growth and allocation patterns of *Silphium integrifolium* (Asteraceae) caused by a cynipid gall wasp. *Oecologia*, 88, 243-250.

Fay PA, Carlisle JD, Knapp AK, Blair JM, and Collins SL (2000). Altering rainfall timing and quantity in a mesic grassland ecosystem: design and performance of rainfall manipulation shelters. *Ecosystems*, 3, 308-309.

Fay PA, Carlisle JD, Knapp AK, Blair JM, and Collins SL (2003). Productivity responses to altered rainfall patterns in a C_4-dominated grassland. *Oecologia*, 137, 245-251.

Fenner M and Thompson K (2005). *The ecology of seeds*. Cambridge University Press, Cambridge.

Ferreira VLP, Yotsuyanagi K, and Carvalho CRL (1995). Elimination of cyanogenic compounds from bamboo shoots *Dendrocalamus giganteus* Munro. *Tropical Science*, 35, 342-346.

Fester T, Maier W, and Strack D (1999). Accumulation of secondary compounds in barley and wheat roots in response to inoculation with an arbuscular mycorrhizal fungus and co-inoculation with rhizosphere bacteria. *Mycorrhiza*, 8, 241-246.

Fields MJ, Coffin DP, and Gosz JR (1999). Burrowing activities of kangaroo rats and patterns in plant species dominance at a shortgrass steppe-desert grassland ecotone. *Journal of Vegetation Science*, 10, 123-130.

Firestone MK and Davidson EA (1989). Microbiological basis of NO and N_2O production and consumption in soil. In MO Andreae and DS Schmel, eds. *Exchange of trace gases between terrestrial ecosystems and the atmosphere*, pp. 7–21. John Wiley & Sons, New York.

Fischer Walter LE, Hartnett DC, Hetrick BAD, and Schwab AP (1996). Interspecific nutrient transfer in a tallgrass prairie plant community. *American Journal of Botany*, 83, 180–184.

Fitter AH (2005). Presidential Address. Darkness visible: reflections on underground ecology. *Journal of Ecology*, 93, 231–243.

Fleming GA (1963). Distribution of major and trace elements in some common pasture species. *Journal of the Science of Food and Agriculture*, 14, 203–208.

Flint CL (1859). *Grasses and forage plants*. Phillips, Sampson & Co, Boston, MA.

Floate MJS (1987). Nitrogen cycling in managed grasslands. In RW Snaydon, ed. *Ecosystems of the world: managed grasslands: analytical studies*, Vol. 17B, pp. 163–172. Elsevier, Amsterdam.

Flora of Australia (2002). *Volume 43, Poaceae 1: introduction and atlas*. ABRS/CSIRO, Melbourne.

Flora of Australia (2005). *Volume 44B, Poaceae 3*. ABRS/CSIRO, Melbourne.

Flora of China Editorial Committee (2006). *Flora of China, Volume (22), Poaceae*. Missouri Botanical Garden Press, Saint Louis, MO.

Floyd J (1983). The day the southern plains went west. In *Saint Louis Globe Democrat*, pp. 1–12, Saint Louis, MO.

Folgarait PJ (1998). Ant biodiversity and its relationship to ecosystem functioning: a review. *Biodiversity and Conservation*, 7, 1221–1244.

Fone AL (1989). A comparative demographic study of annual and perennial *Hypochoeris* (Asteraceae). *Journal of Ecology*, 77, 495–508.

Forage and Grazing Terminology Committee (1992). Terminology for grazing lands and grazing animals. *Journal of Production Agriculture*, 5, 191–201.

Fossen T, Slimestad R, Øvstedal DO, and Andersen ØM (2002). Anthocyanins of grasses. *Biochemical Systematics and Ecology*, 30, 855–864.

Foster BL (2002). Competition, facilitation, and the distribution of *Schizachrium scoparium* along a topographic-productivity gradient. *Ecoscience*, 9, 355–363.

Foster BL and Tilman D (2003). Seed limitation and the regulation of community structure in oak savanna grassland. *Journal of Ecology*, 91, 999–1007.

Foster BL, Dickson TL, Murphy CA, Karel IS, and Smith VH (2004). Propagule pools mediate community assembly and diversity-ecosystem regulation along a grassland productivity gradient. *Journal of Ecology*, 92, 435–449.

Fox JF and Harrison AT (1981). Habitat assortment of sexes and water balance in a dioecious grass. *Oecologia*, 49, 233–235.

Franco M and Silvertown J (2004). A comparative demography of plants based upon elasticities of vital rates. *Ecology*, 85, 531–538.

Franks SJ (2003). Facilitation in multiple life-history stages: evidence for nucleated succession in coastal dunes. *Plant Ecology*, 168, 1–11.

Franzén D and Erikkson O (2001). Small-scale patterns of species richness in Swedish semi-natural grasslands: the effects of community species pools. *Ecography*, 24, 505–510.

Freckleton RP and Watkinson AR (2002). Large-scale spatial dynamics of plants: metapopulations, regional ensembles and patchy populations. *Journal of Ecology*, 90, 419–434.

Freckleton RP and Watkinson AR (2003). Are all plant populations metapopulations? *Journal of Ecology*, 91, 321–324.

Friedel MH, Laycock WA, and Bastin GN (2000). Assessing rangeland condition and trend. In L't Mannetje and RM Jones, eds. *Field and laboratory methods for grassland and animal production research*, pp. 227–262. CABI Publishing, Wallingord, Oxon.

Frischknecht NC and Baker MF (1972). Voles can improve sagebrush rangelands. *Journal of Range Management*, 25, 466–468.

Frith HJ (1970). The herbivorous wild animals. In RM Moore, ed. *Australian grasslands*, pp. 74–83. Australian National University Press, Canberra.

Fritsche F and Kaltz O (2000). Is the *Prunella* (Lamiaceae) hybrid zone structured by an environmental gradient? Evidence from a reciprocal transplant experiment. *American Journal of Botany*, 87, 995–1003.

Fry J and Huang B (2004). *Applied turfgrass science and physiology*. John Wiley & Sons, Hoboken, NJ.

Fuhlendorf SD and Smeins FE (1996). Spatial scale influence on longterm temporal patterns of a semi-arid grassland. *Landscape Ecology*, 11, 107–113.

Fukui Y and Doskey PV (2000). Identification of non-methane organic compound emissions from grassland vegetation. *Atmospheric Environment*, 34, 2947–2956.

Fuller RM (1987). The changing extent and conservation interest of lowland grasslands in England and Wales: review of grassland surveys 1930–84. *Biological Conservation*, 40, 281–300.

Furniss PR, Ferrar P, Morris JW, and Bezuidenhout JJ (1982). A model of savanna litter decomposition. *Ecological Modelling*, 17, 33–50.

Fynn RWS and O'Connor TG (2005). Determinants of community organization of a South African mesic grassland. *Journal of Vegetation Science*, 16, 93–102.

Gale GW (1955). *John William Bews: a memoir*. University of Natal Press, Pietermaritzburg.

Galloway JN, Dentener FJ, Capone DG et al. (2004). Nitrogen cycles: past, present, and future. *Biogeochemistry*, 70, 153–226.

Gandolfo MA, Nixon KC, and Crepet WL (2002). Triuridaceae fossil flowers from the Upper Cretaceous of New Jersey. *American Journal of Botany*, 89, 1940–1957.

Garcia-Guzman G and Burdon JJ (1997). Impact of the flower smut *Ustilago cynodontis* (Ustilaginaceae) on the performance of the clonal grass *Cynodon dactylon* (Gramineae). *American Journal of Botany*, 84, 1565–1571.

Garcia-Guzman G, Burdon JJ, Ash JE, and Cunningham RB (1996). Regional and local patterns in the spatial distribution of the flower- infecting smut fungus *Sporisorium amphilophis* in natural populations of its host *Bothriochloa macra*. *New Phytologist*, 132, 459–469.

Garrett KA, Dendy SP, Frank EE, Rouse MN, and Travers SE (2006a). Climate change effects on plant disease: genomes to ecosystems. *Annual Review of Phytopathology*, 44, 489–509.

Garrett KA, Hulbert SH, Leach JE, and Travers SE (2006b). Ecological genomics and epidemiology. *European Journal of Plant Pathology*, 115, 35–51.

Gartside DW and McNeilly T (1974). Genetic studies in heavy metal tolerant plants I. Genetics of zinc tolerance in *Anthoxanthum odoratum*. *Heredity*, 32, 287–297.

Garwood EA (1967). Seasonal variation in appearance and growth of grass roots. *Journal of the British Grassland Society*, 22, 121–130.

Gatsuk LE, Smirnova OV, Vorontzova LI, Zaugolnova LB, and Zhukova LA (1980). Age states of plants of various growth forms: a review. *Journal of Ecology*, 68, 675–696.

Gaulthier DA and Wiken E (1998). The Great Plains of North America. *Parks*, 8, 9–20.

George MR, Brown JR, and Clawson WJ (1992). Application of nonequilibrium ecology to management of Mediterranean grasslands. *Journal of Range Management*, 45, 436–440.

Ghermandi L, Guthmann N, and Bran D (2004). Early post-fire succession in northwestern Patagonia grasslands. *Journal of Vegetation Science*, 15, 67–76.

Gianoli E and Niemeyer HM (1998). DIBOA in wild Poaceae: sources of resistance to the Russian wheat aphid (*Diuraphis noxiai*) and the greenbug (*Schizaphis graminum*). *Euphytica*, 102, 317–321.

Gibson CC and Watkinson AR (1989). The host range and selectivity of a parasitic plant: *Rhinanthus minor* L. *Oecologia*, 401–406.

Gibson DJ (1988a). The maintenance of plant and soil heterogeneity in dune grassland. *Journal of Ecology*, 76, 497–508.

Gibson DJ (1988b). Regeneration and fluctuation of tallgrass prairie vegetation in response to burning frequency. *Bulletin of the Torrey Botanical Club*, 115, 1–12.

Gibson DJ (1988c). The relationship of sheep grazing and soil heterogeneity to plant spatial patterns in dune grassland. *Journal of Ecology*, 76, 233–252.

Gibson DJ (1989). Effects of animal disturbance on tall-grass prairie vegetation. *American Midland Naturalist*, 121, 144–154.

Gibson DJ (1998). Review of *Population biology of grasses*, ed. G.P. Cheplick. *Ecology*, 79, 2968–2969.

Gibson DJ (2002). *Methods in comparative plant population ecology*. Oxford University Press, Oxford.

Gibson DJ and Hetrick BAD (1988). Topographic and fire effects on endomycorrhizae species composition on tallgrass prairie. *Mycologia*, 80, 433–451.

Gibson DJ and Hulbert LC (1987). Effects of fire, topography and year-to-year climatic variation on species composition in tallgrass prairie. *Vegetatio*, 72, 175–185.

Gibson DJ and Newman JA (2001). *Festuca arundinacea* Schreber (*F. elatior* subsp. *arundinacea* (Schreber) Hackel). *Journal of Ecology*, 89, 304–324.

Gibson DJ and Risser PG (1982). Evidence for the absence of ecotypic development in *Andropogon virginicus* (L.) on metalliferous mine wastes. *New Phytologist*, 92, 589–599.

Gibson DJ and Taylor I (2003). Performance of *Festuca arundinacea* Schreb. (Poaceae) populations in England. *Watsonia*, 24, 413–426.

Gibson DJ, Freeman CC, and Hulbert LC (1990a). Effects of small mammal and invertebrate herbivory on plant species richness and abundance in tallgrass prairie. *Oecologia*, 84, 169–175.

Gibson DJ, Hartnett DC, and Merrill GLS (1990b). Fire temperature heterogeneity in contrasting fire prone habitats: Kansas tallgrass prairie and Florida sandhill. *Bulletin of the Torrey Botanical Club*, 117, 349–356.

Gibson DJ, Seastedt TR, and Briggs JM (1993). Management practices in tallgrass prairie: large- and small-scale experimental effects on species composition. *Journal of Applied Ecology*, 30, 247–255.

Gibson DJ, Ely JS, Looney PB, and Gibson PT (1995). Effects of inundation from the storm surge of Hurricane Andrew upon primary succession on dredge spoil. *Journal of Coastal Research*, 21 Special Issue, 208–216.

Gibson DJ, Ely JS, and Collins SL (1999). The core-satellite species hypothesis provides a theoretical basis for Grime's classification of dominant, subordinate, and transient species. *Journal of Ecology*, 87, 1064–1067.

Gibson DJ, Spyreas G, and Benedict J (2002). Life history of *Microstegium vimineum* (Poaceae), an invasive grass in southern Illinois. *Journal of the Torrey Botanical Society*, 129, 207–219.

Gibson DJ, Middleton BA, Foster K, Honu YAK, Hoyer EW, and Mathis M (2005). Species frequency dynamics in an old-field succession: effects of disturbance, fertilization and scale. *Journal of Vegetation Science*, 16, 415–422.

Gicquiaud L, Hennion F, and Esnault MA (2002). Physiological comparisons among four related Bromus species with varying ecological amplitude: polyamine and aromatic amine composition in response to salt spray and drought. *Plant Biology*, 746–753.

Gill RA and Burke IC (2002). Influence of soil depth on the decomposition of *Bouteloua gracilis* roots in the shortgrass steppe. *Plant and Soil*, 241, 233–242.

Gill RA and Jackson RB (2000). Global patterns of root turnover for terrestrial ecosystems. *New Phytologist*, 147, 13–31.

Gill RA, Kelly RH, Parton WJ et al. (2002). Using simple environmental variables to estimate below-ground productivity in grasslands. *Global Ecology & Biogeography*, 11, 79–86.

Gillen RL, Rollins D, and Stritzke JF (1987). Atrazine, spring burning, and nitrogen for improvement of tallgrass prairie. *Journal of Range Management*, 40, 444–447.

Gillingham AG (1987). Phosphorus cycling in managed grasslands. In RW Snaydon, ed. *Ecosystems of the world: managed grasslands: analytical studies*, Vol. 17B, pp. 173–180. Elsevier, Amsterdam.

Gillison AN (1983). Tropical savannas of Australia and the southwest pacific. In F Bourliére, ed. *Ecosystems of the world 13: tropical savannas*, pp. 183–243. Elsevier Scientific Publishing Company, Amsterdam.

Gillison AN (1992). Overview of the grasslands of Oceania. In RT Coupland, ed. *Natural grasslands: introduction and western hemisphere*, Vol. 8A, pp. 303–313. Elsevier, Amsterdam.

Gillison AN (1993). Grasslands of the south-west Pacific. In RT Coupland, ed. *Natural grasslands: eastern hemisphere and résumé*, Vol. 8B, pp. 435–470. Elsevier, Amsterdam.

Gitay H and Wilson JB (1995). Post-fire changes in community structure of tall tussock grasslands: a test of alternative models of succession. *Journal of Ecology*, 83, 775–782.

Gleason HA (1917). The structure and development of the plant association. *Bulletin of the Torrey Botanical Club*, 44, 463–481.

Gleason HA (1922). The vegetation history of the Middle West. *Annals of the Association of American Geographers*, 12, 39–85.

Gleason HA (1926). The individualistic concept of the plant association. *American Midland Naturalist*, 21, 92–110.

Glenn SM, Collins SL, and Gibson DJ (1992). Disturbances in tallgrass prairie: local and regional effects on community heterogeneity. *Landscape Ecology*, 7, 243–251.

Glenn-Lewin DC, Johnson LA, Jurik TW, Kosek A, Leoschke M, and Rosburg T (1990). Fire in central North American grasslands: vegetative reproduction, seed germination, and seedling establishment. In SL Collins and LL Wallace, eds. *Fire in North American tallgrass prairies*, pp. 28–45. University of Oklahoma Press, Norman, OK.

Godley EJ (1965). The ecology of the Subantarctic islands of New Zealand: notes on the vegetation of the Auckland Islands. *New Zealand Journal of Ecology*, 12, 57–63.

Godt MJW and Hamrick JL (1998). Allozyme diversity in the grasses. In GP Cheplick, ed. *Population biology of grasses*, pp. 11–29. Cambridge University Press, New York.

Goldberg DE (1990). Components of resource competition in plant communities. In JB Grace and D Tilman, eds. *Perspectives on plant competition*, pp. 27–50. Academic Press, San Diego, CA.

Goodland R and Pollard R (1973). The Brazilian cerrado vegetation: a fertility gradient. *Journal of Ecology*, 61, 219–224.

Gotelli NJ and Simberloff D (1987). The distribution and abundance of tallgrass prairie plants: a test of the core-satellite hypothesis. *American Naturalist*, 130, 18–35.

Gould FW (1955). An approach to the study of grasses, the 'Tribal Triangle'. *Journal of Range Management*, 8, 17–19.

Gould FW and Shaw RB (1983). *Grass systematics*. Texas A & M University Press, College Station, TX.

GPWG (2000). Grass Phylogeny Working Group. Phylogeny and subfamilial classification of the grasses (Poaceae). Available http://www.virtualherbarium.org/grass/gpwg/default.htm. Accessed 6 February 2004.

GPWG (2001). Grass Phylogeny Working Group. Phylogeny and subfamilial classification of the grasses (Poaceae). *Annals of the Missouri Botanical Garden*, 88, 373–457.

Graaf AJ, Stahl J, and Bakker JP (2005). Compensatory growth of *Festuca rubra* after grazing: can migratory herbivores increase their own harvest during staging? *Functional Ecology*, 19, 961–969.

Grace J (1990). On the relationship between plant traits and competitive ability. In JB Grace and D Tilman, eds. *Perspectives on plant competition*, pp. 51–66. Academic Press, San Diego, CA.

Grace J (1999). The factors controlling species diversity in herbaceous plant communities: an assessment. *Perspectives in Plant Ecology, Evolution and Systematics*, 2, 1–28.

Grace J, Meir P, and Malhi Y (2001a). Keeping track of carbon flows between biosphere and atmosphere. In MC Press, NJ Huntly and S Levin, eds. *Ecology: achievement and challenge*, pp. 249–269. Blackwell Science, Oxford.

Grace JB, Smith MD, Grace SL, Collins SL, and Stohlgren TJ (2001b). Interactions between fire and invasive plants in temperate grasslands of North America. In *Proceedings of the Invasive Species Workshop: the role of fire in the control and spread of invasive species*. Fire Conference 2000: the First National Congress on Fire Ecology, Prevention, and Management. Miscellaneous Publication No. 11 (eds KEM Galley and TP Wilson), pp. 40–65. Tall Timbers Research Station, Tallahassee, FL.

Grafton KF, Poehlman JM, and Sechler DT (1982). Tall fescue as a natural host and aphid vectors of barley yellow dwarf virus in Missouri. *Plant Disease*, 66, 318–320.

Gray SM, Power AG, Smith DM, Seamon AJ, and Altman NS (1991). Aphid transmission of barley yellow dwarf virus: acquisition access periods and virus concentration requirements. *Phytopathology*, 81, 539–545.

Grazing Lands Technology Institute (2003). *National range and pasture handbook*. United States Department of Agriculture, Natural Resources Conservation Service, Fort Worth, TX.

Green JO (1990). The distribution and management of grasslands in the British Isles. In AI Breymeyer, ed. *Managed grasslands: regional studies. ecosystems of the world* 17A, pp. 15–36. Elsevier, Amsterdam.

Green K (2005). Winter home range and foraging of common wombats (*Vombatus ursinus*) in patchily burnt subalpine areas of the Snowy Mountains, Australia. *Wildlife Research*, 32, 525–529.

Greig-Smith P (1983). *Quantitative plant ecology*. 3rd edn. Blackwell Scientific, Oxford.

Greipsson S, El-Mayas H, and Ahokas H (2004). Variation in populations of the coastal dune building grass *Leymus arenarius* in Iceland revealed by endospermal prolamins. *Journal of Coastal Conservation*, 10, 101–108.

Grice AC and Hodgkinson KC (2002). Challenges for rangeland people. In AC Grice and KC Hodgkinson, eds. *Global rangelands: progress and prospects*, pp. 1–9. CAB International, Wallingford, Oxon.

Grime JP (1979). *Plant strategies and vegetation processes*. John Wiley & Sons, Chichester.

Grime JP (1998). Benefits of plant diversity to ecosystems: immediate, filter and founder effects. *Journal of Ecology*, 86, 902–910.

Grime JP (2007). Plant strategy theories: a comment on Craine (2005). *Journal of Ecology*, 95, 227–230.

Grime JP and Hillier SH (2000). The contribution of seedling regeneration to the structure and dynamics of plant communities, ecosystems and larger units of the landscape. In M Fenner, ed. *Seeds: the ecology of regeneration in plant communities*. 2nd edn, pp. 361–374. CABI Publishing, Wallingford, Oxon.

Grime JP, Hodgson JG, and Hunt R (1988). *Comparative plant ecology*. Unwin, Hyman, London.

Gross KL, Mittelbach GG, and Reynolds HL (2005). Grassland invasibility and diversity: responses to nutrients, seed input, and disturbance. *Ecology*, 86, 476–486.

Grossman DH, Faber-Langendoen D, Weakley AS et al. (1998). *International classification of ecological communities: terrestrial vegetation of the United States. Volume 1. The National Vegetation Classification Scheme: development, status, and applications*. Nature Conservancy, Arlington, VA.

Guo ZG, Liang TG, and Zhang ZH (2003). Classification management for grassland in Gansu Province, China. *New Zealand Journal of Agricultural Research*, 46, 123–131.

Gustafson DJ, Gibson DJ, and Nickrent NL (1999). Random amplified polymorphic DNA variation among remnant big bluestem (*Andropogon gerardii* Vitman) populations from Arkansas' Grand Prairie. *Molecular Ecology*, 8, 1693–1701.

Gustafson DJ, Gibson DJ, and Nickrent NL (2001). Characterizing three restored *Andropogon gerardii* Vitman (big bluestem) populations established with Illinois and non-Illinois seed: established plants and their offspring. In *17th North American Prairie Conference. Seeds for the future; roots of the past* (eds NP Bernstein and LJ Ostrander), pp. 118–124. North Iowa Area Community College, Mason City, IA.

Gustafson DJ, Gibson DJ, and Nickrent DL (2002). Genetic diversity and competitive abilities of *Dalea purpurea* (Fabaceae) from remnant and restored grasslands. *International Journal of Plant Science*, 163, 979–990.

Gustafson DJ, Gibson DJ, and Nickrent DL (2004). Conservation genetics of two co-dominant grass species in an endangered grassland ecosystem. *Journal of Applied Ecology*, 41, 389–397.

Gustafson DJ, Gibson DJ, and Nickrent DL (2005). Empirical support for the use of local seed sources in prairie restoration. *Native Plants Journal*, 6, 25–28.

Haahtela K, Wartiovaara T, Sundman V, and Skujins J (1981). Root-associated N_2 fixation (acetylene reduction) by Enterobacteriaceae and Azospirillum strains in cold-climate spodosols. *Applied and Environmental Microbiology*, 41, 203–206.

Hanski I (1982). Dynamics of regional distribution: the core and satellite species hypothesis. *Oikos*, 38, 210–221.

Hanski I (1999). *Metapopulation ecology*. Oxford University Press, New York.

Hanski I and Gyllenberg M (1993). Two general metapopulation models and the core-satellite species hypothesis. *American Naturalist*, 142, 17–41.

Harberd DJ (1961). Observations on population structure and longevity in *Festuca rubra* L. *New Phytologist*, 60, 184–206.

Harborne JB (1967). *Comparative biochemistry of the flavonoids*. Academic Press, London.

Harborne JB (1977). *Introduction to ecological biochemistry*. Academic Press, London.

Harborne JB and Williams CA (1986). Flavonoids patterns of grasses. In TR Soderstrom, KW Hilu, CS Campbell and ME Barkworth, eds. *Grass systematics and evolution*, pp. 107–113. Smithsonian Institution Press, Washington, DC.

Hardin G (1968). The tragedy of the commons. *Science*, 162, 1243–1248.

Harlan JR (1956). *Theory and dynamics of grassland agriculture*. Van Nostrand, Princeton, NJ.

Harniss RO and Murray RB (1973). 30 years of vegetal change following burning of sagebrush-grass range. *Journal of Range Management*, 26, 322–325.

Harper JL (1977). *Population biology of plants*. Academic Press, London.

Harper JL (1978). Plant relations in pastures. In JR Wilson, ed. *Plant relations in pastures*, pp. 3–16. CSIRO, East Melbourne, Australia.

Harpole SW (2006). Resource-ratio theory and the control of invasive plants. *Plant and Soil*, 280, 23–27.

Harpole WS and Tilman D (2006). Non-neutral patterns of species abundance in grassland communities. *Ecology Letters*, 9, 15–23.

Hartley W (1958). Studies on the origin, evolution, and distribution of the Gramineae I. the tribe Andropogoneae. *Australian Journal of Botany*, 6, 115–128.

Hartley W (1961). Studies on the origin, evolution, and distribution of the Gramineae: the genus *Poa*. *Australian Journal of Botany*, 9, 152–161.

Hartnett DC (1993). Regulation of clonal growth and dynamics of *Panicum virgatum* (Poaceae) in tallgrass prairie: effects of neighbour removal and nutrient addition. *American Journal of Botany*, 80, 1114−1120.

Hartnett DC and Fay PA (1998). Plant populations: patterns and processes. In AK Knapp, JM Briggs, DC Hartnett and SL Collins, eds. *Grassland dynamics*, pp. 81−100. Oxford University Press, New York.

Hartnett DC and Keeler KH (1995). Population processes. In A Joern and KH Keeler, eds. *The changing prairie: North American grasslands*, pp. 82−99. Oxford University Press, New York.

Hartnett DC and Wilson GWT (1999). Mycorrhizae influence plant community structure and diversity in tall-grass prairie. *Ecology*, 80, 1187−1195.

Hartnett DC, Hetrick BAD, Wilson GWT, and Gibson DJ (1993). Mycorrhizal influence on intra- and interspecific neighbour interactions among co-occurring prairie grasses. *Journal of Ecology*, 81, 787−795.

Hartnett DC, Samensus RJ, Fischer LE, and Hetrick BAD (1994). Plant demographic responses to mycorrhizal symbiosis in tallgrass prairie. *Oecologia*, 99, 21−26.

Hary I (2004). Assessing the effect of controlled seasonal breeding on steady-state productivity of pastoral goat herds in northern Kenya. *Agricultural Systems*, 81, 153−175.

Hatch MD and Slack CR (1966). Photosynthesis by sugarcane leaves. *Biochemical Journal*, 101, 103−111.

Hatfield R and Davies J (2006). *Global review of the economics of pastoralism*. IUCN (World Conservation Union), Nairobi.

Hattersley PW (1986). Variations in photosynthetic pathway. In TR Soderstrom, KW Hilu, CS Campbell and ME Barkworth, eds. *Grass systematics and evolution*, pp. 49−64. Smithsonian Institution Press, Washington, DC.

Heady HF, Bartolome JW, Pitt MD, Savelle GD, and Stroud MC (1992). California prairie. In RT Coupland, ed. *Natural grasslands: introduction and western hemisphere*, Vol. 8A, pp. 313−335. Elsevier, Amsterdam.

Heaton EA, Clifton-Brown J, Voigt TB, Jones MB, and Long SP (2004). Miscanthus for renewable energy generation: European Union experience and projections for Illinois. *Mitigation and Adaptation Strategies for Global Change*, 9, 433−451.

Hector A, Dobson K, Minns A, Bazeley-White E, and Hartley Lawton J (2001). Community diversity and invasion resistance: an experimental test in a grassland ecosystem and a review of comparable studies. *Ecological Research*, 16, 819.

Hector A, Schmid B, Beierkuhnlein C et al. (1999). Plant diversity and productivity experiments in European grasslands. *Science*, 286, 1123−1127.

Heinz Center (2002; 2005 update) The H. John Heinz III Center for Science Economics and the Environment. *The state of the nation's ecosystems: measuring the lands, waters, and living resources of the United States.* Cambridge University Press, New York.

Heitschmidt RK and Taylor CAJ (1991). Livestock production. In RK Heitschmidt and JW Stuth, eds. *Grazing managment: an ecological perspective*, pp. 161−178. Timber Press, Portland, OR.

Helgadóttir Á and Snaydon RW (1985). Competitive interactions between populations of *Poa pratensis* and *Agrostis tenuis* from ecologically-contrasting environments. *Journal of Applied Ecology*, 22, 525−537.

Helm A, Hanski I, and Partel M (2006). Slow response of plant species richness to habitat loss and fragmentation. *Ecology Letters*, 9, 72−77.

Hendon BC and Briske DD (1997). Demographic evaluation of a herbivory-sensitive perennial bunchgrass: does it possess an Achilles heel? *Oikos*, 80, 8−17.

Hendrickson JR and Briske DD (1997). Axillary bud banks of two semiarid perennial grasses: occurrence, longevity, and contribution to population persistence. *Oecologia*, 110, 584−591.

Henry HAL and Jefferies RL (2003). Plant amino acid uptake, soluble N turnover and microbial N capture in soils of a grazed Arctic salt marsh. *Journal of Ecology*, 91, 627−636.

Henwood WD (1998a). Editorial—the worlds temperate grasslands: a beleaguered biome. *Parks*, 8, 1−2.

Henwood WD (1998b). An overview of protected areas in the temperate grasslands biome. *Parks*, 8, 3−8.

Herendeen RA and Wildermuth T (2002). Resource-based sustainability indicators: Chase County, Kansas, as example. *Ecological Economics*, 42, 243−257.

Herlocker DJ, Dirschl HJ, and Frame G (1993). Grasslands of East Africa. In RT Coupland, ed. *Ecosystems of the world: eastern hemisphere and resumé*, Vol. 8B, pp. 221−264. Elsevier, Amsterdam.

Herrick JE, Van Zee JW, Havstad KM, Burkhett

LM, and Whiford WG (2005a). *Monitoring manual for grassland, shrubland and savanna ecosytems. Volume 1. Quick start.* USDA-ARS Jornada Experimental Range, Las Cruces, NM.

Herrick JE, Van Zee JW, Havstad KM, Burkhett LM, and Whiford WG (2005b). *Monitoring manual for grassland, shrubland and savanna ecosytems. Volume 2. Design, supplementary methods and interpretation.* USDA-ARS Jornada Experimental Range, Las Cruces, NM.

Heslop-Harrison J and Heslop-Harrison Y (1986). Pollen-stigma interaction in grasses. In TR Soderstrom, KW Hilu, CS Campbell and ME Barkworth, eds. *Grass systematics and evolution*, pp. 133–142. Smithsonian Institution Press, Washington, DC.

Hetrick BAD, Kitt DG, and Wilson GWT (1986). The influence of phosphorus fertilizer, drought, fungal species, and nonsterile soil on the mycorrhizal growth response in tallgrass prairie. *Canadian Journal of Botany*, 64, 1199–1203.

Hetrick BAD, Kitt DG, and Wilson GWT (1988). Mycorrhizal dependence and growth habit of warm-season and cool-season tallgrass prairie plants. *Canadian Journal of Botany*, 66, 1376–1380.

Hetrick BAD, Hartnett DC, Wilson GWT, and Gibson DJ (1994). Effects of mycorrhizae, phosphorus availability, and plant density on yield relationships among competing tallgrass prairie grasses. *Canadian Journal of Botany*, 72, 168–176.

Heywood VH, ed. (1978). *Flowering plants of the world*. Mayflower Books, New York.

Hierro JL and Callaway RM (2003). Allelopathy and exotic plant invasion. *Plant and Soil*, 256, 29–39.

Higgins KF (1984). Lightning fires in North Dakota grasslands and in pine-savanna lands of South Dakota and Montana. *Journal of Range Management*, 37, 100–103.

Hilton JR (1984). The influence of temperature and moisture status on the photoinhibition of seed germination in *Bromus sterilis* L. by the far-red absorbing form of Phytochrome. *New Phytologist*, 97, 369–374.

Hitchcock AS and Chase A (1950). *Manual of the grasses of the United States.* 2nd edn. Miscellaneous Publication No. 200, Department of Agriculture, Washington, DC.

Hnatiuk RJ (1993). Grasslands of the sub-Antarctic islands. In RT Coupland, ed. *Natural grasslands: eastern hemisphere and résumé*, Vol. 8B, pp. 411–434. Elsevier, Amsterdam.

Hobbs RJ and Mooney HA (1985). Community and population dynamics of serpentine grassland annuals in relation to gopher disturbance. *Oecologia*, 67, 342–351.

Hobbs RJ, Currall JE, and Gimingham CH (1984). The use of 'thermocolor' pyrometers in the study of heath fire behaviour. *Journal of Ecology*, 72, 241–250.

Hodgkinson KC, Harrington GN, Griffin GF, Noble JC, and Young MD (1984). Management of vegetation with fire. In GN Harrington, AD Wilson and MD Young, eds. *Management of Australia's rangelands*, pp. 141–156. CSIRO, East Melbourne, Australia.

Hodgson J (1979). Nomenclature and definitions in grazing studies. *Grass and Forage Science*, 34, 11–18.

Hodkinson TR, Salamin N, Chase MW, Bouchenak-Khelladi Y, Renvoize SA, and Savolainen V (2007a). Large trees, supertrees, and diversification of the grass family. *Aliso*, 23, 248–258.

Hodkinson TR, Savolainen V, Jacobs SWL, Bouchenak-Khelladi Y, Kinney MS, and Salamin N (2007b). Supersizing: progress in documenting and understanding grass species richness. In TR Hodkinson and JAN Parnell, eds. *Reconstructing the tree of life: taxonomy and systematics of species rich taxa*, pp. 279–298. CRC Press, Boca Raton, FL.

Hoekstra JM, Boucher TM, Ricketts TH, and Roberts C (2005). Confronting a biome crisis: global disparities of habitat loss and protection. *Ecology Letters*, 8, 23–29.

Høiland K and Oftedal P (1980). Lead-tolerance in *Deschampia flexuosa* from a naturally lead polluted area in S. Norway. *Oikos*, 34, 168–172.

Holdaway RJ and Sparrow AD (2006). Assembly rules operating along a primary riverbed-grassland successional sequence. *Journal of Ecology*, 94, 1092–1102.

Holling CS (1978). *Adaptive environmental assessment and management*. John Wiley & Son, Chichester.

Holm AM, Burnside DG, and Mitchell AA (1987). The development of a system for monitoring trend in range condition in the arid shrublands of Western Australia. *Rangeland Journal*, 9, 14–20.

Holmgren M, Scheffer M, and Huston MA (1997). The interplay of facilitation and competition in plant communities. *Ecology*, 78, 1966–1975.

Honey M (1999). *Ecotourism and sustainable deve-*

lopment: who owns paradise? Island Press, Washington DC.

Hover EI and Bragg TB (1981). Effect of season of burning and mowing on an Eastern Nebraska *Stipa-Andropogon* prairie. *American Midland Naturalist*, 105, 13–18.

Howarth W (1984). The Okies: beyond the dust bowl. *National Geographic*, 166, 322–349.

Howe HF (1995). Succession and fire season in experimental prairie plantings. *Ecology*, 76, 1917–1925.

Howe HF and Lane D (2004). Vole-driven succession in experimental wet prairie restorations. *Ecological Applications*, 14, 1295–1305.

Howe HF, Brown JS, and Zorn-Arnold B (2002). A rodent plague on prairie diversity. *Ecology Letters*, 5, 30–36.

Howell E and Stearns F (1993). The preservation, management, and restoration of Wisconsin Plant Communities: the influence of John Curtis and his students. In JS Fralish, RP McIntosh and OL Loucks, eds. *John Curtis: fifty years of Wisconsin plant ecology*, pp. 57–66. Wisconsin Academy of Sciences, Art & Letters, Madison, WI.

Hu Z and Zhang D (2003). China's pasture resources. In JM Suttie and SG Reynolds, eds. *Transhumant grazing systems in temperate Asia*. Food and Agriculture Organization of the United Nations, Rome.

Hu ZZ and Zhang DG (2005). In *Country Pasture/Forage Resource Profiles*: China. Available http://www.fao.org/ag/AGP/AGPC/doc/Counprof/chinal/chinal.htm. Accessed August 19 2005 (ed S Reynolds).

Huang BR and Liu XZ (2003). Summer root decline: production and mortality for four cultivars of creeping bentgrass. *Crop Science*, 43, 258–265.

Huang S-Q, Yang H-F, Lu I, and Takahashi Y (2002). Honeybee-assisted wind pollination in bamboo *Phyllostachys nidularia* (Bambusoideae: Poaceae)? *Botanical Journal of the Linnean Society*, 138, 1–7.

Hubbard CE (1954). *Grasses*. Penguin, Harmondsworth.

Hubbard CE (1984). *Grasses*. 3rd edn. Penguin, Harmondsworth.

Hubbell SP (2001). *The unified neutral theory of biodiversity and biogeography*. Princeton University Press, Princeton, NJ.

Hudson EA, Dinh PA, Kokubun T, Simmonds MSJ, and Gescher A (2000). Characterization of potentially chemopreventive phenols in extracts of brown rice that inhibit the growth of human breast and colon cancer cells. *Cancer Epidemiology Biomarkers & Prevention*, 9, 1163–1170.

Hufford KM and Mazer SJ (2003). Plant ecotypes: genetic differentiation in an age of ecological restoration. *Trends in Ecology and Evolution*, 18, 147–155.

Hui D and Jackson RB (2005). Geographical and interannual variability in biomass partitioning in grassland ecosystems: a synthesis of field data. *New Phytologist*, 169, 85–93.

Hulbert LC (1955). Ecological studies of *Bromus tectorum* and other annual bromegrasses. *Ecological Monographs*, 25, 181–213.

Hulbert LC (1988). Causes of fire effects in tallgrass prairie. *Ecology*, 69, 46–58.

Humphrey RR (1947). Range forage evaluation by the range condition method. *Journal of Forestry*, 45, 10–16.

Humphrey RR and Mehrhoff LA (1958). Vegetation changes on a southern Arizona grassland range. *Ecology*, 39, 720–726.

Humphreys LR (1997). *The evolving science of grassland improvement*. Cambridge University Press, Cambridge.

Hunt HW (1977). A simulation model for decomposition in grasslands. *Ecology*, 58, 469–484.

Hunt HW, Coleman DC, Ingham ER et al. (1987). The detrital food web in a shortgrass prairie. *Biology and Fertility of Soils*, 3, 57–68.

Hunt MG and Newman JA (2005). Reduced herbivore resistance from a novel grass-endophyte association. *Journal of Applied Ecology*, 42, 762–769.

Hunt R, Hodgson JG, Thompson K, Bungener P, Dunnett NP, and Askew AP (2004). A new practical tool for deriving a functional signature for herbaceous vegetation. *Applied Vegetation Science*, 7, 163–170.

Huntley BJ and Walker BH, eds. (1982). *Ecology of tropical savannas*. Springer-Verlag, Berlin.

Huntly NJ and Reichman OJ (1994). Effects of subterranean mammalian herbivores on vegetation. *Journal of Mammalogy*, 75, 852–859.

Huston JE and Pinchak WE (1991). Range Animal Nutrition. In RK Heitschmidt and JW Stuth, eds. *Grazing management: an ecological perspective*, Chapter 2. Timber Press, Portland, OR.

Huston MA (1979). A general hypothesis of species diversity. *American Naturalist*, 113, 81–101.

Hutchings MJ and Booth KD (1996). Studies on the

feasibility of recreating chalk grassland on ex-arable land. I. The potential roles of the seedbank and seed rain. *Journal of Applied Ecology*, 33, 1171–1181.

Hutchings MJ and Stewart AJA (2002). Calcareous grasslands. In MR Perrow and AJ Davy, eds. *Handbook of ecological restoration. Vol. 2. Restoration in practice*, pp. 419–443. Cambridge University Press, Cambridge.

Huxman TE, Hamerlynck EP, Jordan DN, Salsman KJ, and Smith SD (1998). The effects of parental CO_2 environment on seed quality and subsequent seedling performance in *Bromus rubens*. *Oecologia*, 114, 202–208.

Illinois Department of Energy and Natural Resources (1994). *The changing Illinois environment: critical trends*. Illinois Department of Energy and Natural Resources, Springfield, IL.

Illius AW and O'Connor TG (1999). On the relevance of nonequilibrium concepts to arid and semi-arid grazing systems. *Ecological Applications*, 9, 798–813.

Iltis HH (2000). Homeotic sexual translocations and the origin of maize (*Zea mays*, Poaceae): a new look at an old problem. *Economic Botany*, 54, 7–42.

Ingalls JJ (1948). In praise of blue grass: 1872 address. In The Yearbook Committee, ed. *Grass: the yearbook of agriculture 1948*, pp. 6–8. U.S. Department of Agriculture, Washington, DC.

IPCC (2007). *Climate change 2007: IPCC 4th assessment report*. Intergovernmental Panel on Climate Change, Geneva, Switzerland.

Ishikawa Y and Kanke T (2000). Role of graminea in the feeding deterrence of barley against the migratory locust, *Locusta migratoria* (Orthoptera: Acrididae). *Applied Entomology and Zoology*, 35, 251–256.

Ito I (1990). Managed grassland in Japan. In AI Breymeyer, ed. *Managed grasslands: regional studies. ecosystems of the world* 17A, pp. 129–148. Elsevier, Amsterdam.

Iturralde-Vinent MA and MacPhee RDE (1996). Age and paleogeographical origin of Dominican amber. *Science*, 273, 1850–1852.

IUCN/SSC Invasive Species Specialist Group (2003). Global invasive species database. Available http://www.issg.org/database/welcome/. Accessed 17 March 2008.

IUCN-WCPA (2000). Proceedings. In *Seminar on the protection and conservation of grasslands in east Asia*, pp. 75. IUCN-WCPA, Ulaanbaatar, Mongolia.

Jacobs BF, Kingston JD, and Jacobs LL (1999). The origin of grass-dominated ecosystems. *Annals of the Missouri Botanical Garden*, 86, 590–643.

Jameson DA (1963). Responses of individual plants to harvesting. *Botanical Review*, 29, 532–594.

Janis CM, Damuth J, and Theodor JM (2004). The species richness of Miocene browsers, and implications for habitat type and primary productivity in the North American grassland biome. *Paleogeography, Paleoclimatology, Palaeoecology*, 207, 371–398.

Janssen T and Bremer K (2004). The age of major monocot groups inferred from 800 + rbcL sequences. *Botanical Journal of the Linnean Society*, 146, 385–398.

Janssens F, Peeters A, Tallowin JRB, Bakker JP, Bekker RM, Fillat F, and Oomes MJM (1998). Relationship between soil chemical factors and grassland diversity. *Plant and Soil*, 202, 69.

Jean JP and Keith C (2003). Infection by the systemic fungus *Epichloë glyceriae* alters clonal growth of its grass host, *Glyceria striata*. *Proceedings of the Royal Society B, Biological Sciences*, 270, 1585–1591.

Jefferson RG (2005). The conservation management of upland hay meadows in Britain: a review. *Grass and Forage Science*, 60, 322–331.

Jennersten O (1988). Pollination in *Dianthus deltoides* (Caryophyllaceae): effects of habitat fragmentation on visitation and seed set. *Conservation Biology*, 2, 359–366.

Joern A (1995). The entangled bank: species interactions in the structure and functioning of grasslands. In A Joern and KH Keeler, eds. *The changing prairie: North American grasslands*, pp. 100–127. Oxford University Press, New York.

Johnson CN and Prideaux GJ (2004). Extinctions of herbivorous mammals in the late Pleistocene of Australia in relation to their feeding ecology: no evidence for environmental change as cause of extinction. *Austral Ecology*, 29, 553–557.

Johnson FL, Gibson DJ, and Risser PG (1982). Revegetation of unreclaimed coal strip-mines in Oklahoma. *Journal of Applied Ecology*, 19, 453–463.

Jones CG, Lawton JH, and Shachak M (1997). Positive and negative effects of organisms as physical ecosystem engineers. *Ecology*, 78, 1946–1957.

Jones M (1985). Modular demography and form in silver birch. In J White, ed. *Studies on plant de-*

mography: a festschrift for John L. Harper, pp. 223-237. Academic Press, London.

Jones MB and Woodmansee RG (1979). Biogeochemical cycling in annual grassland ecosystems. *Botanical Review*, 45, 111-144.

Jones TA (2005). Genetic principles and the use of native seeds—just the FAQs, please, just the FAQs. *Native Plants Journal*, 6, 14-24.

Josens G (1983). The soil fauna of tropical savannas, III. The termites. In F Bourliére, ed. *Ecosystems of the world* 13: *tropical savannas*, pp. 505-524. Elsevier, Amsterdam.

Joshi J, Matthies D, and Schmid B (2000). Root hemiparasites and plant diversity in experimental grassland communities. *Journal of Ecology*, 88, 634-644.

Josse C, Navarro G, Comer P et al. (2003). *Ecological systems of Latin America and the Caribbean: a working classification of terrestrial systems*. NatureServe, Arlington, VA.

Jowett D (1964). Population studies on lead-tolerant *Agrostis tenuis*. *Evolution*, 18, 70-81.

Joyce LA (1993). The life cycle of the range condition concept. *Journal of Range Management*, 46, 132-138.

Kaiser P (1983). The role of soil micro-organisms in savanna ecosystems. In F Bourliére, ed. *Ecosystems of the world* 13: *tropical savannas*, pp. 541-557. Elsevier, Amsterdam.

Kalamees R and Zobel M (1998). Soil seed bank composition in different successional stages of a species rich wooded meadow in Laelatu, western Estonia. *Acta Oecologica*, 19, 175-180.

Kalisz S and McPeek MA (1992). Demography of an age-structured annual: resampled projection matrices, elasticity analyses, and seed bank effects. *Ecology*, 73, 1082-1093.

Kapadia ZJ and Gould FW (1964). Biosystematic studies in the *Bouteloua curtipendula* complex. IV. Dynamics of
variation in *B. curtipendula* var. *caespitosa*. *Bulletin of the Torrey Botanical Club*, 91, 465-478.

Karataglis SS (1978). Studies on heavy metal tolerance in popuations of *Anthoxanthum odoratum*. *Deutsche Botanische Gesellschaft Berichte*, 91, 205-216.

Karki JB, Jhala YV, and Khanna PP (2000). Grazing lawns in Terai grasslands, Royal Bardia National Park, Nepal. *Biotropica*, 32, 423-429.

Kaufman DW, Kaufman GA, Fay PA, Zimmerman JL, and Evans EW (1998). Animal populations and communities. In AK Knapp, JM Briggs, DC Hartnett and SL Collins, eds. *Grassland dynamics*, pp. 113-139. Oxford University Press, New York.

Keeler KH (1990). Distribution of polyploid variation in big bluestem (*Andropogon gerardii*, Poaceae) across the tallgrass prairie region. *Genome*, 33, 95-100.

Keeler KH (1992). Local polyploid variation in the native prairie grass *Andropogon gerardii*. *American Journal of Botany*, 79, 1229-1232.

Keeler KH (1998). Population biology of intraspecific polyploidy in grasses. In GP Cheplick, ed. *Population biology of grasses*, pp. 183-208. Cambridge University Press, Cambridge.

Keeler KH and Davis GA (1999). Comparison of common cytotypes of *Andropogon gerardii* (Andropogoneae, Poaceae). *American Journal of Botany*, 86, 974-979.

Keeler KH and Kwankin B (1989). Polyploid polymorphism in grasses of the North American prairie. In JH Bock and YB Linhart, eds. *The evolutionary ecology of plants*. Westview Press, Boulder, CO.

Keeler KH, Kwankin B, Barnes PW, and Galbraith DW (1987). Polyploid polymorphism in *Andropogon gerardii*. *Genome*, 29, 374-379.

Keeley JE (2006). Fire management impacts on invasive plants in the Western United States. *Conservation Biology*, 20, 375-384.

Keeley JE and Rundel PW (2005). Fire and the Miocene expansion of C_4 grasslands. *Ecology Letters*, 8, 683-690.

Kellogg EA (2000). The grasses: a case study in macro-evolution. *Annual Review of Ecology and Systematics*, 31, 217-238.

Kellogg EA (2001). Evolutionary history of the grasses. *Plant Physiology*, 125, 1198-1205.

Kellogg EA (2002). Classification of the grass family. *Flora of Australia*, 43, 19-36.

Kemp DR and King WM (2001). Plant competition in pastures—implications for management. In PG Tow and A Lazenby, eds. *Competition and succession in pastures*, pp. 85-102. CABI Publishing, Wallingford, Oxon.

Kepe T (2001). Tourism, protected areas and development in South Africa: views of visitors to Mkambati NatureReserve. *South African Journal of Wildlife Research*, 31, 155-159.

Kesselmeier J and Staudt M (1999). Biogenic volatile organic compounds (VOC): an overview on emission, physiology and ecology. *Journal of Atmospheric Chemistry*, 33, 23-88.

Kikuzawa K and Ackerly D (1999). Significance of leaf longevity in plants. *Plant Species Biology*, 14, 39−45.

Kikvidze Z (1996). Neighbour interaction and stability in subalpine meadow communities. *Journal of Vegetation Science*, 7, 41−44.

King TJ (1977a). The plant ecology of ant-hills in calcareous grasslands: I. Patterns of species in relation to ant-hills in southern England. *Journal of Ecology*, 65, 235−256.

King TJ (1977b). The plant ecology of ant-hills in calcareous grasslands: II. Succession on the mounds. *Journal of Ecology*, 65, 257−278.

King TJ (1981). Ant-hills and grassland history. *Journal of Biogeography*, 8, 329−334.

Kirkham FW, Mountford JO, and Wilkins RJ (1996). The effects of nitrogen, potassium and phosphorus addition on the vegetation of a Somerset peat moor under cutting management. *Journal of Applied Ecology*, 33, 1013 1029.

Kirschbaum MUF (1994). The sensitivity of C_3 photosynthesis to increasing CO_2 concentration: a theoretical analysis of its dependence on temperature and background CO_2 concentration. *Plant, Cell and Environment*, 17, 747−754.

Kitajima K and Fenner M (2000). Ecology of seedling regeneration. In M Fenner, ed. *Seeds: the ecology of regeneration in plant communities*. 2nd edn, pp. 331−360. CABI Publishing, Wallingford, Oxon.

Kitajima K and Tilman D (1996). Seed banks and seedling establishment on an experimental productivity gradient. *Oikos*, 76, 381−391.

Kleijn D and Sutherland WJ (2003). How effective are European agri-environment schemes in conserving and promoting biodiversity? *Journal of Applied Ecology*, 40, 947−969.

Kleijn D, Baquero RA, Clough Y et al. (2006). Mixed biodiversity benefits of agri-environment schemes in five European countries. *Ecology Letters*, 9, 243−254.

Kline VM and Howell EA (1987). Prairies. In WR Jordan III, ME Gilpin and JD Aber, eds. *Restoration ecology: a synthetic approach to ecological research*, pp. 75−83. Cambridge University Press, Cambridge.

Knapp AK and Seastedt T (1986). Detritus accumulation limits productivity in tallgrass prairie. *BioScience*, 36, 662−668.

Knapp AK and Seastedt TR (1998). Introduction. In AK Knapp, JM Briggs, DC Hartnett and SL Collins, eds. *Grassland dynamics*, pp. 3−18. Oxford University Press, New York.

Knapp AK, Hamerlynck EP, and Owensby CE (1993). Photosynthetic and water relations responses to elevated CO_2 in the C_4 grass *Andropogon gerardii*. *International Journal of Plant Science*, 154, 459−466.

Knapp AK, Briggs JM, Blair JM, and Turner CL (1998). Patterns and controls of aboveground net primary production in tallgrass prairie. In AK Knapp, JM Briggs, DC Hartnett and SL Collins, eds. *Grassland dynamics*, pp. 193−221. Oxford University Press, New York.

Knapp AK, Blair JM, Briggs JM et al. (1999). The keystone role of bison in North American tallgrass prairie. *BioScience*, 49, 39−50.

Knapp AK, Fay PA, Blair JM et al. (2002). Rainfall variability, carbon cycling and plant species diversity in a mesic grassland. *Science*, 298, 2202−2205.

Knapp AK, Burns CE, Fynn RWS, Kirkman KP, Morris CD, and Smith MD (2006). Convergence and contingency in production-precipitation relationships in North American and South African C_4 grasslands. *Oecologia*, 149, 456−464.

Knorr M, Frey SD, and Curtis PS (2005). Nitrogen additions and litter decomposition: a meta-analysis. *Ecology*, 86, 3252−3257.

Koide R, Li M, Lewis J, and Irby C (1988). Role of mycorrhizal infection in the growth and reproduction of wild vs. cultivated plants. *Oecologia*, 77, 537−543.

Koide RT (1991). Tansley Review No. 29: Nutrient supply, nutrient demand and plant response to mycorrhizal infection. *New Phytologist*, 117, 365−386.

Kolasa J and Rollo CD (1991). Introduction: the heterogeneity of heterogeneity: a glossary. In J Kolasa and STA Pickett, eds. *Ecological heterogeneity*, pp. 1−23. Springer-Verlag, New York.

Komarek EVS (1964). The natural history of lightning. *Proceedings of the Third Annual Tall Timbers Fire Ecology Conference*, 3, 139−184.

König G, Brunda M, Puxbaum H, Hewitt CN, and Duckham SC (1995). Relative contribution of oxygenated hydrocarbons to the total biogenic VOC emissions of selected mid-European agricultural and natural plant species. *Atmospheric Environment*, 29, 861−874.

Kotanen PM and Rosenthal JP (2000). Tolerating herbivory: does the plant care if the herbivore has a backbone? *Evolutionary Ecology*, 14, 537−549.

Kotliar NB (2000). Application of the New Keystone-Species concept to prairie dogs: how well does it work? *Conservation Biology*, 14, 1715–1721.

Kovář P, Kovářová P, Dostál P, and Herben T (2001). Vegetation of ant-hills in a mountain grassland: effects of mound history and of dominant ant species. *Plant Ecology*, 156, 215–227.

Krueger-Mangold J, Sheley R, and Engel R (2006). Can R*s predict invasion in semi-arid grasslands? *Biological Invasions*, 8, 1343–1354.

Kucera CL (1981). Grasslands and fire. In HA Mooney, TM Bonnicksen, NL Christensen, JE Lotan and WA Reiners, eds. *Fire regimes and ecosystem properties*, pp. 90–111. USDA For. Serv. Gen. Tech. Rep. WO-26.

Kucera CL (1992). Tall-grass prairie. In RT Coupland, ed. *Ecosystems of the world: natural grasslands: introduction and western hemisphere*, Vol. 8A, pp. 227–268. Elsevier, Amsterdam.

Kucera CL and Ehrenreich JH (1962). Some effects on annual burning on central Missouri prairie. *Ecology*, 43, 334–336.

Kucharik CJ, Fayram N, and Cahill KN (2006). A paired study of prairie carbon stocks, fluxes, and phenology: comparing the world's oldest prairie restoration with an adjacent remnant. *Global Change Biology*, 12, 122–139.

Küchler AW (1964). Potential natural vegetation of the conterminous United States. *American Geographical Society Special Publication*, No. 36.

Küchler AW (1974). A new vegetation map of Kansas. *Ecology*, 55, 586–604.

Kwak MM, Velterop O, and van Andel J (1998). Pollen and gene flow in fragmented habitats. *Applied Vegetation Science*, 1, 37–54.

Kyser GB and DiTomaso JM (2002). Instability in a grassland community after the control of yellow starthistle (*Centaurea solstitialis*) with prescribed burning. *Weed Science*, 50, 648–657.

Lack AJ (1982). The ecology of flowers of chalk grassland and their insect pollinators. *Journal of Ecology*, 70, 773–790.

Lambers H, Chapin FSI, and Pons TL (1998). *Plant physiological ecology*. Springer-Verlag, New York.

Lambers JHR, Harpole WS, Tilman D, Knops J, and Reich PB (2004). Mechanisms responsible for the positive diversity-productivity relationship in Minnesota grasslands. *Ecology Letters*, 7, 661–668.

Lambert MG, Renton SW, and Grant DA (1982). Nitrogen balance studies in some North Island hill pastures. In PW Gandar and DS Bertaud, eds. *Nitrogen balances in New Zealand ecosystems*, pp. 35–40. Department of Scientific and Industrial Research, Palmerston North, New Zealand.

Lamotte M and Bourliére F (1983). Energy flow and nutrient cycling in tropical savannas. In F Bourliére, ed. *Ecosystems of the world 13: tropical savannas*, pp. 583–603. Elsevier, Amsterdam.

Lane C and Moorehead R (1996). New directions in rangeland resource tenure and policy. In I Scoones, ed. *Living with uncertainty: new directions in pastoral development in Africa*, pp. 116–133. Intermediate Technology Publications, London.

Langer RHM (1972). *How grasses grow*. Edward Arnold, London.

Larson EC (1947). Photoperiodic responses of geographical strains of *Andropogon scoparius*. *Botanical Gazette*, 109, 132–149.

Lauenroth WK and Aguilera MO (1998). Plant-plant interactions in grasses and grasslands. In GP Cheplick, ed. *Population biology of grasses*, pp. 209–230. Cambridge University Press, Cambridge.

Lauenroth WK and Gill R (2003). Turnover of root systems. In H de Kroon and EJW Visser, eds. *Root ecology*, Vol. 168, pp. 61–89. Springer-Verlag, Berlin.

Lauenroth WK and Milchunas DG (1992). Shortgrass steppe. In RT Coupland, ed. *Ecosystems of the world: natural grasslands: introduction and western hemisphere*, Vol. 8A, pp. 183–226. Elsevier, Amsterdam.

Lauenroth WK, Burke IC, and Gutmann MP (1999). The structure and function of ecosystems in the central and north American grassland region. *Great Plains Research*, 9, 223–259.

Launchbaugh JL (1964). Effects of early spring burning on yields of native vegetation. *Journal of Range Management*, 17, 5–6.

Lavrenko EM and Karamysheva ZV (1993). Steppes of the former Soviet Union and Mongolia. In RT Coupland, ed. *Ecosystems of the world: eastern hemisphere and résumé*, Vol. 8B, pp. 3–60. Elsevier, Amsterdam.

Lawrence WE (1945). Some ecotypic relations of *Deschampsia caespitosa*. *American Journal of Botany*, 32, 298–314.

Laycock WA (1991). Stable states and thresholds of range condition on North American rangelands: a viewpoint. *Journal of Range Management*, 44, 427–433.

Lazarides M (1979). *Micraira* F. Muell. (Poaceae, Micrairoideae). *Brunonia*, 2, 67–84.

Le Houerou HN and Hoste CH (1977). Rangeland production and annual rainfall relations in the Mediterranean Basin and in the African Sahelo-Sudanian zone. *Journal of Range Management*, 30, 181–189.

Lee HJ, Kuchel RE, and Trowbridge RF (1956). The aetiology of *Phalaris* staggers in sheep. II. The toxicity to sheep of three types of pasture containing *Phalaris tuberosa*. *Australian Journal of Agricultural Research*, 7, 333–344.

Lee JA and Harmer R (1980). Vivipary, a reproductive strategy in response to environmental stress? *Oikos*, 35, 254–265.

Lee TD, Reich PB, and Tjoelker MG (2003). Legume presence increases photosynthesis and N concentrations of co-occurring non-fixers but does not modulate their responsiveness to carbon dioxide enrichment. *Oecologia*, 137, 22–31.

Legendre P and Legendre L (1998). *Numerical ecology*, 2nd English edn. Elsevier, Amsterdam.

Leibold MA, Holyoak M, Mouquet N et al. (2004). The metacommunity concept: a framework for multi-scale community ecology. *Ecology Letters*, 7, 601–613.

Leis S, Engle DM, Leslie D, and Fehmi J (2005). Effects of short- and long-term disturbance resulting from military maneuvers on vegetation and soils in a mixed prairie area. *Environmental Management*, 36, 849.

Leistner E (1981). Biosynthesis of plant quinones. In EE Conn, ed. *The biochemistry of plants. a comprehensive treaty*, Vol. 7 Secondary plant products, pp. 403–423. Academic Press, New York.

Lejeune KD and Seastedt TR (2001). Centaurea species: the forb that won the West. *Conservation Biology*, 15, 1568–1574.

Lemus R and Lal R (2005). Bioenergy crops and carbon sequestration. *Critical Reviews in Plant Sciences*, 24, 1–21.

Leone V and Lovreglio R (2004). Conservation of Mediterranean pine woodlands: scenarios and legislative tools. *Plant Ecology*, 171, 221–235.

Lesica P and Allendorf FW (1999). Ecological genetics and the restoration of plant communities: mix or match? *Restoration Ecology*, 7, 42–50.

Li WB, Shi XH, Wang H, and Zhang FS (2004). Effects of silicon on rice leaves resistance to ultraviolet-B. *Acta Botanica Sinica*, 46, 691–697.

Licht DS (1997). *Ecology and economics of the Great Plains*. University of Nebraska Press, Lincoln, NE.

Lieth H, Berlekamp J, and Riediger S (1999). *Climate diagram world atlas*. Backhuys Publishers, Leiden.

Liu ZG and Zou XM (2002). Exotic earthworms accelerate plant litter decomposition in a Puerto Rican pasture and a wet forest. *Ecological Applications*, 12, 1406–1417.

Lock JM (1972). The effects of hippopotamus grazing on grasslands. *Journal of Ecology*, 60, 445–467.

Lockeretz W (1978). The lessons of the dust bowl. *American Scientist*, 66, 560–569.

Long SP, Ainsworth EA, Rogers A, and Ort DR (2004). Rising atmospheric carbon dioxide: plants face the future. *Annual Review of Plant Biology*, 55, 591–628.

López-Mariño A, Luis-Calabuig E, Fillat F, and Bermúdez FF (2000). Floristic composition of established vegetation and the soil seed bank in pasture communities under different traditional management regimes. *Agriculture, Ecosystems and Environment*, 78, 273–282.

Lortie CJ and Callaway RM (2006). Re-analysis of metaanalysis: support for the stress gradient hypothesis. *Journal of Ecology*, 94, 7–16.

Lortie CJ, Brooker RW, Choler P et al. (2004). Rethinking plant community theory. *Oikos*, 107, 433–438.

Loveland TR, Reed BC, Brown JF et al. (2000). Development of a global land cover characteristics database and IGBP DISCover from 1 km AVHRR data. *International Journal of Remote Sensing*, 21, 1303–1330.

Lovett Doust L (1981). Population dynamics and local specialization in a clonal perennial (*Ranunculus repens*). I. The dynamics of ramets in contrasting habitats. *Journal of Ecology*, 69, 743–755.

Low AB and Robelo AG, eds. (1995). *Vegetation of South Africa, Lesotho and Swaziland*. Department of Environmental Affairs and Tourism, Pretoria.

Ludwig JA and Reynolds JF (1988). *Statistical ecology*. Wiley Interscience, New York.

Lunt ID (1991). Management of remnant lowland grasslands and grassy woodlands for nature conservation: a review. *Victoria Naturalist*, 108, 56–66.

Lunt ID (2003). A protocol for integrated management, monitoring, and enhancement of degraded *Themeda triandra* grasslands based on plantings of indicator species. *Restoration Ecology*, 11, 223–

230.

Lunt ID and Morgan JW (1999). Vegetation changes after 10 years of grazing exclusion and intermittent burning in a *Themeda triandra* (Poaceae) grassland reserve in South-eastern Australia. *Australian Journal of Botany*, 47, 537–552.

Ma JF, Miyake Y, and Takahashi E (2001). Silicon as a beneficial element for crop plants. In LE Datnoff, GH Snyder and GH Korndörfer, eds. *Silicon in agriculture*, pp. 17–39. Elsevier Science, Amsterdam.

Mabberley DJ (1987). *The plant book*. Cambridge University Press, Cambridge.

MacArthur RH and Wilson EO (1967). *The theory of island biogeography*. Princeton University Press, Princeton, NJ.

Mack RN and Pyke DA (1984). The demography of *Bromus tectorum*: the role of microclimate, grazing and disease. *Journal of Ecology*, 72, 731–748.

Macphail MK and Hill RS (2002). Paleobotany of the Poaceae. *Flora of Australia*, 43, 37–70.

Maestre FT, Bautista S, and Cortina J (2003). Positive, negative, and net effects in grass-shrub interactions in Mediterranean semiarid grasslands. *Ecology*, 84, 3186–3197.

Maestre FT, Valladares F, and Reynolds JF (2005). Is the change of plant-plant interactions with abiotic stress predictable? A meta-analysis of field results in arid environments. *Journal of Ecology*, 93, 748–757.

Maestre FT, Valladares F, and Reynolds JF (2006). The stress-gradient hypothesis does not fit all relationships between plant-plant interactionss and abiotic stress: further insights from arid environments. *Journal of Ecology*, 94, 17–22.

Magda D, Duru M, and Theau J-P (2004). Defining management rules for grasslands using weed demographic characteristics. *Weed Science*, 52, 339–345.

Maier W, Hammer K, Dammann U, Schulz B, and Strack D (1997). Accumulation of sesquiterpenoid cyclohexenone derivatives induced by an arbuscular mycorrhizal fungus in members of the Poaceae. *Planta*, 202, 36–42.

Makita A (1998). Population dynamics in the regeneration process of monocarpic dwarf bamboos, *Sasa* species. In GP Cheplick, ed. *Population biology of grasses*, pp. 313–332. Cambridge University Press, Cambridge.

Mallory-Smith C, Hendrickson P, and Mueller-Warrant G (1999). Cross-resistance of primisulfuron-resistant *Bromus tectorum* L. (downy brome) to sulfosulfuron. *Weed Science*, 47, 256–257.

Malmstrom CM, Hughes CC, Newton LA, and Stoner CJ (2005). Virus infection in remnant native bunchgrasses from invaded California grasslands. *New Phytologist*, 168, 217–230.

Mann LK (1986). Changes in soil carbon storage after cultivation. *Soil Science*, 142, 279–288.

Manning R (1995). *Grassland: the history, biology, politics, and promise of the American prairie*. Penguin, New York.

Manry DE and Knight RS (1986). Lightning density and burning frequency in South African vegetation. *Plant Ecology*, 66, 67–76.

Mark AF (1993). Indigenous grasslands of New Zealand. In RT Coupland, ed. *Ecosystems of the world: eastern hemisphere and résumé*, Vol. 8B, pp. 361–410. Elsevier, Amsterdam.

Mark RN (1981). Invasion of *Bromus tectorum* L. into western North America: an ecological chronicle. *Agro-Ecosystems*, 7, 145–165.

Maron JL and Jefferies RL (1991). Restoring enriched grasslands: effects of mowing on species richness, productivity, and nitrogen retention. *Ecological Applications*, 11, 1088–1100.

Marshall JK (1977). Biomass and production partitioning in response to environment in some North American grasslands. In JK Marshall, ed. *The belowground ecosystem*, pp. 73–84. Colorado State University, Fort Collins, CO.

Martin RE, Asner GP, Ansley RJ, and Mosier AR (2003). Effects of woody vegetation encroachment on soil nitrogen oxide emisssions in a temperate savanna. *Ecological Applications*, 13, 897–910.

Martinsen GD, Cushman JH, and Whitham TG (1990). Impact of pocket gopher disturbance on plant species diversity in a shortgrass prairie community. *Oecologia*, 83, 132.

Mathews S, Tritschler JPI, and Miyasaka SC (1998). Phosphorus management and sustainability. In JH Cherney and DJR Cherney, eds. *Grass for Dairy Cattle*, pp. 193–222. CABI International, Wallingford, Oxon.

Matsuoka Y (2005). Origin matters: lessons from the search for the wild ancestor of maize. *Breeding Science*, 55, 383–390.

Matthews JA (1992). The ecology of recently-deglaciated terrain: a geoecological approach to glacial forelandss and primary succession. Cambridge University Press, Cambridge.

Maybury KP, ed. (1999). *Seeing the forest and the*

trees: *ecological classification for conservation*. Nature Conservancy, Arlington, VA.

Mayer PM, Tunnell SJ, Engle DM, Jorgensen EE, and Nunn P (2005). Invasive grass alters litter decomposition by influencing macrodetritivores. *Ecosystems*, 8, 200-209.

Mazzanti A, Lemaire G, and Gastal F (1994). The effect of nitrogen fertilization upon the herbage production of tall fescue swards continuously grazed with sheep. I. Herbage growth dynamics. *Grass and Forage Science*, 49, 111-120.

McCulley RL, Burke IC, Nelson JA, Lauenroth WK, Knapp AK, and Kelly EF (2005). Regional patterns in carbon cycling across the Great Plains of North America. *Ecosystems*, 8, 106-212.

McEwen LC (1962). Leaf longevity and crude protein content for roughleaf ricegrass in the Black Hills. *Journal of Range Management*, 15, 106.

McIntyre S, Heard KM, and Martin TG (2003). The relative importance of cattle grazing in subtropical grasslands: does it reduce or enhance plant biodiversity? *Journal of Applied Ecology*, 40, 445-457.

McIvor JG (2005). Australian grasslands. In JM Suttie, SG Reynolds and C Batello, eds. *Grasslands of the world*, pp. 343-380. Food and Agriculture Organization of the United Nations, Rome.

McLaughlin SB, De La Torre Ugarte DG, Garten Jr. CT et al. (2002). High-value renewable energy from prairie grasses. *Environmental Science and Technology*, 36, 2122-2129.

McMillan C (1956a). Nature of the plant community. I. Uniform garden and light period studies of five grass taxa in Nebraska. *Ecology*, 37, 330-340.

McMillan C (1956b). Nature of the plant community. II. Variation in flowering behavior within populations of *Andropogon scoparius*. *American Journal of Botany*, 43, 429-436.

McMillan C (1957). Nature of the plant communiy. III. Flowering behavior within two grassland communities under reciprocal transplanting. *American Journal of Botany*, 44, 144-153.

McMillan C (1959a). Nature of the plant community. V. Variation within the true prairie community-type. *American Journal of Botany*, 46, 418-424.

McMillan C (1959b). The role of ecotypic variation in the distribution of the Central Grassland of North America. *Ecological Monographs*, 29, 285-308.

McMillan C and Weiler J (1959). Cytogeography of *Panicum virgatum* in central North America. *American Journal of Botany*, 46, 590-593.

McNaughton SJ (1979). Grazing as an optimization process: grass-ungulate relationships in the Serengeti. *American Naturalist*, 113, 691-703.

McNaughton SJ (1983). Serengeti grassland ecology: the role of composite environmental factors and contingency in community organization. *Ecological Monographs*, 53, 291-320.

McNaughton SJ (1984). Grazing lawns: animals in herds, plant form, and coevolution. *American Naturalist*, 124, 863-886.

McNaughton SJ (1985). Ecology of a grazing ecosystem: the Serengeti. *Ecological Monographs*, 55, 259-294.

McNaughton SJ, Oesterheld M, Frank DA, and Williams KJ (1989). Ecosystem-level patterns of primary productivity and herbivory in terrestrial habitats. *Nature*, 341, 142-144.

McNaughton SJ, Tarrants JL, McNaughton MM, and Davis RH (1985). Silica as a defense against herbivory and a growth promotor in African grasses. *Ecology*, 66, 528-535.

Menaut JC (1983). The vegetation of African savannas. In F Bourliére, ed. *Ecosystems of the world 13: tropical savannas*, pp. 109-149. Elsevier, Amsterdam.

Metcalf CR (1960). *Anatomy of the Monocotyledons. I. Gramineae*. Oxford University Press, Oxford.

Metz M and Fütterer J (2002). Biodiversity (communications arising): suspect evidence of transgenic contamination (see editorial footnote). *Nature*, 416, 600-601.

Meyer CK, Whiles MR, and Charlton RE (2002). Life history, secondary production, and ecosystem significance of acridid grasshoppers in annually burned and unburned tallgrass prairie. *American Entomologist*, 48, 52-61.

Michalet R, Brooker RW, Cavieres LA et al. (2006). Do biotic interactions shape both sides of the humped-back model of species richness in plant communities? *Ecology Letters*, 9, 767-773.

Michaud R, Lehman WF, and Rumbaugh MD (1988). World distribution and historical development. In AA Hanson, DK Barnes and JRR Hill, eds. *Alfalfa and alfalfa improvement*, Vol. 29, pp. 25-91. American Society of Agronomy, Madison, WI.

Michelangeli FA, Davis JI, and Stevenson DW (2003). Phylogenetic relationships among Poaceae and related families as inferred from morphology, inversions in the plastid genome, and sequence data from the mitochondrial and plastid genomes. *Ameri-

can *Journal of Botany*, 90, 93-106.
Midewin National Tallgrass Prairie (2002). http://www.fs.fed.us/mntp/plan/, accessed 28 May 2007.
Milberg P (1993). Seed bank and seedlings emerging after soil disturbance in a wet semi-nature grassland in Sweden. *Annales Botanici Fennici*, 30, 9-13.
Milberg P (1995). Soil seed bank after eighteen years of succession from grassland to forest. *Oikos*, 72, 3-13.
Milchunas DG and Lauenroth WK (1993). Quantitative effects of grazing on vegetation and soils over a global range of environments. *Ecological Monographs*, 63, 327-366.
Milchunas DG, Sala OE, and Lauenroth WK (1988). A generalized model of the effects of grazing by large herbivores on grassland communitiy structure. *American Naturalist*, 132, 87-106.
Miller DJ (2005). The Tibetan steppe. In JM Suttie, SG Reynolds and C Batello, eds. *Grasslands of the world*, pp. 305-342. Food and Agriculture Organization of the United Nations, Rome.
Miller TE, Burns JH, Munguia P et al. (2005). A critical review of twenty years' use of the resource-ratio theory. *American Naturalist*, 165, 439-448.
Milner C and Hughes RE (1968). *Methods for the measurement of the primary production of grassland*. Blackwell Scientific, Oxford.
Milton SJ and Dean WRJ (2004). Disturbance, drought and dynamics of desert dune grassland, South Africa. *Plant Ecology*, 150, 37-51.
Milton SJ, Dean WRJ, and Richardson DM (2003). Economic incentives for restoring natural capital in southern African rangelands. *Frontiers in Ecology and the Environment*, 1, 247-254.
Misra R (1983). Indian savannas. In F Bourliére, ed. *Ecosystems of the world* 13: *tropical savannas*, pp. 151-166. Elsevier, Amsterdam.
Mitchell CE (2003). Trophic control of grassland production and biomass by pathogens. *Ecology Letters*, 6, 147-155.
Mitchell RB, Masters RA, Waller SS, Moore KJ, and Young LJ (1996). Tallgrass prairie vegetation response to spring burning dates, fertilizer, and atrazine. *Journal of Range Management*, 49, 131-136.
Mohlenbrock RH (1993). Simpson Township Barrens, Illinois. In *Natural History*, pp. 25-27.
Moir WH (1989). History and development of site and condition criteria for range condition within the U.S. Forest Service. In WK Lauenroth and WA Laycock, eds. *Secondary succession and the evaluation of rangeland condition*, pp. 49-76. Westview Press, Boulder, CO.
Moloney KA (1986). Fine-scale spatial and temporal variation in the demography of a perennial bunchgrass. *Ecology*, 69, 1588-1598.
Montgomery RF and Askew GP (1983). Soils of tropical savannas. In F Bourliére, ed. *Ecosystems of the world* 13: *tropical savannas*, pp. 63-78. Elsevier, Amsterdam.
Moore I (1966). *Grass and grasslands*. Collins, London.
Moore KJ (2003). Compendium of common forages. In RF Barnes, CJ Nelson, M Collins and KJ Moore, eds. *Forages: an introduction to grassland agriculture*, Vol. 1, pp. 237-238. Iowa State Unviversity Press, Ames, IA.
Moore KJ and Moser LE (1995). Quantifying developmental morphology of perennial grasses. *Crop Science*, 35, 37-43.
Moore RM (1993). Grasslands of Australia. In RT Coupland, ed. *Natural grasslands: eastern hemisphere and résumé*, Vol. 8B, pp. 315-360. Elsevier, Amsterdam.
Moore RM, ed. (1970). *Australian grasslands*. Australian National University, Canberra.
Mora G and Pratt LM (2002). Carbon isotopic evidence from paleosols for mixed C-3/C-4 vegetation in the Bogota Basin, Colombia. *Quaternary Science Review*, 21, 985-995.
Morecroft MD, Sellers EK, and Lee JA (1994). An experimental investigation into the effects of atmospheric nitrogen deposition on two semi-natural grasslands. *Journal of Ecology*, 82, 475-483.
Morgan JW (2004). Defining grassland fire events and the response of perennial plants to annual fire in temperate grasslands of south-eastern Australia. *Plant Ecology*, 144, 127-144.
Morghan KJR, Sheley RL, and Svejcar T (2006). Successful adaptive management—the integration of research and management. *Rangeland Ecology and Management*, 59, 216-219.
Morris JW, Bezuidenhout JJ, and Furniss PR (1982). Litter decomposition. In BJ Huntley and BH Walker, eds. *Ecology of tropical savannas*, pp. 535-553. Springer-Verlag, Berlin.
Morrison J (1987). Effects of nitrogen fertilizer. In RW Snaydon, ed. *Ecosystems of the world: managed grasslands: analytical studies*, Vol. 17B, pp. 61-70. Elsevier, Amsterdam.
Mueggler WF (1972). Influence of competition on the

response of bluebunch wheatgrass to clipping. *Journal of Range Management*, 25, 88-92.

Mueller-Dombois D and Ellenberg H (1974). *Aims and methods of vegetation ecology*. John Wiley & Sons, New York.

Muller CB and Krauss J (2005). Symbiosis between grasses and asexual fungal endophytes. *Current Opinion in Plant Biology*, 8, 450-456.

Muller S, Dutoit T, Alard D, and Grévilliot F (1998). Restoration and rehabilitation of species-rich grassland ecosystems in France: a review. *Restoration Ecology*, 6, 94-101.

Mulvaney CR, Molano-Flores B, and Whitman DW (2004). The reproductive biology of *Agalinis auriculata* (Michx.) Raf. (Orobanchaceae), a threatened North American Prairie inhabitant. *International Journal of Plant Sciences*, 165, 605-614.

Murphy BP and Bowman DMJS (2007). The interdependence of fire, grass, kangaroos and Australian Aborigines: a case study from central Arnhem Land, northern Australia. *Journal of Biogeography*, 34, 237-250.

Murphy CA, Foster BL, Ramspott ME, and Price KP (2006). Effects of cultivation history and current grassland management on soil quality in northeastern Kansas. *Journal of Soil and Water Conservation*, 61, 75-84.

Murphy JA, Hendricks MG, Rieke PE, Smucker AJM, and Branham BE (1994). Turfgrass root systems evaluated using the minirhizotron and video recording methods. *Agronomy Journal*, 86, 247-250.

Mutch RW and Philpot CW (1970). Relation of silica content to flameability in grasses. *Forest Science*, 16, 64-65.

Myers N and Mittermeier RA (2000). Biodiversity hotspots for conservation priorities. *Nature*, 403, 853-859.

Natasha BK, Bruce WB, April DW, and Glenn P (1999). A critical review of assumptions about the prairie dog as a keystone species. *Environmental Management*, 24, 177-192.

National Research Council (1992). *Grasslands and grassland sciences in Northern China*. National Academy Press, Washington, DC.

National Research Council (1994). Rangeland health: new methods to classify, inventory, and monitor rangelands. National Academy Press, Washington, DC.

NatureServe (2003). A working classification of terrestrial ecological systems in the coterminous United States. international terrestrial ecological systems classification. NatureServe, Arlington, VA.

NatureServe (2007a). *International ecological classification standard: terrestrial ecological classifications*. Data current as of 16 August 2005 edn. NatureServe Central Databases, Arlington, VA.

NatureServe (2007b). NatureServe Explorer: an online encyclopedia of life [web application]. Version 6.2. Available http://www.natureserve.org/explorer. Accessed 10 January 2008. Data current as of 16 August 2005 edn. NatureServe, Arlington, VA.

Navas M-L (1998). Individual species performance and response of multispecific communities to elevated CO_2: a review. *Functional Ecology*, 12, 721-727.

Navas M-L, Ducout B, Roumet C, Richarte J, Garnier J, and Garnier E (2003). Leaf life span, dynamics and construction cost of species from Mediterranean old-fields differing in successional status. *New Phytologist*, 159, 213-218.

Neill C, Steudler PA, Garcia-Montiel DC et al. (2005). Rates and controls of nitrous oxide and nitric oxide emissions following conversion of forest to pasture in Rondônia. *Nutrient Cycling in Agroecosystems*, 71, 1-15.

Nelson CJ and Moser LE (1994). Plant factors affecting forage quality. In GC Fahey, ed. *Forage quality, evaluation, and utilization*, pp. 115-154. American Society of Agronomy, Inc., Crop Science Society of America, Inc., Soil Science Society of America, Inc., Madison, WI.

Newingham BA and Belnap J (2006). Direct effects of soil amendments on field emergence and growth of the invasive annual grass *Bromus tectorum* L. and the native perennial grass *Hilaria jamesii* (Torr.) Benth. *Plant and Soil*, 280, 29-40.

Newman EI (1982). *The plant community as a working mechanism*. Blackwell Scientific, Oxford.

Newman JA, Abner ML, Dado RG, Gibson DJ, and Hickman A (2003). Effects of elevated CO_2 on the tall fescue-endophytic fungus interaction: growth, photosynthesis, growth, chemical composition and digestibility. *Global Change Biology*, 9, 425-437.

Newsham KK and Watkinson AR (1998). Arbuscular mycorrhizas and the population biology of grasses. In GP Cheplick, ed. *Population biology of grasses*, pp. 286-312. Cambridge University Press, Cambridge.

Newsham KK, Fitter AH, and Watkinson AR (1995). Arbuscular mycorrhiza protect an annual grass from root pathogenic fungi in the field. *Jour-*

nal of Ecology, 83, 991-1000.

Nie D, He H, Kirkham MB, and Kanemasu ET (1992a). Photosynthesis of a C_3 grass and a C_4 grass under elevated CO_2. Photosynthetica, 26, 189-198.

Nie D, Kirkham MB, Ballou LK, Lawlor DJ, and Kanemasu ET (1992b). Changes in prairie vegetation under elevated carbon dioxide levels and two soil moisture regimes. Journal of Vegetation Science, 3, 673-678.

Nimbal CI, Yerkes CN, Weston LA, and Weller SC (1996). Herbicidal activity and site of action of the natural product sorgoleone. Pesticide Biochemistry and Physiology, 54, 73-83.

Nippert JB, Knapp AK, and Briggs JM (2006). Intra-annual rainfall varibility and grassland productivity: can the past predict the future? Plant Ecology, 184, 65-74.

Nix HA (1983). Climate of tropical savannas. In F Bourliére, ed. Ecosystems of the world 13: tropical savannas, pp. 37-62. Elsevier, Amsterdam.

Njoku OU, Okorie IN, Okeke EC, and Okafor JI (2004). Investigation on the phytochemical and antimicrobial properties of Pennisetum purpureum. Journal of Medicinal and Aromatic Plant Sciences, 26, 311-314.

Noble JC (1991). Behaviour of a very fast grassland wildfire on the riverrine plain of southeastern Australia. International Journal of Wildland Fire, 1, 189-196.

Noble JC and Walker P (2006). Integrated shrub management in semi-arid woodlands of eastern Australia: a systems-based decision support model. Agricultural Systems, 88, 332-359.

Noble JC, Cunningham GM, and Mulham WE (1984). Rehabilitation of degraded land. In GN Harrington, AD Wilson and MD Young, eds. Management of Australia's rangelands, pp. 171-186. CSIRO, East Melbourne, Australia.

Norby RJ and Lou Y (2004). Evaluating ecosystem responses to rising atmospheric CO_2 and global warming in a multi-factor world. New Phytologist, 162, 281-293.

Norman MJT (1960). The relationship between competition and defoliation in pasture. Grass and Forage Science, 15, 145-149.

Norton DA and Miller CJ (2000). Some issues and options for the conservation of native biodiversity in rural New Zealand. Ecological Management and Restoration, 1, 26-34.

Noy-Meir I, Gutmann MP, and Kaplan Y (1989). Responses of mediterranean grassland plants to grazing and protection. Journal of Ecology, 77, 290-310.

Nunes da Cunha C and Junk WJ (2004). Year-to-year changes in water level drive the invasion of Vochysia divergens in Pantanal grasslands. Applied Vegetation Science, 7, 103-110.

O'Connor TG (1983). Nitrogen balances in natural grasslands and extensively-managed grassland systems. New Zealand Journal of Ecology, 6, 1-18.

O'Connor TG (1993). The influence of rainfall and grazing on the demography of some African savanna grasses: a matrix modelling approach. Journal of Applied Ecology, 30, 119-132.

O'Connor TG (1994). Composition and population responses of an African savanna grassland to rainfall and grazing. Journal of Applied Ecology, 31, 155-171.

O'Connor TG (2005). Influence of land use on plant community composition and diversity in Highland Sourveld grassland in the southern Drakensberg, South Africa. Journal of Applied Ecology, 42, 975-988.

O'Connor TG and Everson TM (1998). Population dynamics of perennial grasses in African savanna and grassland. In GP Cheplick, ed. Population biology of grasses, pp. 333-365. Cambridge University Press, Cambridge.

O'Connor TG, Morris CD, and Marriott DJ (2003). Change in land use and botanical composition of KwaZuluNatal's grasslands over the past fifty years: Acocks' sites revisited. South African Journal of Botany, 69, 105-115.

O'Lear HA, Seastedt TR, Briggs JM, Blair JM, and Ramundo RA (1996). Fire and topographic effects on decomposition rates and N dynamics of buried wood in tallgrass prairie. Soil Biology and Biochemistry, 3, 323-329.

Ogelthorpe DR and Sanderson RA (1999). An ecological-economic model for agri-environmental policy analysis. Ecological Economics, 28, 245-266.

Ohiagu CE and Wood TG (1979). Grass production and decomposition in Southern Guinea savanna, Nigeria. Oecologia, 40, 155-165.

Ojasti J (1983). Ungulates and large rodents of South America. In F Bourliére, ed. Ecosystems of the world 13: tropical savannas, pp. 427-439. Elsevier, Amsterdam.

Ojima DS, Parton WJ, Schimel DS, and Owensby CE (1990). Simulated effects of annual burning on prairie ecosystems. In SL Collins and LL Wallace, eds. *Fire in North American tallgrass prairie*, pp. 118-132. University of Oklahoma Press, Norman, OK.

Oksanen J (1996). Is the humped relationship between species richness and biomass an artifact due to plot size? *Journal of Ecology*, 84, 293-295.

Olff H and Ritchie ME (1998). Effects of herbivores on grassland plant diversity. *Trends in Ecology & Evolution*, 13, 261-265.

Olff H, Hoorens B, de Goede RGM, van der Putten WH, and Gleichman JM (2000). Small-scale shifting mosaics of two dominant grassland species: the possible role of soil-borne pathogens. *Oecologia*, 125, 45-54.

Oliveira JM and Pillar VD (2004). Vegetation dynamics on mosaics of Campos and Araucaria forest between 1974 and 1999 in Southern Brazil. *Community Ecology*, 5, 197-202.

Olmated CE (1944). Growth and development in range grasses. IV. Photoperiodic responses in twelve geographic strains of sideoats grama. *Botanical Gazette*, 106, 46-74.

Olmated CE (1945). Growth and development in range grasses. V. Photoperiodic responses of clonal divisions of three latitudinal strains of sideoats grama. *Botanical Gazette*, 106, 382-401.

Olsen JS (1963). Energy storage and the balance of producers and decomposers in ecological systems. *Ecology*, 44, 322-331.

Olson DM and Dinerstein E (2002). The Global 200: priority ecoregions for global conservation. *Annals of the Missouri Botanical Garden*, 89, 199-224.

Olson DM, Dinerstein E, Abell R et al. (2000). *The Global 200: a representation approach to conserving the Earth's distinctive ecoregions*. Conservation Science Program, World Wildlife Fund-US, Washington DC.

Olson DM, Dinerstein E, Wikramanayake ED et al. (2001). Terrestrial ecoregions of the world: a new map of life on earth. A new global map of terrestrial ecoregions provides an innovative tool for conserving biodiversity. *BioScience*, 51, 933-938.

Olson JS (1958). Rates of succession and soil changes on southern Lake Michigan sand dunes. *Botanical Gazette*, 119, 125-170.

Orr DM and Holmes WE (1984). Mitchell grasslands. In GN Harrington, AD Wilson and MD Young, eds. *Management of Australia's rangelands*, pp. 241-254. CSIRO, East Melbourne, Australia.

Ortiz-Garcia S, Ezcurra E, Schoel B, Acevedo F, Soberon J, and Snow AA (2005). Absence of detectable transgenes in local landraces of maize in Oaxaca, Mexico (2003-2004). *Proceedings of the National Academy of Science*, USA, 102, 12338-12343.

Osborne CP (2008). Atmosphere, ecology and evolution: what drove the Miocene expansion of C4 grasslands? *Journal of Ecology*, 96, 35-45.

Osborne CP and Beerling DJ (2006). Nature's green revolution: the remarkable evolutionary rise of C_4 plants. *Philosophical Transactions of the Royal Society of London*, Series B, 361, 173-194.

Overbeck GE, Müller SC, Pillar VD, and Pfadenhauer J (2005a). Fine-scale post-fire dynamics in southern Brazilian subtropical grassland. *Journal of Vegetation Science*, 16, 655-664.

Overbeck GE, Müller SC, Pillar VD, and Pfadenhauer J (2005b). No heat-stimulated germination found in herbaceous species from burned subtropical grassland. *Plant Ecology*, 184, 237-243.

Owensby CE, Coyne PI, Ham JM, Auen LM, and Knapp AK (1993). Biomass production in a tallgrass prairie ecosystem exposed to ambient and elevated CO_2. *Ecological Applications*, 5, 644-653.

Packard S and Mutel CF, eds. (2005). *The tallgrass restoration handbook*, 2nd edn. Island Press, Washington DC.

Pallarés OR, Berretta EJ, and Maraschin GE (2005). The south American Campos ecosystem. In JM Suttie, SG Reynolds and C Batello, eds. *Grasslands of the world*, pp. 171-219. Food and Agriculture Organization of the United Nations, Rome.

Parton WJ, Coughenour MB, Scurlock JMO et al. (1996). Global grassland ecosystem modelling: development and test of ecosystem models for grassland systems. In AI Breymeyer, DO Hall, JM Melillo and GI Agren, eds. *Global change: effects on coniferous forests and grasslands*. Wiley, Chichester.

Parton WJ, Stewart JWB, and Cole CV (1988). Dynamics of C, N, P and S in grassland soils: a model. *Biogeochemistry*, 5, 109-31.

Paruelo JM, Jobbágy EG, Sala OE, Lauenroth WK, and Burke IC (1998). Functional and structural convergence of temperate grassland and shrubland ecosystems. *Ecological Applications*, 8, 194-206.

Pastor J, Stillwell MA, and Tilman D (1987). Little bluestem litter dynamics in Minnesota old fields. *Oecologia*, 72, 327-330.

Pauly WR (2005). Conducting burns. In S Packard and CF Mutel, eds. *The tallgrass restoration hand-*

book, pp. 223–244. Island Press, Washington, DC.

Pausas JG and Austin MP (2001). Patterns of plant species richness in relation to different environments: an appraisal. *Journal of Vegetation Science*, 12, 153–166.

Payne F, Murray PJ, and Cliquet JB (2001). Root exudates: a pathway for short-term N transfer from clover and ryegrass. *Plant and Soil*, 229, 235–243.

Peacock E and Schauwecker T, eds. (2003). *Blackland prairies of the Gulf coastal plain*. University of Alabama Press, Tuscaloosa, AL.

Pearsall WH (1950). *Mountains and moorlands*. Collins, London.

Peco B, Ortega M, and Levassor C (1998). Similarity between seed bank and vegetation in Mediterranean grassland: a predictive model. *Journal of Vegetation Science*, 9, 815–828.

Peet RK (1992). Community structure and ecosystem function. In DC Glenn-Lewin, RK Peet and TT Veblen, eds. *Plant succession: theory and practice*, pp. 103–151. Chapman & Hall, London.

Peeters A (2004). *Wild and sown grasses*. Food and Agriculture Organization of the United Nations, Rome.

Pellant M, Shaver P, Pyke DA, and Herrick JE (2005). *Interpreting indicators of rangeland health*, version 4. Technical Reference 1734–6. BLM/WO/ST-00/001+1734/ REV05. U. S. Department of the Interior, Bureau of Land Management, National Science and Technology Center, Denver, CO.

Pendleton DT (1989). Range condition as used in the Soil Conservation Service. In WK Lauenroth and WA Laycock, eds. *Secondary succession and the evaluation of rangeland condition*, pp. 17–34. Westview Press, Boulder, CO.

Pennington W (1974). *The history of British vegetation*. 2nd edn. English Universities Press, London.

Perelman SB, Leon JC, and Oesterheld M (2001). Cross-scale vegetation patterns of flooding Pampa grasslands. *Journal of Ecology*, 89, 562–577.

Pérez EM and Bulla L (2005). Llanos (NT0709). Available http://www.worldwildlife.org/wildworld/profiles/terrestrial/nt/nt0709_full.html Accessed November 9 2005. World Wildlife Fund.

Perrow MR and Davy AJ, eds. (2002). *Handbook of ecological restoration*. Vol. 2. *Restoration in practice*. Cambridge University Press, Cambridge.

Peters JC and Shaw MW (1996). Effect of artificial exclusion and augmentation of fungal plant pathogens on a regenerating grassland. *New Phytologist*, 134, 295–307.

Phoenix GK, Booth RE, Leake JR, Read DJ, Grime JP, and Lee JA (2003). Effects of enhanced nitrogen deposition and phosphorus limitation on nitrogen budgets of semi-natural grasslands. *Global Change Biology*, 9, 1309–1321.

Pickett STA and Cadenasso ML (2005). Vegetation dynamics. In E Van der Maarel, ed. *Vegetation ecology*, pp. 172–198. Blackwell, Oxford.

Pickett STA and White PS (1985). *The ecology of natural disturbance and patch dynamics*. Academic Press, Orlando, FL.

Pimm SL (1997). The value of everything. *Nature*, 38, 231–232.

Piper JK and Pimm SL (2002). The creation of diverse prairie-like communities. *Community Ecology*, 3, 205.

Piperno D and Hans-Dieter S (2005). Dinosaurs dined on grass. *Science*, 310, 1126–1128.

Platt WJ (1975). The colonization and formation of equilibrium plant species associations on badger disturbances in a tallgrass prairie. *Ecological Monographs*, 45, 285–305.

Platt WJ and Weis JM (1985). An experimental study of competition among fugitive prairie plants. *Ecology*, 66, 708–720.

Poinar GC and Columbus JT (1992). Adhesive grass spikelet with mammalian hair in Dominican amber—1st fossil evidence of epizoochory. *Experientia*, 48, 906–908.

Polley HW (1997). Implications of rising atmospheric carbon dioxide concentration for rangelands. *Journal of Range Management*, 50, 562–577.

Polley HW and Collins SL (1984). Relationships of vegetation and environment in buffalo wallows. *American Midland Naturalist*, 112, 178–186.

Polley HW, Johnson HB, Mayeux HS, and Tischler CR (1996). Are some of the recent changes in grassland communities a response to rising CO_2 concentrations? In C Körner and FA Bazzaz, eds. *Carbon dioxide, populations and communities*, pp. 177–195. Academic Press, New York.

Poorter H (1993). Interspecific variation in the growth response of plants to an elevated ambient CO_2 concentration. *Vegetatio*, 104/105, 77–97.

Poorter H and Navas M-L (2003). Plant growth and competition at elevated CO_2: on winners, losers and functional groups. *New Phytologist*, 157, 175–198.

Potts DL, Huxman TE, Enquist BJ, Weltzin JF, and

Williams DG (2006). Resilience and resistance of ecosystem funtional response to a precipitation pulse in a semi-arid grassland. *Journal of Ecology*, 94, 23–30.

Potvin C and Vasseur L (1997). Long-term CO_2 enrichment of a pasture community: species richness, dominance, and succession. *Ecology*, 78, 666–677.

Prasad V, Strömberg CAE, Alimohammadian H, and Sahni A (2005). Dinosaur coprolites and the early evolution of grasses and grazers. *Science*, 310, 1177–1180.

Prat H (1936). La systématique des Graminées. *Annales des Sciences Naturelles Série Botanique X*, 18, 165–258.

Pratt A (1873). *The flowering plants, grasses, sedges, and ferns of Great Britain, and their allies the club mosses, pepper-worts and horsetails*. Frederick Warne & Co, London.

Prendergast HDV (1989). Geographical distribution of C_4 acid decarboxylation types and associated structural variants in native Australian C_4 grasses (Poaceae). *Australian Journal of Botany*, 37, 253–273.

Prendergast HDV, Hattersley PW, Stone NE, and Lazarides M (1986). C_4 acid decarboxylation type in Eragrostis (Poaceae): patterns of variation in chloroplast position, ultrastructure and geographical distribution. *Plant, Cell & Environment*, 9, 333–344.

Prentice HC, Lönn M, Lefkovitch LP, and Runyeon H (1995). Associations between allele frequencies in *Festuca ovina* and habitat variation in the alvar grassland son the Baltic island of Öland. *Journal of Ecology*, 83, 391–402.

Prentice HC, Lönn M, Lager H, Rosén E, and Van der Maarel E (2000). Changes in allozyme frequencies in *Festuca ovina* populations after a 9-year nutrient/water experiment. *Journal of Ecology*, 88, 331–347.

Prentice HC, Lönn M, Rosquist G, Ihse M, and Kindstrom M (2006). Gene diversity in a fragmented population of *Briza media*: grassland continuity in a landscape context. *Journal of Ecology*, 94, 87–97.

Press MC and Phoenix GK (2005). Impacts of parasitic plants on natural communities. *New Phytologist*, 166, 737–751.

Pringle HJR, Watson IW, and Tinley KL (2006). Landscape improvement, or ongoing degradation—reconciling apparent contradictions from the arid rangelands of Western Australia. *Landscape Ecology*, 21, 1267–1279.

Prychid CJ, Rudall PJ, and Gregory M (2003). Systematics and biology of silica bodies in monocotyledons. *Botanical Review*, 69, 377–440.

Putten WHVD, Dijk CV, and Peters BAM (1993). Plant-specific soil-borne diseases contribute to succession in foredune vegetation. *Nature*, 362, 53.

Pyke DA, Herrick JE, Shaver P, and Pellant M (2002). Rangeland health attributes and indicators for quantitative assessment. *Journal of Range Management*, 55, 584–597.

Pyne SJ (2001). *Fire: a brief history*. University of Washington Press, Seattle, WA.

Quin BF (1982). The influence of grazing animals on nitrogen balances. In PW Gandar and DS Bertaud, eds. *Nitrogen balances in New Zealand ecosystems*, pp. 95–102. Department of Scientific and Industrial Research, Palmerston North, New Zealand.

Quinn JA (1978). Plant ecotypes: ecological or evolutionary units? *Bulletin of the Torrey Botanical Club*, 105, 58–64.

Quinn JA (1991). Evolution of dioecy in *Buchloe dactyloides* (Gramineae): tests for sex-specific vegetative characters, ecological differences, and sexual niche-partitioning. *American Journal of Botany*, 78, 481–488.

Quinn JA (2000). Adaptive plasticity in reproduction and reproductive systems of grasses. In SWL Jacobs and J Everett, eds. *Grasses: systematics and evolution*, pp. 281–286. CSIRO, Collingwood, Australia.

Quinn JA and Ward RT (1969). Ecological differentiation in sand dropseed (*Sporobolus cryptandrus*). *Ecological Monographs*, 39, 61–78.

Quist D and Chapela IH (2001). Transgenic DNA introgressed into traditional maize landraces in Oaxaca, Mexico. *Nature*, 414, 541–543.

Rabinowitz D and Rapp JK (1985). Colonization and establishment of Missouri prairie plants on artificial soil disturbances. III. Species abundance distributions, survivorship, and rarity. *American Journal of Botany*, 72, 1635–1640.

Rabotnov TA (1955). Fluctuations of meadows. *Bjulleten Moskovskogo Obscestva Ispytatelej Prirody Otdel Biologiceskij*, 60, 9–30.

Rabotnov TA (1974). Differences between fluctuations and successions. In R Knapp, ed. *Vegetation dynamics*, pp. 19–24. Dr. W. Junk Publisher, The Hague.

Rackham O (1986). *The history of the countryside*. Phoenix, London.

Radcliffe JE and Baars JA (1987). The productivity of temperate grasslands. In RW Snaydon, ed. *Ecosystems of the world: managed grasslands: analytical studies*, Vol. 17B, pp. 7–17. Elsevier, Amsterdam.

Raghu S, Anderson RC, Daehler CC, Davis AS, Wiedenmann RN, Simberloff D, and Mack RN (2006). Adding biofuels to the invasive species fire? *Science*, 313, 1742.

Rahbek C (2005). The role of spatial scale and the perception of large-scale species-richness patterns. *Ecology Letters*, 8, 224–239.

Rajaniemi TK (2002). Why does fertilization reduce plant species diversity? Testing three competition-based hypotheses. *Journal of Ecology*, 90, 316–324.

Ramos-Neto MB and Pivello VR (2000). Lightning fires in a Brazilian savanna National Park: rethinking management strategies. *Environmental Mangament*, 26, 675–684.

Ramsay PM and Oxley ERB (1996). Fire temperatures and postfire plant community dynamics in Ecuadorian grass páramo. *Vegetatio*, 124, 129–144.

Ramsay PM and Oxley ERB (1997). The growth form composition of plant communities in the ecuadorian páramos. *Plant Ecology*, 131, 173–192.

Rapp JK and Rabinowitz D (1985). Colonization and establishment of Missouri prairie plants on artificial soil disturbances. I. Dynamics of forb and graminoid seedlings and shoots. *American Journal of Botany*, 72, 1618–1628.

Raunkiaer C (1934). *The life forms of plants and statistical plant geography*. Clarendon Press, Oxford.

Rawitscher F (1948). The water economy of the vegetation of the 'Campos Cerrados' in southern Brazil. *Journal of Ecology*, 36, 237–268.

Read TR and Bellairs SM (1999). Smoke affects the germination of native grasses of New South Wales. *Australian Journal of Botany*, 47, 563–576.

Redfearn DD and Nelson CJ (2003). Grasses for southern areas. In RF Barnes, CJ Nelson, M Collins and KJ Moore, eds. *Forages: an introduction to grassland agriculture*, Vol. 1, pp. 149–169. Iowa State Unviversity Press, Ames, IA.

Redmann RE (1992). Primary productivity. In RT Coupland, ed. *Ecosystems of the world: natural grasslands: introduction and western hemisphere*, Vol. 8A, pp. 75–94. Elsevier, Amsterdam.

Reich PB, Walters MB, and Ellsworth DS (1997). From tropics to tundra: global convergence in plant functioning. *Proceedings of the National Academy of Sciences*, USA, 94, 13730–13734.

Reichman OJ (1987). *Konza Prairie: a tallgrass natural history*. University of Kansas Press, Lawrence, KS.

Reichman OJ and Seabloom EW (2002). The role of pocket gophers as subterranean ecosystem engineers. *Trends in Ecology & Evolution*, 17, 44–49.

Reichman OJ and Smith SC (1985). Impact of pocket gopher burrows on overlying vegetation. *Journal of Mammalogy*, 66, 720–725.

Reichman OJ, Bendix JH, and Seastedt TR (1993). Distinct animal-generated edge effects in a tallgrass prairie community. *Ecology*, 74, 1281–1285.

Reid RS, Serneels S, Nyabenge M, and Hanson J (2005). The changing face of pastoral systems in grass-dominated ecosystems of eastern Africa. In JM Suttie, SG Reynolds and C Batello, eds. *Grasslands of the world*, pp. 19–76. Food and Agriculture Organization of the United Nations, Rome.

Reinhold B, Hurek T, Niemann E-G, and Fendrik I (1986). Close association of *Azospirillum* and diazotrophic rods with different root zones of Kallar Grass. *Applied and Environmental Microbiology*, 52, 520–526.

Renvoize S (2002). Grass anatomy. *Flora of Australia*, 43, 71–132.

Rice CW, Todd TC, Blair JM, Seastedt T, Ramundo RA, and Wilson GWT (1998). Belowground biology and processes. In AK Knapp, JM Briggs, DC Hartnett and SL Collins, eds. *Grassland dynamics: long-term ecological research in tallgrass prairie*, pp. 244–264. Oxford University Press, New York.

Rice EL (1984). *Allelopathy*. Academic Press, New York.

Rice KJ (1989). Impacts of seed banks on grassland community structure and population dynamics. In MA Leck, VT Parker and RL Simpson, eds. *Ecology of soil seed banks*, pp. 211–230. Academic Press, San Diego, CA.

Rice PM, Toney JC, Bedunah DJ, and Carlson CE (1997). Plant community diversity and growth form responses to herbicide applications for control of *Centaurea maculosa*. *Journal of Applied Ecology*, 34, 1397–1412.

Richards AJ (1990). The implications of reproductive versatility for the structure of grass populations. In GP Chapman, ed. *Reproductive versatility in the grasses*, pp. 131 – 153. Cambridge University Press, Cambridge.

Richards AJ (2003). Apomixis in flowering plants: an overview. *Philosophical Transactions of the Royal Society of London, Series B*, 358, 1085–1093.

Richmond KE and Sussman M (2003). Got silicon? The non-essential beneficial plant nutrient. *Current Opinion in Plant Biology*, 6, 268–272.

Riley RD and Vogel KP (1982). Chromosome numbers of released cultivars of switchgrass, indiangrass, big bluestem, and sand bluestem. *Crop Science*, 22, 1082–1083.

Risser PG (1969). Competitive relationships among herbaceous grassland plants. *Botanical Review*, 35, 251–284.

Risser PG (1988). Diversity in and among grasslands. In EO Wilson, ed. *Biodiversity*, pp. 176–180. National Academy Press, Washington, DC.

Risser PG (1989). Range condition analysis: past, present, and future. In WK Lauenroth and WA Laycock, eds. *Secondary succession and the evaluation of rangeland condition*, pp. 143–156. Westview Press, Boulder, CO.

Risser PG and Parton WJ (1982). Ecosystem analysis of the tallgrass prairie: nitrogen cycle. *Ecology*, 63, 1342–1351.

Risser PG, Birney EC, Blocker HD, May SW, Parton WJ, and Weins JA (1981). *The true prairie ecosystem*. Hutchinson, Stroudsburg, PA.

Robertson JH (1939). A quantitative study of true-prairie vegetation after three years of extreme drought. *Ecological Monographs*, 9, 432–492.

Robertson PA and Ward RT (1970). Ecotypic differentiation in *Koeleria cristata* (L.) Pers. from Colorado and related areas. *Ecology*, 51, 1083–1087.

Robinson D, Hodge A, and Fitter A (2003). Constraints on the form and function of root systems. In H de Kroon and EJW Visser, eds. *Root ecology*, Vol. 168, pp. 1–31. Springer-Verlag, Berlin.

Rodríguez C, Leoni E, Lezama F, and Altesor A (2003). Temporal trends in species composition and plant traits in natural grasslands of Uruguay. *Journal of Vegetation Science*, 14, 433–440.

Rodwell JS, ed. (1992). *British plant communities*. Vol. 3. *Grasslands and montane communities*. Cambridge University Press, Cambridge.

Rodwell JS, ed. (2000). *British plant communities*. Vol. 5. *Maritime communities and vegetation of open habitats*. Cambridge University Press, Cambridge.

Rodwell JS, Schaminée JHJ, Mucina L, Pignatti JD, and Moss D (2002). The diversity of European vegetation. An overview of phytosociological alliances and their relationships to EUNIS habitats. EC-LNV. Report EC-LNV nr. 2002/054, Wageningen.

Rogers WE and Hartnett DC (2001a). Temporal vegetation dynamics and recolonization mechanisms on different-sized soil disturbances in tallgrass prairie. *American Journal of Botany*, 88, 1634–1642.

Rogers WE and Hartnett DC (2001b). Vegetation responses to different spatial patterns of soil disturbance in burned and unburned tallgrass prairie. *Plant Ecology*, 155, 99–109.

Rogers WE, Hartnett DC, and Elder B (2001). Effects of plains pocket gopher (*Geomys bursarius*) disturbances on tallgrass-prairie plant community structure. *American Midland Naturalist*, 145, 344–357.

Romo JT (2005). Emergence and establishment of *Agropyron desertorum* (Fisch.) (Crested Wheatgrass) seedlings in a sandhills prairie of central Saskatchewan. *Natural Areas Journal*, 25, 26–35.

Rorison IH and Hunt HW, eds. (1980). *Amenity grassland: an ecological perspective*. John Wiley & Sons, Chichester.

Rossiter NA, Setterfield SA, Douglas MM, and Hutley LB (2003). Testing the grass-fire cycle: alien grass invasion in the tropical savannas of northern Australia. *Diversity and Distributions*, 9, 169–176.

Rotsettis J, Quinn JA, and Fairbrothers DE (1972). Growth and flowering of *Danthonia sericea* populations. *Ecology*, 53, 227–234.

Rouget M (2003). Measuring conservation value at fine and broad scales: implications for a diverse and fragmented region, the Agulhas Plain. *Biological Conservation*, 112, 217–232.

Roxburgh SH and Wilson JB (2000). Stability and coexistence in a lawn community: experimental assessment of the stability of the actual community. *Oikos*, 88, 409–423.

Roy M and Ghosh B (1996). Polyamines, both common and uncommon, under heat stress in rice (*Oryza sativa*) callus. *Physiologia Plantarum*, 98, 196–200.

Rumbaugh MD (1990). Special purpose forage legumes. In J Janick and JE Simon, eds. *Advances in new crops*, pp. 183–190. Timber Press, Portland, OR.

Rumbaugh MD, Johnson DA, and Van Epps GA (1982). Forage yield and quality in a Great Basin shrub, grass, and legume pasture experiment.

Journal of Range Management, 35, 604-609.

Rychnovská M (1993). Temperate semi-natural grasslands of Eurasia. In RT Coupland, ed. *Ecosystems of the world: eastern hemisphere and résumé*, Vol. 8B, pp. 125-166. Elsevier, Amsterdam.

Ryser P (1993). Influences of neighbouring plants on seedling establishment in limestone grassland. *Journal of Vegetation Science*, 4, 195-202.

Sackville Hamilton NR (1999). Genetic erosion issues in temperate grasslands. In Technical meeting on the methodology of the FAO world information and early warning system on plant genetic resources (eds J Serwinski and I Faberová). Food and Agriculture Organization of the United Nations, Research Institute of Crop Production, Prague, Czech Republic. Online: http://apps3.fao.org/wiews/Prague/tabcont.jsp.

Sackville Hamilton NR and Harper JL (1989). The dynamics of *Trifolium repens* in a permanent pasture. 1. The population dynamics of leaves and nodes per shoot axis. *Proceedings of the Royal Society of London, Series B Biological Sciences*, 237, 133-173.

Safford DH (1999). Brazilian Páramos I. An introduction to the physical environment and vegetation of the campos de altitude. *Journal of Biogeography*, 26, 693-712.

Sage RF (2004). The evolution of C_4 photosynthesis. *New Phytologist*, 161, 341-370.

Saggar S and Hedley CB (2001). Estimating seasonal and annual carbon inputs, and root decomposition rates in a temperate pasture following field 14C pulse-labelling. *Plant and Soil*, 236, 91-103.

Sagoff M (1997). Can we put a price on Nature's services? *Report from the Institute for Philosophy and Public Policy*, 17(3), 7-13

Sala O and Paruelo J (1997). Ecosystem services in grasslands. In G Daily, ed. *Nature's services: societal dependence on natural ecosystems*. Island Press, Washington, DC.

Salas ML and Corcuera LJ (1991). Effect of environment on gramine content in barley leaves and susceptibility to the aphid *Schizaphis graminum*. *Phytochemistry*, 30, 3237-3240.

Salzman PC (2004). *Pastoralists: equality, hierarchy, and the state*. Westview Press, Boulder, CO.

Sánchez JM, SanLeon DG, and Izco J (2001). Primary colonisation of mudflat estuaries by *Spartina maritima* (Curtis) Fernald in Northwest Spain: vegetation structure and sediment accretion. *Aquatic Botany*, 69, 15.

Sánchez-Ken J, G. and Clark LG (2000). Overview of the subfamily Centothecoideae (Poaceae). *American Journal of Botany*, 87 (6 supplement), 163 (abstract).

Sánchez-Moreiras AM, Weiss OA, and Reigosa-Roger MJ (2004). Allelopathic evidence in the Poaceae. *Botanical Review*, 69, 300-319.

Sangster AG, Hodson MJ, and Parry DW (1983). Silicon deposition and anatomical studies in the inflorescence bracts of four Phalaris species with their possible relevance to carcinogenesis. *New Phytologist*, 93, 105-122.

Sankaran M, Hanan NP, Scholes RJ et al. (2005). Determinants of woody cover in African savannas. *Nature*, 438, 846-849.

Sarmiento G (1983). The savannas of tropical america. In F Bourliére, ed. *Ecosystems of the world* 13: *tropical savannas*, pp. 245-288. Elsevier, Amsterdam.

Sarmiento G (1984). *The ecology of neotropical savannas*. Harvard University Press, Cambridge, MA.

Sarukhán J and Harper JL (1973). Studies on plant demography: *Ranuculus repens* L., *R. bulbosus* L. and *R. acris* L. I. Population flux and survivorship. *Journal of Ecology*, 61, 675-716.

Saunders DA, Hobbs RJ, and Margules CR (1991). Biological consequences of ecosystem fragmentation: a review. *Conservation Biology*, 5, 18-32.

Schadler M, Jung G, Auge H, and Brandl R (2003). Does the Fretwell-Oksanen model apply to invertebrates? *Oikos*, 100, 203-207.

Scheiner SM, Cox SB, Willig M, Mittelbach GG, Osenberg C, and Kaspari M (2000). Species richness, species-area curves and Simpson's paradox. *Evolutionary Ecology Research*, 2, 791-802.

Schimel DS and Bennett J (2004). Nitrogen mineralization: challenges of a changing paradigm. *Ecology*, 85, 591-602.

Schippfers P and Kropff MJ (2001). Competition for light and nitrogen among grassland species: a simulation analysis. *Functional Ecology*, 15, 155-164.

Schläpfer F, Pfisterer AB, and Schmid B (2005). Nonrandom species extinction and plant production: implications for ecosystem functioning. *Journal of Applied Ecology*, 42, 13-24.

Schmutz EM, Smith EL, Ogden PR et al. (1992). Desert grassland. In RT Coupland, ed. *Natural grasslands: introduction and western hemisphere*, Vol. 8A, pp. 337-362. Elsevier, Amsterdam.

Scholefield PA, Doick KJ, Herbert BMJ et al. (2004). Impact of rising CO_2 on emissions of volatile organic compounds: isoprene emission from *Phragmites australis* growing at elevated CO_2 in a natural carbon dioxide spring. *Plant, Cell & Environment*, 27, 393−401.

Scholes RJ and Hall DO (1996). The carbon budgets of tropical savannas, woodlands and grasslands. In AI Breymeyer, DO Hall, JM Melillo and GI Agren, eds. *Global change: effects on coniferous forests and grasslands*, Vol. 56. Wiley, Chichester.

Scholz H (1975). Grassland evolution in Europe. *Taxon*, 24, 81−90.

Schramm P (1970). The 'Do's and Don'ts' of prairie restoration. In P Schramm, ed. *Proceedings of a symposium on prairie and prairie restoration*, pp. 139−150. Knox College Biology Field Station Special Publication No. 3, Knox College, Galesburg, IL.

Schramm P (1992). Prairie restoration: a twenty-five year perspective on establishment and management. In DD Smith and CA Jacobs, eds. *Proceedings of the twelfth North American prairie conference: recapturing a vanishing heritage*, pp. 169 − 177. University of Northern Iowa, Cedar Falls, IA.

Schreiber ESG, Bearlin AR, Nicol SJ, and Todd CR (2004). Adaptive management: a synthesis of current understanding and effective application. *Ecological Management and Restoration*, 5, 177−182.

Schüßler A, Schwarzott D, and Walker C (2001). A new fungal phylum, the Glomeromycota: phylogeny and evolution. *Mycological Research*, 105, 1413−1421.

Schwinning S and Parsons AJ (1996). Analysis of coexistence mechanisms for grasses and legumes in grazing systems. *Journal of Ecology*, 84, 799−814.

Scoones I (1996). New directions in pastoral development in Africa. In I Scoones, ed. *Living with uncertainty: new directions in pastoral development in Africa*, pp. 1−36. Intermediate Technology Publications, London.

Scott GAJ (1977). The role of fire in the creation and maintenance of savanna in the Montana of Peru. *Journal of Biogeography*, 4, 143−167.

Scurlock JMO, Johnson K, and Olson RJ (2002). Estimating net primary productivity from grassland biomass dynamics measurements. *Global Change Biology*, 8, 736−753.

Seamon P (2007). Fire management manual. Accessed 20May 2007. Available http://www.tncfiremanual.org. Nature Conservancy, Arlington, VA.

Seastedt T and Knapp AK (1993). Consequences of non-equilibrium resource availability across multiple time scales: the transient maxima hypothesis. *American Naturalist*, 141, 621−633.

Seastedt T, Coxwell CC, Ojima DS, and Parton WJ (1994). Controls of plant and soil carbon in a semi-humid temperate grassland. *Ecological Applications*, 4, 344−353.

Seig CH, Flather CH, and McCanny S (1999). Recent biodiversity patterns in the Great Plains: implications for restoration and management. *Great Plains Research*, 9, 277−313.

SER (2004). Society for Ecological Restoration International Science & Policy Working Group. The SER international primer on ecological restoration, Version 2. Available http://www.ser.org/content/ecological_restoration_primer.asp. Accessed 21 May 2007.Society for Ecological Restoration International, Tucson, AZ.

Sharifi MR (1983). The effects of water and nitrogen supply on the competition between three perennial meadow grasses. *Acta Oecologia Oecology Plantarum*, 4, 71−82.

Shaver GR and Billings WD (1977). Effects of daylength and temperature on root elongation in tundra graminoids. *Oecologia*, 28, 57−65.

Shea K, Roxburgh SH, and Rauschert ESJ (2004). Moving from pattern to process: coexistence mechanisms under intermediate disturbance regimes. *Ecology Letters*, 7, 491−508.

Sheail J, Wells TCE, Wells DA, and Morris MG (1974). Grasslands and their history. In E Duffey, MG Morris, J Shaeil, LK Ward, DA Wells and TCA Wells, eds. *Grassland ecology and wildlife management*, pp. 1−40. Chapman & Hall, London.

Shildrick J (1990). The use of turfgrasses in temperate humid climates. In AI Breymeyer, ed. *Managed grasslands: regional studies. Ecosystems of the world 17A*, pp. 255−300. Elsevier, Amsterdam.

Shu WS, Ye ZH, Zhang ZQ, Lan CY, and Wong MH (2005). Natural colonization of plants on five lead/zinc mine tailings in Southern China. *Restoration Ecology*, 13, 49−60.

Silva JF, Raventos J, Caswell H, and Trevisan MC (1991). Population responses to fire in a tropical savanna grass, *Andropogon semiberis*: a matrix model approach. *Journal of Ecology*, 79, 345−356.

Silvertown J (1980a). The dynamics of a grassland ecosystem: botanical equilibrium in the Park Grass Experiment. *Journal of Applied Ecology*, 17, 491–504.

Silvertown J (1980b). Leaf-canopy-induced seed dormancy in a grassland flora. *New Phytologist*, 85, 109–118.

Silvertown J (1981). Seed size, life span, and germination date as co-adapted features of plant life history. *American Naturalist*, 118, 860–864.

Silvertown JW and Lovett Doust J (1993). *Introduction to plant population biology*. 3rd edn. Blackwell Science, Oxford.

Silvertown JW and Charlesworth D (2001). *Introduction to plant population biology*. 4th edn. Blackwell Science, Oxford.

Silvertown J, Franco M, Pisanty I, and Mendoza A (1993). Comparative plant demography—relative importance of life-cycle components to the finite rate of increase in woody and herbaceous perennials. *Journal of Ecology*, 81, 465–476.

Silvertown J, Poulson P, Johnson J, Edwards GR, Biss P, Heard M, and Henman D (2006). The Park Grass Experiment 1856–2006: its contribution to ecology. *Journal of Ecology*, 94, 801–814.

Sims PL (1988). Grasslands. In MG Barbour and WD Billings, eds. *North American terrestrial vegetation*, pp. 265–286. Cambridge University Press, Cambridge.

Sims PL and Singh JS (1978a). The structure and function of ten western North American grasslands. II. Intraseasonal dynamics in primary producer compartments. *Journal of Ecology*, 66, 547–572.

Sims PL and Singh JS (1978b). The structure and function of ten western North American grasslands. III. Net primary production, turnover and efficiencies of energy capture and water use. *Journal of Ecology*, 66, 573–597.

Sims PL and Singh JS (1978c). The structure and function of ten western North American grasslands. IV. Compartmental transfers and energy flow within the ecosystem. *Journal of Ecology*, 66, 983–1009.

Sims PL, Singh JS, and Lauenroth WK (1978). The structure and function of ten western North American grasslands. I. Abiotic and vegetational characteristics. *Journal of Ecology*, 66, 251–285.

Singh JS and Gupta SR (1993). Grasslands of southern Asia. In RT Coupland, ed. *Ecosystems of the world: eastern hemisphere and résumé*, Vol. 8B, pp. 83–124. Elsevier, Amsterdam.

Skeel VA and Gibson DJ (1998). Photosynthetic rates and vegetative production of *Sorghastrum nutans* in response to competition at two strip mines and a railroad prairie. *Photosynthetica*, 35, 139–149.

Skerman PJ and Riveros F (1990). *Tropical grasses*. Food and Agriculture Organization of the United Nations, Rome.

Skerman PJ, Cameron DG, and Riveros F (1988). *Tropical forage legumes*. 2nd edn. Food and Agriculture Organization of the United Nations, Rome.

Smit AL, Bengough AG, Engels C, Van Noordwijk M, Pellerin S, and Van De Geijn SC (2000). *Root methods: a handbook*. Springer-Verlag, Berlin.

Smith DC, Nielsen EL, and Ahlgren HL (1946). Variation in ecotypes of *Poa pratensis*. *Botanical Gazette*, 108, 143–166.

Smith EF and Owensby CE (1972). Effects of fire on true prairie grasslands. *Proceedings of the Tall Timbers Fire Ecology Conference*, 12, 9–22.

Smith GS, Cornforth IS, and Herderson HV (1985). Critical leaf concentrations for deficiencies of nitrogen, potassium, phosphorus, sulphur and magnesium in perennial ryegrass. *New Phytologist*, 101, 393–409.

Smith KF, Rebertke GJ, Eagles HA, Anderson MW, and Easton HS (1999a). Genetic control of mineral concentration and yield in perennial ryegrass (*Lolium perenne* L.), with special emphasis on minerals related to grass tetany. *Australian Journal of Agricultural Research*, 50, 79–86.

Smith MD and Knapp AK (2003). Dominant species maintain ecosystem function with non-random species loss. *Ecology Letters*, 6, 509–517.

Smith MD, Hartnett DC, and Wilson GWT (1999b). Interacting influence of mycorrhizal symbiosis and competition on plant diversity in tallgrass prairie. *Oecologia*, 121, 547–582.

Smith MR, Charvat I, and Jacobson RL (1998). Arbuscular mycorrhizae promote establishment of prairie species in a tallgrass prairie restoration. *Canadian Journal of Botany*, 76, 1947–1954.

Smith RAH and Bradshaw AD (1979). The use of metal tolerant plant populations for reclamation of metalliferous wastes. *Journal of Applied Ecology*, 16, 595–612.

Snaydon RW (1981). The ecology of grazed pastures. In FHW Morley, ed. *Grazing animals*, pp. 13–31. Elsevier, Amsterdam.

Snaydon RW and Davies MS (1972). Rapid population divergence in a mosaic environment. II. Morphological variation in *Anthoxanthum odoratum*. *Evolu-*

tion, 26, 390-405.

Snaydon RW and Davies TM (1982). Rapid divergence of plant populations in response to recent changes in soil conditions. *Evolution*, 36, 289-297.

Society for Range Management (1998). *Glossary of terms used in range management*, 4th edition. Society for Range Management, Denver, CO.

Soderstrom TR and Calderón CE (1971). Insect pollination in tropical rain forest grasses. *Biotropica*, 3, 1-16.

Solecki MK (2005). Controlling invasive plants. In S Packard and CF Mutel, eds. *The tallgrass restoration handbook*. 2nd edn, pp. 251-278. Island Press, Washington, DC.

Sollenberger LE and Collins M (2003). Legumes for southern areas. In RF Barnes, CJ Nelson, M Collins and KJ Moore, eds. *Forages: an introduction to grassland agriculture*, Vol. 1, pp. 191-213. Iowa State Unviversity Press, Ames, IA.

Soreng RJ (2000). Apomixis and amphimixis comparative biogeography: a study in *Poa* (*Poaceae*). In SWL Jacobs and J Everett, eds. *Grasses: systematics and evolution*, pp. 294-306. CSIRO, Collingwood, Australia.

Soreng RJ and Davis JJ (1998). Phylogenetics and character evolution in the grass family (Poaceae): simulataneous analysis of morphological and chloroplast DNA restriction site character sets. *Botanical Review*, 64, 1-85.

Soreng RJ, Davis JI, and Volonmaa MA (2007). A phylogenetic analysis of *Poaceae* tribe *Poeae* s. l. based on morphological characters and sequence data from three plastid-encoded genes: evidence for reticulation, and a new classification for the tribe. *Kew Bulletin*, 62, 425-454.

Soriano A (1992). Río de la Plata grasslands. In RT Coupland, ed. *Natural grasslands: introduction and western hemisphere*, Vol. 8A, pp. 367-407. Elsevier, Amsterdam.

Soussana J-F and Luscher A (2007). Temperate grasslands and global atmospheric change: a review. *Grass and Forage Science*, 62, 127-134.

Spain AV and McIvor JG (1988). The nature of herbaceous vegetation associated with termitaria in north-eastern Australia. *Journal of Ecology*, 76, 181-191.

Spears JW (1994). Minerals in forages. In GC Fahey, ed. *Forage quality, evaluation, and utilization*, pp. 281-317. American Society of Agronomy, Inc., Crop Science Society of America, Inc., Soil Science Society of America, Inc., Madison, WI.

Spehn EM, Joshi J, Schmid B, Diemer M, and Körner C (2000). Above-ground resource use increases with plant species richness in experimental grassland ecosystems. *Functional Ecology*, 14, 326-337.

Spehn EM, Scherer-Lorenzen M, Schmid B *et al.* (2002). The role of legumes as a component of biodiversity in a cross-European study of grassland biomass nitrogen. *Oikos*, 98, 205-218.

Sperry TM (1994). The Curtis Prairie restoration, using the single-species planting method. *Natural Areas Journal*, 14, 124-127.

Sprague HG (1933). Root development of perennial grasses and its relation to soil conditions. *Soil Science*, 36, 189-209.

Spyreas G, Gibson DJ, and Basinger M (2001a). Endophyte infection levels of native and naturalized fescues in Illinois and England. *Journal of the Torrey Botanical Society*, 128, 25-34.

Spyreas G, Gibson DJ, and Middleton BA (2001b). Effects of endophyte infection in tall fescue (*Festuca arundinacea*: Poaceae) on community diversity. *International Journal of Plant Sciences*, 162, 1237-1245.

Srivastava DS and Vellend M (2005). Biodiversity-ecosystem function research: is it relevant to conservation? *Annual Review of Ecology and Systematics*, 36, 267-294.

Stace C (1991). *New flora of the British Isles*. Cambridge University Press, Cambridge.

Stapledon RG (1928). Cocksfoot grass (*Dactylis glomerata* L.): ecotypes in relation to biotic factor. *Journal of Ecology*, 16, 71-104.

Stebbins GL (1947). Types of polyploidy I. Their classification and significance. *Advances in Genetics*, 1, 403-429.

Stebbins GL (1956). Cytogenetics and evolution of the Grass family. *American Journal of Botany*, 43, 890-905.

Stebbins GL (1957). Self-fertilization and population variability in the higher plants. *American Naturalist*, 91, 337-354.

Stebbins GL (1975). The role of polyploid complexes in the evolution of North American grasslands. *Taxon*, 24, 91-106.

Stebbins GL (1982). Major trends of evolution in the Poaceae and their possible significance. In JR Estes, RJ Tyrl and JN Brunken, eds. *Grasses and grasslands: systematics and evolution*, pp. 3-36. University of Oklahoma Press, Norman, OK.

Stebbins GL (1987). Grass systematics and evolution: past, present and future. In TR Soderstrom, KW Hilu, CS Campbell and ME Barkworth, eds. *Grass systematics and evolution*, pp. 359 – 367. Smithsonian Institution Press, Washington, DC.

Stebbins GL and Crampton B (1961). A suggested revision of the grass genera of temperate North America. In *Recent Advances in Botany*. University of Toronto Press, Toronto.

Steffan-Dewenter I and Tscharntke T (2002). Insect communities and biotic interactions on fragmented calcareous grasslands—a mini review. *Biological Conservation*, 104, 275 – 284.

Stern H, de Hoedt G, and Ernst J (2007). Objective classification of Australian climates. Available http://www.bom.gov.au/climate/environ/other/koppen_explain.shtml. Accessed 12 December 2007. Commonwealth of Australia, Bureau of Meteorology, Canberra.

Stevens CJ, Dise NB, Mountford JO, and Cowing DJ (2004). Impact of nitrogen deposition on the species richness of grasslands. *Science*, 303, 1876 – 1879.

Stevens PF (2001 onwards). Angiosperm phylogeny web-site. Version 7, May 2006 [and more or less continuously updated since]. Available http://www.mobot.org/MOBOT/research/APweb/. Accessed 9 December 2006.

Stewart WP, Liebert D, and Larkin KW (2004). Community identities as visions for landscape change. *Landscape and Urban Planning*, 69, 315 – 334.

Stiling P (1999). *Ecology: theories and applications*. 3rd edn. Prentice Hall, Englewood Cliffs, NJ.

Stoddart LA, Smith AD, and Box TW (1975). *Range management*. 3rd edn. McGraw-Hill, New York.

Stott P (1986). The spatial pattern of dry season fires in the savanna forests of Thailand. *Journal of Biogeography*, 13, 345 – 358.

Stringer C (2003). Human evolution: out of Ethiopia. *Nature*, 423, 692 – 695.

Stringham TK, Krueger WC, and Shaver P (2003). State and transition modeling: an ecological process approach. *Journal of Range Management*, 56, 106 – 113.

Stritch L (1990). Landscape-scale restoration of barrens-woodland wihin the oak-hickory forest mosaic. *Restoration and Management Notes*, 8, 73 – 77.

Strömberg CAE (2002). The origin and spread of grass-dominated ecosystems in the late Tertiary of North America: preliminary results concerning the evolution of hypsodonty. *Paleogeography, Paleoclimatology, Palaeoecology*, 177, 59 – 75.

Strömberg CAE (2004). Using phytolith assemblages to reconstruct the origin and spread of grass-dominated habitats in the great plains of North America during the late Eocene to early Miocene. *Paleogeography, Paleoclimatology, Palaeoecology*, 207, 239 – 275.

Strömberg CAE (2005). Decoupled taxonomic radiation and ecological expansion of open-habitat grasses in the Cenozoic of North America. *Proceedings of the National Academy of Science, USA*, 102, 11980 – 11984.

Suding KN, Collins SL, Gough L, Clark C, Cleland EE, Gross KL, Milchunas DG, and Pennings S (2005). Functional- and abundance-based mechanisms explain diversity loss due to N fertilization. *Proceedings of the National Academy of Science, USA*, 102, 4387 – 4392.

Suttie JM (2005). Grazing management in Mongolia. In JM Suttie, SG Reynolds and C Batello, eds. *Grasslands of the world*, pp. 265 – 304. Food and Agriculture Organization of the United Nations, Rome.

Suttie JM, Reynolds SG, and Batello C (2005). Other grasslands. In JM Suttie, SG Reynolds and C Batello, eds. *Grasslands of the world*, pp. 417 – 461. Food and Agriculture Organization of the United Nations, Rome.

Suzuki JI, Herben T, Krahulec F, and Hara T (1999). Size and spatial pattern of *Festuca rubra* genets in a mountain grassland: its relevance to genet establishment and dynamics. *Journal of Ecology*, 87, 942 – 954.

Suzuki JI, Herben T, Krahulec F, Štorchova H, and Hara T (2006). Effects of neighbourhood structure and tussock dynamics on genet demography of *Festuca rubra* in a mountain meadow. *Journal of Ecology*, 94, 66 – 76.

Swanson DA (1996). *Nesting ecology and nesting habitat requirements of Ohio's grassland-nesting birds: a literature review*. Ohio Fish and Wildlife Report. Division of Wildlife, Ohio Dept of Natural Resources, Columbus, OH.

Swift J (1996). Dynamic ecological systems and the administration of pastoral development. In I Scoones, ed. *Living with uncertainty: new directions in pastoral development in Africa*, pp. 153 – 173. Intermediate Technology Publications, London.

Swift MJ, Heal OW, and Anderson JM (1979). *Decomposition in terrestrial ecosystems*. Blackwell Scientific, Oxford.

't Mannetje L and Jones RM, eds. (2000). *Field and laboratory methods for grassland and animal production research*, pp. 447. CABI Publishing, Wallingford, Oxon.

Taft JB, Hauser C, and Robertson KR (2006). Estimating floristic integrity in tallgrass prairie. *Biological Conservation*, 131, 42–51.

Taiz L and Zeiger E (2002). *Plant physiology*. 3rd edn. Sinauer Associates, Sunderland, MA.

Tainton NM (1981a). Introduction to the concepts of development, production and stability of plant communities. In NM Tainton, ed. *Veld and pasture management in South Africa*, pp. 1–24. Shuter & Shooter, Pietermaritzburg.

Tainton NM, ed. (1981b). *Veld and pasture management in South Africa*, Shuter & Shooter, Pietermaritzburg.

Tainton NM (1981c). Veld burning. In NM Tainton, ed. *Veld and pasture management in South Africa*, pp. 363–391. Shuter & Shooter, Pietermaritzburg.

Tainton NM and Walker BH (1993). Grasslands of southern Africa. In RT Coupland, ed. *Ecosystems of the world: eastern hemisphere and résumé*, Vol. 8B, pp. 265–290. Elsevier, Amsterdam.

Tani T and Beard JB (1997). *Color atlas of turfgrass diseases: disease characteristics and control*. Ann Arbor Press, Chelsea, MI.

Tansley AG (1935). The use and abuse of vegetational concepts and terms. *Ecology*, 16, 284–307.

Tawaraya K (2003). Arbuscular mycorrhizal dependency of different plant species and cultivars. *Soil Science and Plant Nutrition*, 49, 655–668.

Terri JA and Stowe LG (1976). Climatic patterns and distribution of C_4 grasses in North America. *Oecologia*, 23, 1–12.

Teyssonneyre F, Picon-Cochard C, Falcimagne R, and Soussana JF (2002). Effects of elevated CO_2 and cutting frequency on plant community structure in a temperate grassland. *Global Change Biology*, 8, 1034–1046.

Thomas H (1980). Terminology and definitions in studies of grassland plants. *Grass and Forage Science*, 35, 13–23.

Thomasson JR, Nelson ME, and Zakrzewski RJ (1986). A fossil grass (Gramineae: Chloridoideae) from the Miocene with Kranz Anatomy. *Science*, 233, 876–878.

Thompson K and Grime JP (1979). Seasonal variation in the seed banks of herbaceous species in ten contrasting habitats. *Journal of Ecology*, 67, 893–921.

Thompson K, Bakker JP, and Bekker RM (1997). *The soil seed banks of North West Europe: methodology, density and longevity*. Cambridge University Press, Cambridge.

Thompson K, Grime JP, and Mason G (1977). Seed germination in response to diurnal fluctuations of temperature. *Nature*, 267, 147–149.

Thornley JHM (1998). *Grassland dynamics: an ecosystem simulation model*. CAB International, Wallingford, Oxon.

Thornley JHM and Cannell MGR (2000). Dynamics of mineral N availability in grassland ecosystems under increased $[CO_2]$: hypotheses evaluated using the Hurley Pasture Model. *Plant and Soil*, 224, 153–170.

Thornton B (2001). Uptake of glycine by non-mycorrhizal *Lolium perenne*. *Journal of Experimental Botany*, 52, 1315–1322.

Tilman D (1982). *Resource competition and community structure*. Princeton University Press, Princeton, NJ.

Tilman D (1987). Secondary succession and patterns of plant dominance along experimental nitrogen gradients. *Ecological Monographs*, 57, 189–214.

Tilman D (1988). Plant strategies and the dynamics and structure of plant communities. Princeton University Press, Princeton, NJ.

Tilman D (1990). Mechanisms of plant competition for nutrients: the elements of a predictive theory of competition. In JB Grace and D Tilman, eds. *Perspectives on plant competition*, pp. 117–141. Academic Press, San Diego, CA.

Tilman D (1996). Biodiversity: population versus ecosystem stability. *Ecology*, 77, 350–363.

Tilman D (2004). Niche tradeoffs, neutrality, and community structure: a stochastic theory of resource competition, invasion, and community assembly. *Proceedings of the National Academy of Science, USA*, 101, 10861–10864.

Tilman D (2007). Resource competition and plant traits: a response to Craine (2005). *Journal of Ecology*, 95, 231–234.

Tilman D and Downing JA (1994). Biodiversity and stability in grasslands. *Nature*, 367, 363–365.

Tilman D and Wedin D (1991a). Oscillations and chaos in the dynamics of a perennial grass. *Nature*, 353, 653–655.

Tilman D and Wedin D (1991b). Plant traits and resource reduction for five grasses growing on a nitrogen gradient. *Ecology*, 72, 685−700.

Tilman D, Hill J, and Lehman C (2006a). Carbon-negative biofuels from low-input high-diversity grassland biomass. *Science*, 314, 1598−1600.

Tilman D, Reich PB, and Knops JMH (2006b). Biodiversity and ecosystem stability in a decade-long grassland experiment. *Nature*, 441, 629−632.

Ting-Cheng Z (1993). Grasslands of China. In RT Coupland, ed. *Ecosystems of the world: eastern hemisphere and résumé*, Vol. 8B, pp. 61 − 82. Elsevier, Amsterdam.

Titlyanova AA, Zlotin RI, and French NR (1990). Changes in temperate-zone grasslands under the influence of man. In AI Breymeyer, ed. *Managed grasslands: regional studies. Ecosystems of the world* 17A, pp. 301−334. Elsevier, Amsterdam.

Todd PA, Phillips JDP, Putwain PD, and Marrs RH (2000). Control of *Molinia caerulea* on moorland. *Grass and Forage Science*, 55, 181−191.

Tomanek GW and Hulett GK (1970). Effects of historical droughts on grassland vegetation in the Central Great Plains. In *Pleistocene and recent environments of the central Great Plains*, pp. 203 − 210. University Press of Kansas, Lawrence, KS.

Tomlinson KW and O'Connor TG (2004). Control of tiller recruitment in bunchgrasses: uniting physiology and ecology. *Functional Ecology*, 18, 489−496.

Tongway D and Hindley N (2004). Landscape function analysis: a system for monitoring rangeland function. *African Journal of Range and Forage Science*, 21, 109−113.

Toole EH and Brown E (1946). Final results of the Duvel buried seed experiment. *Journal of Agricultural Research*, 72, 201−210.

Tow PG and Lazenby A (2001). Competition and succession in pastures—some concepts and questions. In PG Tow and A Lazenby, eds. *Competition and succession in pastures*, pp. 1−14. CABI Publishing, Wallingford, Oxon.

Towne EG and Knapp AK (1996). Biomass and density responses in tallgrass prairie legumes to annual fire and topographic position. *American Journal of Botany*, 83, 175−179.

Towne G and Owensby CE (1984). Long-term effects of annual burning at different dates in ungrazed Kansas tallgrass prairie. *Journal of Range Management*, 37, 392−397.

Transeau EN (1935). The prairie peninsula. *Ecology*, 16, 423−437.

Trewartha GT (1943). *An introduction to weather and climate*. McGraw-Hill, New York.

Tscharntke T and Greiler H-J (1995). Insect communities, grasses, and grasslands. *Annual Review of Entomology*, 40, 535−558.

Turgeon AJ (1985). *Turfgrass management*. Reston Publishing, Reston, VA.

Turkington R and Harper JL (1979). The growth, distribution and neighbour relationships of *Trifolium repens* in a permanent pasture. IV. Fine-scale biotic differentiation. *Journal of Ecology*, 67, 245−254.

Turlings TCJ, Tumlinson JH, and Lewis WJ (1990). Exploitation of herbivore-induced plant odors by host-seeking parasitic wasps. *Science*, 250, 1251−1253.

Turner CL, Kneisler JR, and Knapp AK (1995). Comparative gas exchange and nitrogen responses of the dominant C_4 grass *Andropogon gerardii* and five C_3 forbs to fire and topographic position in tallgrass prairie during a wet year. *International Journal of Plant Science*, 156, 216−226.

U.S. Soil Survey Staff (1975). *Soil taxonomy: a basic system of soil classification for making and interpreting soil surveys*. USDA Agricultural Handbook, 436. U. S. Government Printing Office, Washington, DC.

Úlehlová B (1992). Microorganisms. In RT Coupland, ed. *Ecosystems of the world: natural grasslands: introduction and western hemisphere*, Vol. 8A, pp. 95−119. Elsevier, Amsterdam.

Umbanhowar CEJ (1995). Revegatation of earthern mounds along a topographic-productivity gradient in a northern mixed prairie. *Journa of Vegetation Science*, 6, 637−646.

Usher G (1966). *The Wordsworth dictionary of botany*. Wordsworth, Ware, Herefordshire.

van Andel J (2005). Species interactions structuring plant communities. In E Van der Maarel, ed. *Vegetation ecology*, pp. 238−264. Blackwell, Oxford.

van Andel J, Snaydon RW, and Bakker JP, eds. (1987). *Disturbance in grasslands: causes, effects and processes*, pp. 316. Kluwer, Dordrecht.

van der Maarel E (1981). Fluctuations in a coastal dune grassland due to fluctuations in rainfall: experimental evidence. *Vegetatio*, 47, 259−265.

van der Maarel E (1996). Pattern and process in the plant community: fifty years after A. S. Watt. *Journal of Vegetation Science*, 7, 19−28.

van Groenendael J, de Kroon H, Kalisz S, and Tuljapurkar S (1994). Loop analysis: evaluating life history pathways in population projection matrices. *Ecology*, 75, 2410–2415.

Van Treuren R, Bas N, Goosens PJ, Jansen J, and Van Soest LJM (2005). Genetic diversity in perennial rye-grass and white clover among old Dutch grasslands as compared to cultivars and nature reserves. *Molecular Ecology*, 14, 39–52.

Vandik V and Goldberg DE (2006). Sources of diversity in a grassland metacommunity: quantifying the contribution of dispersal to species richness. *American Naturalist*, 168, 157–167.

Vandvik V and Birks JHB (2002). Pattern and process in Norwegian upland grasslands: a functional analysis. *Journal of Vegetation Science*, 13, 123–134.

Vasseur L and Potvin C (1998). Natural pasture community response to enriched carbon dioxide atmosphere. *Plant Ecology*, 135, 31–41.

Vega E and Montaña C (2004). Spatio-temporal variation in the demography of a bunch grass in a patchy semiarid environment. *Plant Ecology*, 175, 107–120.

Verweij RJT, Verrelst J, Loth PE, Heitkönig IMA, and Brunsting AMH (2006). Grazing lawns contribute to the subsidence of mesoherbivores on dystophic savannas. *Oikos*, 114, 108–116.

Vicari M and Bazely DR (1993). Do grasses fight back? The case for antiherbivore defences. *Trends in Ecology and Evolution*, 8, 137–141.

Vickery PJ (1972). Grazing and net primary production of a temperate grassland. *Journal of Applied Ecology*, 9, 307–314.

Vinton MA and Goergen EM (2006). Plant-soil feedbacks contribute to the persistence of *Bromus inermis* in tall-grass prairie. *Ecosystems*, V9, 967–976.

Virágh K and Gerencsér G (1988). Seed bank in the soil and its role during secondary successions induced by some herbicides in a perennial grassland community. *Acta Botanica Hungarica*, 34, 77–121.

Vitousek PM, Aber JD, Howarth RW et al. (1997). Technical report: human alteration of the global nitrogen cycle: sources and consequences. *Ecological Applications*, 7, 737–750.

Vitt DH (1979). The moss flora of the Auckland Islands, New Zealand, with a consideration of habitats, origins, and adaptations. *Canadian Journal of Botany*, 57, 2226–2263.

Vogel JC, Fuls A, and Danin A (1986). Geographical and environmental distribution of C_3 and C_4 grasses in the Sinai, Negev, and Judean deserts. *Oecologia*, 70, 258–265.

Vogl RJ (1974). Effects of fire on grasslands. In TT Kozlowski and CE Ahlgren, eds. *Fire and ecosystems*, pp. 139–194. Academic Press, New York.

Vogl RJ (1979). Some basic principles of grassland fire management. *Environmental Management*, 3, 51–57.

Voigt JW (1980). J E Weaver and the North American prairie: 'look carefully and look often'. In *Seventh North American Prairie Conference* (ed CL Kucera), pp. 317–321, Southwest Missouri State University, Springfield, MI.

Vujnovic K, Wein RW, and Dale MRT (2002). Predicting plant species diversity in response to disturbance magnitude in grassland remnants of central Alberta. *Canadian Journal of Botany*, 504–511.

Waddington DV, Carrow RN, and Shearman RC, eds. (1992). *Turfgrass*, pp. 805. American Society of Agronomy, Inc., Crop Science Society of America, Inc., Soil Science Society of America, Inc., Madison, Wisconsin, WI.

Wagner RE (1989). History and development of site and condition criteria in the Bureau of Land Management. In WK Lauenroth and WA Laycock, eds. *Secondary succession and the evaluation of rangeland condition*, pp. 35–48. Westview Press, Boulder, CO.

Wahren C-HA, Papst WA, and Williams RJ (1994). Long-term vegetation change in relation to cattle grazing in subalpine grassland and heathland on the Bogong High Plains: an analysis of vegetation records from 1945 to 1994. *Australian Journal of Botany*, 42, 607–639.

Waide RB, Willig MR, Steiner CF et al. (1999). The relationship between productivity and species richness. *Annual Review of Ecology and Systematics*, 30, 257–300.

Wali MK and Kannowski PB (1975). Prairie ant mound ecology: interrelationships of microclimate, soils and vegetation. In MK Wali, ed. *Prairie: a multiple view. Midwest Prairie Conference*, pp. 155–169. University of North Dakota, Grand Forks, ND.

Walker BH, Emslie RH, Owen-Smith RN, and Scholes RJ (1987). To cull or not to cull: lessons from a Southern African drought. *Journal of Applied Ecology*, 24, 381–401.

Wan CSM and Sage RF (2001). Climate and the distribution of C-4 grasses along the Atlantic and Pacific coasts of North America. *Canadian Journal of Botany*, 4, 474−486.

Wand SJE, Midgley GF, Jones MH, and Curtis PS (1999). Responses of wild C_4 and C_3 grass (Poaceae) species to elevated atmospheric CO_2 concentration: a metaanalytic test of current theories and perceptions. *Global Change Biology*, 5, 723−741.

Ward D, Ngairorue BT, Karamata J, Kapofi I, Samuels R, and Ofran Y (2000). Effects of communal pastoralism on vegetation and soil in a semi-arid and in an arid region of Namibia. In *Proceedings of the IAVS Symposium*, pp. 344−347. Opulus Press, Grangärde, Sweden.

Warren JM, Raybould AF, Ball T, Gray AJ, and Hayward MD (1988). Genetic structure in the perennial grasses *Lolium perenne* and *Agrostis curtisii*. *Heredity*, 81, 556−562.

Watkinson AR (1990). The population dynamics of *Vulpia fasiculata*: a nine-year study. *Journal of Ecology*, 78, 196−209.

Watkinson AR, Lonsdale WM, and Andrew MH (1989). Modelling the population dynamics of an annual plant *Sorghum intrans* in the wet-dry tropics. *Journal of Ecology*, 77, 162−181.

Watkinson AR, Freckleton RP, and Forrester L (2000). Population dynamics of *Vulpia ciliata*: regional, patch and local dynamics. *Journal of Ecology*, 88, 1012−1029.

Watson I (2006). Monitoring in the rangelands. Available http://www.deh.gov.au/soe/2006/emerging/rangelands/index.html. Accessed 15 January 2008. In 2006 Australian State of the Environment Committee, Department of the Environment and Heritage, Canberra.

Watson L (1990). The grass family Poaceae. In GP Chapman, ed. *Reproductive versatility in the grasses*, pp. 1−31. Cambridge University Press, Cambridge.

Watson L and Dallwitz MJ (1988). *Grass genera of the world: interactive identification and information retrieval*. Research School of Biological Sciences, Australian National University, Canberra.

Watson L and Dallwitz MJ (1992 onwards). Grass genera of the world: descriptions, illustrations, identification, and information retrieval; including synonyms, morphology, anatomy, physiology, phytochemistry, cytology, classification, pathogens, world and local distribution, and references. Version: 7th April 2008, http://delta-intkey.com

Watt AS (1940). Studies in the ecology of Breckland. IV. The grass-heath. *Journal of Ecology*, 28, 42−70.

Watt AS (1947). Pattern and process in the plant community. *Journal of Ecology*, 35, 1−22.

Watt AS (1981a). A comparison of grazed and ungrazed grassland A in East Anglian Breckland. *The Journal of Ecology*, 69, 499−508.

Watt AS (1981b). Further obervations on the effects of excluding rabbits from grassland A in East Anglian Breckland: the patterns of change and factors affecting it (1936−1973). *Journal of Ecology*, 69, 509−536.

Watts JG, Huddleston EW, and Owens JC (1982). Rangeland entomology. *Annual Reviews of Entomology*, 27, 283−311.

Weaver JE (1919). *The ecological relations of roots*. Carnegie Institute Publication 286, Washington, DC.

Weaver JE (1920). *Root development in the grassland formation*. Carnegie Institute Publication 292, Washington, DC.

Weaver JE (1942). Competition of western wheatgrass with relict vegetation of prairie. *American Journal of Botany*, 29, 366−372.

Weaver JE (1950). Effects of different intensities of grazing on depth and quantity of roots of grasses. *Journal of Range Management*, 3, 100−113.

Weaver JE (1954). *North American prairie*. Johnsen Publishing, Lincoln, NE.

Weaver JE (1958). Classification of root systems of forbs of grassland and a consideration of their significance. *Ecology*, 39, 393−401.

Weaver JE (1961). The living network in prairie soils. *Botanical Gazette*, 123, 16−28.

Weaver JE and Albertson FW (1936). Effects of the great drought on the prairies of Iowa, Nebraska, and Kansas. *Ecology*, 17, 567−639.

Weaver JE and Albertson FW (1956). *Grasslands of the Great Plains*. Johnsen Publishing Company, Lincoln, Nebraska.

Weaver JE and Clements FE (1938). *Plant ecology*. McGraw-Hill, New York.

Weaver JE and Darland RW (1949a). Quantitative study of root systems in different soil types. *Science*, 110, 164−165.

Weaver JE and Darland RW (1949b). Soil-root relationships of certain native grasses in various soil types. *Ecological Monographs*, 19, 303−338.

Weaver JE and Fitzpatrick TJ (1932). Ecology and relative importance of the dominants of tall-grass prairie. *Botanical Gazette*, 93, 113−150.

Weaver JE and Fitzpatrick TJ (1934). The prairie.

Ecological Monographs, 4, 113–295.
Weaver JE and Rowland NW (1952). Effects of excessive natural mulch on development, yield, and structure of native grassland. *Botanical Gazette*, 114, 1–19.
Weaver JE and Tomanek GW (1951). Ecological studies in a midwestern range: the vegetation and effects of cattle on its composition and distribution. University of Nebraska, Conservation and Survey Division, Lincoln, NE.
Weaver JE and Zink E (1945). Extent and longevity of the seminal roots of certain grasses. *Plant Physiology*, 20, 359–379.
Weaver JE, Houghen VH, and Weldon MD (1935). Relation of root distribution to organic matter in prairie soil. *Botanical Gazette*, 96, 389–420.
Weaver T, Payson EM, and Gustafson DL (1996). Prairie ecology—the shortgrass prairie. In FB Samson and FL Knopf, eds. *Prairie conservation: preserving North America's most endangered ecosystem*, pp. 67–88. Island Press, Washington, DC.
Wedin D and Tilman D (1993). Competition among grasses along a nitrogen gradient: initial conditions and mechanisms of competition. *Ecological Monographs*, 63, 199–229.
Wei YX and Chen QG (2001). Grassland classification and evaluation of grazing capacity in Naqu Prefecture, Tibet autonomous region, China. *New Zealand Journal of Agricultural Research*, 44, 253–258.
Weigelt A, Bol R, and Bardgett RD (2005). Preferential uptake of soil nitrogen forms by grassland plant species. *Oecologia*, 142, 627–635.
Wells RT (1989). Vombatidae. In DW Walton and BJ Richardson, eds. *Fauna of Australia*, Vol. 1B *Mammalia*, pp. 1–25. Australian Government Publishing Service, Canberra.
Weltzin JF, Archer S, and Heitschmidt RK (1997). Small-mammal regulation of vegetation structure in a temperate savanna. *Ecology*, 78, 751–763.
Wentworth TR (1983). Distributions of C_4 plants along environmental and compositional gradients in southeastern Arizona. *Vegetatio*, 52, 21–34.
West CP (1994). Physiology and drought tolerance of endophyte-infected grasses. In CW Bacon and JF White, eds. *Biotechnology of endophytic fungi of grasses*, pp. 87–99. CRC Press, Boca Raton, FL.
West CP and Nelson CJ (2003). Naturalized grassland ecosystems and their management. In RF Barnes, CJ Nelson, M Collins and KJ Moore, eds. *Forages: an introduction to grassland agriculture*, Vol. 1, pp. 315–337. Iowa State University Press, Ames, IA.
West HM, Fitter AH, and Watkinson AR (1993). Response of *Vulpia ciliata* ssp. *ambigua* to removal of mycorrhizal infection and to phosphate application under field conditions. *Journal of Ecology*, 81, 351–358.
West NE (2003). History of rangeland monitoring in the U.S.A. *Arid Land Research and Management*, 17, 495–545.
Westhoff V and van der Maarel E (1973). The Braun-Blanquet approach. In RH Whittaker, ed. *Ordination and classification of communities*, pp. 617–726. Dr. W. Junk Publishers, The Hague.
Westoby M, Walker BH, and Noy-Meir I (1989). Opportunistic management for rangelands not at equilibrium. *Journal of Range Management*, 42, 266–274.
Westover KM and Bever JD (2001). Mechanisms of plant species coexistence: roles of rhizosphere bacteria and root fungal pathogens. *Ecology*, 82, 3285–3294.
Whicker AD and Detling JK (1988). Ecological consequences of prairie dog disturbances. *BioScience*, 38, 778–785.
Whiles MR and Charlton RE (2006). The ecological significance of tallgrass prairie arthropods. *Annual Reviews of Entomology*, 51, 387–412.
White JF (1988). Endophyte-host associations in forage grasses. XI. A proposal concerning origin and evolution. *Mycologia*, 80, 442–446.
White PS and Pickett STA (1985). Natural disturbance and patch dynamics: an introduction. In STA Pickett and PS White, eds. *The ecology of natural disturbance and patch dynamics*, pp. 3–16. Academic Press, Orlando, FL.
White R, Murray S, and Rohweder M (2000). *Pilot analysis of global ecosystems: grassland ecosystems technical report*. World Resources Institute, Washington, DC.
Whitehead DC (1966). *Nutrient minerals in grassland herbage*. Grassland Research Institute, Commonwealth Agricultural Bureaux, Hurley, Berks.
Whitehead DC (2000). Nutrient elements in grassland: soil-plant-animal relationships. CABI Publishing, Wallingford, Oxon.
Whittaker RH (1951). A criticism of the plant association and climatic climax concepts. *Northwest Science*, 25, 17–31.
Whittaker RH (1973). Dominance types. In RH Whittaker, ed. *Ordination and classification of*

communities, pp. 389-402. Dr. W. Junk Publishers, The Hague.

Whittaker RJ, Bush MB, and Richards K (1989). Plant recolonization and vegetation succession on the Krakatau islands, Indonesia. *Ecological Monographs*, 59, 59-123.

Whittingham MJ (2007). Will agri-environment schemes deliver substantial biodiversity gain, and if not why not? *Journal of Applied Ecology*, 44, 1-5.

Willems JH (2001). Problems, approaches, and results in restoration of Dutch Calcareous grassland during the last 30 years. *Restoration Ecology*, 9, 147-154.

Williams GJ and Markley JL (1973). The photosynthetic pathway type of North American shortgrass prairie species and some ecological implications. *Photosynthetica*, 7, 262-270.

Williams JR and Diebel PL (1996). The economic value of the prairie. In FB Sampson and FL Knopf, eds. *Prairie conservation*, pp. 19-38. Island Press, Washington, DC.

Williams PR, Congdon RA, Grice AC, and Clarke PJ (2003). Fire-related cues break seed dormancy of six legumes of tropical eucalypt savannas in northeastern Australia. *Austral Ecology*, 28, 507-514.

Williams RJ (1982). The role of climate in a grassland classification. In AC Nicholson, A McLean and TE Baker, eds. *Grassland ecology and classification symposium proceedings*, pp. 41-51. British Columbia Ministry of Forests, Victoria, BC.

Wilsey BJ (2002). Clonal plants in a spatially heterogeneous environment: effects of integration on Serengeti grassland response to defoliation and urine-hits from grazing mammals. *Plant Ecology*, 159, 15-22.

Wilson AD (1989). The development of systems of assessing the condition of rangeland in Australia. In WK Lauenroth and WA Laycock, eds. *Secondary succession and the evaluation of rangeland condition*, pp. 77-102. Westview Press, Boulder, CO.

Wilson GWT and Hartnett DC (1997). Effects of mycorrhizae on plant growth and dynamics in experimental tallgrass prairie microcosms. *American Journal of Botany*, 84, 478-482.

Wilson GWT and Hartnett DC (1998). Interspecific variation in plant responses to mycorrhizal colonization in tallgrass prairie. *American Journal of Botany*, 85, 1732-1738.

Wilson JB (1994). The 'intermediate disturbance hypothesis' of species coexistence is based on patch dynamics. *New Zealand Journal of Ecology*, 18, 176-181.

Wilson JB and Roxburgh SH (1994). A demonstration of guild-based assembly rules for a plant community, and determination of intrinsic guilds. *Oikos*, 69, 267-276.

Wilson JB and Watkins AJ (1994). Guilds and assembly rules in lawn communities. *Journal of Vegetation Science*, 5, 591-600.

Wilson JB, Wells TCE, Trueman IC et al. (1996). Are there assembly rules for plant species abundance? An investigation in relation to soil resources and successional trends. *Journal of Ecology*, 84, 527-538.

Wilson MV and Clark DL (2001). Controlling invasive *Arrhenatherum elatius* and promoting native prairie grasses through mowing. *Applied Vegetation Science*, 4, 129-138.

Wilson SD (2002). Prairies. In MR Perrow and AJ Davy, eds. *Handbook of ecological restoration, volume 2 restoration in practice*, pp. 443-465. Cambridge University Press, Cambridge.

Winkler J, B. and Herbst M (2004). Do plants of a semi-natural grassland community benefit from long-term CO_2 enrichment? *Basic and Applied Ecology*, 5, 131-143.

Wolfe EC and Dear BS (2001). The population dynamics of pastures, with particular reference to southern Australia. In PG Tow and A Lazenby, eds. *Competition and succession in pastures*, pp. 119-148. CABI Publishing, Wallingford, Oxon.

Woodhouse CA and Overpeck JT (1998). 2000 years of drought variability in the Central United States. *Bulletin of the American Meteorological Society*, 79, 2693-2714.

Woodmansee RG and Duncan DA (1980). Nitrogen and phosphorus dynamics and budgets in annual grasslands. *Ecology*, 61, 893-904.

Woodward SL (2003). *Biomes of earth*. Greenwood Press, Westport, CT.

Wooton JT (1998). Effects of disturbance on species diversity: a multitrophic perspective. *American Naturalist*, 152, 803-825.

World Resources 2000-2001 (2000). *People and ecosystems: the fraying web of life*. World Resources Institute in collaboration with the United Nations Development Programme, the United Nations Environment Programme, and the World Bank, Washington, DC.

Wright HA and Bailey AW (1982). *Fire ecology*.

John Wiley & Sons, New York.

Yarranton GA and Morrison RG (1974). Spatial dynamics of a primary succession: nucleation. *Journal of Ecology*, 62, 417-428.

Young JA, Evans RA, Raguse CA, and Larson JR (1980). Germinable seeds and periodicity of germination in annual grasslands. *Hilgardia*, 49, 1-37.

Young TP, Petersen DA, and Clary JJ (2005). The ecology of restoration: historical links, emerging issues and unexplored realms. *Ecology Letters*, 8, 662-673.

Yu F, Dong M, and Bertil K (2004). Clonal integration helps *Psammochloa villosa* survive sand burial in an inland dune. *New Phytologist*, 162, 697-704.

Zapiola ML, Campbell CK, Butler MD, and Mallory-Smith CA (2008). Escape and establishment of transgenic glyphosate-resistant creeping bentgrass (*Agrostis stolonifera*) in Oregon, USA: a 4-year study. *Journal of Applied Ecology*, 45, 486-494.

Zavaleta ES and Hulvey KB (2004). Realistic species losses disproportionately reduce grassland resistance to biological invaders. *Science*, 306, 1175-1177.

Zavaleta ES, Shaw MR, Chiariello NR, Mooney HA, and Field CB (2003). Additive effects of simulated climate changes, elevated CO_2, and nitrogen deposition on grassland diversity. *Proceedings of the National Academy of Science*, USA, 100, 7650-7654.

Zeilhofer P and Schessl M (2000). Relationship between vegetation and environmental conditions in the northern Pantanal of Mato Grosso, Brazil. *Journal of Biogeography*, 27, 159-168.

Zhang W (2000). Phylogeny of the grass family (Poaceae) from rpl16 Intron sequence data. *Molecular Phylogenetics and Evolution*, 15, 135-146.

Zhou H, Zhou L, Zhao X et al. (2006). Stability of alpine meadow ecosystem on the Qinghai-Tibetan Plateau. *Chinese Science Bulletin*, 51, 320-327.

Zobel M (1997). The relative role of species pools in determining plant species richness: an alternative explanation of species coexistence? *Trends in Ecology and Evolution*, 12, 266-269.

植物名索引

Acacia 金合欢属　181
Acacia cana　185
Acacia constricta　185
Acacia farnesiana 金合欢　185
Acacia mearnsii 黑荆　14
Acaena magellanica　13
Achillea millefolium 千叶蓍　131
Achnatherum lettermanii　187
Achnatherum speciosum　185
Achnatherum splendens 芨芨草　200
Adesmia campestris　185
Aegilops geniculata 山羊草　49
Aegilops speltoides 拟斯卑尔脱山羊草　116
Agalinis　130
Agropyron cristatum 冰草　130
Agrostis canina 普通剪股颖　196
Agrostis capillaris 细弱剪股颖　52
Agrostis gigantea Roth.　192
Agrostis stolonifera 匍匐剪股颖　102
Agrostis vinealis　196
Aira praecox 早熟埃若禾　95
Albizia procera 黄豆树　181
Alchemilla monticola　238
Alchemilla subcrenata　238
Alchemilla wichurae　238
Allium polyrrhizum　183
Alloteropsis 毛颖草属　64
Alopecurus 看麦娘属　53
Alopecurus geniculatus 屈膝看麦娘　93
Alopecurus pratensis 狐尾草　104,192
Alternanthera 莲子草属　64
Alysicarpus vaginalis 链荚豆　194
Amaranthaceae 苋科　64
Amaranthus 苋属　64

Ambrosia psilostachya 豚草　219
Ammophila arenaria 马兰草　105
Amorpha canescens 灰毛紫穗槐　123,211
Andropogon gayanus 非洲须芒草　213
Andropogon gerardii 大须芒草　16
Andropogon hallii　125
Andropogon lateralis　186
Andropogon selloanus　179
Andropogon virginicus 须芒草　113
Androsace tapete 垫状点地梅　183
Anomochlooideae 三芒草亚科　27
Antennaria neglecta　228
Anthoxanthum 黄花茅属　90
Anthoxanthum odoratum　192
Apera spica-venti 阿披拉草　96
Apiaceae 伞形花科　83
Aquila chrysaetos 金雕　213
Arabis hirsuta 硬毛南芥　131
Arachis glabrata 多年生花生　194
Arenaria musciformis 藓状雪灵芝　183
Argyroxiphium 剑叶菊属　190
Aristida adscensionis 三芒草　223
Aristida bipartita　101
Aristida congesta　181
Aristida divaricata　185,190
Aristida hamulosa　185
Aristida latifolia　185
Aristida longiseta　185
Aristida oligantha　32,130
Aristida purpurea 紫三芒草　242
Arrhenatherum elatius 燕麦草　45
Artemisia 蒿属　200
Artemisia filifolia　125
Artemisia frigida 冷蒿　184

Artemisia pauciflora 纤细绢蒿　　183
Artemisia songarica 准噶尔沙蒿　　200
Artemisia stracheyi 冻原白蒿　　191
Artemisia wellbyi 藏沙蒿　　191
Arundinaria 青篱竹属　　29
Arundinella hirta 毛秆野古草　　200
Arundinoideae 芦竹亚科　　84
Arundo 芦竹属　　30
Arundo donax 芦竹　　12
Arundo madagascariensis 大类芦　　181
Asclepias meadii　　239
Asclepias syriaca 叙利亚马利筋　　152
Asclepias viridis 翠绿马利筋　　224
Asteraceae 菊科　　80
Astragalus melilotoides 草木樨状黄芪　　184
Astrebla 米契尔草属　　31
Astrebla lappacea　　31
Atriplex 滨藜属　　64
Austrodanthonia tenuior　　96
Austrostipa scabra　　96
Avena 燕麦属　　39
Avena barbata 裂稃燕麦　　11
Avena fatua 野燕麦　　11
Axonopus 地毯草属　　195
Axonopus affinis 类地毯草　　187
Axonopus anceps　　179
Axonopus canescens　　179
Axonopus compressus　　186
Baccharis 香根菊属　　190
Balsas teosinte　　117
Bambusa 刺竹属　　29
Bambusoideae 竹亚科　　27
Bassia 雾冰藜属　　64
Beckmannia 茵草属　　46
Berberis heterophylla　　185
Blysmus sinocompressus 华扁穗草　　191
Borassus flabellifer 糖棕　　181
Bothriochloa barbinodis 雕纹孔颖草　　186
Bothriochloa bladhii 臭根草　　181
Bothriochloa decipiens　　181
Bothriochloa ischaemum 白羊草　　184

Bothriochloa laguroides　　176
Bothriochloa rothrockii　　186, 190
Bothriochloa saccharoides　　194
Bouteloua curtipendula 垂穗草　　110
Bouteloua eriopoda 黑格兰马草　　222
Bouteloua gracilis 格兰马草　　210, 222
Bouteloua rigidiseta　　242
Brachiaria mutica 巴拉草　　179
Brachiaria serrata　　181
Brachyachne convergens　　185
Brachypodium distachyon 二穗短柄草　　49
Brachypodium pinnatum　　157, 193
Brassicaceae 十字花科　　80
Brassica nigra 甘蓝型油菜　　130
Briza 凌风草属　　30
Briza media 凌风草　　56
Briza subaristata　　186
Bromus 雀麦属　　30
Bromus catharticus 扁穗雀麦　　104
Bromus commutatus 变雀麦　　228
Bromus diandrus 双雄雀麦　　11
Bromus erectus 直立雀麦　　49
Bromus hordeaceus 大麦状雀麦　　127
Bromus japonicus　　47
Bromus mollis 毛雀麦　　11, 218
Bromus pictus　　131
Bromus polyanthus 多花雀麦　　226
Bromus rigidus 硬雀麦　　130
Bromus rubens 红雀麦　　11
Bromus sterilis 贫育雀麦　　96
Bromus tectorum 旱雀麦　　213
Buchloe 野牛草属　　67
Buchloe dactyloides 野牛草　　16
Buchlomimus 拟野牛草属　　92
Bulbostylis 球柱草属　　179
Byrsonima crassifolia　　179
Calamagrostis epigeios 拂子茅　　184
Calligonum mongolicum 沙拐枣　　184
Calothrix 眉藻　　156
Caragana microphylla 小叶锦鸡儿　　184
Carex 薹草属　　111

Carex atrofusca 暗褐薹草 191	*Colleguaya integerrima* 185
Carex bigelowii 毕氏薹草 191	*Connocheatas taurinus* 20
Carex duriuscula 寸草 184	*Conyza canadensis* 小蓬草 228
Carex moorcroftii 青藏薹草 191	*Cortaderia* 蒲苇属 190
Carex nivalis 喜马拉雅薹草 191	*Crepis mollis* 238
Carex pensylvanica 123	*Curatella americana* 179
Carex stenocarpa 细果薹草 191	*Cuscuta* 菟丝子属 130
Carex tetanica 123	*Cyathea* 桫椤属 190
Careya 181	*Cymbopogon nardus* var. *confertiflorus* 亚香茅 181
Cassia 决明属 179	*Cymbopogon plurinodis* 181
Casuarina junghuhniana 山木麻黄 181	*Cynodon dactylon* 狗牙根 15,16,221
Centaurea 矢车菊属 11	*Cynodon plectostachyus* 星草 81
Centaurea diffusa 铺散矢车菊 130	*Cynosurus cristatus* 洋狗尾草 135
Centaurea maculosa 斑点矢车菊 136,240	*Cyperus* 莎草属 64
Centaurea solstitialis 黄矢车菊 235	*Dactylis glomerata* 鸭茅 11
Centotheca 假淡竹叶属 31	*Dactyloctenium radufans* 185
Centotheca lappacea 假淡竹叶 31	*Dalea purpurea* 紫色达利菊 110
Centothecoideae 假淡竹叶亚科 27	*Danthonia* 扁芒草属 32
Centrosema pubescens 距瓣豆 16	*Danthonia sericea* 88
Cerastium 卷耳 125	Danthonioideae 扁芒草亚科 27
Ceratoides compacta 垫状驼绒藜 200	*Delphinium nelsoni* 226
Ceratoides latens 200	*Dendrocalamus* 牡竹属 26
Chasmanthium 31	*Dendrocalamus giganteus* 龙竹 81
Chenopodiaceae 藜科 64	*Deschampsia* 发草属 30
Chionochloa 191	*Deschampsia ceaspitosa* 北欧发草 42
Chloridoideae 虎尾草亚科 27	*Desckampsia flexuosa* 曲芒发草 134,191
Chloris 虎尾草属 31	*Desmodium* 山蚂蝗属 179
Chloris gayana 非洲虎尾草 16	*Dianthus deltoides* 西洋石竹 132,226
Chloris virgata 虎尾草 181	*Diarrhena* 龙常草属 30
Chromolaena odorata 香泽兰 12	*Dichanthelium oligosanthes* 228
Chrysocoma ciliata 181	*Digitaria* 马唐属 190
Chrysopogon fallax 181	*Digitaria californica* 加利福尼亚马唐 42
Chrysothamnus 金灌木属 211	*Digitaria ciliaris* 升马唐 226
Chusquea 丘斯夸竹属 82	*Digitaria decumbens* 俯仰马唐 16
Cirsium arvense 加拿大蓟 190	*Digitaria eriantha* 大指草 101
Cirsium vulgare 翼蓟 11	*Digitaria ischaemum* 止血马唐 93
Claytonia lanceolata 226	*Digitaria sanguinalis* 马唐 30
Cleistogenes squarrosa 糙隐子草 184	*Distichlis* 盐草属 92
Clematis fremontii 197	*Distichlis spicata* 海滨盐草 84
Clerodendrum serratum 181	Ecdeiocoleaceae 二柱草科 23
Clostridium 梭状芽孢杆菌 156	*Echinacea angustifolia* 狭叶松果菊 197

Echinacea purpurea 紫松果菊　223	*Fimbristylis*　226
Echinochloa 稗属　53	*Flagellaria* 须叶藤属　33
Echinolaena 钩毛草属　180	*Flourensia cernua*　125,185
Echium plantagineum 车前叶蓝蓟　127	*Galactia* 乳豆属　179
Ehrhartoideae 稻亚科　27	*Galium verum* 蓬子菜　134
Elymus 披碱草属　30	*Gigantochloa laevis* 巨竹　29
Elymus canadensis 加拿大披碱草　110	*Glyceria* 甜茅属　48
Elymus lanceolatus　189	*Grewia* 扁担杆属　181
Elymus repens 匍匐披碱草　154	*Gutierrezia sarothrae* 古堆菊　185
Elyonurus　180	*Hakonechloa*　30
Elyonurus barbiculmis　185	*Hedychium gardnerianum* 金姜花　12
Elytrigia repens 偃麦草　42	*Helianthus annuus* 向日葵　136
Elytrophorus 总苞草属　31	*Helichrysum* 蜡菊属　181
Enneapogon 九顶草属　90	*Hemerocallis minor* 小黄花菜　184
Entolasia leptostachya　96	*Hesperostipa comata*　189
Eragrostis 画眉草属　23	*Hesperostipa curtiseta*　189
Eragrostis curvul 弯叶画眉草　194	*Hesperostipa spartea*　52,188
Eragrostis lehmannian 雷曼氏画眉草　223	*Heteropogon contortus* 黄茅　226
Eriachne 鹧鸪草属　208	*Heteropogon triticeus* 麦黄茅　181
Erigeron strigosus　228	*Hieraceum pilosella*　126
Eriochloa sericea　45	*Hilaria belangeri*　42,125
Erioneuron pilosurn　242	*Hilaria jamesi*　136
Eriosema 鸡头薯属　179	*Holcus lanatus* 绒毛草　56
Eryngium yuccifolium　260	*Holcus mollis* 花叶根茎绒毛草　115
Escallonia 鼠刺属　190	*Hordeum* 大麦属　26
Eucalyptus 桉属　211	*Hordeum marinum*　11
Eugenia 番樱桃属　211	*Hordeum secalinum* 草地大麦　192
Eupatorieae 泽兰族　190	*Hordeum vulgare* 大麦　23
Fabaceae 豆科　80	*Hydrilla verticillata* 黑藻　64
Festuca 羊茅属　23	*Hydrocharitaceae* 水鳖科　64
Festuca altaica 阿尔泰羊茅　240	*Hymenachne amplexicaulis* 膜稃草　58
Festuca argentina　185	*Hypnum cupressiforme* 灰藓　191
Festuca arizonica 亚利桑那羊茅　107	*Imperata cylindrica* 白茅草　216
Festuca arundinacea 苇状羊茅　11	*Indigofera* 木蓝属　179
Festuca fififormis　196	*Iris bungei* 大苞鸢尾　183
Festuca idahoensis　130	*Iseilema membranaceum*　185
Festuca novae-zelandiae　191	*Isocoma tenuisecta*　185
Festuca ovina 羊茅　41,191	*Juncaceae* 灯心草科　23
Festuca rubra 紫羊茅　42,218	*Juniperus* 刺柏属　211
Festuca valesiaca 瑞士羊茅　182	*Knautia arvensis* 欧洲山萝卜　134
Filifolium sibiricum 线叶菊　184	*Kobresia capillifolia* 线叶嵩草　191

Kobresia humilis 矮生嵩草	191	*Microlaena* 小袋禾属	29
Kobresia littledalei 藏北嵩草	191	*Microstegium vimineum* 柔枝莠竹	42
Kobresia myosuroides 嵩草	191	*Mikania micrantha* 薇甘菊	13
Kobresia pygmaea 高山嵩草	191	*Mimosa microphylla* 含羞草	123
Kobresia tibetica 西藏嵩草	191	*Minuartia verna* 春米努草	124
Koeleria gracilis 洽草	182	*Miscanthus floridulus* 五节芒	200
Koeleria laerssenii	130	*Miscanthus sacchariflorus* 荻	200
Koeleria macrantha 阿尔泰洽草	228	*Molinia cearulea* 酸沼草	211
Labiatae 唇形科	83	*Monarda fistulosa* 管蜂香草	131
Lantana camara 马缨丹	12	*Muhlenbergia* 乱子草属	90
Larrea tridentata 石炭酸灌木	125	*Muhlenbergia schreberi* 乱子草	96
Lathyrus quinquenervius 山黧豆	184	*Mulinum spinosum*	131,185
Leandra	190	Myrtaceae 桃金娘科	190
Leersia 李氏禾属	90	*Nardus stricta* 甘松茅	134
Leersia hexandra 李氏禾	30	*Nassella neesiana* 智利针草	186
Leontodon hispididus	237	*Nassella pulchra*	11,218
Lepidium densiflorum 密花独行菜	228	*Neurolepis nobilis*	47
Lepidium virginicum 北美独行菜	97	*Ochlandra* 奥克兰竹属	24
Leptaspis 囊稃竹属	29	*Oenothera* 月见草属	228
Leptochloa filiformis 丝千金子	96	*Oenothera macrocarpa* 长果月见草	197
Leptocoryphium lanatum	179	*Oligoneuron rigidum*	197
Leptopterna	225	*Opuntia* 仙人掌属	190
Lespedeza capitata 头状胡枝子	131	*Opuntia fulgida*	125
Leucaena leucocephela 银合欢	12	*Opuntia spinosior*	125
Leymus arenarius 沙滨草	113	*Oryza* 稻属	29
Leymus chinensis 羊草	154	*Oryza sativa*	119
Leymus cinereus 灰色赖草	110	*Oryzopsis asperifolia*	49
Leymus triticoides	114	*Oryzopsis hymenoides* 长毛落芒草	96
Lobelia 半边莲属	190	*Oxytopis microphylla*	183
Lolium multiflorum 多花黑麦草	192	Panicoideae 黍亚科	27
Lolium perenne 黑麦草	10	*Panicum* 黍属	23
Lotus corniculatus 百脉根	16,237	*Panicum coloratum* 糠稷	16
Lupinus perennis 多年生羽扇豆	131	*Panicum effusum*	96
Maytenus 美登木属	190	*Panicum maximum* 大黍	16
Medicago ruthenica 花苜蓿	184	*Panicum miliaceum* 稷	30
Medicago sativa 紫花苜蓿	16	*Panicum virgatum* 柳枝稷	16
Melaleuca 白千层属	211	*Pappophorum* 冠芒草属	31
Melica 臭草属	46	*Pariana*	29,88
Melinis minutiflora 糖蜜草	179	*Pascopyrum smithii* 蓝茎冰草	210,228
Melocanna 梨竹属	24	*Paspalum* 雀稗属	23
Mertensia fusiformis 滨紫草原梭菌	226	*Paspalum almum*	180

Paspalum carinatum	179		*Poa pratensis* 草地早熟禾	15
Paspalum dilatatum 毛花雀稗	15		*Poa sinaica* 西奈早熟禾	91
Paspalum floridanum 台湾雀稗	123		*Poa trivialis* 普通早熟禾	93
Paspalum notatum 百喜草	15		*Polygonum macrophyllum* 圆穗蓼	191
Paspalum plicatulum 皱稃雀稗	123		*Polygonum viviparum* 珠芽蓼	191, 200
Paspalum quadrifarium	186		*Polystichum commune*	226
Paspalum urvillei 丝毛雀稗	194		*Populus* 杨属	211
Pastinaca sativa 欧防风	260		*Potentilla acaulis* 星毛委陵菜	184
Pennisetum clandestinum 狼尾草	16		*Potentilla erecta* 洋委陵菜	191
Pennisetum mezianum 御谷	226		*Primula veris* 黄花九轮草	131
Pennisetum polystachyon 多穗狼尾草	213		*Pringlea antiscorbutica* 凯尔盖朗甘蓝	14
Phalaris aquatica	127		*Prosopis* 牧豆树属	211
Phalaris arundinacea 藨草	16		*Prunella grandiflora* 大花夏枯	117
Phalaris tuberosa	208		*Prunus virginiana* 紫叶稠李	80
Phaseolus 菜豆属	179		*Psammochloa spicata* 拟鹅观草	114
Phleum alpinum 高山梯牧草	134		*Psammochloa villosa* 沙鞭	86
Phleum bertolonii	134		*Pseudoscleropodium purum* 大绢藓	191
Phragmites 芦苇属	31		*Pseudostachyum* 泡竹属	55
Phragmites australis 芦苇	46		*Psidium cattleianum* 草莓番石榴	13
Phragmites communis	200		*Psidium guajava* 番石榴	14
Phyllanthus emblica 余甘子	181		*Psoralea* 补骨脂属	229
Phyllostachys nidularia 实肚竹	89		*Pteridium aquilinum* 蕨菜	80
Phyllostachys nigra 桂竹	46		*Puccinellia* 碱茅属	195
Physalis pumila 红荔	223		*Pueraria montana* var. *lobata* 葛麻姆	13
Pinus caribaea 加勒比松	179		*Pueraria phaseoloides* 三裂叶野葛	16
Pinus merkusii 南亚松	181		*Purshia* 单花木属	211
Pinus pinaster 海岸松	13		*Puya* 水丝麻	190
Plantago 车前属	193		*Quercus marilandica*	198
Plantago lanceolata 长叶车前草	131, 237		*Quercus stellata* 星毛栎	198
Poa 早熟禾属	23		*Rapanea* 密花树属	190
Poa alpigena 高原早熟禾	92		*Ratibida columnifera* 草原松果菊	123
Poa alpina 高山早熟禾	92		*Ratibida pinnata*	260
Poa annua 早熟禾	95		*Reaumuria soongorica* 红砂	184
Poa artica 极地早熟禾	92		Restionaceae 帚灯草科	33
Poa bulbosa 鳞茎早熟禾	46		*Rhinanthus* 鼻花属	130
Poa cita 银色早熟禾	191		*Rhinanthus alectorolophus* 半寄生鼻花	130
Poa cookii	14		*Rhinanthus minor* 佛甲草	130
Poa hiemata	125		*Rhodiola algida* var. *tangutica* 唐古红景天	200
Poa lanuginosa	185		*Rhus* 盐肤木属	211
Poa ligularis	185		*Rhytidiadelphus squarrosus* 拟垂枝藓	191
Poa nemoralis 林地早熟禾	89		*Rosa* 蔷薇属	228

Rosa bracteata 琉球野蔷薇 235	*Sorghum halepense* 石茅 15
Roupala 190	*Sorghum intrans* 高粱 208
Rudbeckia hirta 黑心金光菊 223	*Sorghum nitidum* 光高粱 181
Ruellia humilis 矮芦莉草 223	*Spartina* 大米草属 67
Rumex acetosella 小酸模 193	*Spartina alterniflora* 互花米草 117
Saccharum 甘蔗属 8	*Spartina anglica* 大米草 117
Saccharum officinarum 甘蔗 23	*Spartina pectinata* 189
Saccharum sponteneum 甜根子草 124	*Sporobolus* 鼠尾粟属 55
Salsola passerine 珍珠猪毛菜 184	*Sporobolus capensis* 181
Salsola tragus 190	*Sporobolus compositus* 123,197
Sanguisorba minor 小地榆 131	*Sporobolus cryptandrus* 沙鼠尾粟 93
Sapium sebiferum 乌桕 213	*Sporobolus heterolepis* 草原鼠尾粟 50
Sasa 赤竹属 49	*Sporobolus indicus* 牙买加鼠尾粟 14,45
Schedonorus 195	*Sporobolus pyramidatis* 181
Schedonorus phoenix 高羊茅 11	*Stenotaphrum* 钝叶草属 195
Schinus polygamus 185	*Stipa baicalensis* 贝加尔针茅 184
Schinus terebinthifolius 巴西胡椒木 13	*Stipa breviflora* 短花针茅 184
Schizachyrium fragile 181	*Stipa bungeana* 长芒草 184
Schizachyrium scoparium 北美小须芒草 43,204, 226	*Stipa capillata* 针茅 183
	Stipa caucasia 镰芒针茅 183
Scirpus yagara 荆三棱 200	*Stipa gobica* 戈壁针茅 183
Scleropogon brevifolius 125	*Stipa grandis* 大针茅 154
Secale cereale 黑麦 85	*Stipa humilis* 185
Senecio filaginoides 185	*Stipa klemenzii* 石生针茅 183
Seriphidium rhodanthum 高山绢蒿 200	*Stipa krylovii* 克氏针茅 183
Seriphidium terrae-albae 白茎绢蒿 200	*Stipa lessingiana* 细叶针茅 183
Sesleria 蓝禾属 30	*Stipa purpurea* 紫花针茅 184
Setaria 狗尾草属 47	*Stipa subsessiliflora* 座花针茅 183
Setaria faberi 大狗尾草 102	*Stipagrostis* 61
Setaria flabellata 181	*Stoebe vulgaris* 181
Setaria glauca 金色狗尾草 93	*Stylosanthes* 笔花豆属 179
Setaria verticillata 倒刺狗尾草 93	*Stylosanthes guianensis* 圭亚那笔花豆 16
Setaria viridis 93	*Symphoricarpus* 雪莓属 211
Sida spinosa 刺金午时花 226	*Symphyotrichum ericoides* 123,197,223,228
Silphium integrifolium 串叶松香草 224	*Symplocos* 山矾属 190
Sisyrinchium campestre 蓝眼草 228	*Taeniatherum caput-medusae* 213
Sisyrinchium hystrix 瓶刷草 93	*Talinum calycinum* 197
Solanaceae 茄科 80	*Taraxacum officinale* 蒲公英 134
Solidago 一枝黄花属 260	*Tephrosia* 灰毛豆属 179
Sorghastrum 假高粱属 115	*Terminalia volucris* 185
Sorghastrum nutans 黄假高粱 16,123,204	*Tetradymia* 四胞菊属 211

Themeda triandra 阿拉伯黄背草　20	*Uniola paniculata*　124
Thylacospermum caespitosum 囊种草　184	*Urochloa panicoides* 类黍尾稃草　181
Thymus praecox 无毛百里香　124	*Vernonia* 斑鸠菊属　190
Thymus pulegioides 宽叶百里香　226	*Vernonia baldwinii*　219
Tibouchina 蒂牡花属　190	*Veronica officinalis* 水苦叶　226
Tomanthera　130	*Vicia sativa* 救荒野豌豆　16
Trachypogon 红苞茅属　167	*Viola* 堇菜属　228
Trachypogon plumosus　179	*Viola nuttallii*　226
Tradescantia tharpii　197,198	*Viola rafinesquii*　127
Trevoa patagonica　185	*Vitex negundo* 黄荆　184
Trifolium 车轴草属　11	*Vochysia divergens*　180
Trifolium repens 白车轴草　10	*Vulpia bromoides* 福克斯泰尔羊茅 95
Trifolium subterraneum　127,134	*Vulpia myuros* 鼠茅　11
Triglochin palustre 水麦冬　200	*Vulpia octoflora* 紫鼠茅　228
Triodia 三齿稃草属　67	*Xanthostemon* 蒲桃属　211
Triodia basedowii　185	*Zea* 玉蜀黍属　47
Tripsacum 摩擦禾属　53	*Zea mays* 玉米　85
Trisetum 三毛草属　192	*Zerna erecta*　193
Trisetum spicatum 穗三毛　116	*Zizania* 菰属　29
Tristachya　180	*Zizania aquatica* 水生菰　30
Tristachya leucothrix　125	*Zizania palustris* 沼生菰　96
Tristania 红胶木属　211	*Ziziphus rugosa* 皱枣　181
Triticum aestivum 小麦　26	*Ziziphus sponosa*　184
Triticum dicoccum 两粒小麦　26	*Zornia* 丁癸草属　179
Triticum monococcum 一粒小麦　26	*Zoysia* 结缕草属　67
Triticum turgidum 圆锥小麦　117	*Zoysia japonica* 结缕草　93
Ulmus 榆属　211	

动物名索引

Alceluphus buselaphus 狷羚大羚羊　214
Anabrus simplex 摩门蟋蟀　225
Antilocapra americana 叉角羚　219
Antilope cervicapra 黑雄鹿　215
Antistrophus silphii 瘿蜂　224
Apis cerana 中华蜜蜂　89
Aquila chrysaetos 金雕　213
Axis porcinus 豚鹿　215
Bathyergidae 滨鼠科　221
Blastocerus dichotomus 南美泽鹿　215
Bos bison 美洲野牛　214,218
Bubalus bubalis 野生水牛　215
Camelus bactrianus 双峰骆驼　214
Camelus dromedarius 骆驼　215
Capra hircus 山羊　215
Capra ibex 野生山羊　215
Catagonus wagneri 草原西猯　215
Centrocercus uropasianus 艾草榛鸡　213
Cephalophus 麂羚　214
Cervus canadensis 加拿大马鹿　219
Cervus duvauceli 沼泽鹿　215
Cervus elaphus 红鹿　215
Connochaetes taurinus 斑纹角马　180,214
Crambus　225
Ctenomyidae 栉鼠科　221
Cynomys ludovicianus 黑尾土拨鼠　221
Damaliscus korrigum 转角牛羚　180,214
Diceros bicornis 黑犀牛　214
Dicotyles tajacu 环颈西猯　215
Dipodomys spectabilis 旗尾更格卢鼠　221
Equus burchelli 草原斑马　180,214
Equus caballus 野马　215,219
Equus hemonius 野驴　215
Equus hemonius kiang 西藏野驴　215

Equus przewalksi 蒙古野马　214
Gazella gazelle 印度葛氏瞪羚　215
Gazella granti 瞪羚　214
Gazella subgutturosa 鹅喉羚　214
Gazella thomsonii 汤氏瞪羚　180
Geomyidae 囊鼠科　221
Hemileuca olivia 毛虫　225
Hemitragus jemlahicus 塔尔羊　215
Hippocamelus 南美山鹿属　215
Hippopotamus amphibius 河马　214,216
Hypsiprymnodon moschatus 麝袋鼠　215
Kobus 水羚属　214
Kobus kob 非洲水羚　216
Labops　225
Lagomorpha 兔形目　220
Lagorchestes hirsutus 小袋鼠　235
Lama guanicoe 原驼　185
Lama 驼羊属　215
Lasiorhinus krefftii 澳洲毛鼻袋熊　220
Lasiorhinus latifrons 毛鼻袋熊　220
Lepus californicus 黑尾长耳大野兔　213
Loxodonta africana 非洲象　214
Lygaeus kalmii　224
Macropus rufus 红袋鼠　215
Macrotermes 大白蚁类　225
Mazama 短角鹿属　215
Melanargia galathea 大理石纹粉蝶　84
Microtus longicaudus 长尾野鼠　223
Microtus montanus 山鼠　84
Microtus ochrogaster 草原田鼠　222
Microtus pennsylvanicus　223
Naemorhedus goral 斑羚　215
Nasutitermes triodiae 象白蚁　225
Nomadacris septemfasciata 红翅蝗　225

Odocoileus virginianus 白尾鹿　215	*Spermophilus tridecemlineatus* 地松鼠　221
Ovis ammon 盘羊　215	*Spodoptera*　225
Ovis orientalis 东方盘羊　215	*Spodoptera exigua* 甜菜夜蛾　82
Ozotoceros bezoarticus 草原鹿　215	*Syncerus caffer* 非洲水牛　180, 214
Phyllophaga　225	*Tachyoryctes splendens* 东非鼹鼠　221
Pontoscolex corethrurus 黄颈透钙蚓　166	*Tapirus* 貘　215
Potamochoerus porcus 灌丛野猪　214	*Taurotragus oryx* 非洲旋角大羚羊　20, 180, 214
Procapra gutturosa 蒙原羚　214	*Taxidea taxus* 美洲獾　189
Procapra picticaudata 藏原羚　215	*Tayassu peccari* 西貒野猪　215
Pseudois nayaur 岩羊　215	*Tragelaphus scriptus* 薮羚　214
Rhinocerus unicornis 印度犀牛　215	*Trinervitermes* 草象白蚁属　225
Rupicapra rupicapra 岩羚羊　215	*Tumulitermes* 冢白蚁属　225
Schistocerca gregaria 沙漠蝗　225	*Vicugna vicugna* 骆马　215
Schizaphis graminum 蚜虫　84	*Vombatus ursinus* 塔斯马尼亚袋熊　220
Spalacidae 鼢鼠科　221	

主题词索引

澳大利亚草原　2,3
拜伯里绿地　134
半寄生　130
半天然草地　191
北美草原　3,176
北美大平原　187
变性土　170-172,174
不稳定的无机磷　161
CSR 模型　132
草地的产品和服务　14
草地的碳封存量　18
草地高水平的生物多样性　17
草地模型　150
草地生态系统中的碳储量　143
层理面　159
常绿密林　173
冲积草原　8
冲积平原　174
初级生产力　143
初级生产者　141
次级生产力　141,143,150
次生草地　191,192
次生演替　123,125-127
粗骨土　170
氮沉降　157,158
氮库　156
氮循环　155
刀耕火种农业　7
低活性淋溶土　171
低活性强酸土　171
低郁闭草地　3
迪维 II 型存活曲线　93
地带生物群区　176
地带性土壤　168

地上净初级生产力　144
地下生产力　145
典型草原土壤　168
动态平衡模型　151
反硝化作用　160
反照率　211
非洲南部大草原　172
分解速率　164
分解者　141
分解作用　163
分子钟　65
复合群落　138
干草原　3
干扰机制　203
高草草原　127
高草橡树大草原　134
高山草原　183,184,191
割草场和播种牧场　193
个体团　124
公园草地实验　105
固氮细菌　130
关键种　189
归还和损失　162
禾本科牧草　103
核心-卫星物种假说　138
赫尔利围栏草场模型　150
黑钙土　164,168,172,173
洪积平原　174
互利共生　131,132
化感作用　129
荒漠　178,184,185
荒漠草原　183
荒漠化　7
混合普列那草原　188

主题词索引

基于生态位的资源利用模型　138
寄生　130
碱土　172,174
净竞争响应　128
竞争　128,129
竞争的响应　129
K 选择　132
堪泊思　180
堪萨斯州 Konza 草原　139
柯本气候分类系统　177
可侵入性　154
可溶性有机氮　158
矿化作用　151
拉诺斯稀树草原　180
栗钙土　172
连续体假说　132
临界浓度　77
磷循环　161,162
美国国家植被分类系统　196
米契尔草地　185
末日审判书　10
南非草原　1,3,179
黏磐土　173,174
黏绨土　171
欧洲的自然信息系统　198
PHOENIX 模型　150
潘帕斯草原　170,172,173,175
平均现存量　143
破碎化　7,9,191
区域草地分类　195
全寄生　130
全球生态系统先导分析分类　4
群丛　176
群落-单元假说　132
群落生态学　120
群系　176
群属　176
r 选择　132
R^* 模型　132
人工草场　3
人工管理的半天然草地　191

人为土　168
萨瓦纳草原模型　164
塞伦盖蒂大草原　121,140
山地草地　190,191
舍饲　15
"渗漏管"或"管中洞"散发模式　160
生态旅游　19
生态区　8
生态位　138
生态系统　141
生态系统服务和功能　14
生态型　192
生物多样性-生态系统功能假说　151
生物固氮　155-157
生物群区　176
生物燃料　15-17
生殖系统　89
世界草地　177
世界土壤资源参比基础　168
市容草地　1,195
适应性管理　185
瞬态极大值假说　148
随机生态位理论　139
碳储存　18
碳封存　16
铁铝土　171,172
土壤湿度　144
土壤有机质　142
外来入侵物种　154
外来种　11
挽救效应　99
围栏牧场　2,3
维尔德　181
物种的相互作用　128
物种-库假说　140
稀树草原　1,3,17,20,178,179
现存自然植被与潜在自然植被　175
橡树大草原　138
演替　123
养分循环　154
一年生草地　154

移动限制假说　151
隐地带性土壤　168
英国拜伯里绿地　126
永久草场　3
原生演替　123
杂交种　192
栽培变种　194
植被-生境分类系统　199

植物生活史　133
中国植被生境分类系统　178
中性模型　139
种间竞争　128
种内竞争　128
资源比率假说　127
自然植被和栽培植被　175
最小因素法则　126

译 后 记

Grass and Grassland Ecosystem 中文翻译稿断断续续历经近7年,终于可以付梓出版。心中欣喜难以言表,统稿过程中的几番艰难和始终盘踞心头的纠结也如京城雾霾般随风即逝……

2010年年底,张新时院士从美国带回此书。2011年年初,张先生让我组织本书的翻译工作。

本书翻译分工如下:张新时负责第1、8章,田育红负责第4、5章,唐海萍负责前言、目录、第6、7章、彩插、封底与植物名索引、动物名索引和主题词索引的翻译,李晓兵负责第9、10章。赵澍、张钋、辛晓平、陈宝瑞完成第2、3章的翻译。全书由唐海萍统稿,张新时审定。

虽竭尽所能,但本译稿一定还存在许多欠缺和不足之处。如部分术语的翻译,可能会存在译法分歧,望读者见谅,其他缺憾肯定也在所难免。恳请广大读者在阅读过程中不吝赐教,批评指正。

本译稿得以顺利出版,得益于多方面的帮助和支持。首先应该感谢原著作者美国南伊利诺伊大学David J. Gibson教授和原著的出版商,同意授权出版该书中文版。其次,要感谢高等教育出版社李冰祥编审和柳丽丽编辑,联系牛津出版社获得译著版权,并在审读过程中提出许多宝贵意见和建议,特别是丽丽和出版社的三审老师,认真细致地审读章节,极大地帮助和提升了本书的质量。最后,要感谢我的学生们:薛海丽、马骏、李青寰、潘旭东、何丽、赵白鹭、崔凤琪、张钦、王博杰、顾天培、孔晴晴在翻译和校对过程中付出的辛勤劳动;特别是何丽,协助我完成了本书索引、图表整理、核对等大量烦琐费时的编辑工作。

参与本书翻译工作的还有:黄薇霖(第4、5章);魏丹丹、栗忠飞、文菀玉、陈立洪、李国庆和喻锋(第9、10章)。参与本书校对工作的还有:张钋(第2、3章),李响、窦华顺(第9、10章),何源、戴路炜(索引)。在此一并致谢。

译者

2017年11月23日

于北京

郑重声明

高等教育出版社依法对本书享有专有出版权。任何未经许可的复制、销售行为均违反《中华人民共和国著作权法》,其行为人将承担相应的民事责任和行政责任;构成犯罪的,将被依法追究刑事责任。为了维护市场秩序,保护读者的合法权益,避免读者误用盗版书造成不良后果,我社将配合行政执法部门和司法机关对违法犯罪的单位和个人进行严厉打击。社会各界人士如发现上述侵权行为,希望及时举报,本社将奖励举报有功人员。

反盗版举报电话　(010)58581999　58582371　58582488
反盗版举报传真　(010)82086060
反盗版举报邮箱　dd@hep.com.cn
通信地址　北京市西城区德外大街4号
　　　　　高等教育出版社法律事务与版权管理部
邮政编码　100120

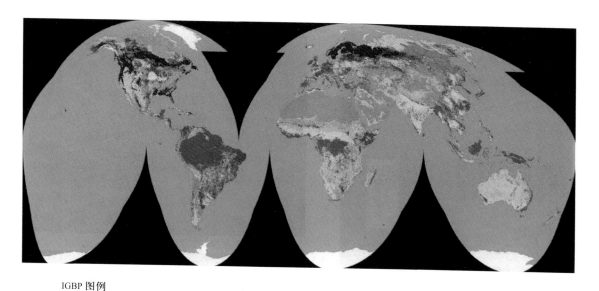

IGBP 图例

植被类型

- 常绿针叶林
- 常绿阔叶林
- 落叶针叶林
- 落叶阔叶林
- 混交林
- 郁闭灌丛
- 稀疏灌丛
- 多树木的热带稀树草原
- 稀树草原
- 草原
- 永久性湿地
- 农田
- 城市和城镇建成区
- 农田/天然植被
- 雪和冰
- 裸地或植被稀疏地
- 水体

彩插 1　全球土地覆盖图。17 个土地覆盖类型代表 1 km 分辨率上的区域植被类型和嵌合体（Loveland et al. 2000）。网址：http://edcsns17.cr.usgs.gov/glcc/glcc.html。来源于美国地质调查局/南达科他州苏福尔斯 EROS 数据中心。

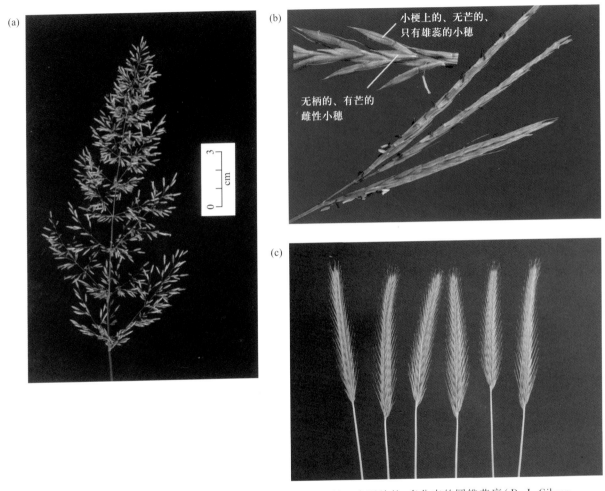

彩插 2　禾草花序：(a) *Calamagrostis proterii* ssp. *insperata* 的一个开放的、多分支的圆锥花序（D. J. Gibson 摄），(b) 大须芒草指状的总状花序（在这个物种有时也称为假圆锥花序）(×1)；插图显示了部分带有标记的小梗和无柄的小穗的切割花序单元(×2)（D. L. Nickrent 摄），(c) *Hordeum pusillum* 的穗状花序每个花轴节点带有 3 个小穗；一个中心无柄小穗和两个花梗侧面小穗（D. L. Nickrent 摄）。

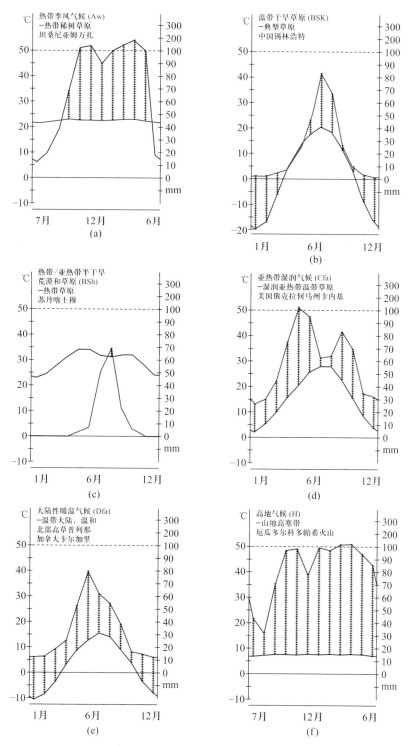

彩插3 代表草原的气候图式。每一个图式显示了月均温(红线)和降水量(蓝线)。每组的图例显示了柯本气候区、位置、经纬度、海拔高度、年均温度、年总降水量。注意每个图式的中间为夏季,北半球是6月,南半球是12月。改编自 Lieth 等(1999)。

彩插4 热带稀树草原,坦桑尼亚塞伦盖蒂国家公园。柯本气候区－热带季风气候(Aw)(见8.2.1节)。Sam McNaughton 摄。

彩插5 美国科罗拉多州 Pawnee Prairie 矮禾草普列那草原,柯本气候区－温带干旱草原(BSk)(见 8.2.2 节)。David Gibson 摄(1980)。

彩插6 中国内蒙古东北部典型草原,优势种为针茅属的几种(戈壁针茅、克氏针茅、东方针茅)。柯本气候区-温带半干旱气候(BS)(见8.2.2节)。于子成摄(1987)。

彩插7 中国内蒙古草甸草原。柯本气候区-温带半干旱气候(BS)(见8.2.2节)。刘鸿雁摄。

彩插8　澳大利亚昆士兰州朗芮丘陵地上的米契尔草原(米契尔草属)。柯本气候区-干旱气候(BW)(见8.2.2节)。Steve Wilson摄(1980)。

彩插9　三齿稃草原(三齿稃草属),澳大利亚昆士兰州米德尔顿附近的卡特区域。柯本气候区-温带半干旱气候(BS)(见8.2.2节)。Steve Wilson摄(2006)。

彩插10　乌拉圭南部的Rio de la Plata放牧的堪泊思草地(31°54′S,58°15′W),以C_3和C_4禾草为优势种,包括智利针草、*Stipa charruana*、*Coelorachis selloana*、狗牙根。引自Altesor等(2006),柯本气候区-亚热带湿润气候(Cfa)(见8.2.3节)。Gervasio Piñeiro摄。

彩插11 北美高草普列那草原。美国堪萨斯州Konza普列那草原生物站。优势种为C_4多年生禾草大须芒草和黄假高粱，一类高多样性的草本杂类草，包括此处所示的马利筋蝴蝶乳草属植物。柯本气候区－亚热带湿润气候(Cfa)(见8.2.3和8.2.5节)。David Gibson摄(1987)。

彩插12 亚高山带雪地的草丛(*Chionochloa antarctica*)，位于太平洋南部亚南极的奥克兰岛，Hooker山脉东坡，海拔高度360 m(Vitt1979)。柯本气候区－高地气候(H)(见8.2.6节)。Dale Vitt摄。经加拿大国家研究委员会许可使用。

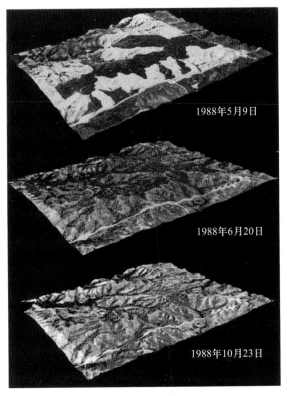

彩插13　景观尺度上的异质性,是用假彩色spot卫星影像叠加一个数字高程模型以表明火烧对高草普列那的影响(美国堪萨斯州Konza普列那草原)(见9.1节)。图中红色区域代表高植被覆盖度的地区。在5月早期的火烧过后,图中黑色区域清晰地表明了过火的流域;而在随后的季节,该流域与其他区域的这种差别便不再明显。需要指出的是,Konza普列那的西侧边界(图中左侧)是私有土地,放牧非常严重。经牛津大学出版社许可使用,Briggs等(1998)。

彩插14　美国威斯康星州柯蒂斯普列那草原,这是世界上最早开展重建的高草普列那草地,始于1935年(见10.3.4节)。David Gibson摄(1993)。